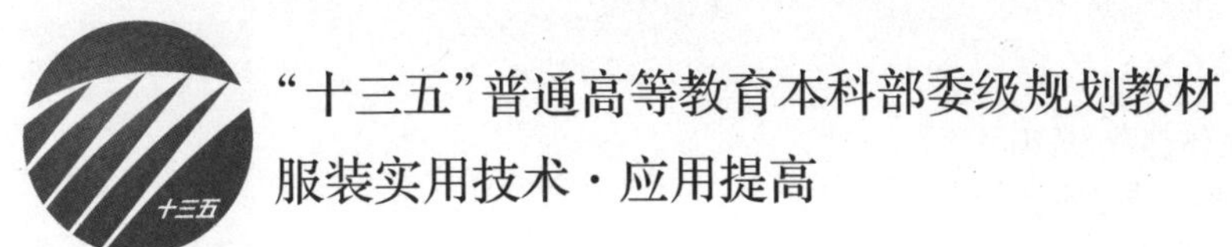

高级女装立体裁剪
基础篇

白琴芳　章国信　著

中国纺织出版社

内 容 提 要

本教材有两大模块。第一模块是立体裁剪主体部分，从第一章到第七章。从造型要素，裙装、领、袖、各类衣装的基本款的立体裁剪技能引申至应用设计，对于空间造型、板型整理技术的细节与规范作了系统的阐述，引导学生循序渐进，开拓思路，逐步掌握立体造型与制板技能。第二模块即第八章，是新斜裁部分，是对于21世纪起源于欧洲的新斜裁作一系统的展示性演绎。

本书实用性、可操作性强，内容新颖、详实为本教材一大特色。适合服装专业师生使用，也适合服装板型师参考应用。

图书在版编目(CIP)数据

高级女装立体裁剪．基础篇/白琴芳，章国信著．—北京：中国纺织出版社，2016.9

"十三五"普通高等教育本科部委级规划教材

服装实用技术·应用提高

ISBN 978-7-5180-2498-8

Ⅰ.①高… Ⅱ.①白… ②章… Ⅲ.①女装—服装量裁—教材 Ⅳ.①TS941.717

中国版本图书馆CIP数据核字(2016)第064695号

策划编辑：魏 萌 金 昊　　责任编辑：杨 勇　　责任校对：寇晨晨

责任设计：何 建　　责任印制：王艳丽

中国纺织出版社出版发行

地址：北京市朝阳区百子湾东里A407号楼　邮政编码：100124

销售电话：010—67004422　传真：010—87155801

http://www.c-textilep.com

E-mail:faxing@c-textilep.com

中国纺织出版社天猫旗舰店

官方微博 http://weibo.com/2119887771

北京睿特印刷厂大兴一分厂印刷　各地新华书店经销

2016年9月第1版第1次印刷

开本：889×1194　1/16　印张：13.5　插页：4

字数：202千字　定价：42.80元

凡购本书，如有缺页、倒页、脱页，由本社图书营销中心调换

[前言]

从2003年笔者编著第一本书《立体裁剪与设计》至今已有13载，当时的服装生产早已今非昔比，我们不仅仅有着广阔的海外市场，国内服装市场更是一片欣欣向荣。品牌消费早已深入人心，高科技迅速地改变着行业的面貌，缝纫机的智能化使制衣过程既快又好，CAD制板的普及使打板师省却了繁冗低效的手工操作，互联网上信息的高度共享，我们时时刻刻感受到时尚的变幻，同时也感受到时代对于我们这些服装从业者的专业素质要求越来越高。

行业在提速，在呼唤人才；专业院校要造就人才，需要科学、实用、高效地培养学生专业性、技能性和职业素养的新型教材。

本教材的编写，首先要讲科学性。笔者有在青少年女装、中老年女装、户外服、休闲装、职业装等服装企业作技术指导、立体裁剪培训与建立母型数据库等工作的经历，服装种类不同，但是造型的本质是相通的，都要建立在顺应自然人体的体型、结构、功能及服装自身空间的构成规律之上，渴望能与我们的学生共享对于服装立体造型本质的理解。

其次要讲实用，从工业成衣基础款式的立体造型学习至时尚服装的应用设计，占用了本教材的大部分篇幅。立体裁剪历史悠久，但在我国起步较晚，是在20世纪改革开放以后，推广缓慢，一个客观原因是它的专业性很强，操作技能要求很高。立体裁剪的价值意义在于设计创意造型，解决平面裁剪难以表现的款式。只有调整与优化板型，才能有力提升产品的内在品质与市场效益等，企业核心技术的竞争力正体现于此。在发达国家，许多著名的大公司将立体裁剪视作一门王牌技术，秘不外传，网上、书上技术性的参考资料也较少。本教材将有效地展示立裁操作技能，授之以渔。

第三，立体造型要快速培养起感觉，但初学者的感觉往往是靠不住的，因此，笔者效仿日本立体裁剪教学权威佐佐木住江，将凭经验感觉的造型转换为将感觉量化、用清晰的数据和放松量来控制造型，创造时尚。在立体裁剪被列为全国中、高职服装专业技能大赛的重要项目后，针对操作要又快又好、尺寸要符合规格的竞技规则，笔者在教学方法上再作拓进，操作过程进一步“数字化”。既将操作技能学习与企业的标准化设计要求挂钩，又降低了立体裁剪基础学习阶段的难度，加快了操作进度，缩短了学生之间在技能上的差距，一举多得，案例详见本教材第六章女西服裁剪。

本教材图片采用线描绘图与照片写真两类形式。线描绘图是笔者以前编著立体裁剪的主要手法，因为受到人们欢迎而沿袭下来。本教材操作用人台也有两种：第一种是市场上常见的，外表与人体较为接近，其实有的部位差异还是较大，如上半身长度短于真人约5cm。第二种是真实还原了人体的高科技三维扫描仿真人台，这是人台史上的一个里程碑，意义不可估量！在4年前的一天，笔者在听说某高端企业耗资20多万送两个真人模特去国外某公司进行三维扫描、4D打印，开发出两个仿真人台后，就日夜不安想要拥有一个仿真人台，如愿以后又想让更多的人用得起它，成本能降下来，人台形态还要更美妙，于是和章国信老师联手，与某公司合作开发了半身型仿真人台，在本教材中已有多处应用。

任何一门技术的学习和掌握都需要相当长的时间，且需要夜以继日地刻苦磨练。本教材都有大量的操练案例，有量才有可能有质的飞跃。然而要实事求是的看到我们的现状，多年来没有多大改变，少量的课时对于宏宏大观的立体裁剪实在是杯水车薪，又缺乏严格的技能考核制度。在国外一些名牌院校，立体裁剪并不是一门孤立的课程，而是贯穿于设计、板型和工艺课中，采用企业的流程运作，使学生基本掌握这门技艺，毕业生进入就业市场就迅速被企业认可。如专门为大公司、大品牌输送人才的意大利科菲亚服装设计学院，所有设计款式都要立体造型，最后用面料制成真正的样衣，完成真正意义上的设计。我们要向人家学习，将大量的课余时间利用起来，每一次操作都是第一次，每一个款式都是一次经验，每一章都是一个站点。为着我们的目标，让我们的学习永远继续吧。

白琴芳

2016 年 5 月

教学内容及课时安排

章/课时	课程性质/课时	节	课程内容
第一章	（10 课时）		• 立体裁剪基础
		一	绪论
		二	立体裁剪造型基本要素
		三	立体裁剪主要工具与材料
		四	上衣裁剪造型基础
第二章	（10 课时）		• 衣裙
		一	衣裙立体裁剪基础
		二	衣裙扩摆造型
		三	褶裥衣裙造型设计
第三章	（课时包含在具体的款式裁剪中）		• 衣领
		一	立领
		二	翻领
		三	褶裥领
		四	兜帽
第四章	（课时包含在具体的款式裁剪中）		• 衣袖
		一	衣袖构成基础
		二	圆装袖
		三	插肩袖、连袖
		四	褶裥袖
第五章	（50 课时）		• 二面构成上衣
		一	立翻领衬衫
		二	时尚春夏装
		三	高腰秋装
		四	外套、风衣
第六章	（60 课时）		• 多面构成上衣
		一	三面构成上衣
		二	四面构成上衣
		三	四、五面构成连袖衫
第七章	（50 课时）		• 连衣裙
		一	侧缝斜褶连衣裙
		二	侧面悬垂褶连衣裙
		三	高端品牌作品
第八章	（60 课时）		• 新斜裁
		一	新斜裁概述
		二	新斜裁衣裙
		三	新斜裁套装、上衣
		四	新斜裁连衣裙

注 各院校可根据自身的教学特点和教学计划对课程时数进行调整。

[目录]

立体裁剪基础

课程名称： 立体裁剪基础

课程内容： 绪论，论述立体裁剪之于服装款式、板型设计的作用价值；立体裁剪基础型的内存空间的形成与结构平衡理论；对主要工具人台的认知、基准线的建立及材料和针法选用等基础应用知识的认知；上衣裁剪造型基础，原型的立体裁剪与制板；胸、腰省转移方法与设计应用。

教学时间： 10课时。

教学目的： 使学生对于立体裁剪的价值，空间理论，基本裁剪技术有初步的认识与掌握。

教学重点： 内存空间与结构平衡理论，原型立体裁剪及胸、腰省转移。

[第一章]

立体裁剪基础

服装领域的生命是服装技术。发达国家主流服装的研发，从成衣——高级成衣——高级时装，立体裁剪技术的应用是水涨船高，到高级时装这一端，立体裁剪就成了主要的技术应用手段。最近十几年来，我国的成衣业发展迅猛，拥有了自己的高端定制和高端品牌。目前我国的高级时装还没有在国际上叫得响，服装业整体的研发水准比发达国家还差了一截，立体裁剪是研发技术的一大瓶颈。立体裁剪是一门集造型艺术、制板技术于一体的综合型专业课程，本章将对立体裁剪进行全面、系统的阐述。

第一节　绪论

从13世纪起，欧洲服装开始展现三维造型意识，出现了藤编的人台，将面料直接覆盖在上面——立体裁剪。时至今日，立体裁剪已是服装设计与制板的重要手段，被国际称为“最科学的高级裁剪技术”；服装界视立体裁剪为企业竞争与品牌升级的核心技术，行业考评、招聘设计师与板型师的一道门槛。

一、立体裁剪是服饰造型设计的重要手段

设计师们掌握了立体裁剪技术，在品牌形象策划、终端门店橱窗陈列及走秀服装等一揽子装潢门面的工程里面就游刃有余，研发新款更是大有用武之地。立体裁剪与效果图设计不同：效果图表达的是设计构思，立体裁剪则是构思的物化，两者结合，达到纸面设计与实际效果的协调统一。立体裁剪又能完善、升华设计主题，直接在人台上展开材料，不断激发灵感，犹如进入自由的殿堂，随心所欲塑型，直观地了解服装结构状态，边裁剪、边调整，得心应手地调整结构细节。无论古典高雅还是前卫夸张，全在剪刀下见功夫，某些难以想象的造型效果就此诞生。

一般来说，效果图设计之后的物化表现要借他人之手来完成，这样做的结果往往相差甚远，一改再改之后，结果还是只能勉强将就，这样的状况在公司里屡见不鲜。如果设计师会立体裁剪，此类无奈之事便大大减少，设计师若能判断出症结所在，与板型师、样衣工沟通，改出或自己动手改成所要的效果。有这么一位服装设计教授，曾经有幸在已故日本著名设计师君岛一郎身边工作了一年，亲眼目睹君岛一郎直接将面料摆在人台上立体设计，快速高效，他还有一个令人羡慕的本领：凡他人解决不了的板

型难题，到他那里就立即化解。

立体裁剪又是一门综合型工程技术，设计师能从立体裁剪实践中得到相关的知识应用与技能锻炼，造型过程中要与人体、材料、板型及缝制工艺等方方面面的知识相联系，如悬垂造型设计，立体裁剪的板型细部的刻画不可能很精确，就要借用平面裁剪来完善，由此促进了对于平面裁剪的认识，从而成为知其意而明其理，具有专而博素养的设计师。我们从下面的例子可以窥见立体裁剪对于设计师的影响：

发明了“斜裁法”（Bias cutting）的玛德琳·维奥内（Madeleine Vionnet）就习惯采用小人台设计服装［图1-1（a）］，在小人台上试探设计的可能性，快速造型，这一方法至今都值得我们的设计师效仿［1：2的仿真小人台，图1-1（b）］。

(a)

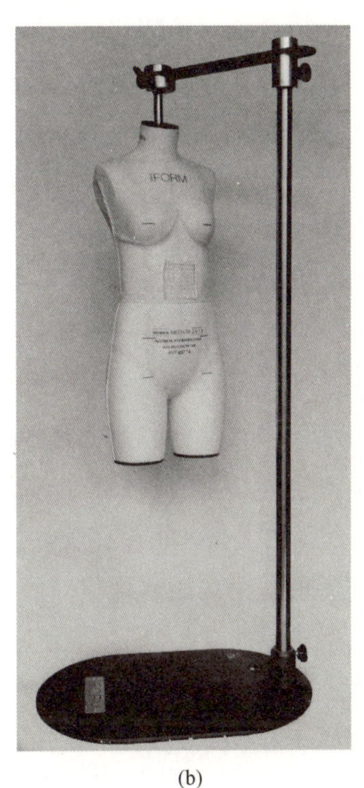

(b)

图1-1

时装设计超级天才伊夫·圣·洛朗（Yves Saint Laurent）来中国美术馆举办个人作品回顾展时，就在展厅入口的正中央陈列了二十几款由他亲自裁剪的白坯布造型，意思是设计就从这里开始。

“最伟大的服装创造家”三宅一生（Issey Miyake）认为立体裁剪是他的创造系统中的一个链环，他与面料设计师联手推出立体派褶裥（Pleats），创造了材料本身的立体型自由空间，平面、立体，多重结构在造型中碰撞（图1-2），绘出了现代服饰的斑斓篇章。

图1-2

“布料魔术师”皮尔·卡丹（Pierre Cardin）开创了一代前卫造型。他年轻时在文化学院的一次立体裁剪讲座（图1-3），激起了台下一个学生，当时已经小有名气的高田贤三（Kenzo）学习立体裁剪的热情，后来他去了法国，在巴黎一家公司里每天立体裁剪加制板1~2款，长达半年之久！大师的功夫便是这样练成的！

娴熟的立体操作技能最终成了本能，设计大师瓦伦蒂诺（Valentino）就将剪刀与大头针随身携带，直接用面料在人台上设计创作（图1-4）。

图1-3

二、立体裁剪是得到一副优秀样板的有效途径

从造型本质分析，各式各样的时装都是以人体作为空间的包装。这种人体与服装之间的空间变化，正是形成流行的关键。板型师的职能是通过对人体（人台）与服装面料之间空间大小的把握，制成具有不同空间量的款式样板。

产品要能适合市场，板型十分关键。优秀的样板所包含的空间量，能将外观造型形态表达得恰到好处，在服装与人体之间构成一个合适的空间，机能性强，覆盖率高，内外都能让着装者感到满意。运用立体裁剪的目的正是“构成一个合适的空间，得到一副优秀的样板”。

因此，企业要优化产业结构，提高核心技术的竞争力，立体裁剪是一记重拳！

立体裁剪免去了将立体化为平面的解析过程，直接在人台体表作模拟式造型，对于复杂难裁的结构，都能理清头绪，进行裁剪，几乎是各种式样无所不能。立体裁剪跨越了结构与工艺界限，始终处在着装状态之下，对空间品质的调控有直观的优势，能从不同视角对样衣进行推敲，从轮廓塑型到内部空间的分分毫毫都能随时调整，直至完美。

立体裁剪还有的一个功能是优化平面裁剪的板型，著者在公司常如此操作：将样板从CAD输出，用透明胶粘合为纸型衣，挂在人台上（图1-5），既能对于廓型、结构一目了然，同时对于弊病也能明察秋毫，因为纸是藏不住瑕疵的，调整也比较方便。使用这种方法不仅仅使公司的板型质量得到有效提升，还能促进板型师对于板型构成原理的认知，提升打板水平。

板型历来是服装品牌内在品质的一大较量，因此公司对于板型师的立体裁剪技能的期望值很高，一些大公司招聘高级板型师，要通过立体裁剪考试来决定录用与否。立体裁剪的造型方法自有一套规则，不下一定的功夫是学不下来的，目前国内服装企业非常匮乏具有立体裁剪技术的人才。

图1-4

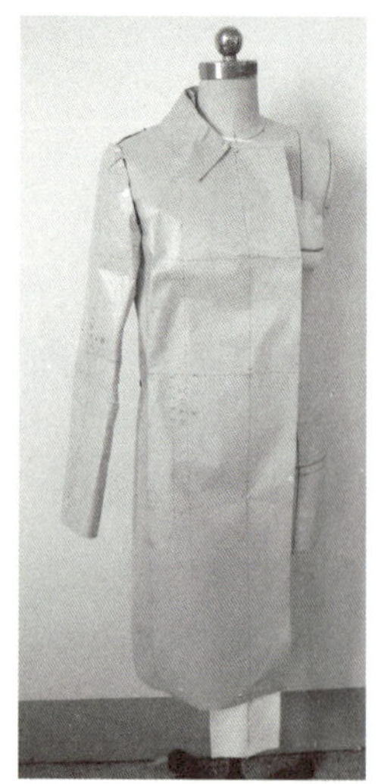

图1-5

立体裁剪是一门综合型工程技术，需要有平面裁剪、缝制工艺等基础，基础学习要有量才有质，如中法艾蒙时尚教育（ESMOD北京）的学生，在三年中要缝制服装40多件。ESMOD前校长尼尔斯（Nils-Christian Ihlen-Hansen）在北京作立体裁剪培训（图1-6）。实事求是地说，我们许多学校的学生在缝制服装数量上只有他们的1/10。最为关键的是：立体裁剪需要经过规范化、严格、较长时间的艰苦训练，才能获得必要的造型技能。意大利科菲亚高级时装及造型艺术国际学院是欧洲培养高级

服装设计师的摇篮。新生进校后就得到一个自己体型的人台，被院长乔万尼比喻为人的又一个手指（图1–7）。单是领、袖设计就要在上面操练三个月，其设计课过程是：构思草图，选用面料，用专用纸进行立体裁剪，在设计老师辅导和严格要求下修改完善造型，最后按此画出效果图。我们的现状与此比较相差甚远，职业技术教学要跟上时代，现行的教学体制必须首先进行改革。

图1–6

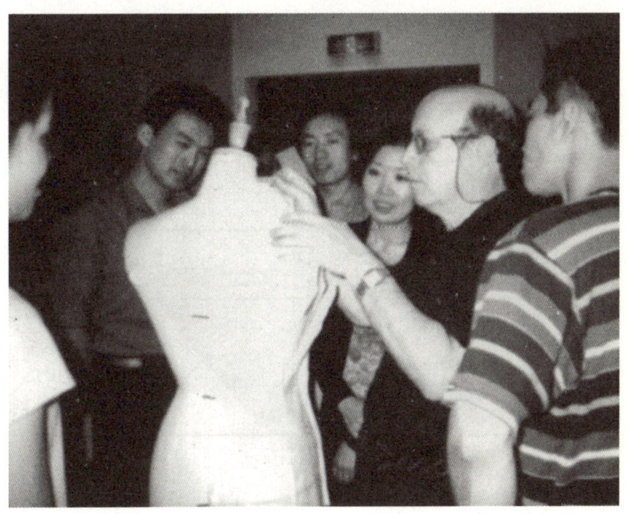

图1–7

第二节　立体裁剪造型基本要素

一、结构平衡

判断、鉴定立体裁剪技术水平高低的第一准则是结构平衡。立体裁剪所使用的白坯布排除了色彩的干扰，便于布丝与结构的辨认。从不同方位观察：

（1）结构平衡表现为：样衣表面受力均衡，布丝纹理走向与造型浑然一体；面与面之间转折分明，立体感强；结构线缝平直自然［图1–8（a）］。

（2）结构不平衡表现为：布样经、纬向受力不均，引起有关部位绷紧、牵吊、起斜皱、拧涟形；结构线缝扭偏［图1–8（b）］，门襟豁裂、搅盖，从而引起着装的机能性障碍以及视觉的不平衡、不“体面”感。

结构不平衡的起因很多，如材料结构未处理好，省、褶、结构线捏缝不当，大头针别法有偏差。另外，关键部位数根纱线的偏差也可能会引起结构不平衡。在空间造型中，松量不足和面与面之间的转折不顺畅更是结构不平衡的罪魁祸首。

二、造型空间量——松量的构成

服饰造型空间具有双重含义：一是服装的存在空间，服装对空间的占有形态、廓型（图1–9）；二是服装内部空间、人体体积形态与服装内部空间形态之差，服装内部与人体之间的空隙，也被称为空间量、松量（图1–10）。

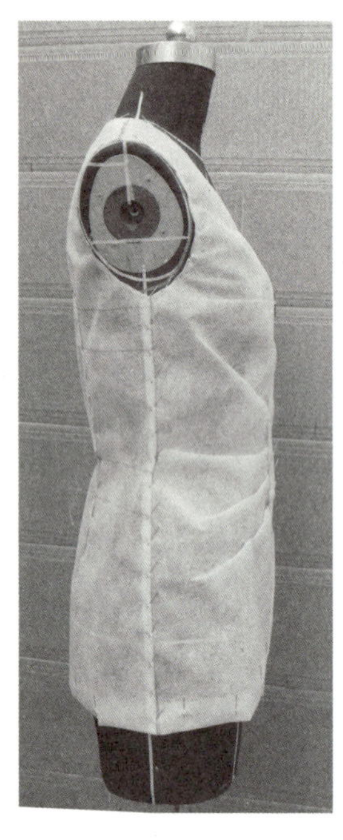

(a)平衡

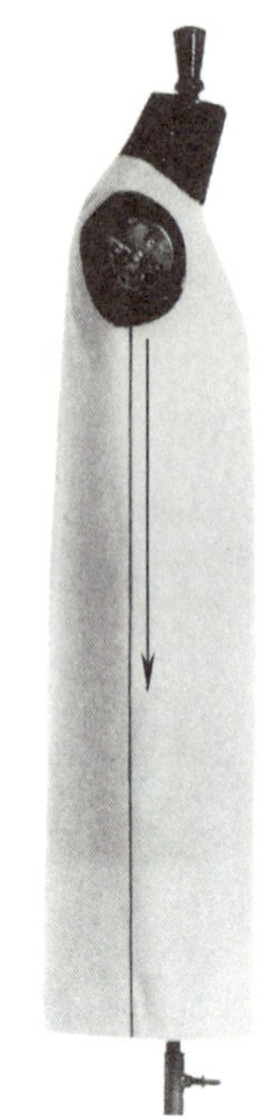

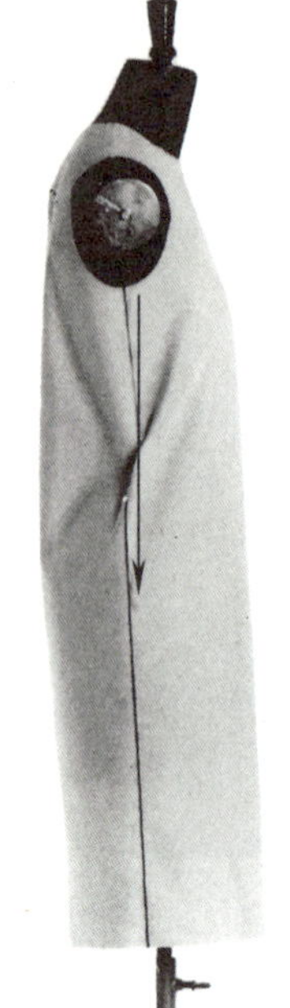

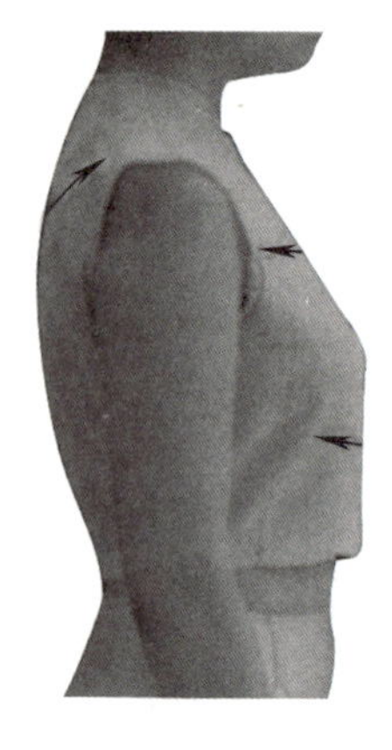

(b)不平衡

图1-8

图1-9

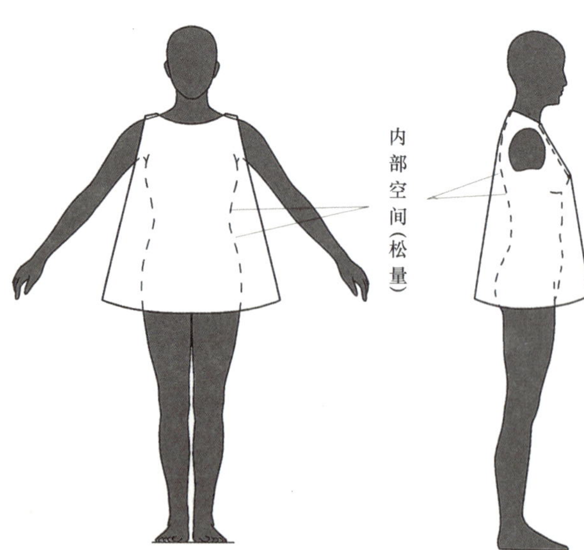

图1-10

(一)造型松量的构成

如同建筑物一样，外在的雄伟壮丽是由钢筋水泥等构筑起来的内部空间来支撑，服饰造型空间和空间量的设计同样有它的内部构成元素，有在造型中自然形成的，也有为设计放出松量的（图1-11），在造型裁剪时要把握好这些元素。

(二)服装造型基础空间量构成元素

以上衣原型为例，原型胸围的放松量为8~10cm，是服装原型的基本空间量，属于“贴体型”松量。在立体造型中这空间量并非是一次性加放，而是逐步积累起来的，包括平衡布样结构的空

人体和服装之间空间量的原则和组成

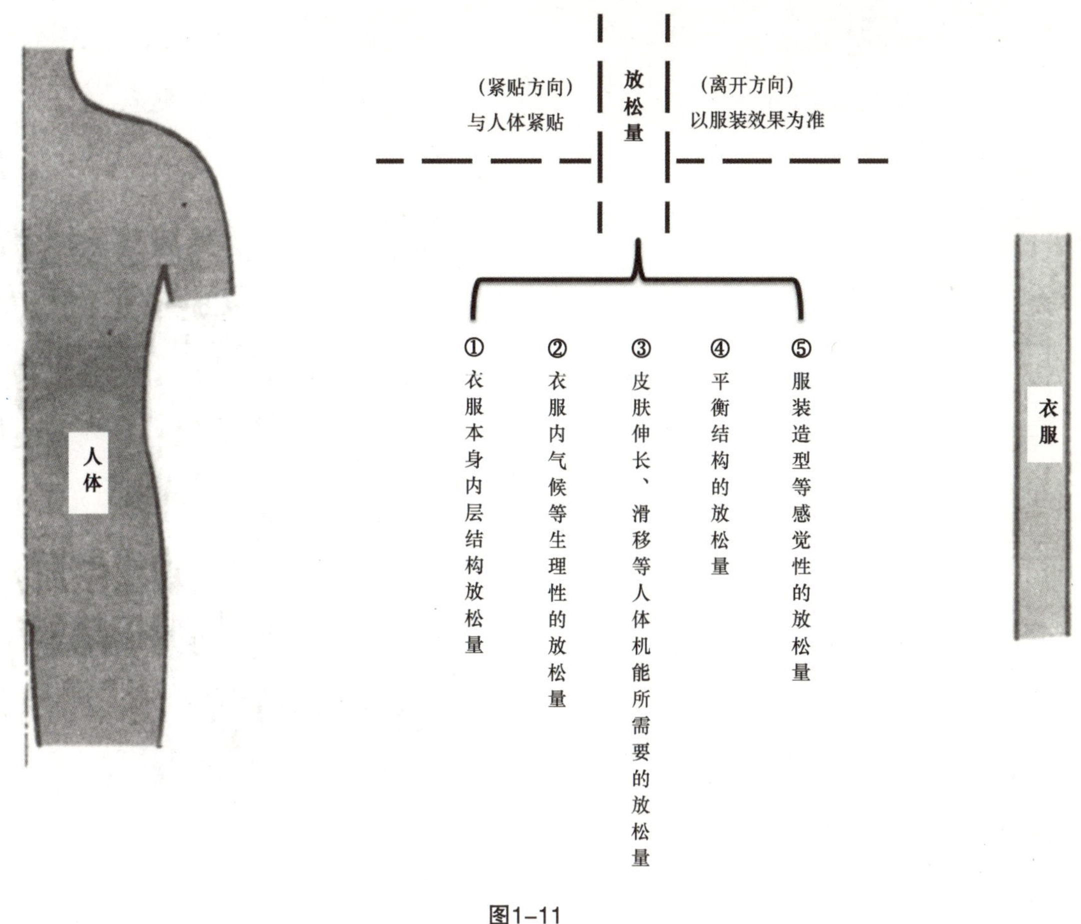

图1-11

间量与适应人体机能所需的空间量，下面分别展开讨论。

1. 布样结构平衡与人体凸点、凸面转折所需空间

人体上半身的外包围样如图1-12所示。人体与布样之间的空间由人体体表的凸点、凸面来支撑，腰部以上的凸点有胸高点（BP）、肩胛骨凸点（M）、锁骨凸点、腋窝前后点等。胸高点、肩胛骨凸点处于上半身人体起伏面上，需要收省才能平服，这是众所周知的。此处强调的是还要给凸点以包装空间，否则会因布样贴紧而被凸点顶出难看的皱纹或牵引其他部位出现皱纹或短缺。其余凸点在人台上并不明显（如锁骨），有了人体概念，我们自然会留意。此外，布样由正向侧包转时自然出现转折面，这样就增加了布样的围度。人体凸面是因骨骼肌肉隆起、脂肪堆积而形成，与凸点同样的道理，在凸面处也要放出空间量。如因为背部斜方肌的隆起，后横开领要留放松量人体上半身的凸点与凹面放松量如图1-13所示。

2. 包装体形转折面的空间量

处于体形正、侧转折面的空间量是在造型中自然形成的。在立体裁剪原型时，将人体概括成前、后、两侧四个面，将布样环绕人体，由正面向侧面转折，转折上端起始于腋窝前、后以上的胸大肌、三角肌，下部顺着体形向内收缩，在正面、侧面交界处形成自然的转折空间（图1-14），使布样外部产生正侧分明的立体感，布样内部则与人体产生空间。前身胸腰落差小，这一空间量就小；在后背转折处，由于肩胛骨、斜方肌、三角肌的交汇使背部隆起，则引起较大的胸腰落差。要摆平布样结构，必然在转折面形成较大的空间（图1-15）。如果为了贴体而人为地缩小空间，则会破坏结构的平衡，只能在形成转折后，再采用收省、开片的方式去除一些松量。

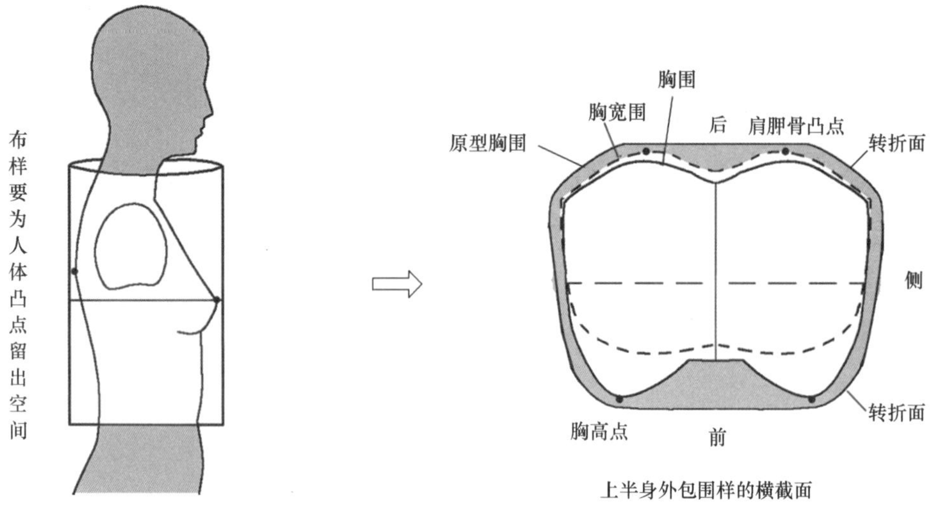

布样要为人体凸点留出空间

胸围
胸宽围
后
肩胛骨凸点
原型胸围
转折面
侧
转折面
胸高点
前

上半身外包围样的横截面

图1–12

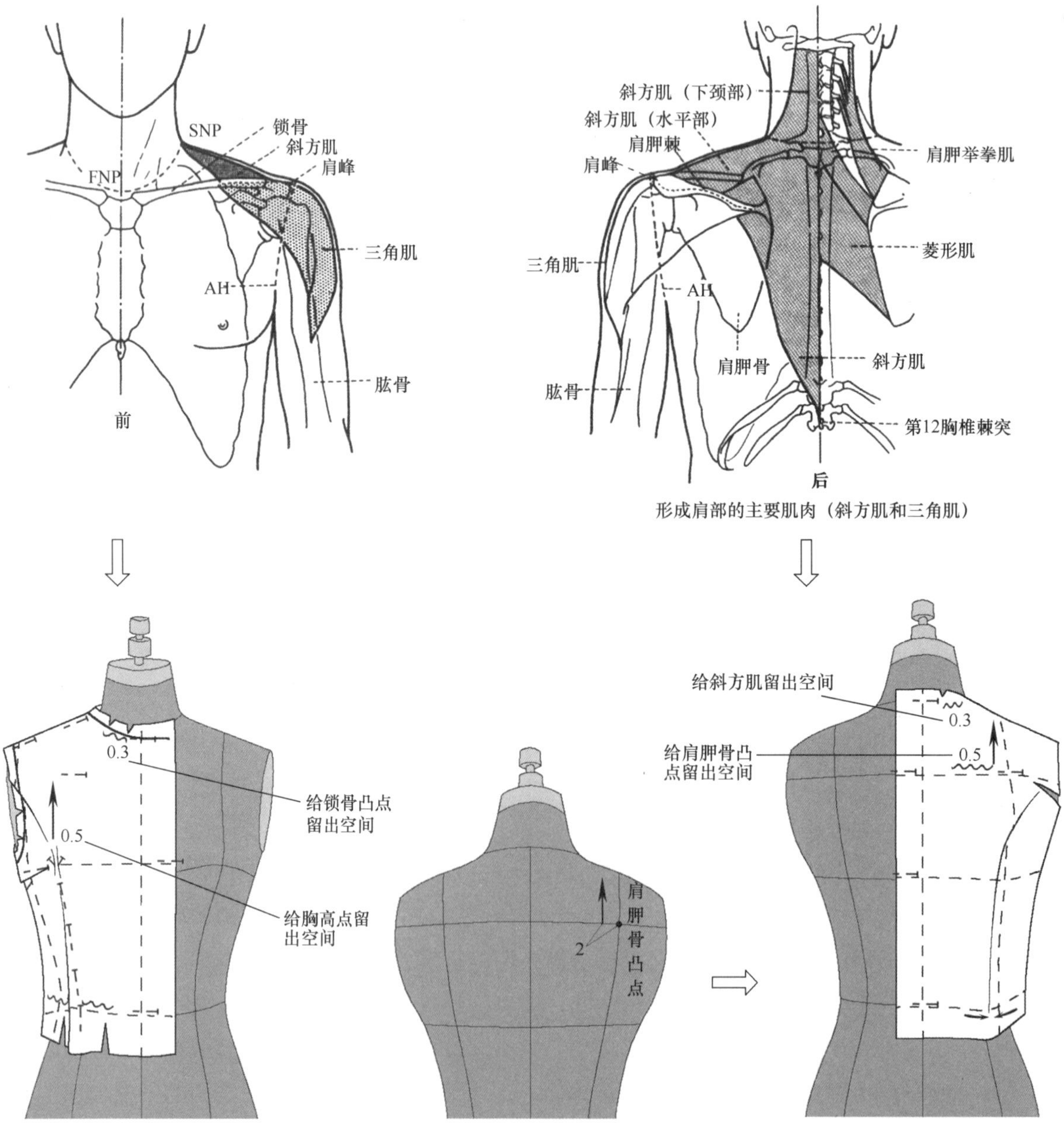

SNP
锁骨
斜方肌
FNP
肩峰
三角肌
AH
肱骨
前

斜方肌（下颈部）
斜方肌（水平部）
肩胛棘
肩胛举拳肌
肩峰
菱形肌
三角肌
AH
斜方肌
肩胛骨
肱骨
第12胸椎棘突
后

形成肩部的主要肌肉（斜方肌和三角肌）

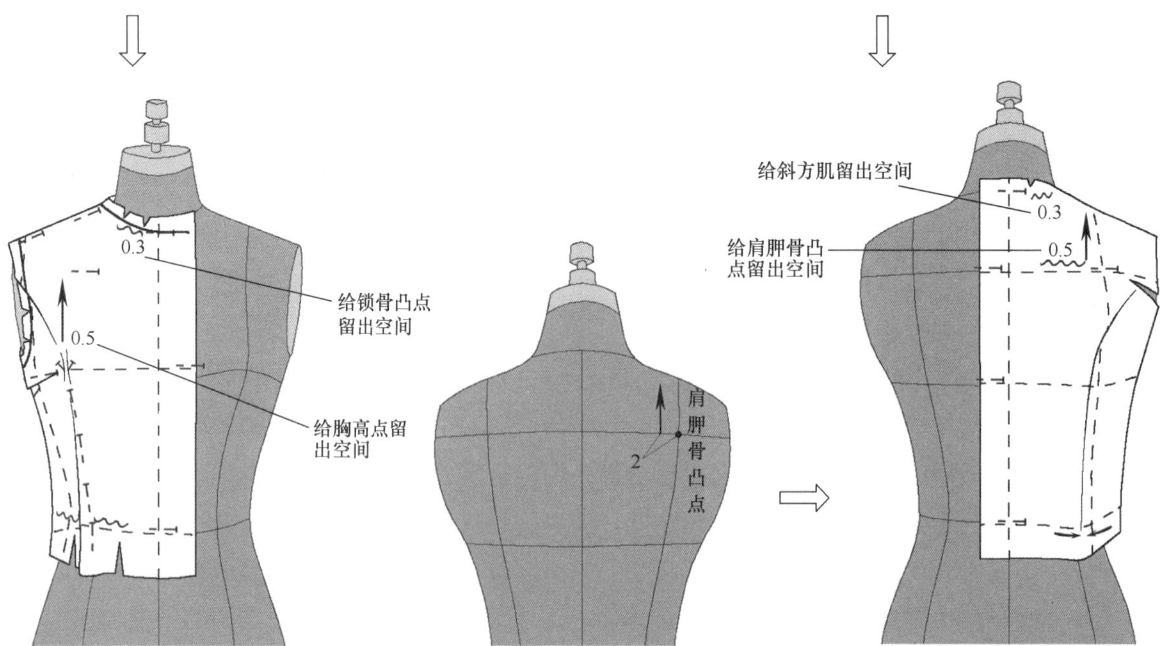

图1–13

3. 皮肤伸长、滑移等人体机能需要空间

该空间量是以静体位为基础，加上适当的机能性放松量。

人体的运动由关节产生，关节运动时皮肤伸长，衣服紧贴皮肤，产生牵引感、压迫感。服装在手臂根部与大腿根部最容易产生牵制，因此这两部位结构设计也最为复杂。

手臂朝上伸举，腋下皮肤伸长，因此有衣袖的袖窿要设在腋窝以下至少1cm，给臂根留出运动的空间。手臂朝前运动，人体胸部皮肤缩紧，臂根部皮肤滑移，引起背部对抗性扩张。为此，立裁时原型窿门应放松量1cm左右，以适应腋部皮肤滑移。至于背部，在塑造背侧转折面形成的自然空间（2.5~3cm）正好能适应背部扩张。上半身运动结构起自腰部，为适应皮肤滑移和伸长，腰部也需要放松量1~1.5cm（图1–16）。

除以上所述，人体还需要衣服内气候、呼吸系统等空间量，但这些不需要另放，前面所述的放松量已够用。

原型，即是将造型操作的经验上升为理论的服装制图形状，原型空间量与省道的形成如图1–17所示。

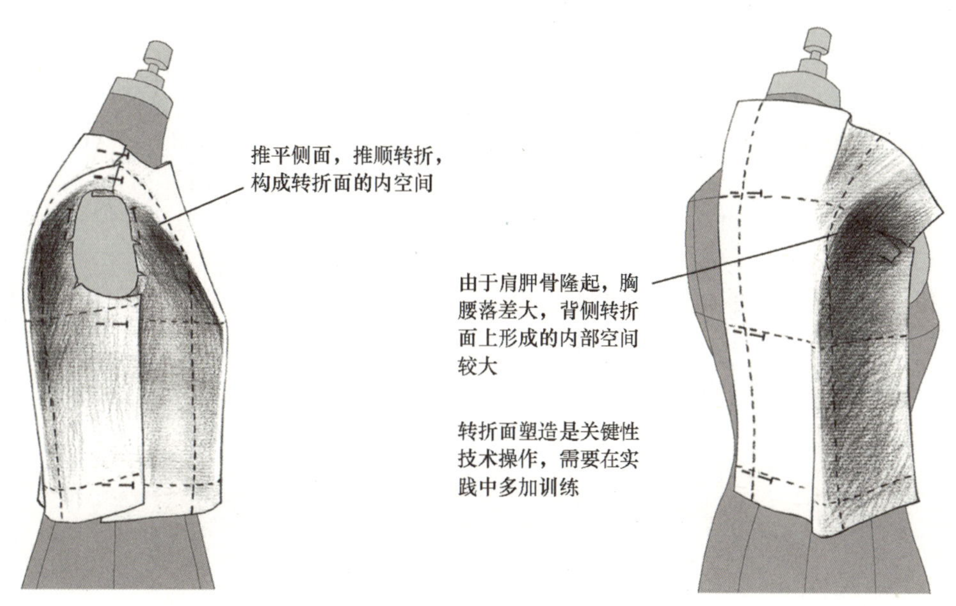

图1–14

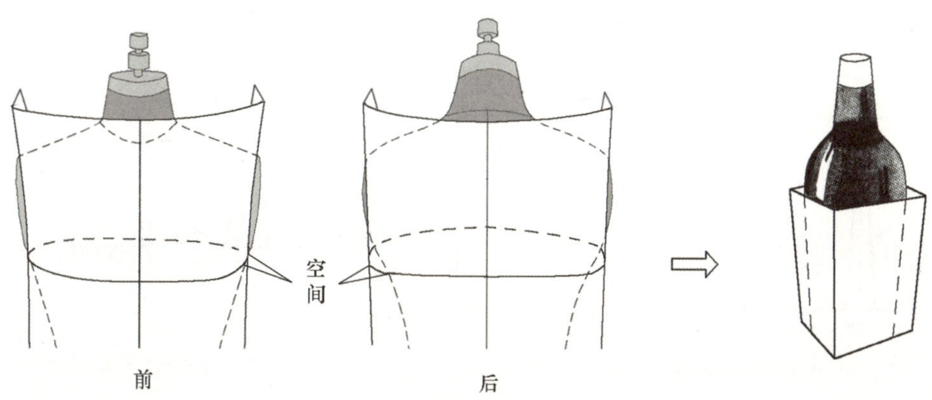

图1–15

X
B
F
为适应皮肤滑移，窿门设置放松量1cm，腰部设置放松量1~1.5cm
1.5
V
D
f
b
s
b′
s′
f′
后
40%
30%
前
自由区
斜线部分为宽松量，其中胸宽(f)、腋窝(s)、背宽(b)
0.5
1
2
1.5
BP
2~3
各省与总省量的百分比
f
e
d
c
b
a
7%
18%
35%
11%
15%
14%
各附省式原型分析人体结构
附省式原型腰省分布

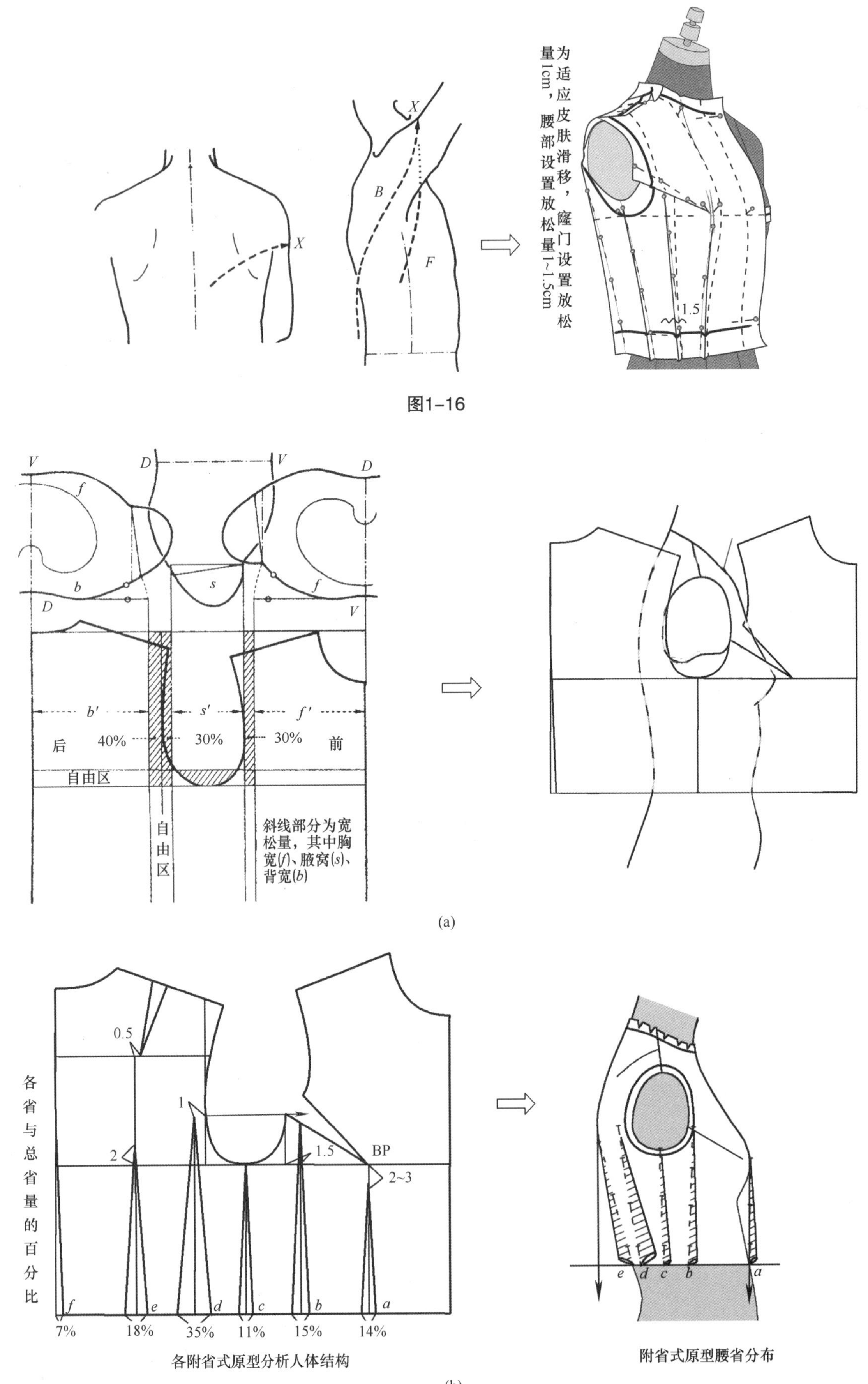

图1–16

(a)

(b)

图1–17

（三）材料、季节需要的内部空间

立裁操作时人台上只有一层白坯布，实际着装情况要复杂得多，有些内部空间无法显示，如在前门襟处，上下装交接处都有多层材料重叠，比较而言，秋冬装的材料要厚于夏装，这厚度挤压内部空间［图1–18（a）］，要将前中线外移，加大围度，来满足空间量的需要。人体背部纵向起伏较大，厚度大的材料，尤其是加贴边极易造成背中短吊，对此都要做出预算、预留［图1–18（b）］。立裁春秋、冬装时，要换大半号、一号的人台操作，或加大放松量，以作容纳内衣的空间。

在操作时，尤其是在贴体型上衣裁剪时，以上所述空间量很容易被忽略，造成成衣后出现多种弊端，因此在操作中要考虑周到，要以原型的空间量为基础，针对应用型服装结构设计需要展开比较、分析、试验。

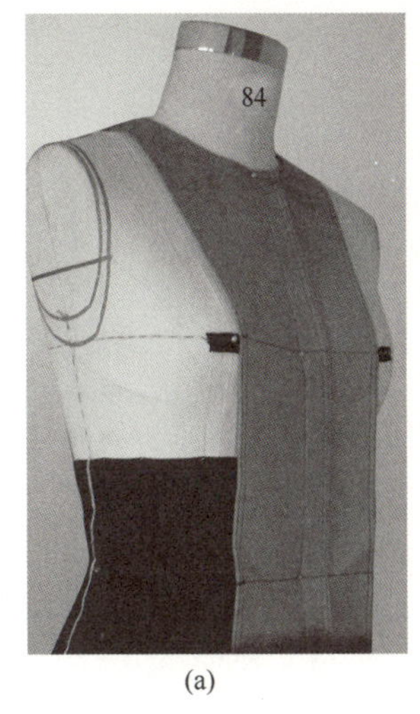

(a)

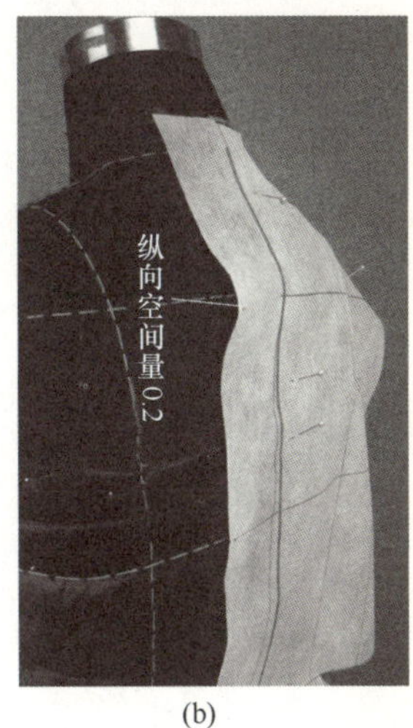

(b)

图1–18

三、上衣衣身造型面的构成

习惯了平面裁剪，往往会忽略侧面的存在，把人体看作前、后两个面，或虽知道侧面但把握不准，有问题不知如何纠正。殊不知，在平面裁剪中容易被忽略的侧面、半侧面恰恰是展现造型与结构最直观的面。以侧面的结构平衡为前提，对空间量进行合理分配，是立体造型关键（图1–19）。

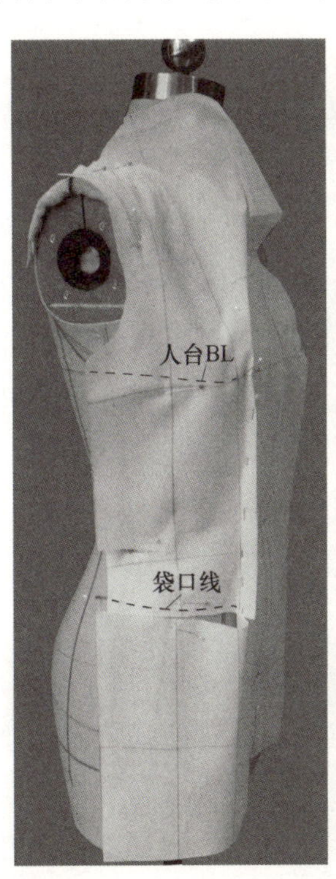

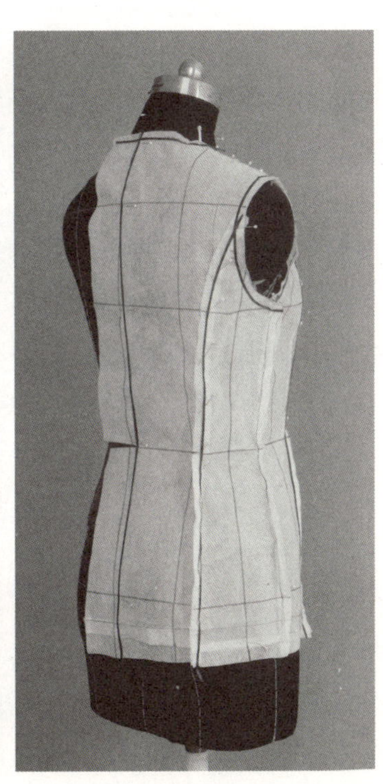

图1–19

以包装人台的衣片数量来区分上衣结构，可分为二面、三面、四面、五面等构成类型，三面以上统称多面构成，二面构成是多面构成的基础，是对人体作前面、后面、侧面的概括，侧面是由前后衣片转折延伸过来形成的（图1-20）。

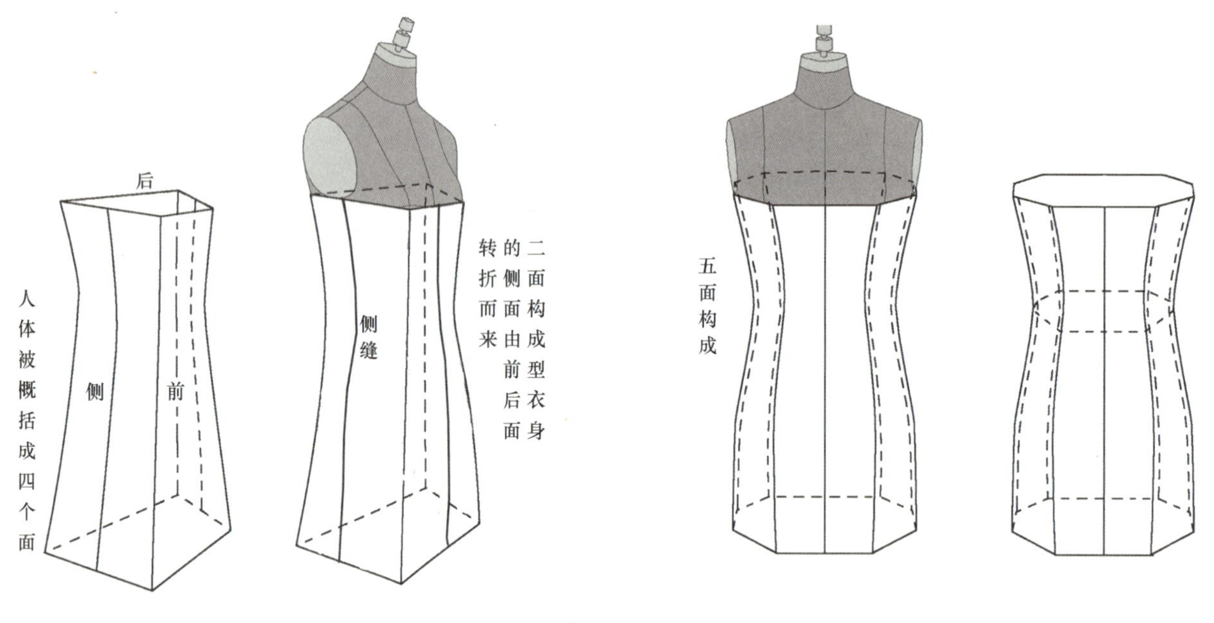

图1-20

人体是一个非常复杂的形体，由多个曲面构成，可以分成很多面来表现，立体裁剪人台的纵向基准线是将人体概括为八个面。一般情况下，多面构成造型时，要能使布样各个面的造型空间适应人体的曲面，使空间构成更趋合体，造型感觉越加精美，操作难度也随之增加。

四、服装廓型与布样放松量及工艺技巧

裁配布样应根据廓型设计要求放出相应的松量，廓型构成于造型转折之中，构成廓型的松量与结构平衡等松量在操作中是合在一起加放的。

可以说，女装构成中运用的各种工艺技巧，如衣片分割、褶裥、垂环起浪等，在一定程度上也是为塑造廓型服务，这些技法对廓型的形成和变化作用为：一是缩小衣服与人体之间的空间，突出体形曲线；二是扩大衣服与人体之间的空间，突出服装廓型，塑造新的造型；三是前两者的综合应用，古今中外千变万化的服装造型不外这三种情况，立体裁剪为种种空间造型提供了最直观、最机动灵活的手段。

五、立体裁剪、平面裁剪、新式斜裁

（一）立体裁剪、平面裁剪

立体裁剪、平面裁剪各有所长也各有所短，因此要相互兼容，兼采所长。如普通衣袖的制板方式，还是先采用平面制图较好，然后再立体组装、调整。

平面板型常常要采用立体裁剪消除弊病，立体裁剪原理最终要回归至平面上来讨论，上升为理论再来指导立体裁剪。立体裁剪的样衣衣片要在平面上进行制图化整理，需要平面裁剪做理论指导。在要求

快速造型的工业环境中，可以选择一个样板拓画在布样上，再上人台展开造型（图1-21）。在企业要讲究效率，出样要快，较常见的方法是将一个款式分成立、平两部分，难度大的用立体裁剪，其他用CAD解决。

（二）新式斜裁

正统的立体裁剪，作为空间造型技术，具有较高的规则要求和评判标准，本节前四个部分讲述了立体裁剪的一些基本规则要求。

斜裁，是将衣片的丝缕方向裁呈45° 正斜。新式斜裁指一种新流行起来的欧式斜裁，不仅是裁片丝缕倾斜，纵向结构缝线也被转换成斜线（图1-22），造型手段是二维、三维并用，在平面上制初样，具体的创意、造型细节在人台上展开。正是这样的斜向结构及其创意手段展现了现代时装世界的“柳暗花明又一村”，吸引着人们去发现更多的时尚造型。新式斜裁作为空间造型技术与设计相结合的一大类型，被列在本书的最后一章。

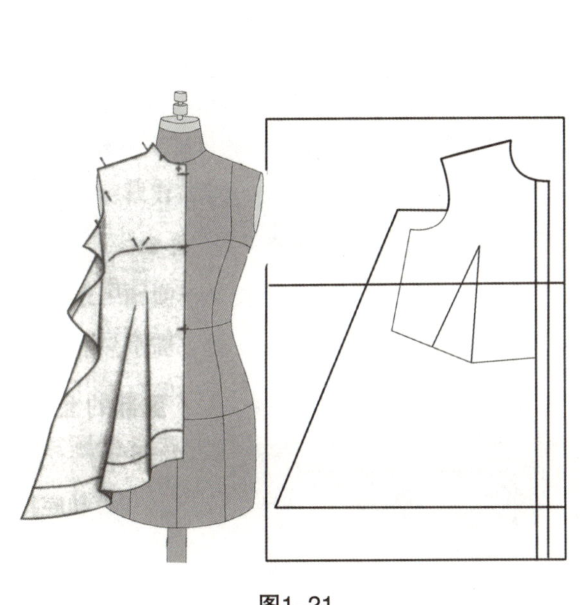

图1-21

图1-22

第三节　立体裁剪主要工具与材料

一、人台

（一）人台概述

人台也称为人体模型（Bobby Stand）、模特架，是供立体裁剪用的模具。最初的服饰造型是直接以真人作模特，这种传统一直到现在仍保留在西方高级女装设计领域。高级女装设计师常直接用布在模特身上假缝，捕捉设计灵感，并把人台修正得非常接近顾客。成衣用设计人台追求拥有理想的最大限度的市场群体体型覆盖率，发达国家在这方面投入了大量人力、物力，不仅仅是政府行为，许多公司和服装学校都有自己开发的人台、原型。随着体型的变化，隔几年就要调整一次。我国的人台在开发与应用方面还比较滞后。

（二）选择立体裁剪人台

立体裁剪人台种类很多，要选择针对市场群体的实用性强的人台。为了美化体型，增强立体效果，当今女性都会穿戴文胸，以矫正体型，使得胸围、前长、胸高度的数值都有新的增长（图1–23）。

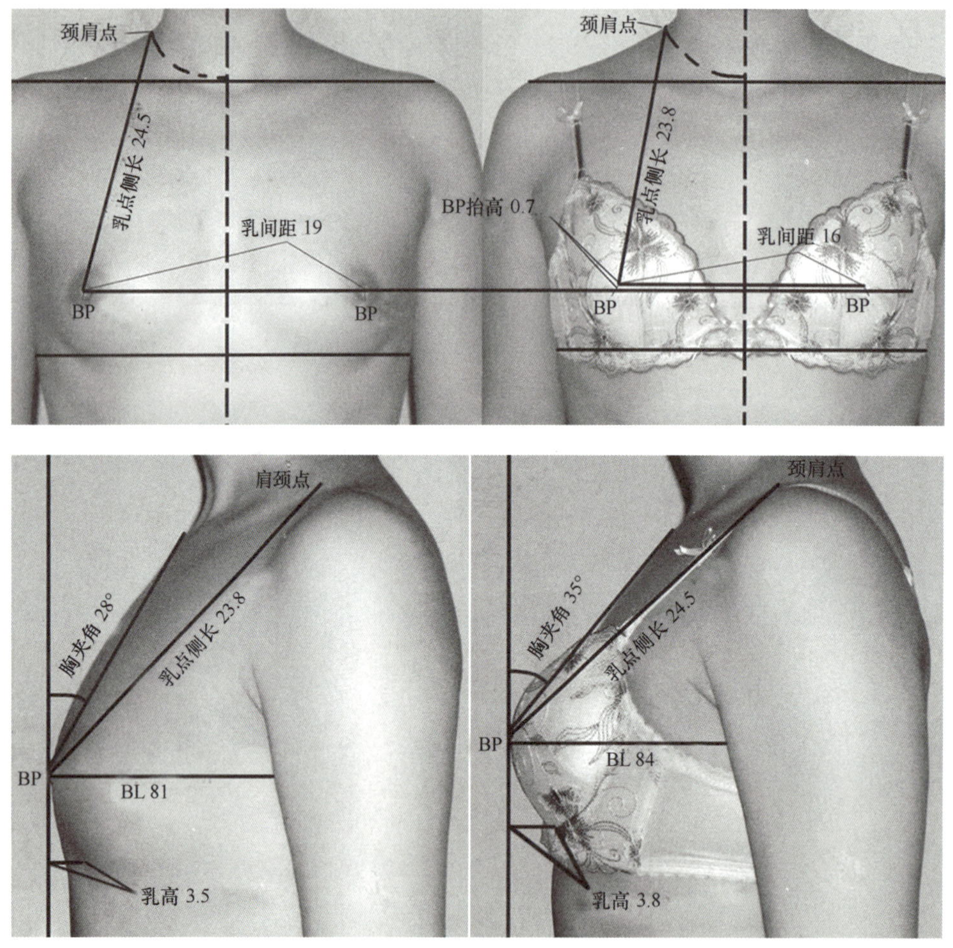

图1–23

要选用形态与矫正后的体型相接近、便于操作的实体化立裁人台，图1–24所示人台为市场上比较好的、与人体相接近的人台。不过腰节与臀高有所上移，即比人体短，这是当今人台的普遍现象。

与人体最贴近的莫过于问世不久的仿真人台，这是高科技的产物。该人台用很短的时间三维扫描人体，取得人体数据，在对测量数据进行分析后，进行逼真的人体三维建模与电脑开发，最终制造出一个真人的“替身”般的人台，头模、上下肢均可拆卸（图1–25）。仿真人台是服装人台史上的一个新的里程碑。本书部分款式已用它来造型裁剪。

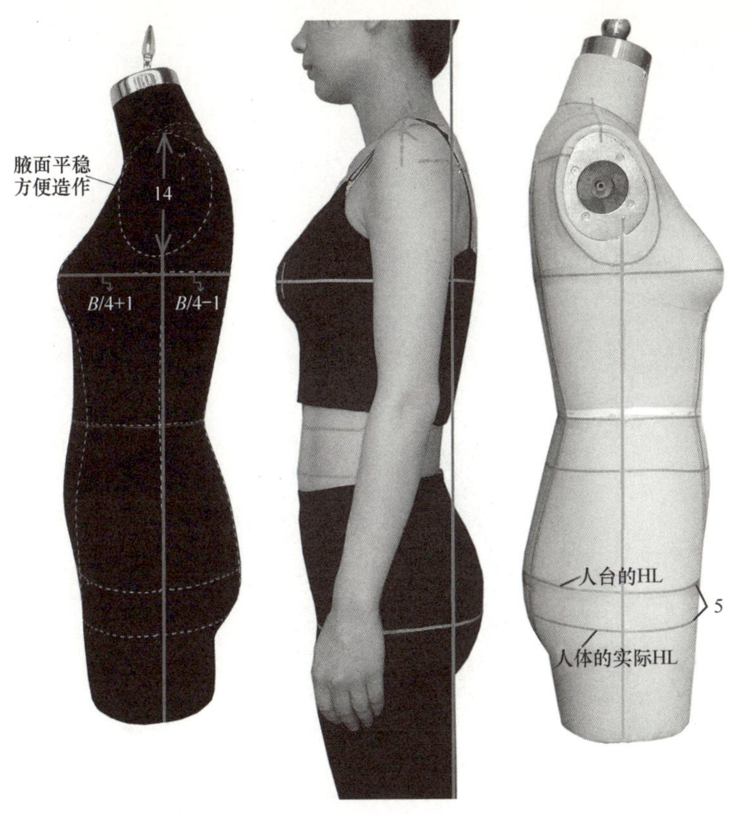

图1−24

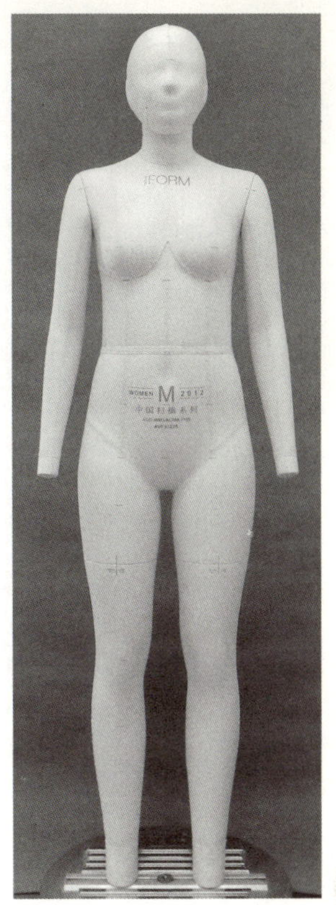

图1−25

（三）人台基准线的标设、人台补正

1. 人台基准线的标设

人台上的标志线是立体裁剪的导引基准线，按其走向分为两类：

（1）纵向型基准线：前、后中线（CF、CB），侧缝线，公主线。

（2）横向型、围度型基准线：胸、腰、臀围线（BL、WL、HL），背宽线，肩线，领围线，袖窿线。

标志线作用如下：

（1）按人体体表的结构特征，将人台划分为不同的区域，给予服装转折与接合的界面，便于理解人体，引导服装造型。有的标志线要随流行及成衣品类设置，图1−26所示人台上的腰围线（WL）、臀围线（HL）各有上、下两道，上面的WL、HL为基准线（比人体有所上移），下面的WL则是追加型，相当于人体肚脐的位置，为低腰时尚型下装腰围基准参考线。下面的HL是人体的实际臀围线。为求实用，著者在公司工作时都在人台上标了这一条线。

（2）立体裁剪操作时，布样丝缕、基础线必须与这些基准线相对应。对于平面裁剪、成衣检验基准线也具有同样作用。为保证基准线的准确性，作为人台标志线与人台测量的基准点首先要定位准确。

①主要基准点如下：前、后颈窝中点（FNP、BNP），各为前中线（CF）、后中线（CB）的起点；颈肩点（SNP），肩端点（SP），各为肩线的起点与端点；胸高点（BP），BL的定位点。

②基准点定位方法如下：测量人台的尺寸，与标准人体以及使用的原型尺寸展开比较分析，绘制出结构比较合理的原型，制成原型样衣穿于人台，保持CF、CB垂直，BL、WL水平。用珠针记录样衣FNP、BNP、SNP、SP、BP的位置，即为人台标志线与人台测量的基准点（图1−27）。

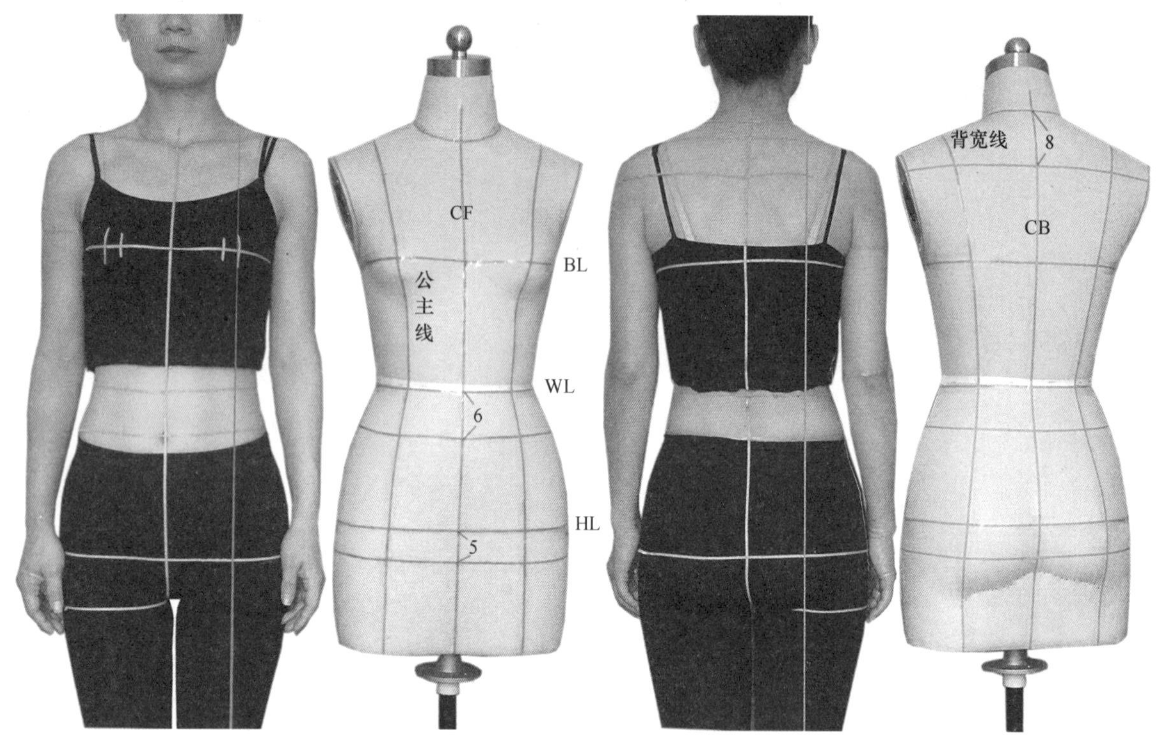

图1-26

③按基准点展开基准线的标贴，次序为：CF、CB、BL、WL、HL、侧缝线、肩线、公主线、袖窿线、领口线、背宽线。

④为使标志线达到横平竖直，需要作好纵、横定位：

a. 前、后中线（CF、CB）：在线的上端插一珠针，系一线坠垂下，用大头针沿线纪录垂直线，按此标线（图1-28）。

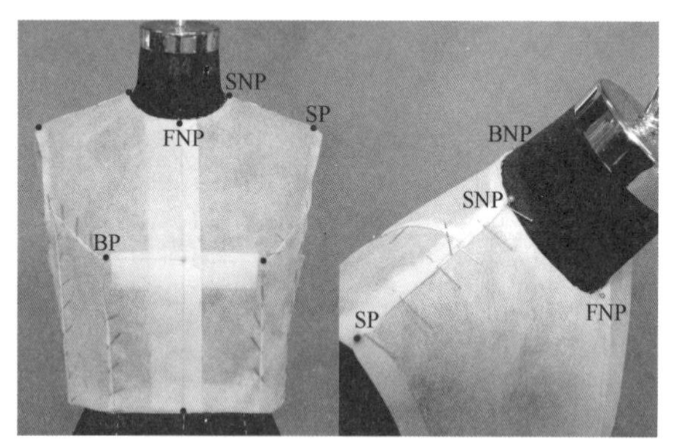

图1-27 设置基准点

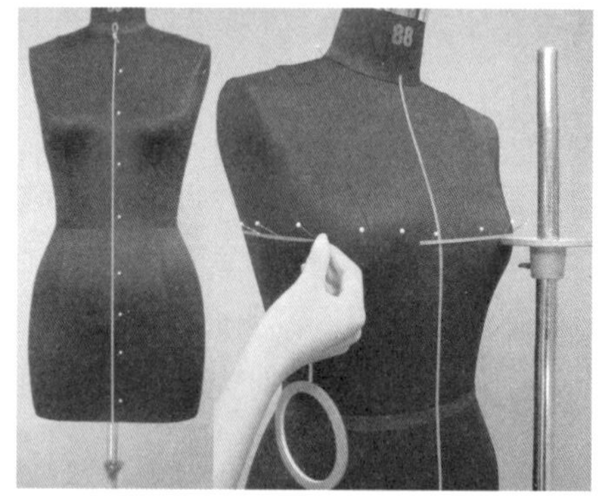

图1-28

b. 三围线（BL、WL、HL）、背宽线：将一人台架子的托盘调节到所标线的高度，作为水平计测工具，围绕所测人台一圈转动托盘，用大头针沿线纪录水平线，也可在托盘上绑定一支消失笔，围绕人台一圈画水平线，按此标线。

c. 领口线、袖窿线：领口按原型样衣的位置标线。从无袖衫着眼，袖窿线一般由肩端点往下14cm。

d. 公主线、侧缝线：公主线由肩线中点往下，前面要过胸高点，将人台分成正面与半侧两个面，无论从哪面观察，都要感觉位置适中。侧缝由CF与BL的交点往后$B/4$+1cm定位，作垂直线标贴，方法同前、后中线（图1–29）。

标志线一般采用0.3cm宽、背面有粘胶的纸带粘贴，但这类标志线易脱损，使用寿命短。图1–30所示人台上的标志线是用橘黄色牛仔线双股缝上去的，牢固、醒目、穿透力强；线条不占用空间，更比0.3cm的胶带要来得精确。如果是白色人台，可以直接在上面画出标志线，那就是永久性的，图1–31所示为仿真人台。

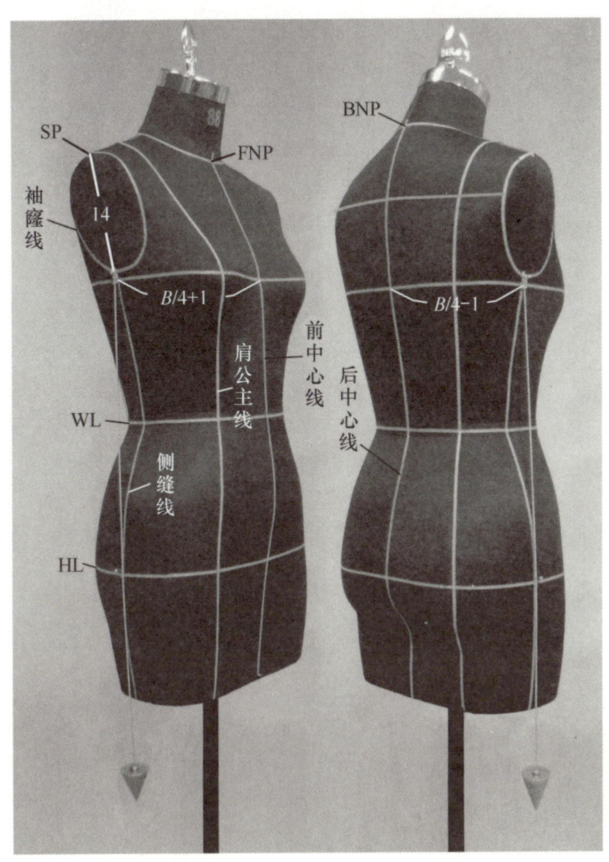

图1–29

图1–30

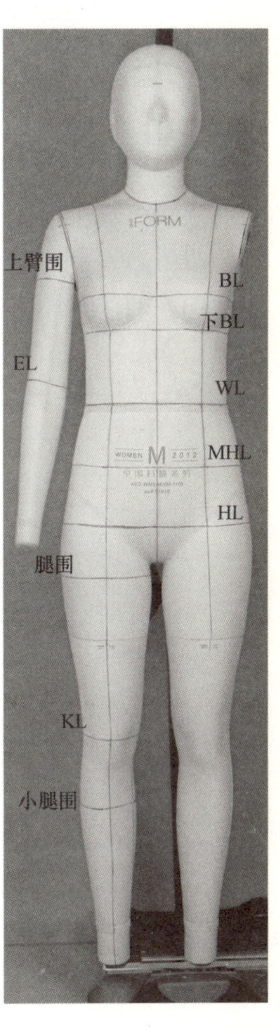

图1–31

2. 人台补正

人台补正，有针对款式需要的，如为婚纱裁剪加的胸垫、为西服加的垫肩，还有针对个人体型定制服装所作的垫补，如为胖体加肥腰腹部等。成衣裁剪用人台，需要针对所定位的市场消费群体型特征作出补正，如腰、腹部用絮料腈棉增肥，填料边缘要薄，用手针缲缝平服（图1–32）。

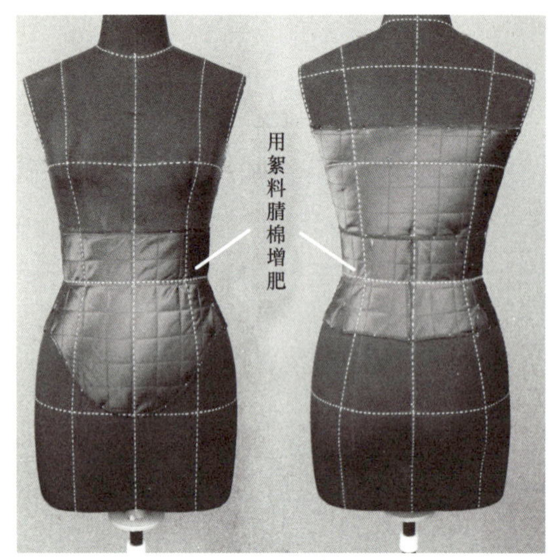

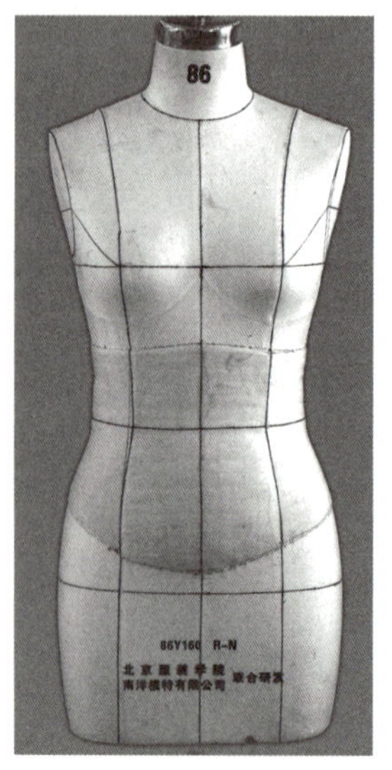

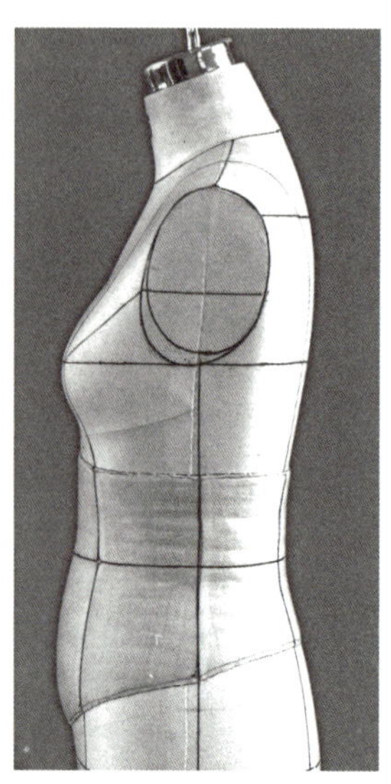

图1-32

二、制作手臂模型

1. 手臂模型样板制图

按仿真人台的手臂模型驳样、制图。用薄型平纹白坯布做表层布，内用腈棉垫充，这样的模型轻软有弹性，可自由弯曲、随意装卸（图1-33）。

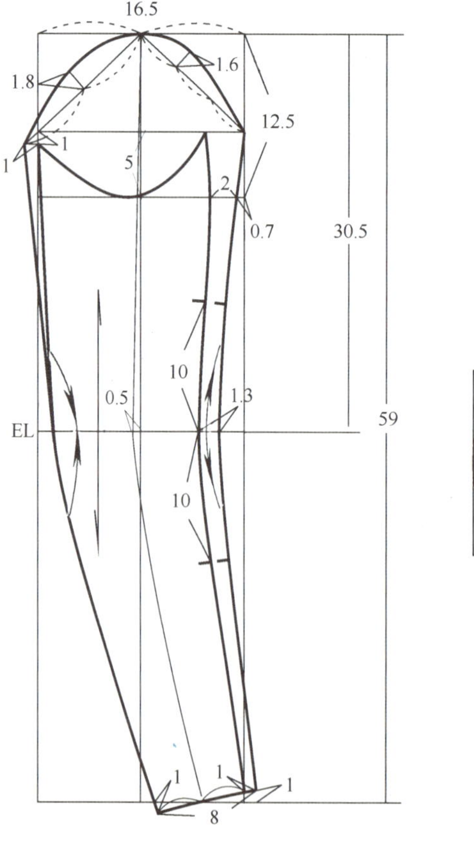

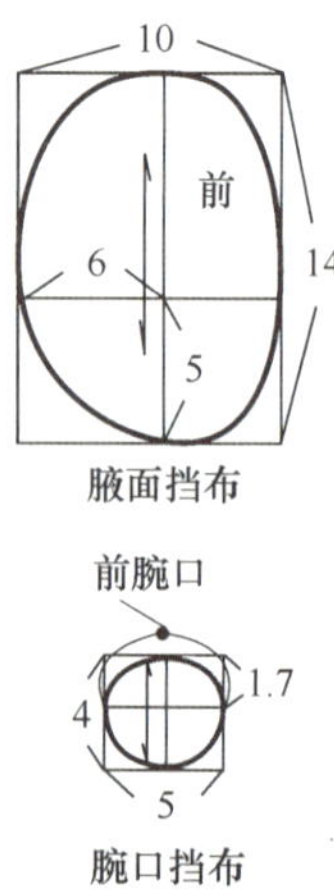

图1-33

2. 制作手臂模型

（1）将线条画在布样表面，大袖的前袖缝拔开，缝合袖筒，分烫毛缝，使手臂呈自然往前弯曲状态。制作两头封口的腋面、手腕口挡布，内垫硬衬，手针穿缝、抽缩毛边。盖合手腕口。使用腈棉作填充料，塞进袖筒。用手针抽缝上部袖山毛缝，再缝上斜料牵带收住抽缩量，最后盖合模型上口［图1–34（a）］。

（2）装手臂模型，用大头针将袖山牵带与人台别合。仿真人台的手臂模型与自制手臂模型比较［图1–34（b）］。

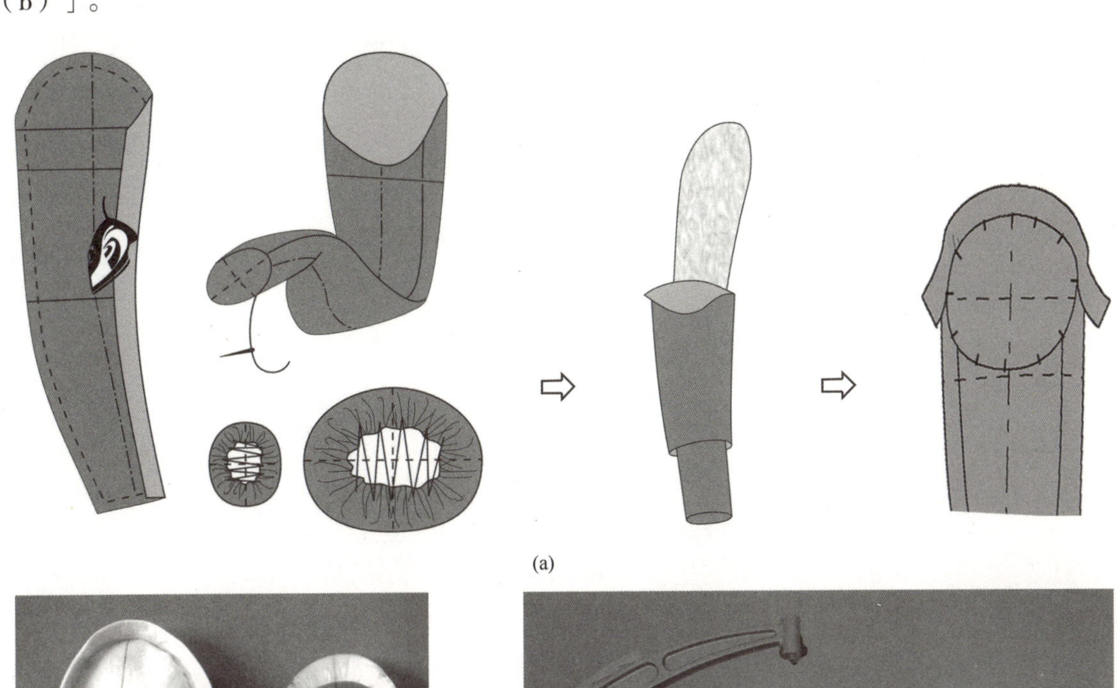

(a)

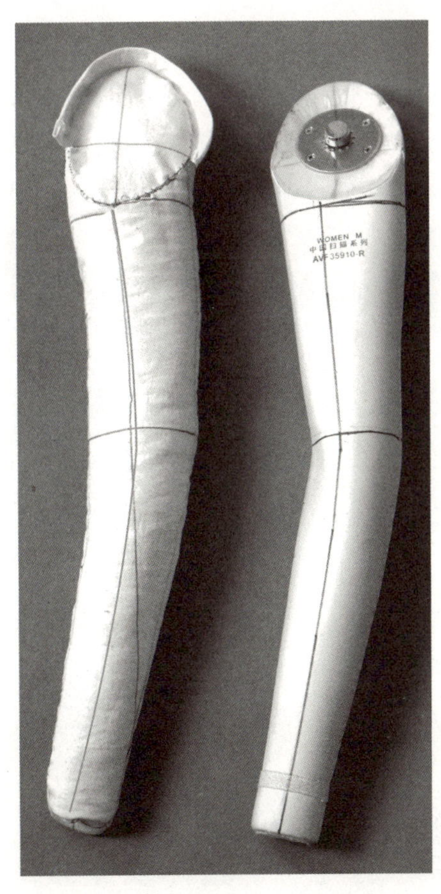

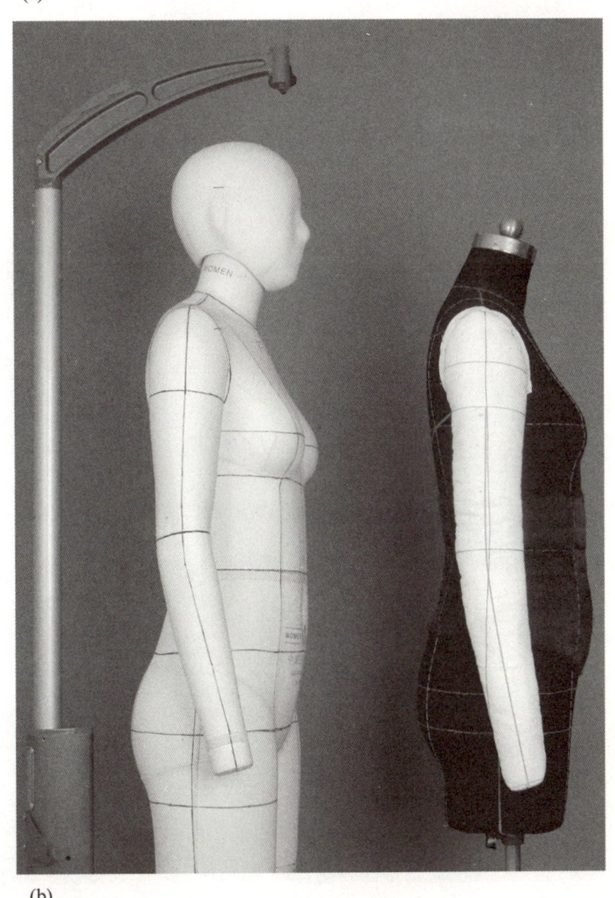

(b)

图1–34

三、立体裁剪坯布的选择和处理

1. 平纹白棉坯布

平纹组织结构清晰，便于辨识经、纬向；纯净的白色对造型形态与结构的干扰较小；棉布价格低廉，耐高温熨烫，保型性好。坯布种类较多，可根据所设计款式来选择使用，如春秋装选择中等厚度平纹白棉坯布，冬季毛呢外套选用厚度相当的平纹白棉坯布，丝绸服装必须选用薄型平纹白棉坯布。

布样裁剪一般都以经纱作纵向线（纱向线），使服装造型挺拔。对于悬垂褶之类要求斜裁的布样，采用45° 正斜效果最好。截取坯布的材料时，要留有一定余量，以作毛边和以便调节。一般情况下，长度上、下端各加3cm，宽度按实际需要加上5cm，在CB、CF外再追加5~10cm。截取布料时先去除布边，再用手撕。由于撕扯用力，布样发生菱形变形，要向撕扯的反方向拉抻，使之复原。然后再用铅笔在布丝间画一直线，以与纱向线平行为好。布样熨烫，首先要均匀喷湿，再用蒸汽熨斗从中间往左右顺着纱向线移动，将纱向熨直，布样烫干，无一丝皱褶，像纸一样平整且摇曳有响声，这样的布样造型才会有骨力（图1–35）。

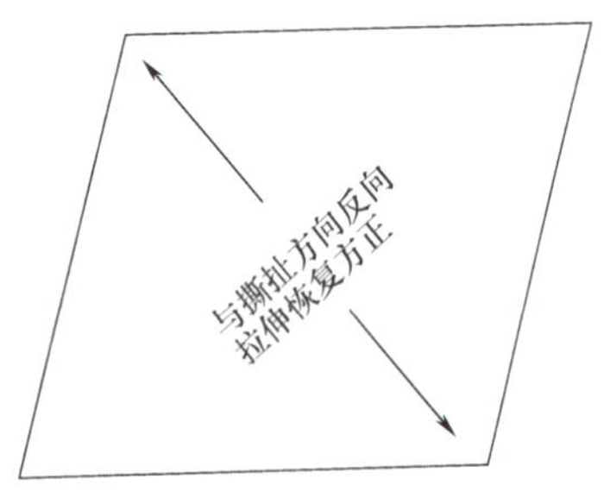

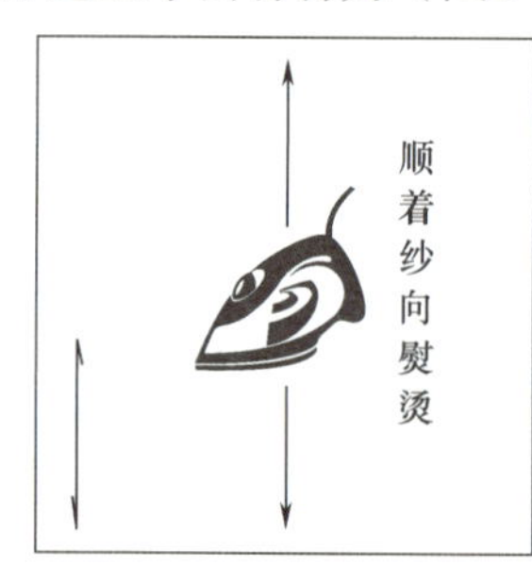

图1–35

2. 无纺坯布

为提高学习效率，与时俱进，借鉴意大利科菲亚国际服装设计学院用纸立裁的方法，部分款式采用无粘胶的白色无纺坯布［图1–36（a）］，其兼容了布与纸的优点，不易变形和破损；免烫，无须辨别经纬向，方便操作，有一点弊病即能暴露无遗，及时调整。卸下来稍作处理即成初步样板，之后再标注纱向线［图1–36（b）］。

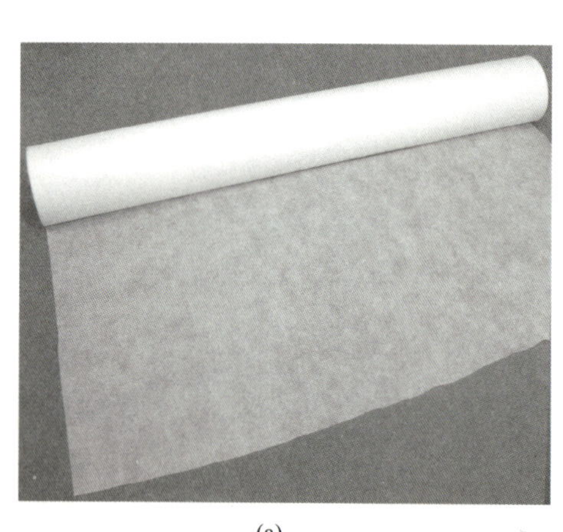

(a)

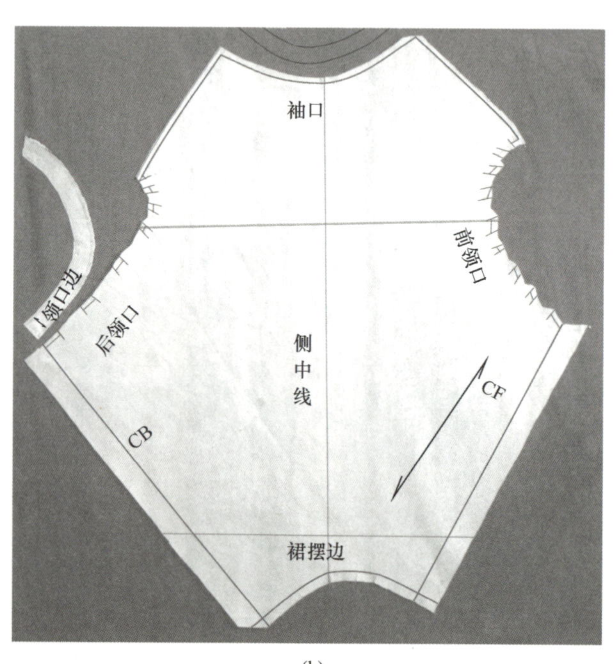

(b)

图1–36

四、别针、消失笔

1. 别针的选择与用法

立体裁剪操作程序分为裁剪、组装两大部分。布样别合与缝接都由别针完成，别针有珠针、大头针（小针）两类。珠针长度长，在裁剪时应用较为顺手，组装时改用大头针，既方便又感觉整齐（图1–37）。

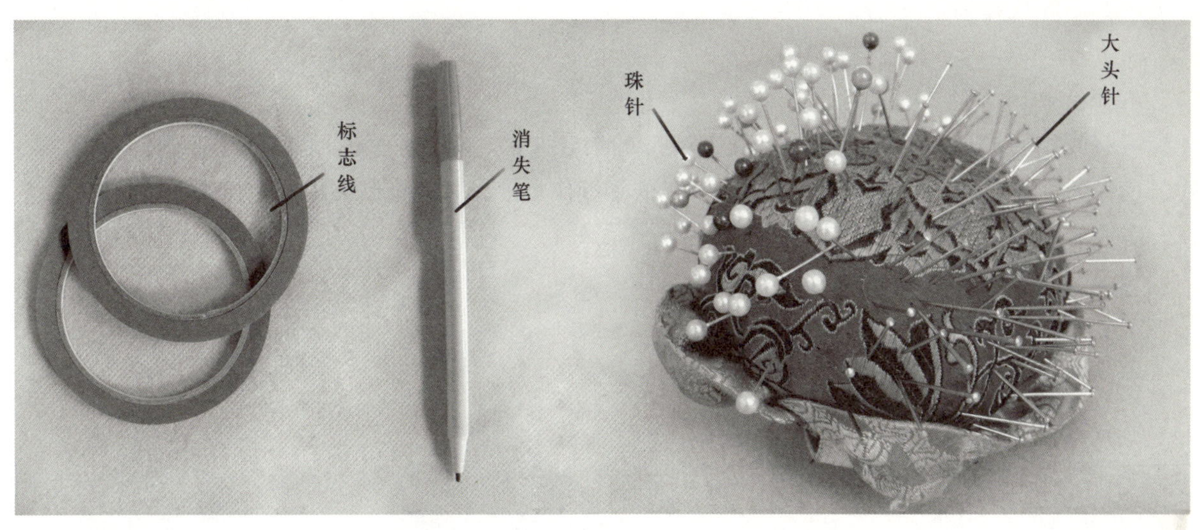

图1–37

别针在不同部位的操作有不同的用法，用针错误会破坏造型，影响结构平衡。图1–38别针的用法中（a）、（b）、（c）使用珠针，适合裁剪时用；（d）、（e）、（f）使用大头针，适合组装时用。

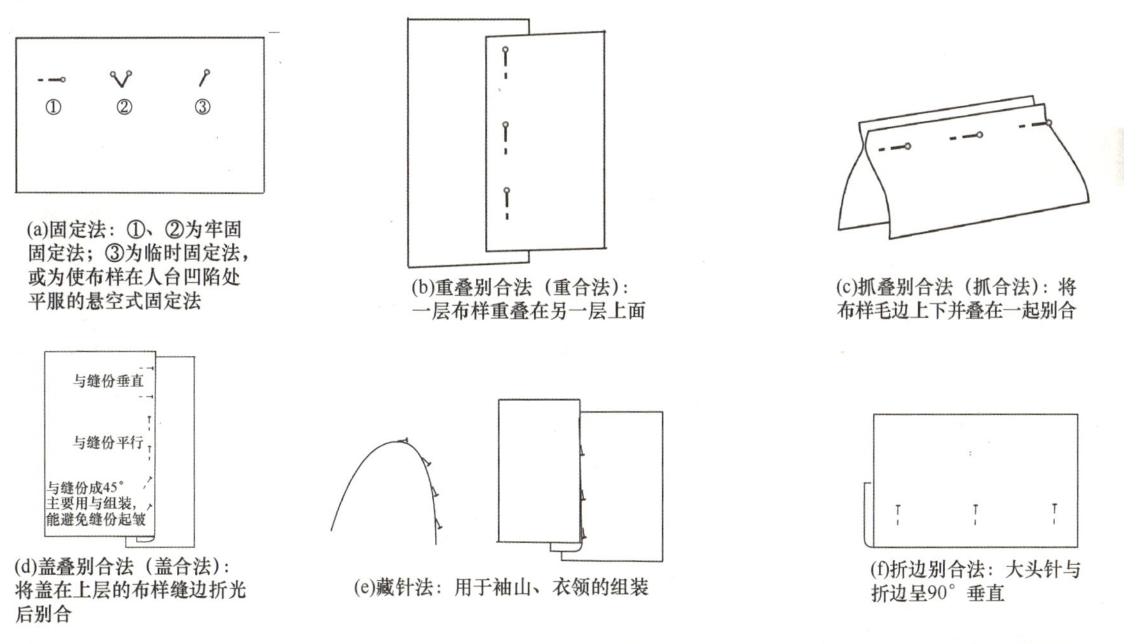

图1–38

2. 消失笔

按惯例，布样上的结构线缝要用铅笔点影，这些点影常因修改等原因使线条不清楚、布样不整洁，所以采用消失笔取代铅笔，24小时后点影线自动消失（图1–37）。

第四节 上衣裁剪造型基础

一、原型立体裁剪与制板

1. 人台准备

标号84或M码，即身高160~163cm、胸围84cm的中号人台。标出原型的袖窿线、胸省线、肩省线、腰省线。这样的三维“画”法使教学要求统一，降低了操作难度，方便板型整理（图1–39、图1–40）。

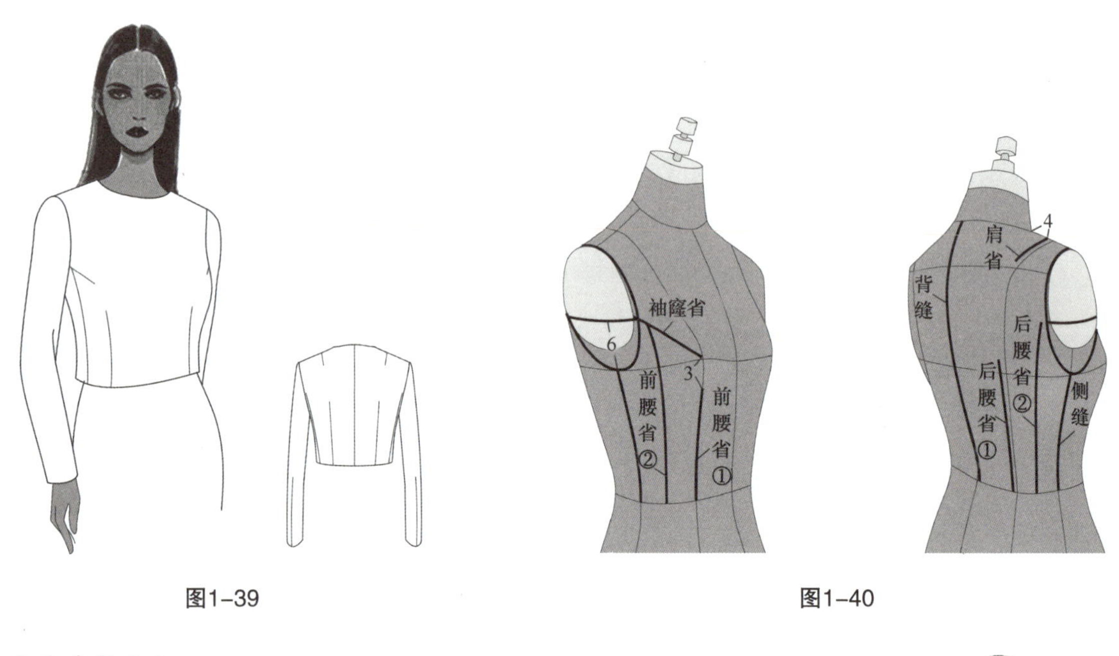

图1–39　图1–40

2. 衣身布样准备

应用无纺坯布，前后连成一片，更直观地显示原型的构成原理。估算用料：长度为从SNP到WL之长，再在上下端各追加3cm缝份；衣身宽度为半胸围大加放5～6cm的松量，前后再各加5cm缝边。画与人台对应的纵向基准线：CF、CB；横向基准线：BL、WL、背宽线，这些是立体裁剪及其样板图上的共用基准线，代表着坯布的经、纬纱向丝缕线与基准宽（度）、围度线（要将无纺坯布看作有纱向的材料）。画前、后、侧中的引导线。在人台两BP之间绷上布条，这样可使布样在前中保持平整。别合布样，固定CF（图1–41）。

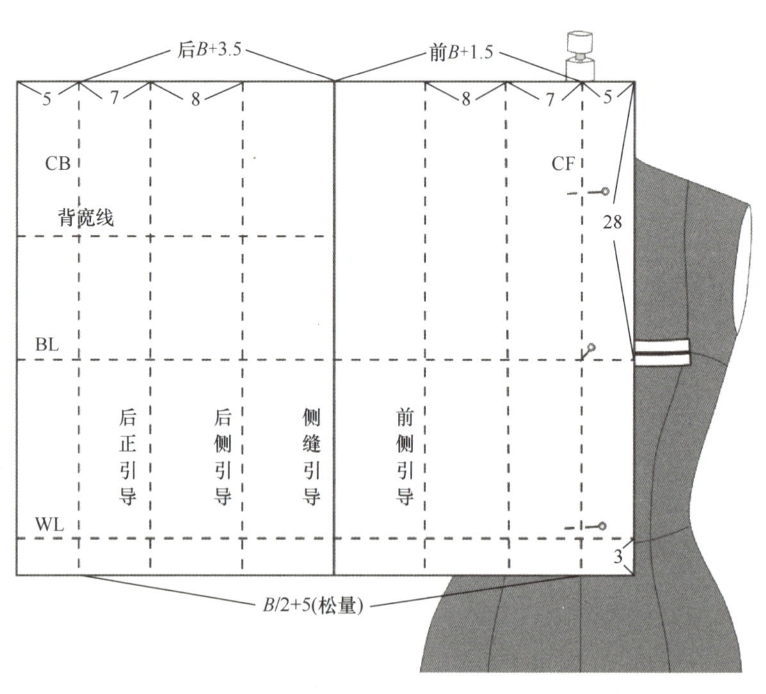

图1–41

3. 引导线的作用

画在布样上所有的线都有一定的引导作用。在布样由二维向三维转变的过程中，造型面的形态、体型的起伏、内存空间量、结构的平衡度都能从引导线的走向表现出来。尤其是结构的平衡度，如果结构不平衡，此处的引导线会扭曲，牵扯出横、斜褶。在造型方面，可随款式需要设置引导线，使具体部位的操作有线可依，并从引导线的转折、距离等变化来分析造型的状况，做到心中有数（图1-42）。

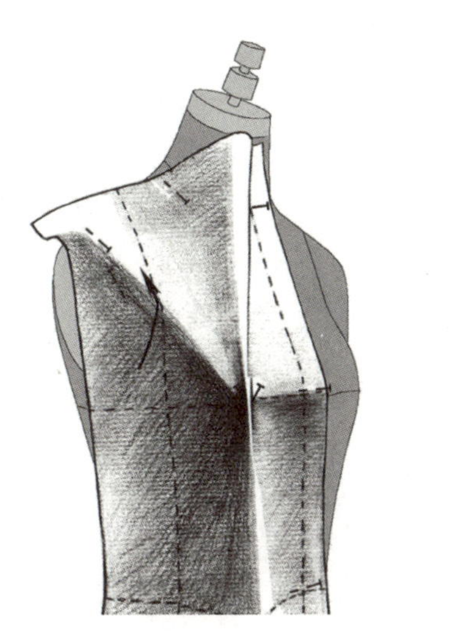

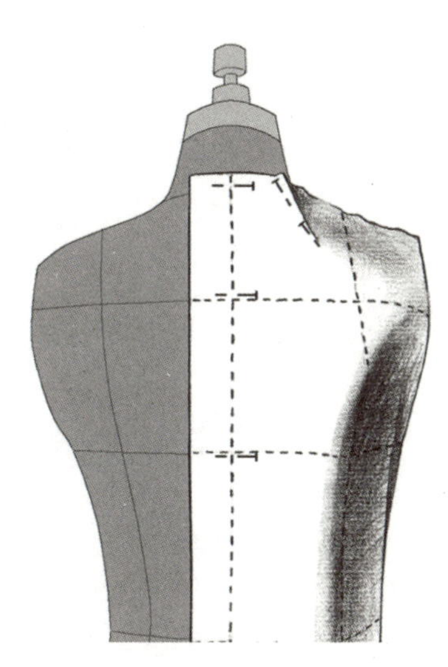

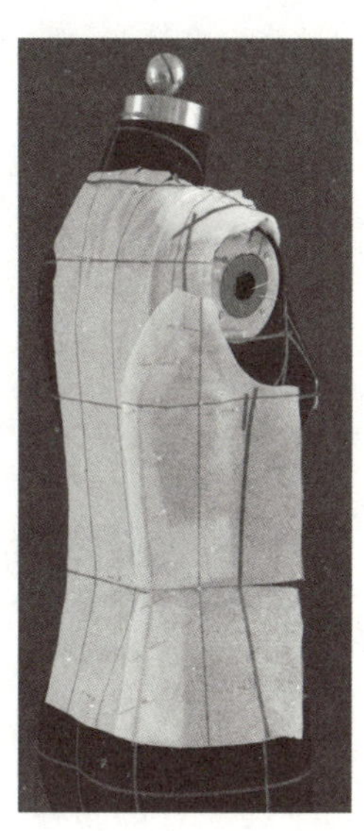

图1-42

4. 衣身

（1）使BP留有0.5cm的空间量固定。由前往后围裹布样，固定CB，CB要顺应后背的上下落差，由背宽线起至腰围线往内撇进0.7cm。固定侧中引导线，整理成箱型状态，松量要摆放均匀，前后转折分明（图1-43）。

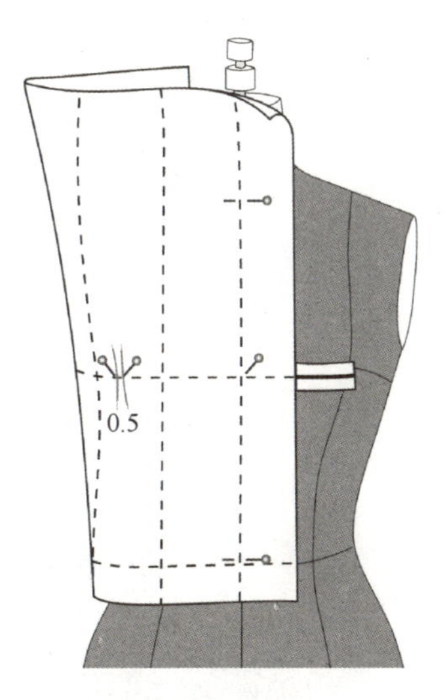

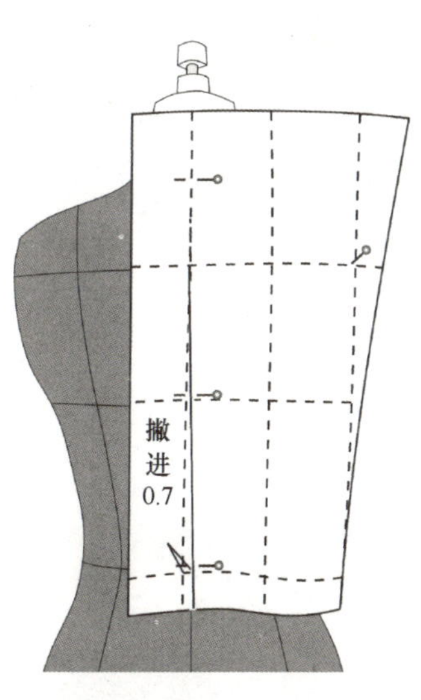

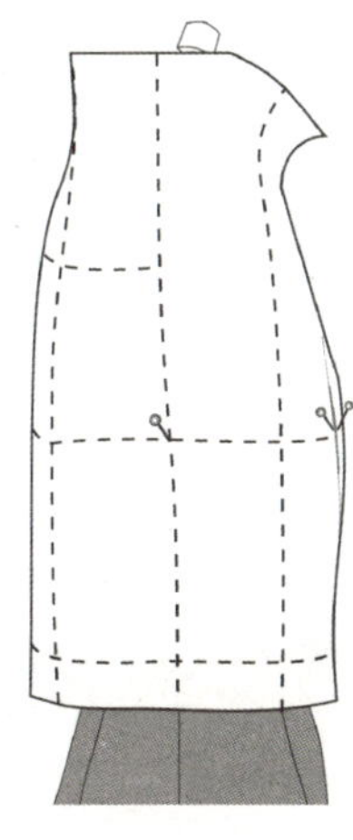

图1-43

（2）从上往下剪开侧中引导线至BL。由BP往上推直布样，使领口有0.2~0.3cm的松量，给锁骨留出空间，在领口侧旁下方固定，不使松量散开。裁剪领口，在SNP处固定，为使缝份不起皱，需剪开缝口，使之与颈脖贴顺。裁剪肩缝，从肩头往下，在腋侧与BP之间，推出胸侧转折面，在腋侧固定，前胸BL以上的浮余量推移至袖窿省缝线，捏缝胸省。裁剪前袖窿，标前肩缝（图1–44）。

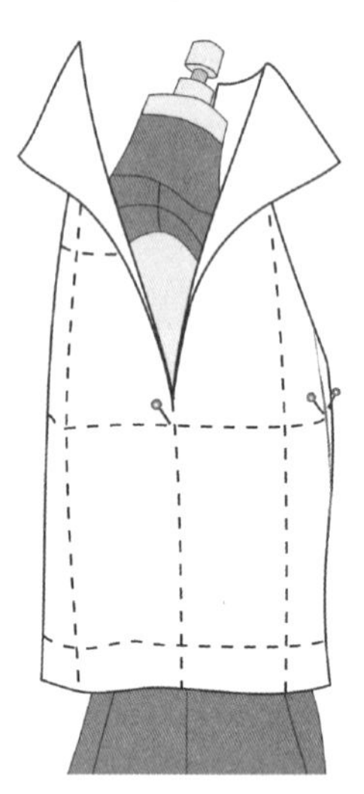

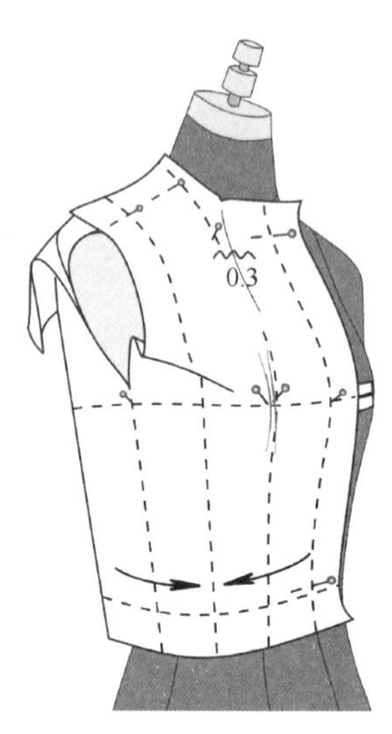

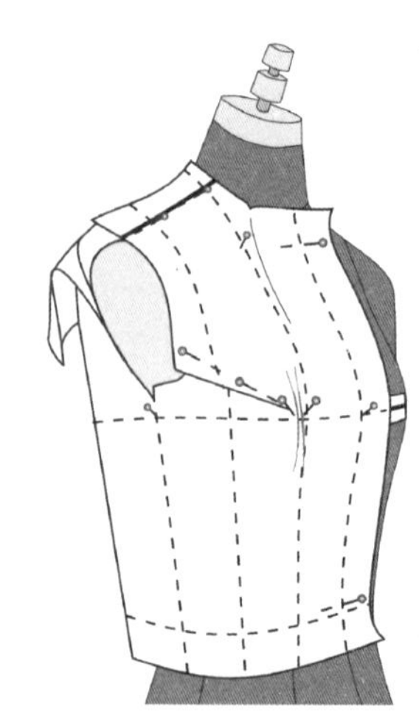

图1–44

（3）理顺背部布样，在背宽处留0.2~0.3cm的松量，给斜方肌留出空间，裁剪领口，剪开缝口，在SNP处固定。在距SNP约4cm处将肩部留0.5cm的松量，其余的浮余量推往肩部。由后身中引导线外侧的背宽线往上推直布样，使后领口有0.2cm余量，捏缝出与公主线平行的肩省，后袖窿裁剪，重合肩缝（图1–45）。

（4）将衣身的箱型轮廓转变为合身型，对着侧缝线捏1cm大的侧缝省。将胸腰部的余量均匀地分向各腰省缝线上，在WL留1.5cm作为腰部空间量，其余捏缝为两个腰省，腰省中心线必须垂直，再各部标线。撤去除CF、CB以外的固定样衣的大头针，检查、调整样衣的合体度与结构平衡状态（图1–46）。

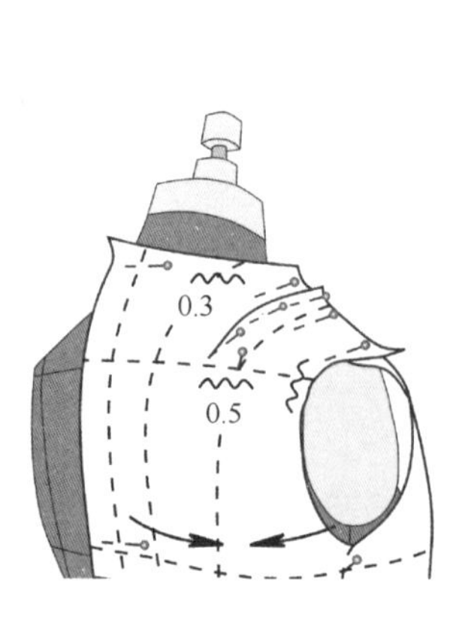

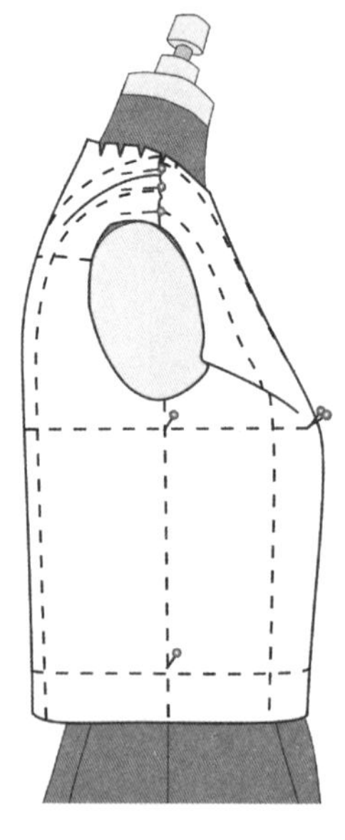

图1–45

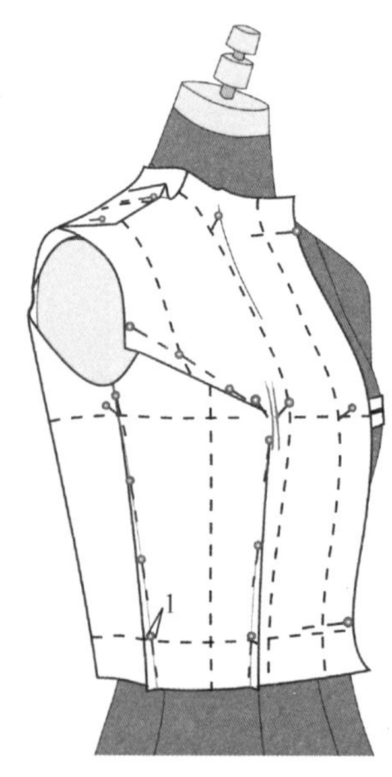

图1–46

（5）确认造型：CB、CF、侧缝线垂直，BL、WL水平并与人台基准线相对应，合体度适中（图1-47）。

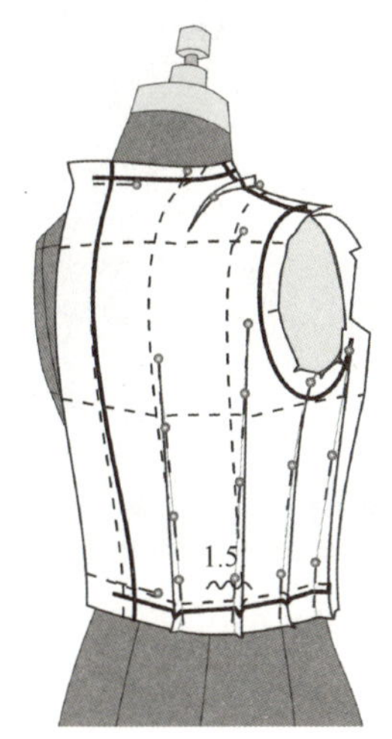

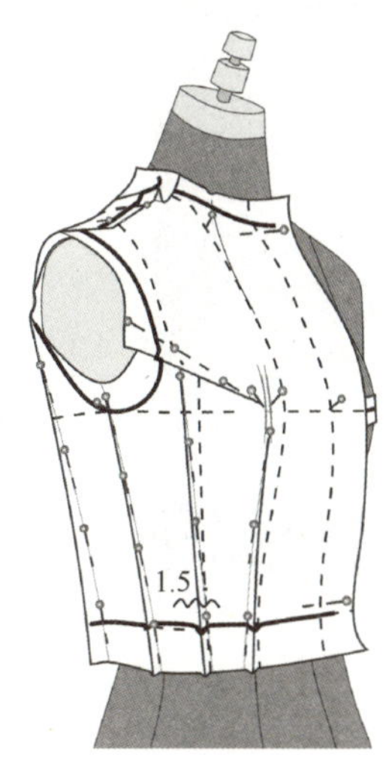

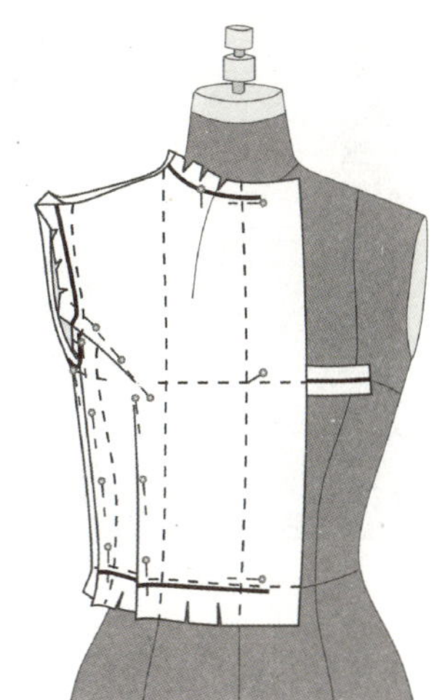

图1-47

5. 板型整理、组装

（1）展开裁片，修剪缝口，各部位缝线用消失笔点影，省尖用“×”标记（图1-48）。

（2）连点成线，画顺各部位；前后裁片、肩缝等对接部位连接圆顺。本款采用无纺坯布作为材料，裁片可直接整理为样板（图1-49）。

（3）组装，各缝位往后身折倒，大头针盖别各缝，呈45°倾斜，画顺WL（图1-50）。

（4）衣身肩缝在人台上盖合，大头针与肩缝呈90°垂直，窿门能伸得进4根手指为宜（图1-51）。

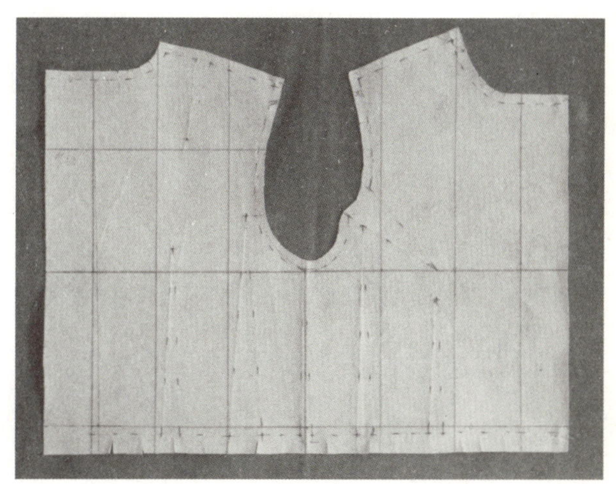

图1-48

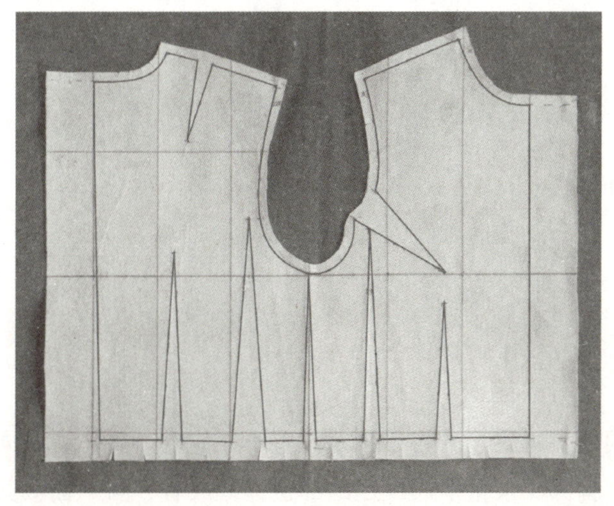

图1-49

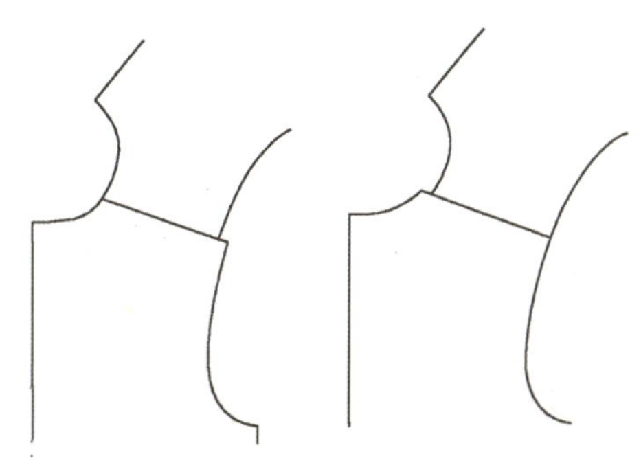

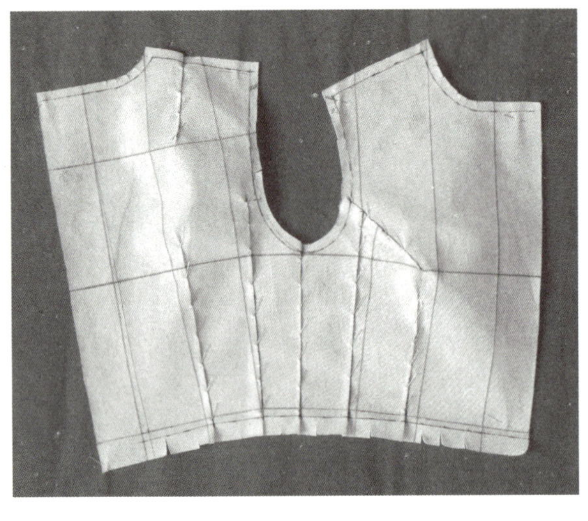

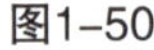

图1-50

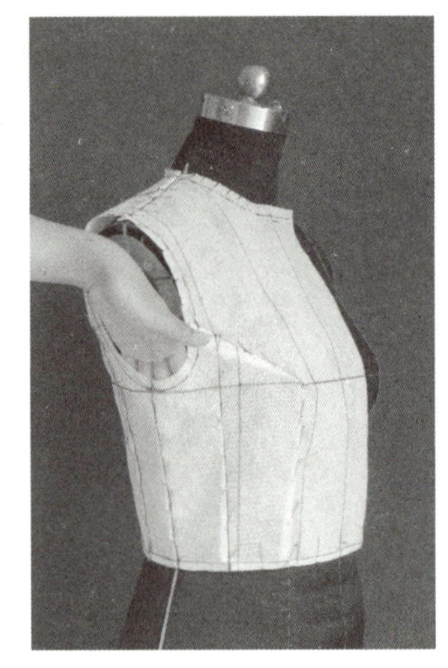

图1-51

6. 衣袖制图裁剪、装袖，完成造型

（1）采用一片半袖结构，制图法见图4-10。裁剪袖样，别合成袖筒。将袖底缝对准衣身侧缝，别合一针，分向两侧装合至不能再缝为止，然后将袖子摆正，上部袖山毛缝与袖窿重合，袖山吃势要归别均匀。仔细观察装袖效果，以顺应手臂自然往前，袖山圆润平服为好（图1-52）。

（2）折光袖山毛缝，从外面用藏针法装合（图1-53）。

（3）样衣展示（图1-54）。

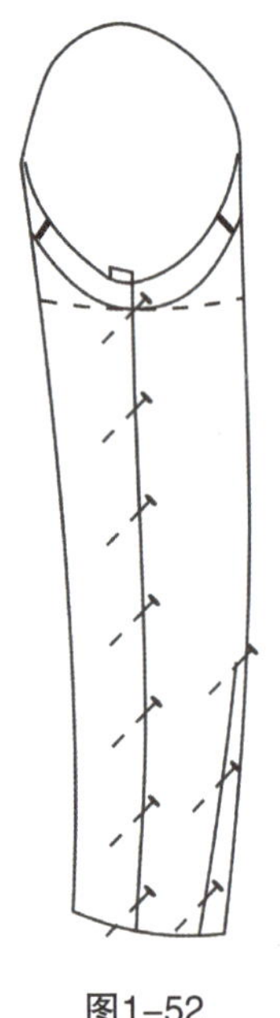

图1-52

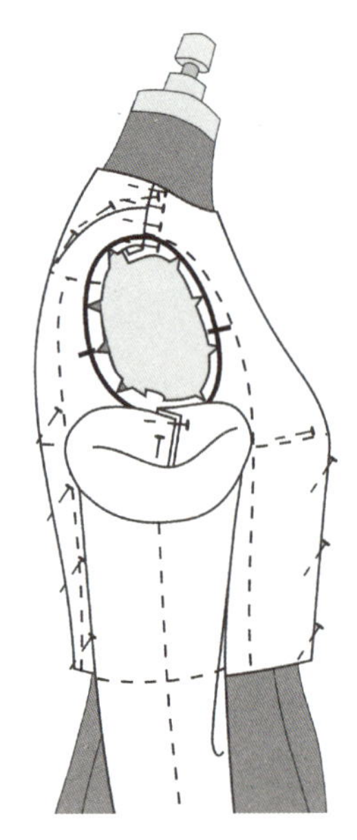

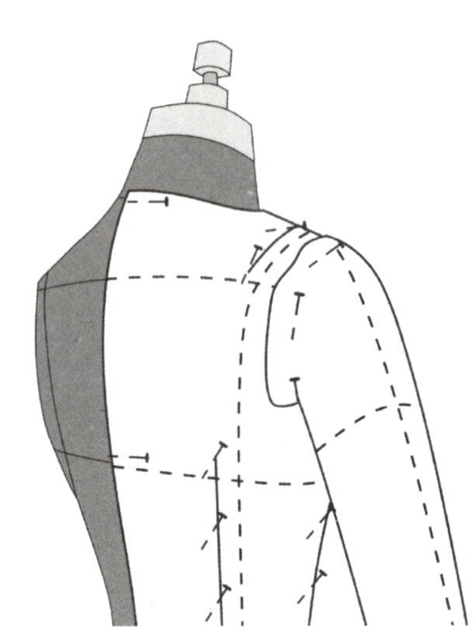

图1-53

二、基础型胸省转移

图1-55中的肩省、前中线省、胸腰省与原型的袖窿省同属于胸省，只是位置不同而已。操作方式同袖窿省：在将其他部位结构裁剪、固定下来以后，将胸部浮余量推向设定的部位捏缝成省，与平面裁剪比较，立体裁剪的胸省转移具有直观、方便的优点。

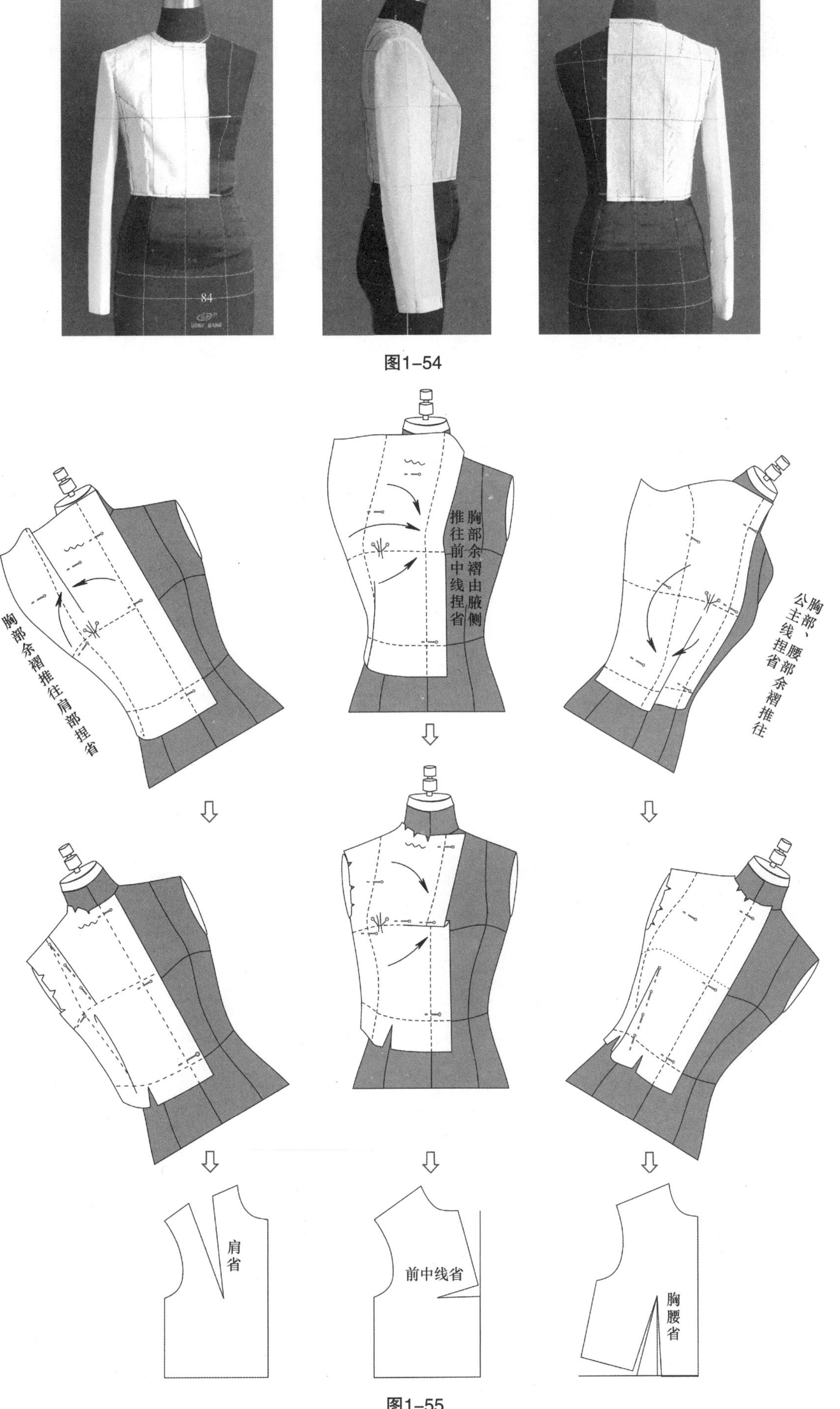

图1-54

图1-55

三、胸、腰省转移的应用设计

应用胸、腰省量来创造时尚的造型。将胸、腰省量综合，以多样化的形式来表现，诸如分割线、褶裥、悬垂、摆幅放宽、隐形转移空间松量等，图1–56就包含了3种形式。

图1–56

A 款（图 1–56）

（1）人台标线（略）固定CF，BP放松量0.5cm，将胸、腰的浮余量转为腰省（两省合一），标胸托线（图1–57）。

（2）固定胸托，剪去多余毛边，将省化成褶（图1–58）。

（3）装合下部布样，上部开刀线部位要与胸托贴顺衔接，剪开腰部毛边，塑造胸侧转折面，腰部在转折面上留松1.5cm，固定侧缝，各部位标线（图1–59），剪去布样多余毛边，组装、确认效果（图1–60）。

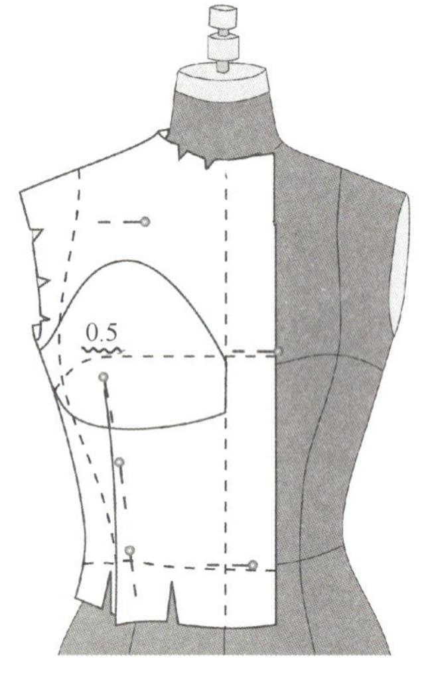

图1–57

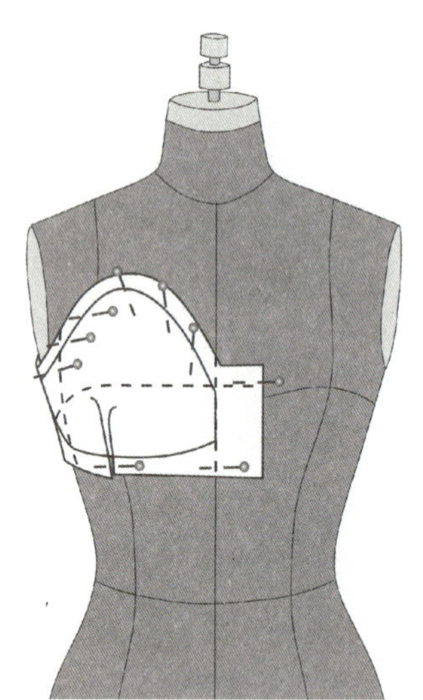
图1–58

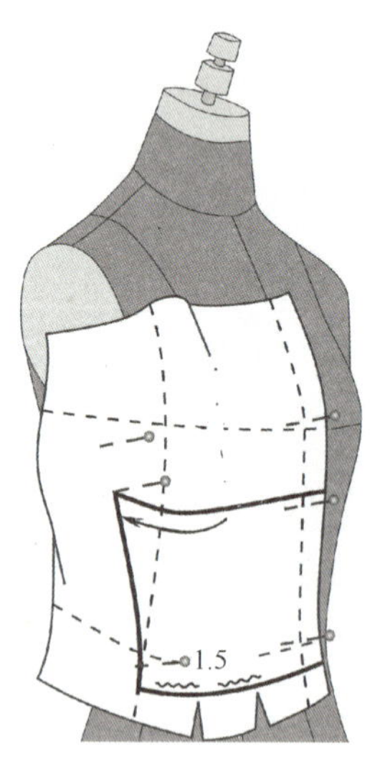

图1–59

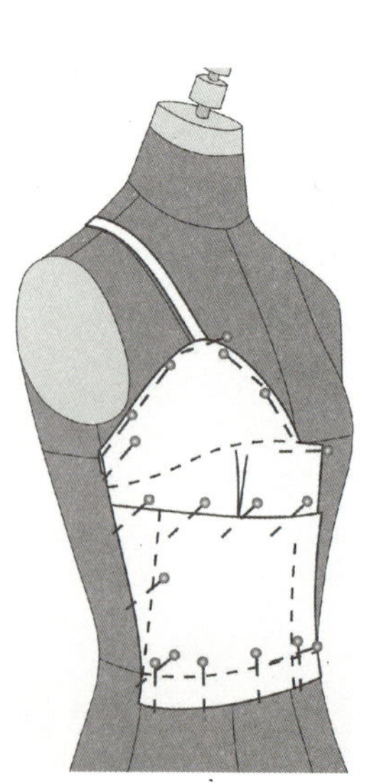
图1–60

B款（图1–56）

（1）人台标线，本款为三面构成，左、右胸省都转为右肩褶，左、右腰省都转为左腋侧褶。布样准备，CF、BL与人台基准线对准，胸围放松量1cm，固定BL。从右BP始至左腋侧缝固定（图1–61）。

（2）胸省转移。将BL以上浮余量（胸省量）在右肩归聚成4个小褶，褶的方向对着左BP，理顺布样，剪去左胸多余缝边（图1–62）。

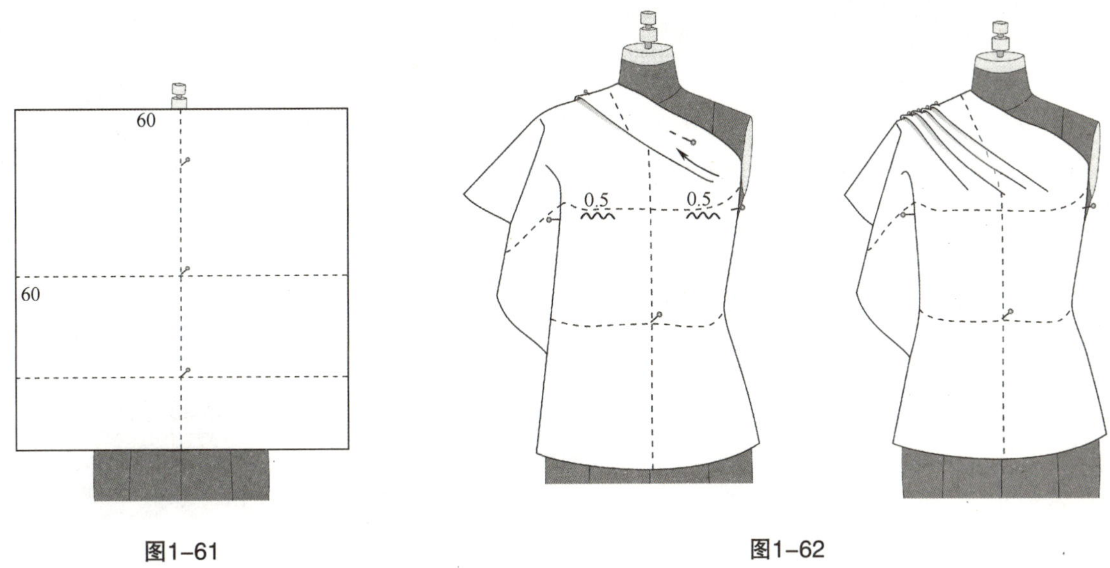

图1–61　　图1–62

（3）腰省转移。右肩褶、右袖窿裁剪。理顺右腋侧布样，腰部浮余量（腰省量）往左侧推移。将浮余量在左下部腋侧缝上折成四个放射状的褶，同时在腰部留2cm松量，理顺右侧转折面（图1–63）。

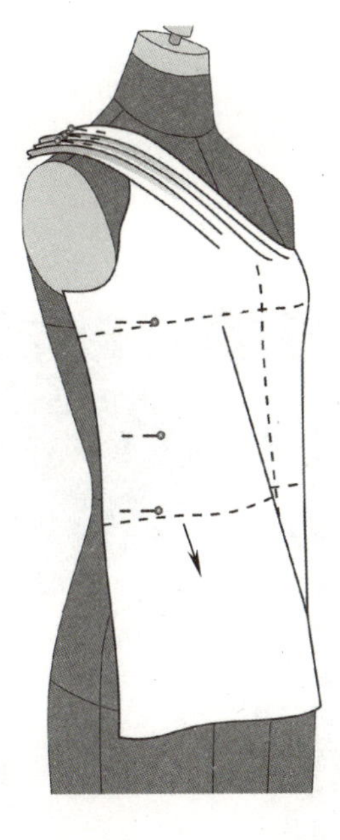

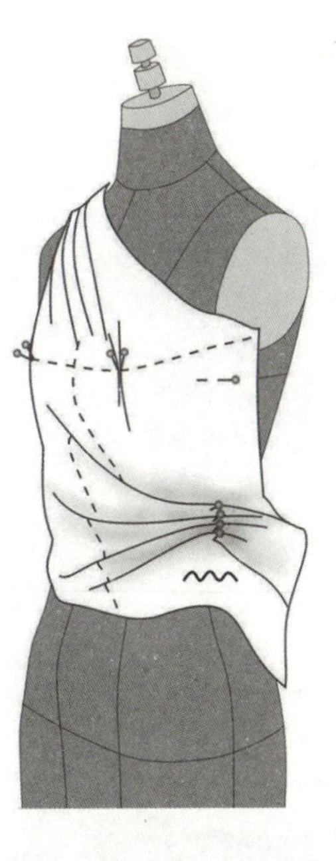

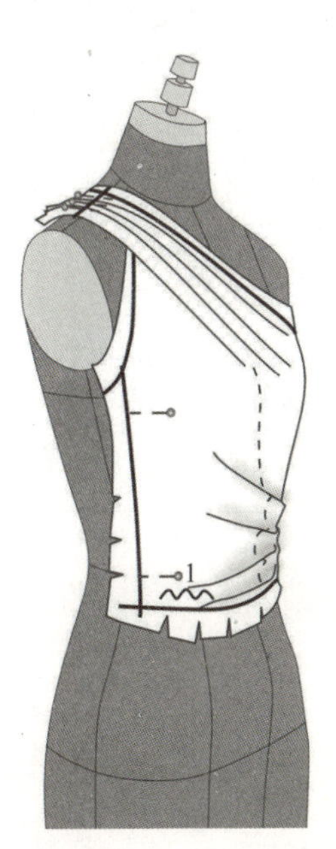

图1–63

（4）各部裁剪、标线（图1-64）。

（5）左腋侧片布样准备，裁剪、组装左前腋侧缝（图1-65），右腋侧片裁剪与此相同。

（6）组装（图1-66）。

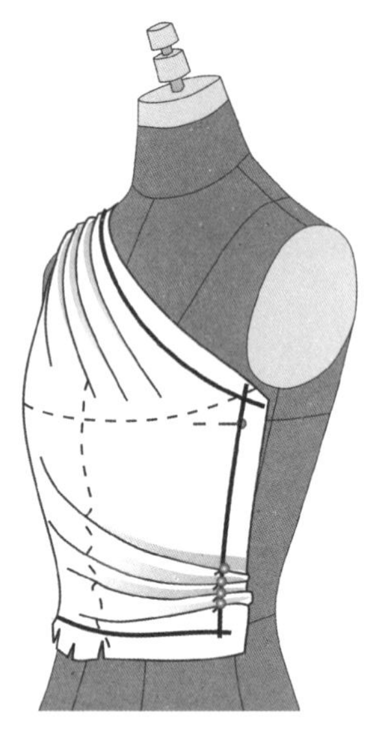

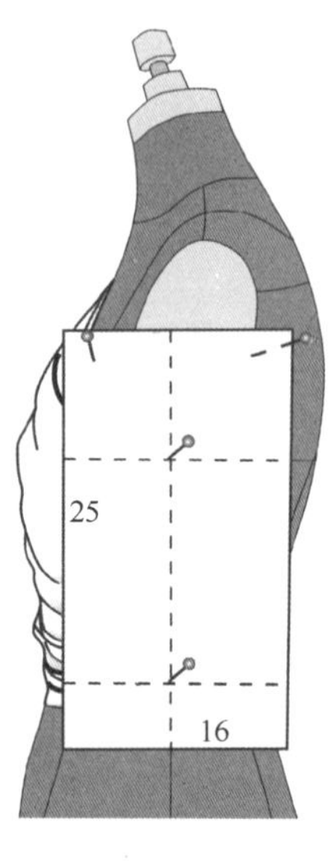

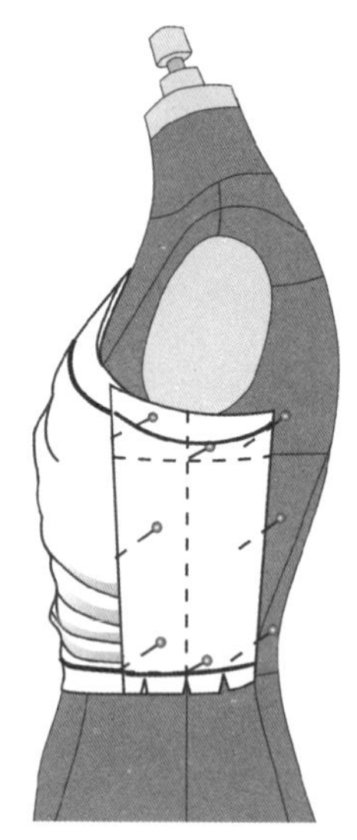

图1-64

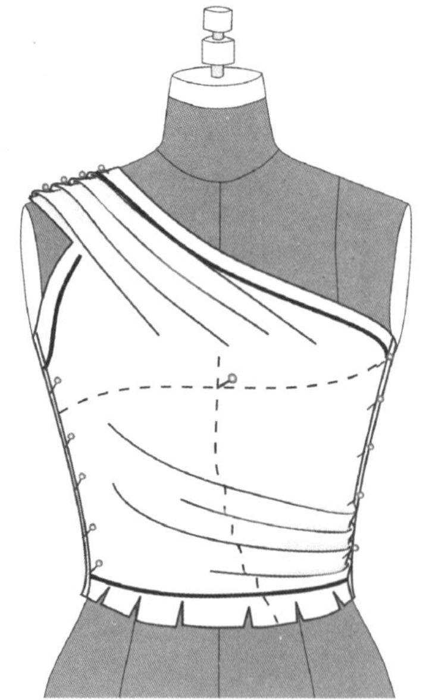

图1-65

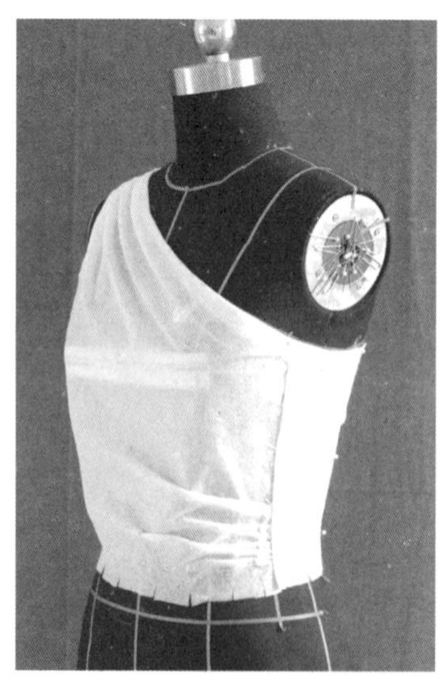

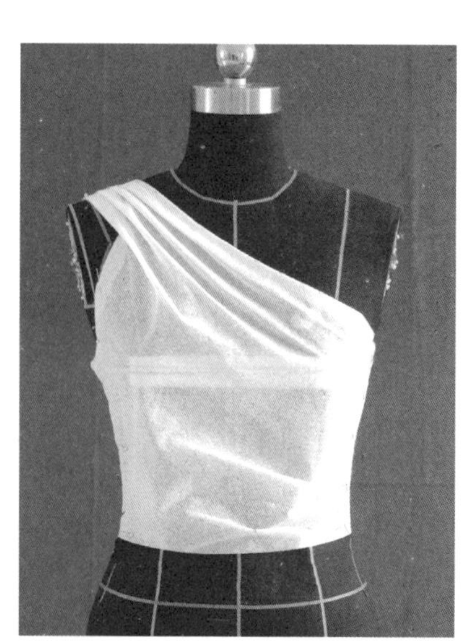

图1-66

C款（图1-56）

（1）BL对准基准线固定，胸部浮余量推向肩端（图1-67）。

（2）粗裁上部布样，塑造胸侧转折面，捏缝肩省，剪开下部毛边，下摆留1cm松量，余褶推往侧缝，WL后段上翘。侧缝浮余量分捏成2个省，省尖对BP，标各部结构线，剪去多余毛边（图1-68）。

（3）组装，装上滚边及吊带，3个省道衬托着转折面，富有立体美（图1-69）。

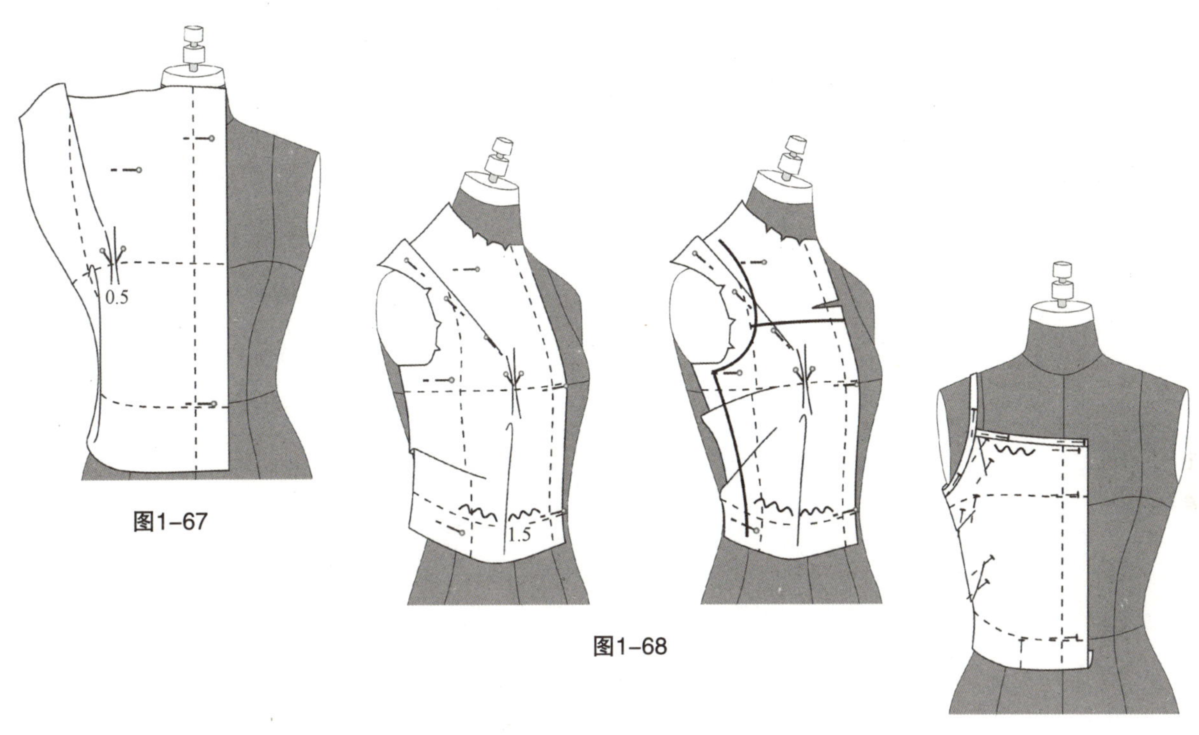

图1-67

图1-68

图1-69

四、具体款式立体裁剪须知

将款式图或效果图挂在人台左上方（图1-70）。

读解图样，分析款式造型、结构比例及面的构成；判断各部位造型空间量、尺寸大小等。

样衣立体裁剪的一系列过程可参考原型裁剪。为了节省篇幅，重点突出立体造型技能，后面对于人台、布样准备、板型以及一些容易理解的操作部分有所简略。

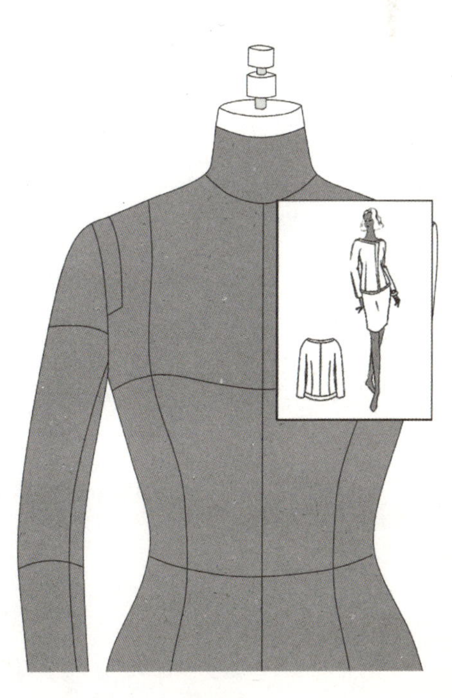

图1-70

思考、技能训练题

1. 立裁人台标线，用双股牛仔线绗缝基准线，保持横平竖直，针距均匀细密，抽缝紧实，针距不宜过长，以免操作时被剪断。

2. 利用原型裁剪，多做胸、腰省转移和基础型内存空间与结构平衡的练习，初步了解立体裁剪技术。

3. 松量不足、面与面之间的转折不顺畅，与结构不平衡有怎样的关系？

衣裙

课程名称：衣裙

课程内容：衣裙立体裁剪款式分为基础造型与应用设计造型两类。包括课外练习的款式在内，基础造型有原型裙、小A型裙、波浪褶摆裙；应用设计造型有低腰O型裙、云菇褶裙等。

教学时间：10课时。

教学目的：立体造型初步入门篇。要求学生掌握立体塑造裙装的廓型与变化的基本技能。

教学重点：裙装廓型的转折面塑造，褶造型技能与结构平衡的尺度把握。

[第二章]

衣裙

衣裙是覆盖人体下半身的一种服装，造型变化有垂浪、褶裥、分割等，非常丰富。廓型可在A型、H型等不同廓型之间自由转换；长度可在迷你贴体超短至曳地大摆长裙之间上下浮动；腰围线可在中、高、低之间任意选择。

第一节　衣裙立体裁剪基础

一、衣裙构成原理

1. 基本空间与结构平衡

用纸样水平围绕人体下部包转，形成一个外包围圈，臀围要放松4～6cm，以构成自然的转折面，这一松量满足了包围人体下部的凸点与凸面的基本空间需要，达到结构上的平衡。以省道的形式除去腰部的余量（图2-1）。

结构平衡表现：前后中线、侧缝线自然垂直向下，HL平顺自然。

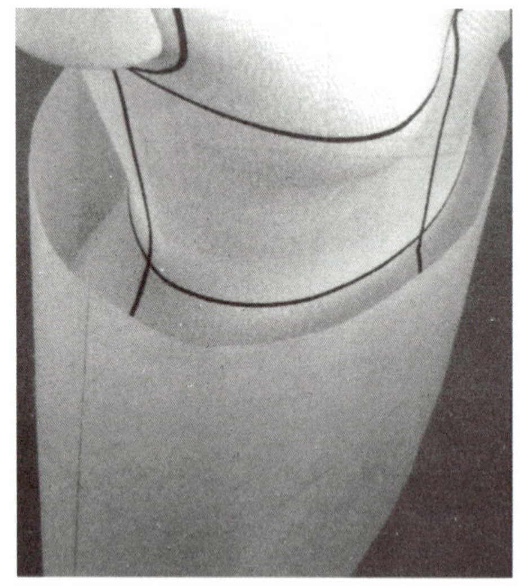

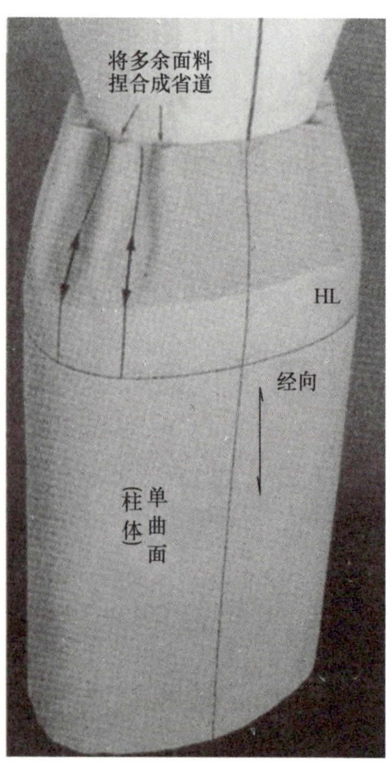

图2-1

2. 衣裙造型设计基础

衣裙基本造型为原型裙。外包围空间满足结构平衡的基本需要，裙长至膝盖线设计和廓型、腰围线设计在此基础上展开（图2-2）。

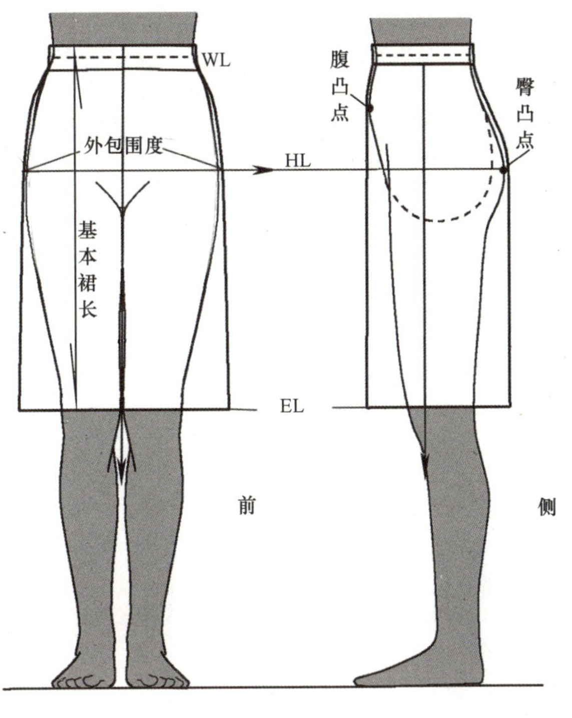

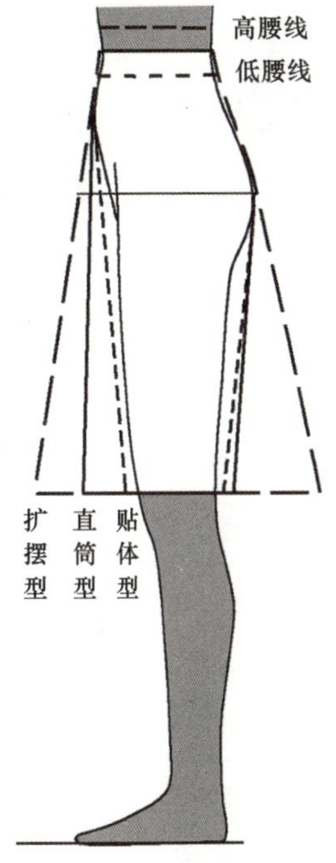

图2-2

二、衣裙原型

半裙款（图 2-3）

1. 人台，前裙片

（1）在人台上标腰围线、前后各2个省缝线、省尖位置线。因体型变化后腰围线在后中下落1cm，省尖位置线前低后高（图2-4）。

（2）前裙片布样准备，固定CF（图2-5）。

（3）保持HL水平，布样向腹侧转折。塑造H型廓型，提正侧面布样，在HL转折面的空间量约1.5cm（图2-6）。

（4）在侧缝基准线内侧固定HL。由HL往上推直布丝，在侧缝上段会产生撇势（省量）与自然回势，固定上段侧缝（图2-7）。

（5）理顺HL以上部分，归拢腰部浮余量，按照人台标线捏缝为两个省道，省道的中线要垂直于腰口线，第一个省对准人台公主线；第二省在公主线与侧线中间，位于体侧转折面上，省量大于第一个省。在第一个省至侧缝在腰口有0.2~0.3cm

图2-3

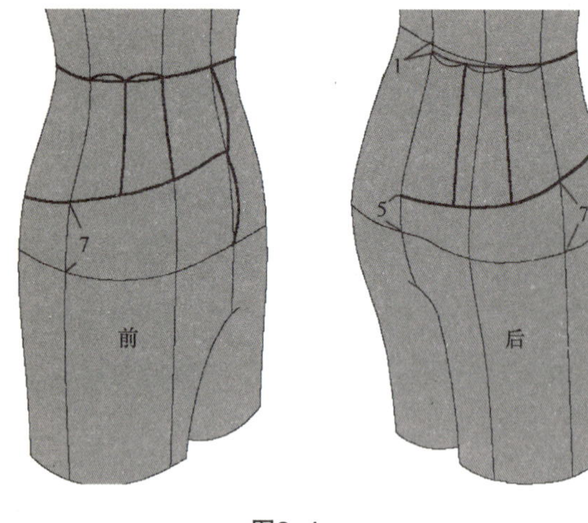

图2-4

的吃针量（松量），这是使腰口圆转的量。标侧缝线：HL以上略有胖势，HL以下垂直（图2-8）。

2. 后裙片，组装

（1）后裙片布样准备，固定CB（图2-9）。

（2）后裙片操作过程同前裙片。在HL转折面的空间量约0.5cm。在臀侧固定侧缝，理顺后裙片HL以上部分，按照人台标线将腰部浮余量捏缝为两省道，两省分设在等分点上。省量的分配、腰部的基本松量要求同前裙片，由于后身臀腰落差大，后腰省大于前腰省（图2-10）。

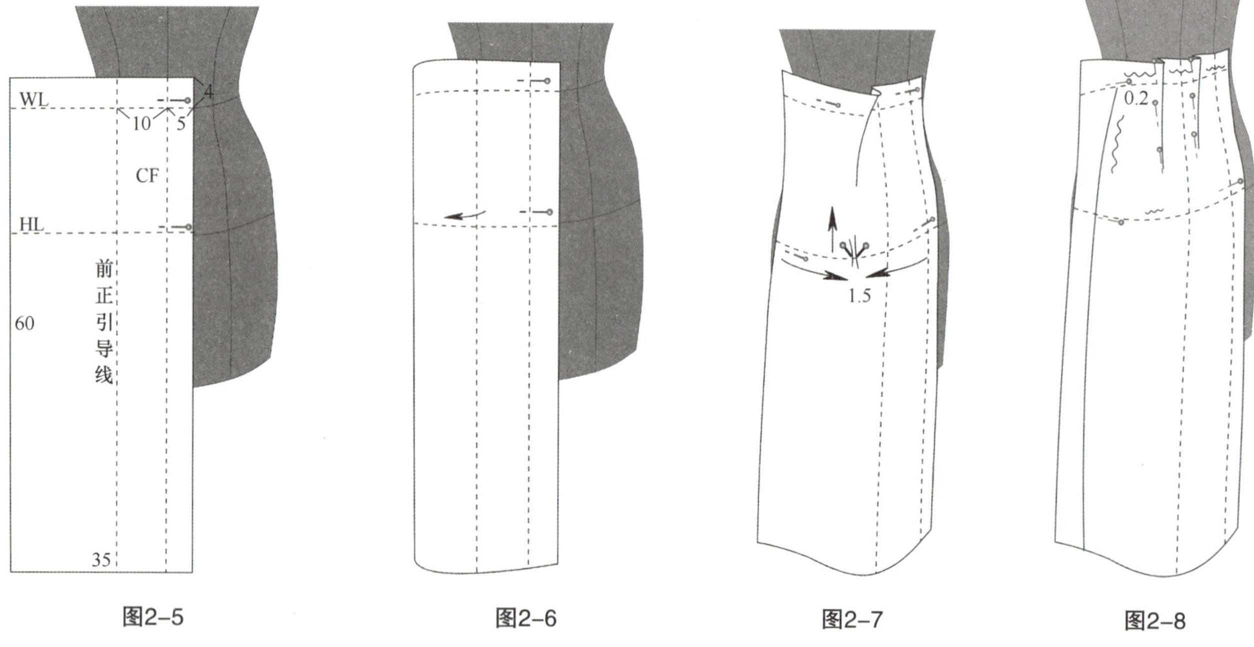

图2-5　　图2-6　　图2-7　　图2-8

（3）沿前裙片标志线内侧平行抓合侧缝。腰口、裙摆边标线。用消失笔点影省缝、侧缝、腰口线（图2-11）。

（4）修剪多余毛边。将腰头布样折成净腰头状，用大头针水平缝装（图2-12）。

（5）组装。取下裙片，画顺点影线，将省、侧缝向后中线折倒，用大头针作斜向45° 别合各缝。摆边用大头针纵向别合。再将裙子套在人台上，装合腰头（图2-13）。

（6）整理裁片（图2-14）。

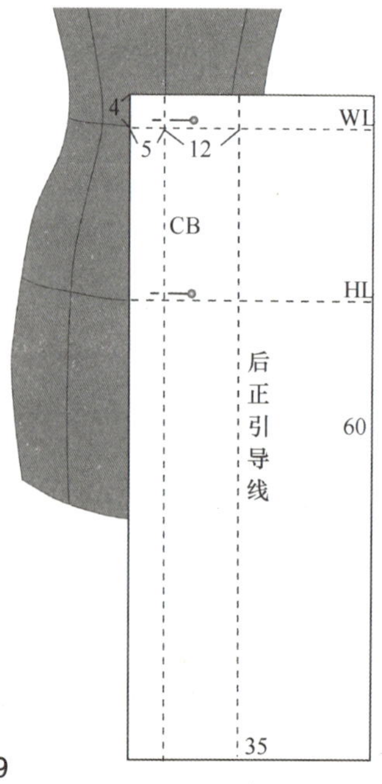

图2-9

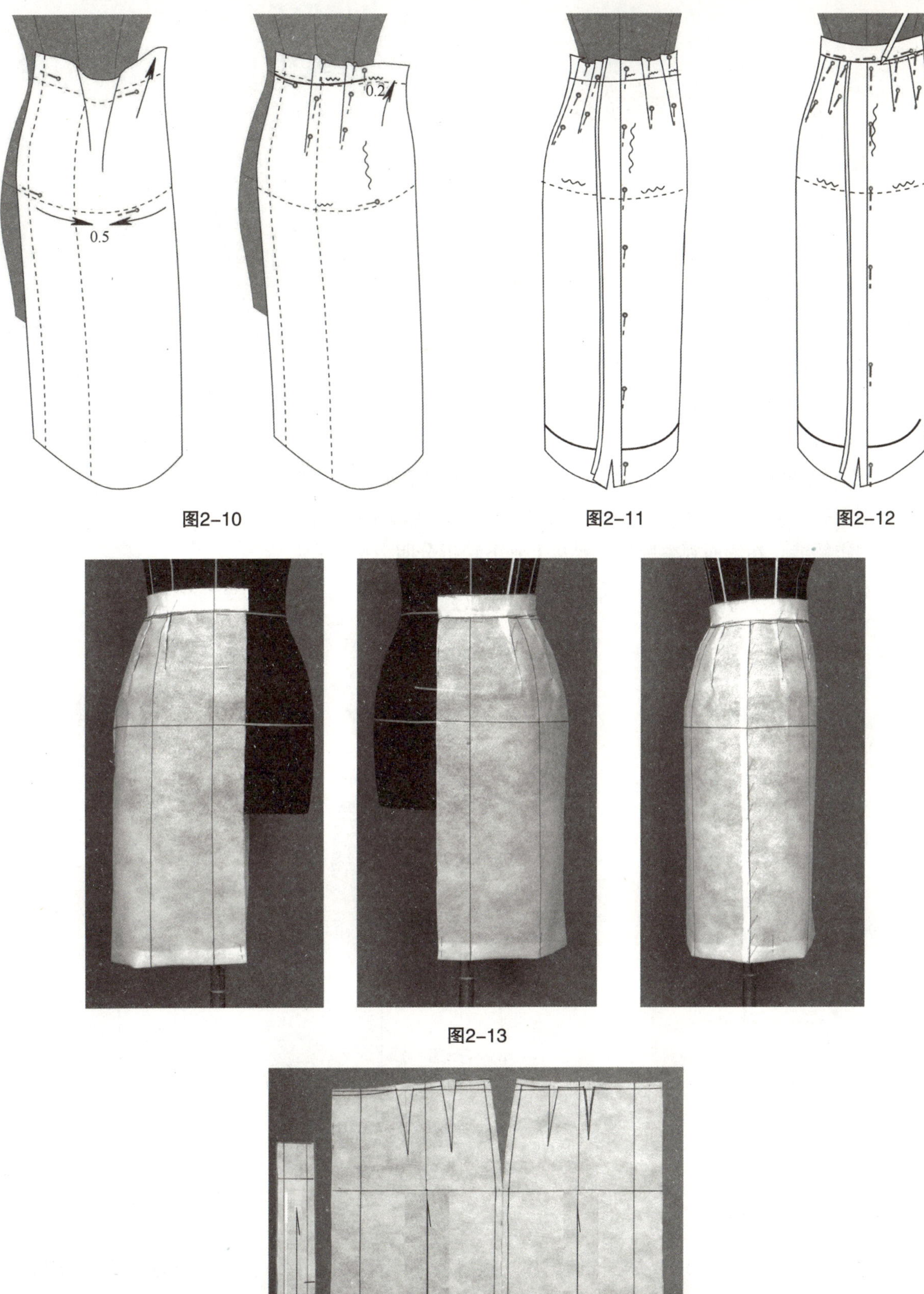

图2-10　图2-11　图2-12

图2-13

图2-14

第二节 衣裙扩摆造型

一、小A型裙（图2-15）

1. 人台，前裙片

（1）前裙片布样准备，固定CF（图2-16）。

（2）塑造A型廓型，在HL的转折面上约有空间量2cm。剪开腰部毛边，布样顺着转折面下落，理顺臀腰部结构（图2-17）。

（3）腰部浮余量留0.2~0.3cm缩缝量，其余在公主线稍偏后处顺着廓型捏省。剪开侧缝HL处基准线上毛边，归拢HL以上侧缝胭势，固定侧缝。在侧面观察廓型，要从上到下转折分明，A型特征鲜明。臀、腰平整自然。标侧线、摆边、腰口线，摆边线要水平（图2-18）。

图2-15

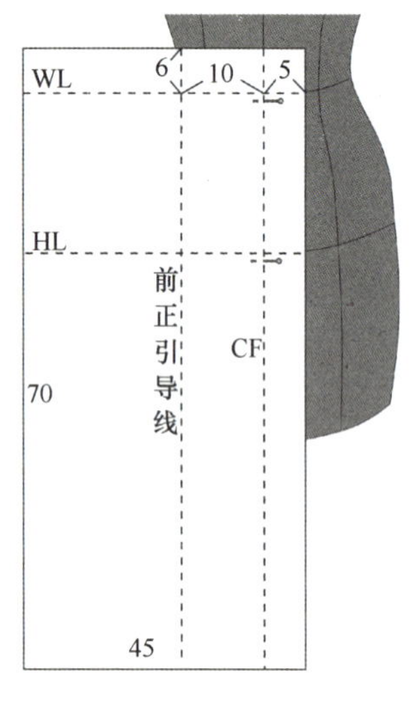

图2-16

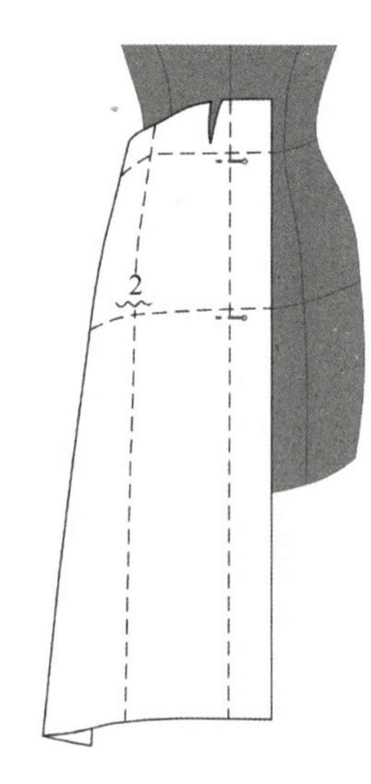

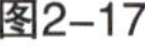

图2-17

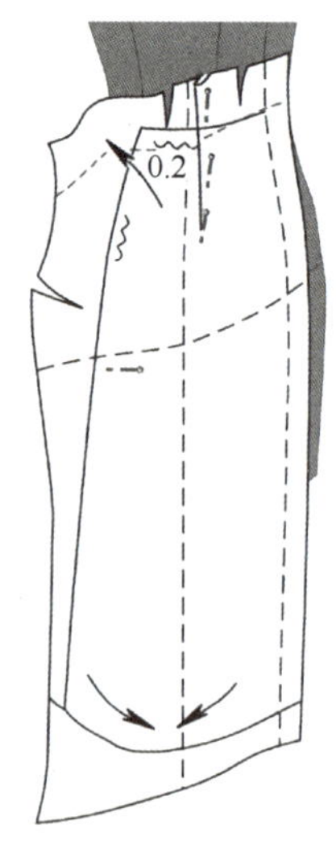

图2-18

2. 后裙片，组装

（1）后裙片布样准备、别合方法同前裙片。塑型手法与前裙片相同，由于臀凸的原因，在HL的转折面的空间量较少，约有0.5cm（图2-19）。

（2）后裙片省量由于臀腰落差大而增大。以侧缝为中心，在裙摆处感觉要前、后侧基本对称，重合侧缝。确认造型，剪去多余毛边，各部位标线，与原型裙同样，后腰围线在后中下落1cm（图2-20）。

（3）点影、画线方法同原型裙。组装，缝装腰头（图2-21）。

（4）整理裁片（图2-22）。

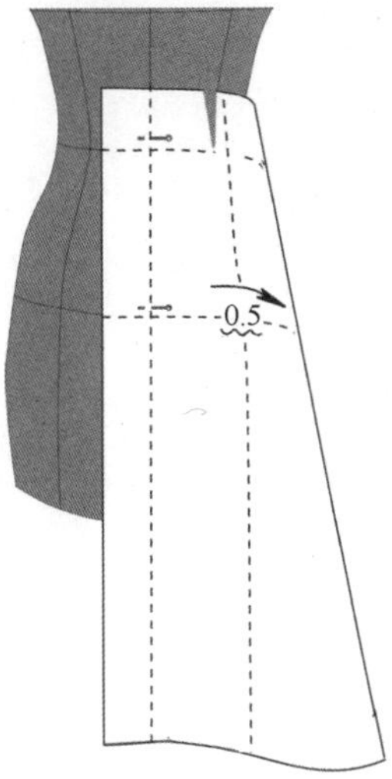

图2-19

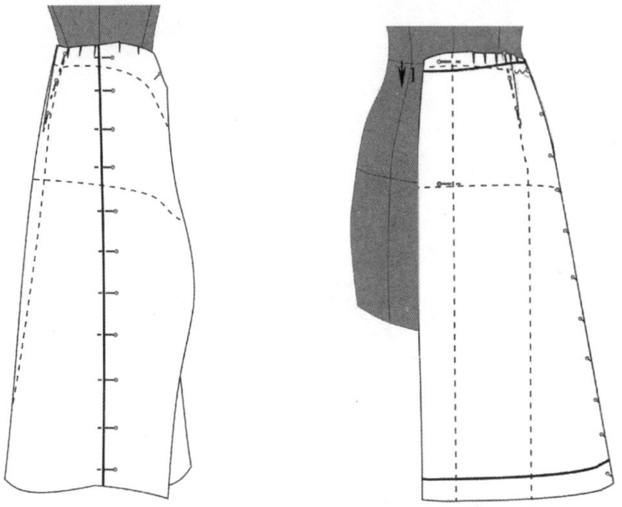

图2-20

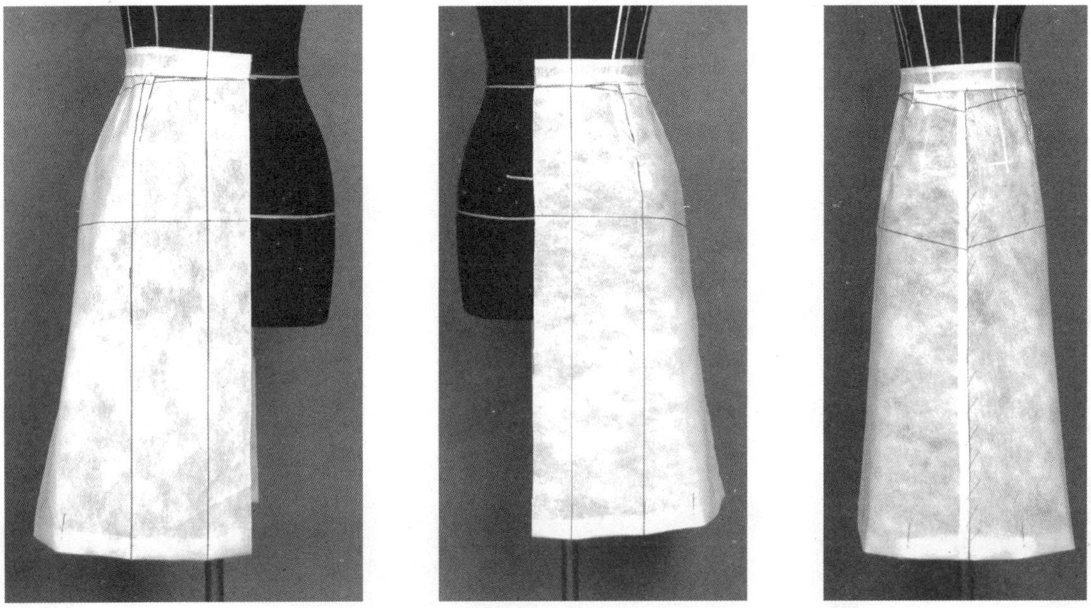

图2-21

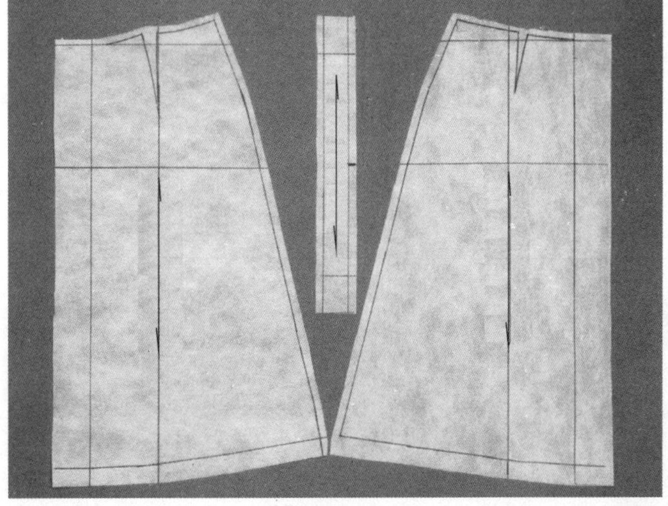

图2-22

二、波浪褶摆裙

A款（图2-23）

1. 人台，前裙片

（1）人台标线。该款式下摆共有10个波浪，前后各4，另有2个波浪在侧缝上。在人台上设波浪力点：三等分前、后腰围线（前身图略），在等分点作波浪力点标记，后腰围线在后中点下落1cm（图2-24）。

（2）前裙片布样准备，固定CF（图2-25）。

（3）前裙片裁剪。沿CF由上而下剪开WL以上毛边。留一装腰毛缝，由CF剪至第一波浪力点，再将毛边剪开至净线。拉开力点开口，提起第一只波浪，波浪幅度可由力点开口灵活调节，固定力点，并在HL处设定波浪量●（图2-26）。

（4）按第一波浪的方法塑造第二波浪，使两个波浪大小相等，位于侧缝上的第三个波浪大为●/2。注意腰口上不能有松量（图2-27）。

（5）理顺侧缝线上的波浪，固定，标侧缝线（图2-28）。

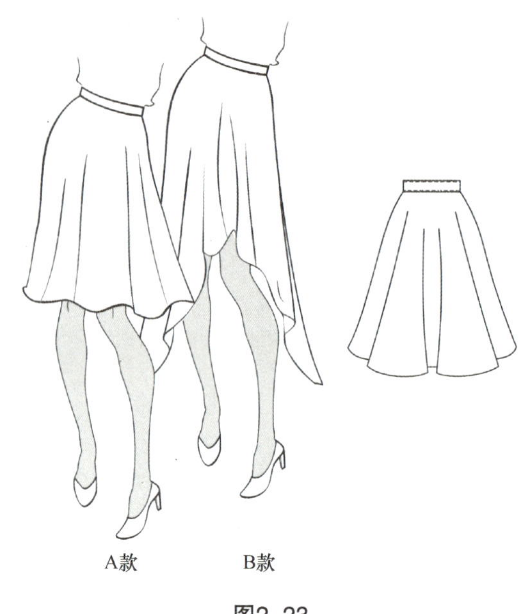

图2-23

图2-24

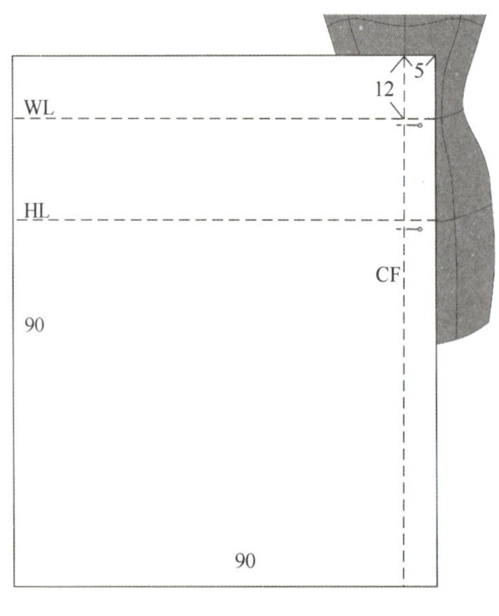

图2-25

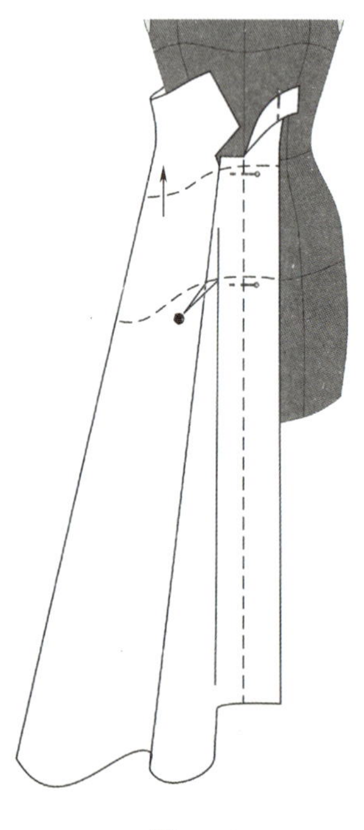
图2-26

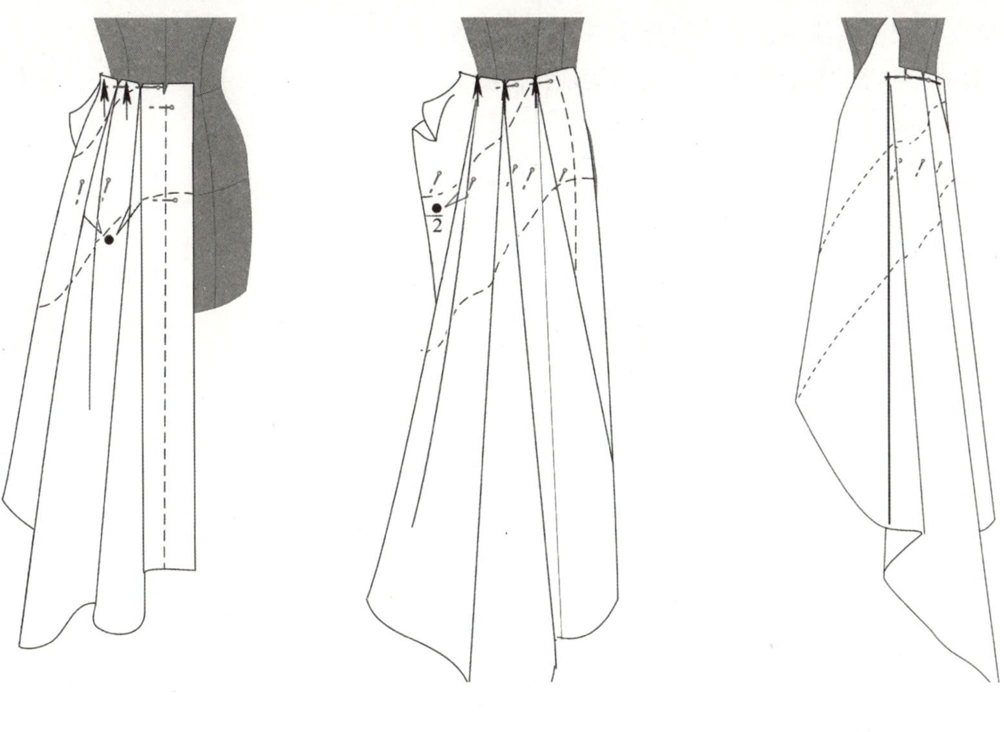

2. 后裙片，组装

（1）以侧缝为中心线，后裙片布样与前裙片要有对称感。后裙片裁剪，三个波浪做法、大小如同前片（图2-29）。

图2-29

（2）检查、调整波浪褶造型，浪势要均匀自然，各在臀围线上定型、定量。后裙片在上，与前裙片在侧缝重合，标侧缝、摆边线（图2-30）。

（3）点影、画线方法同原型裙。与原型裙同样，后腰线在后中下落1cm。组装，缝装腰头（图2-31）。

（4）整理裁片（图2-32）。

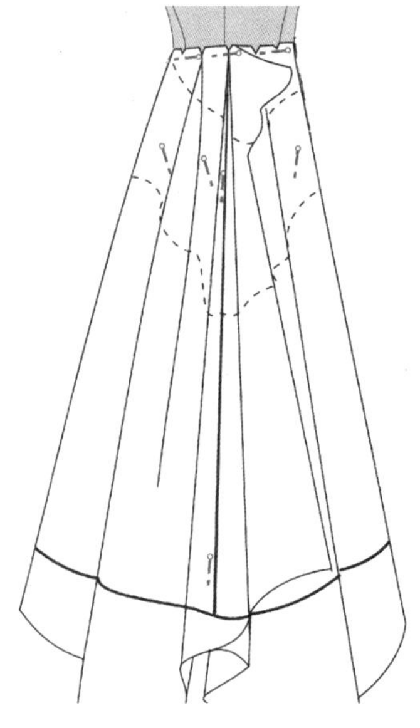

图2-30

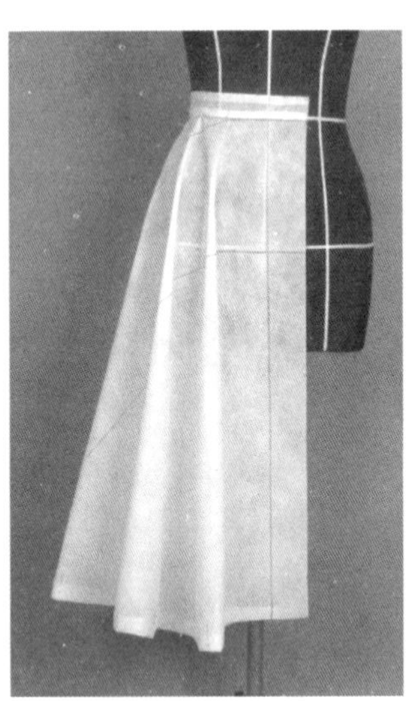

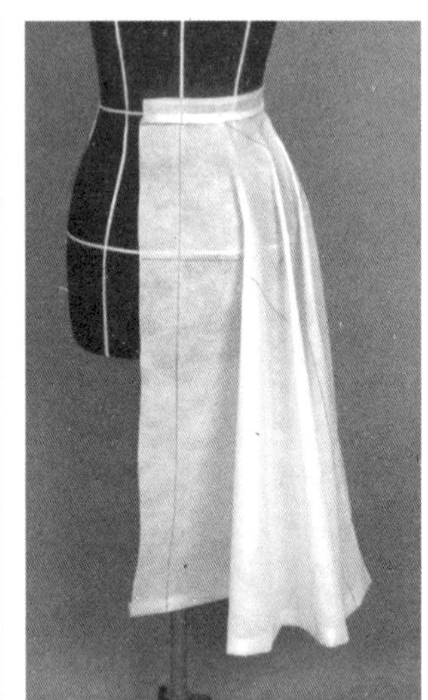

图2-31

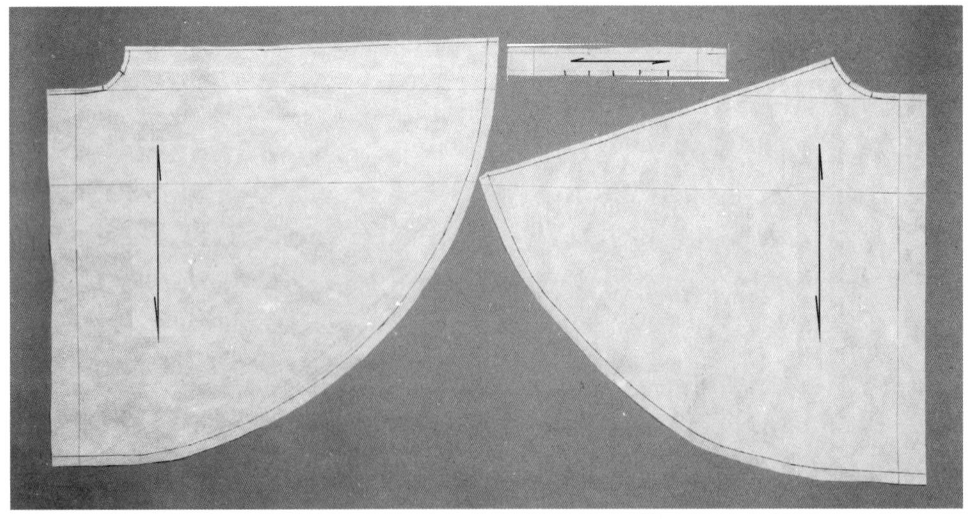

图2-32

B款（图2-23）

B款操作方法同A款，只是裙摆的方角不必剪去（图2-33）。

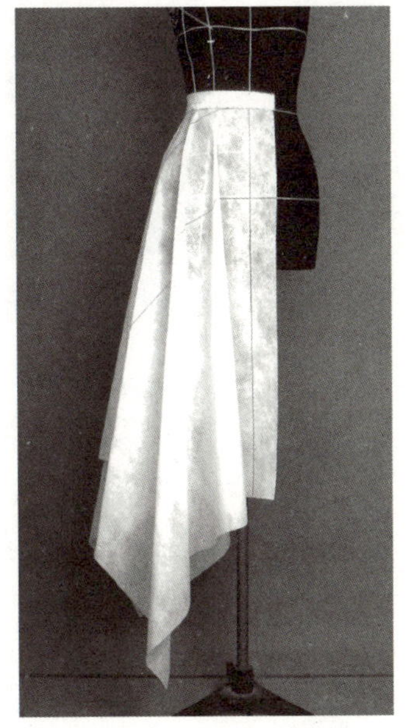
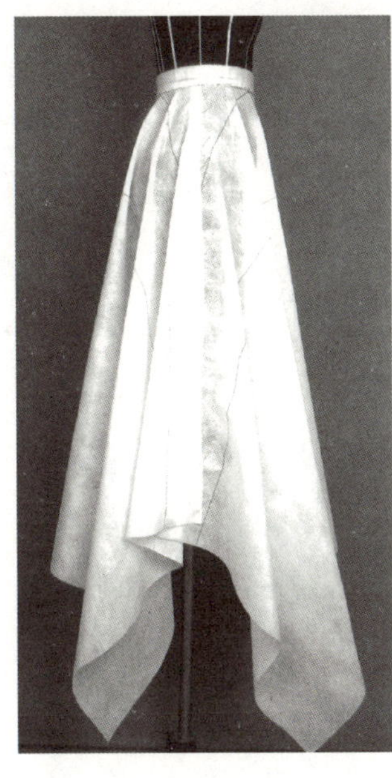
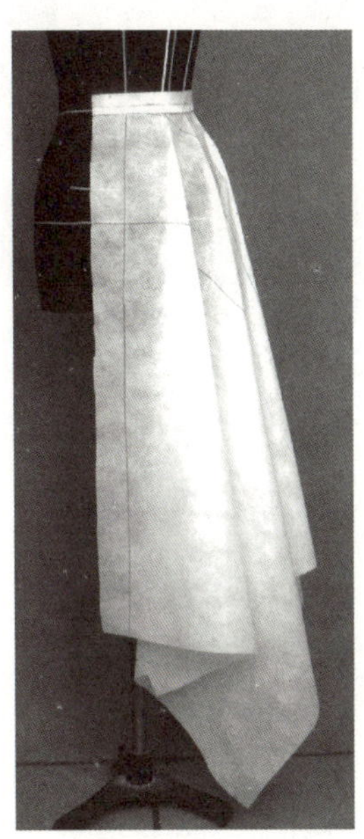

图2-33

第三节　褶裥衣裙造型设计

一、低腰O型裙（图2-34）

低腰，超短，大活褶使中部蓬起呈球状，造型活泼，有童趣（图2-34）。

1. 仿真人台，前裙片

（1）在人台上标线：腰位线（低腰）、裙底边线、O型褶位线：前身3个，后身2个（图2-35）。

（2）前裙片布样准备，固定CF（图2-36）。

（3）对着裙摆处腿中线斜折第一个褶，褶量大约20cm，褶型稍有弧度，下端褶尾消失在裙摆处，剪开该处布样，裁去多余缝边（图2-37）。

（4）斜折第二个褶，褶量大约12cm，塑造出球型转折面，在裙摆处保持适度空间。第三褶褶尾消失在髋部，褶量大约8cm，固定侧缝处毛边（图2-38）。

（5）各部位标线，裁剪。在第一个褶至侧缝这一段要将裙身稍作归拢（图2-39）。

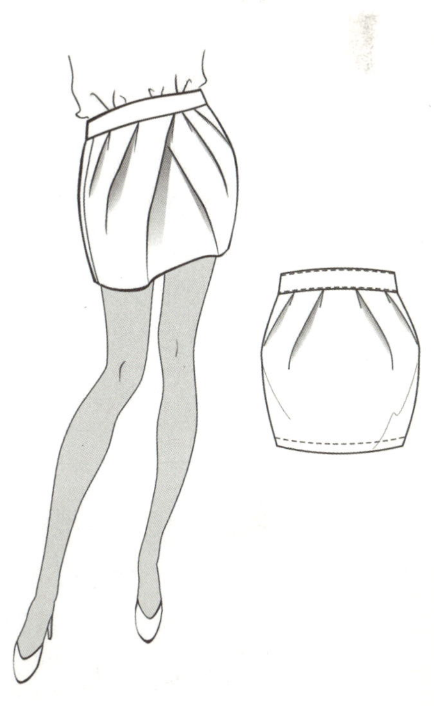

图2-34

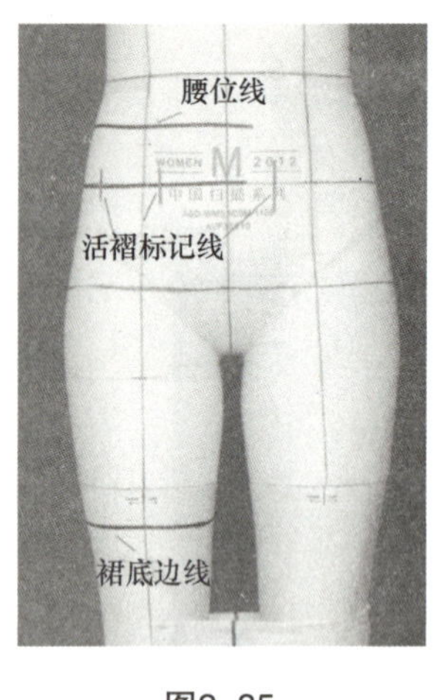

图2-35

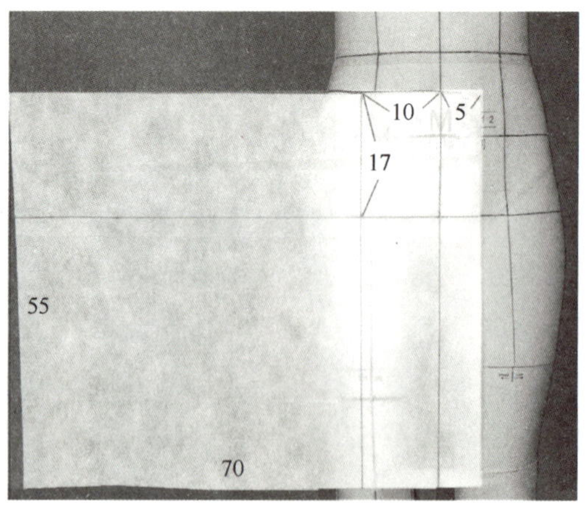

图2-36

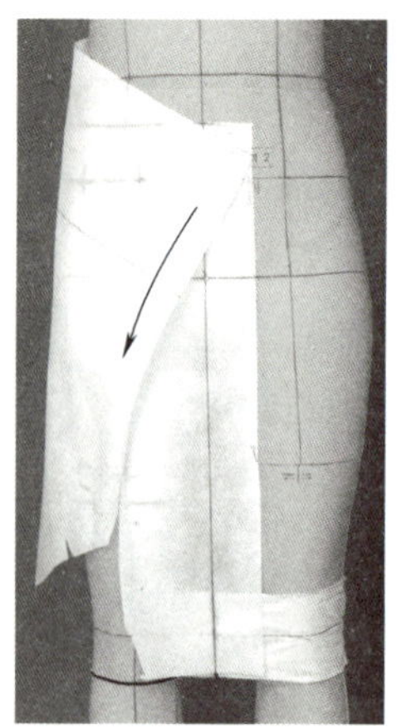

图2-37

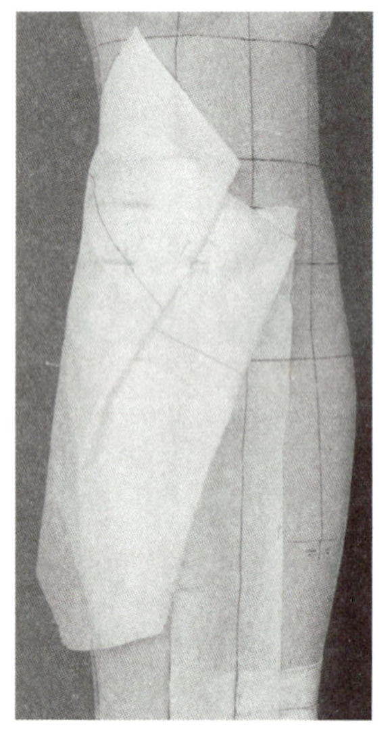

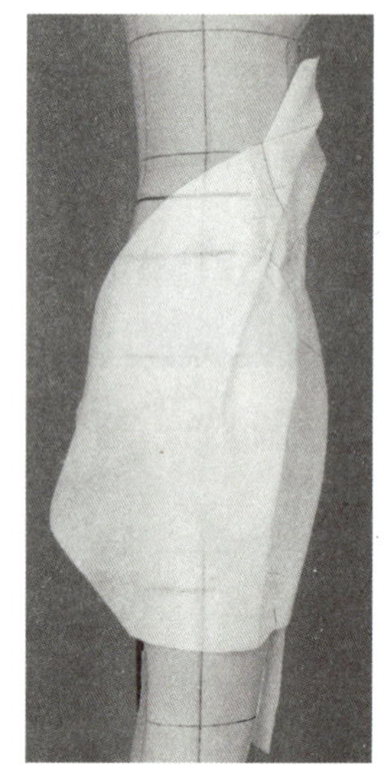

图2-38

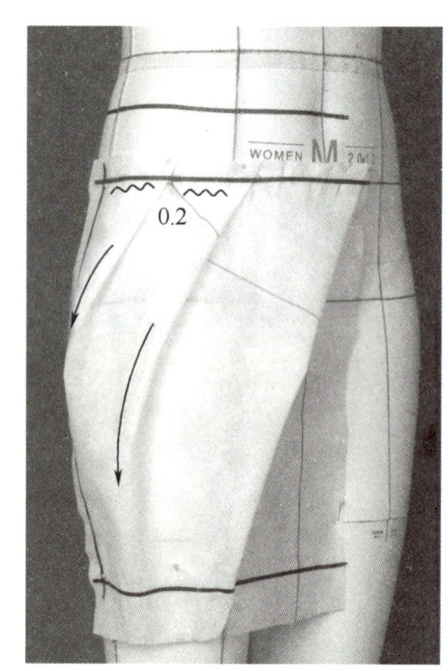

图2-39

2. 后裙片，腰头组装

（1）后裙片布样准备，固定CB（图2-40）。

（2）对着臀凸斜折第一个褶，褶量约16cm，褶型稍有弧度（图2-41）。

（3）以侧缝为中心，第二个褶与前裙片第三个褶基本对称。重合侧缝毛边（图2-42）。

（4）各部标线、裁剪，方法同前身（图2-43）。

（5）裙身组装（略）。前腰头布样准备，固定CF（图2-44）。

（6）抚平腰头布，由前往侧装合，在第二褶至侧缝这一段要将腰头稍作带紧，使之服帖。标线、清剪缝边（图2-45）。

（7）后腰头布样准备、裁剪方法同前。腰头组装（图2-46）。

（8）裁片整理（图2-47）。

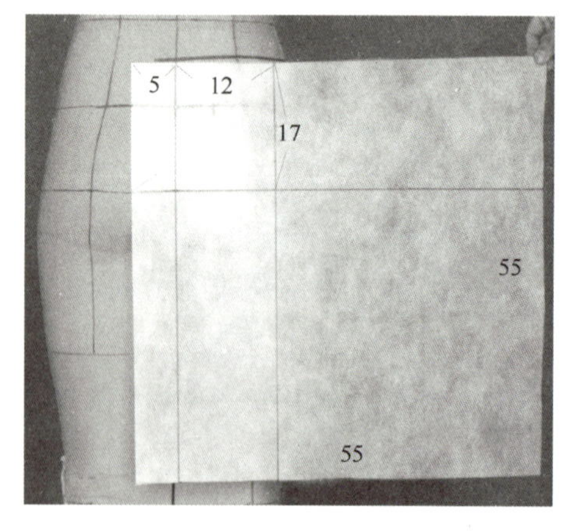

图2-40

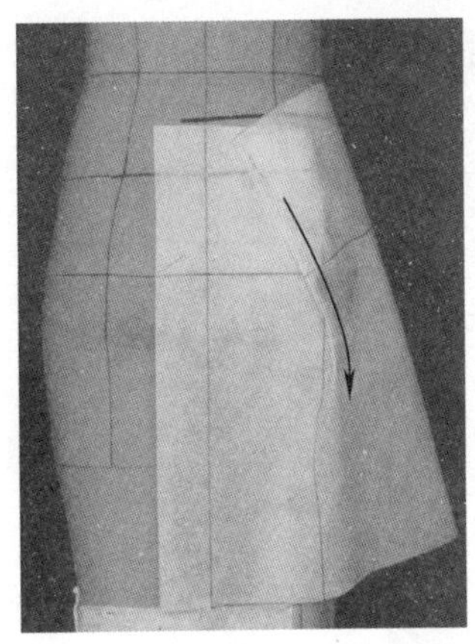

图2-41

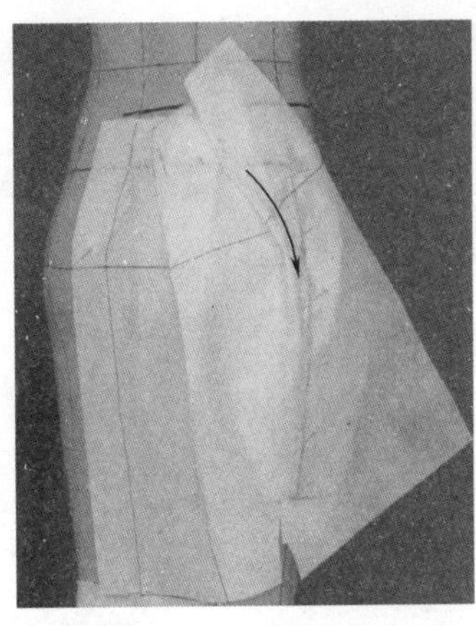

图2-42

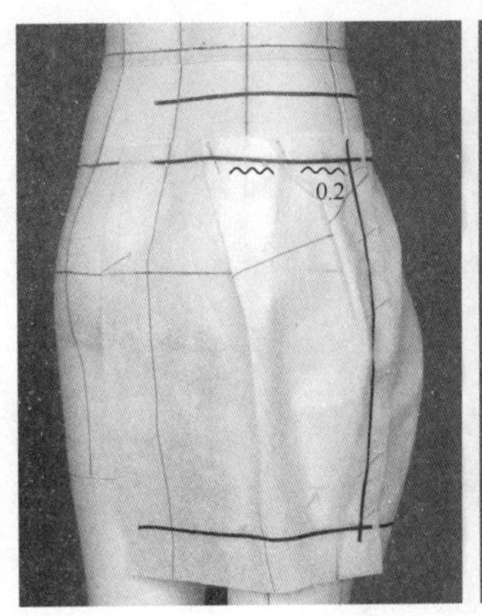

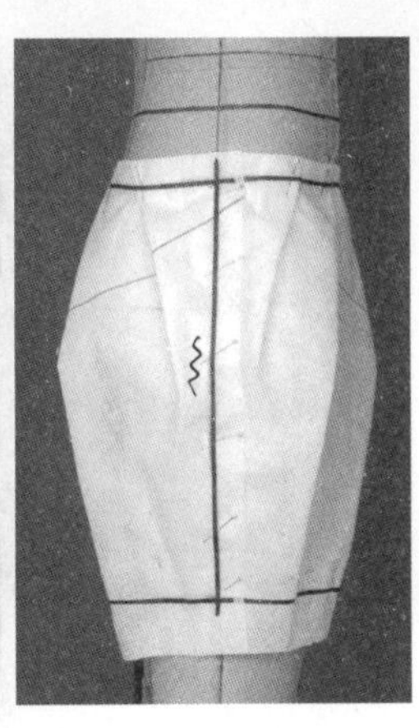

图2-43

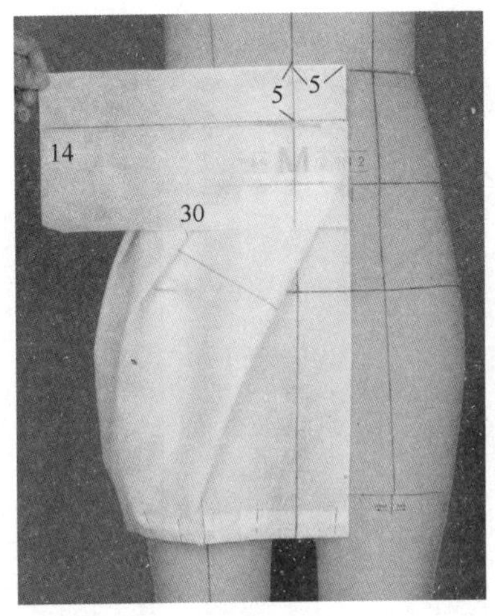

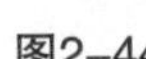

图2-44

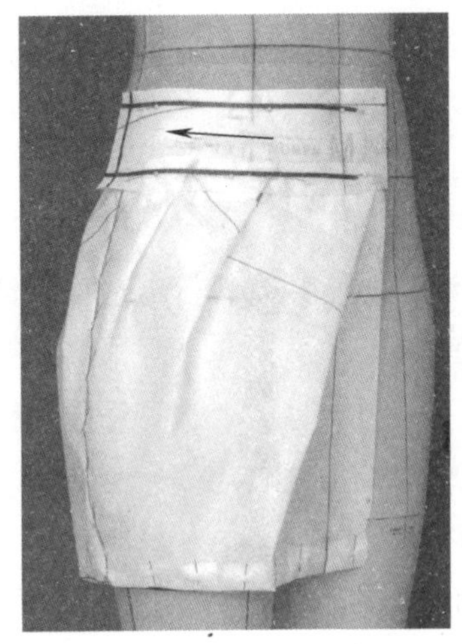

图2-45

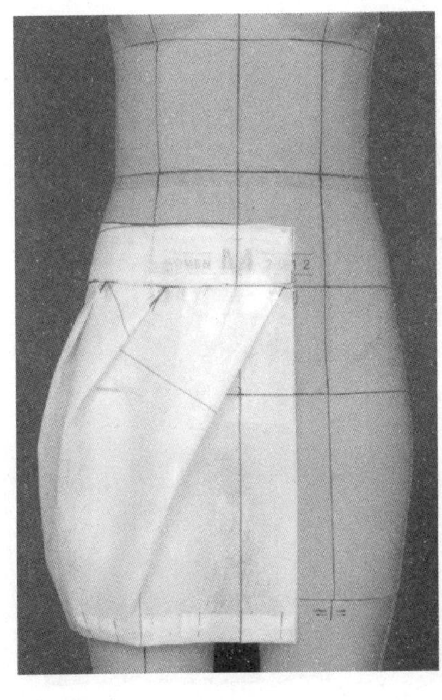

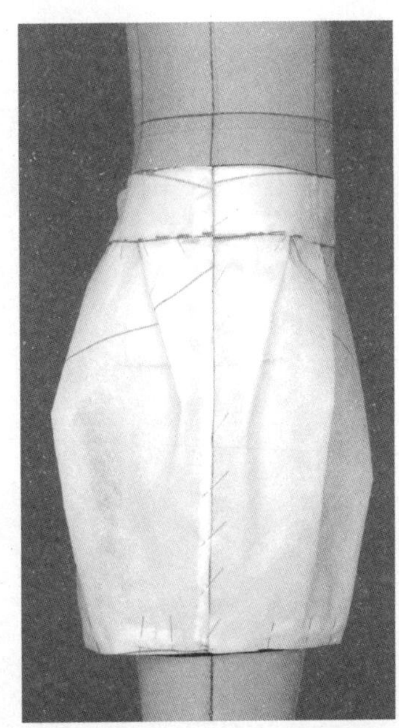

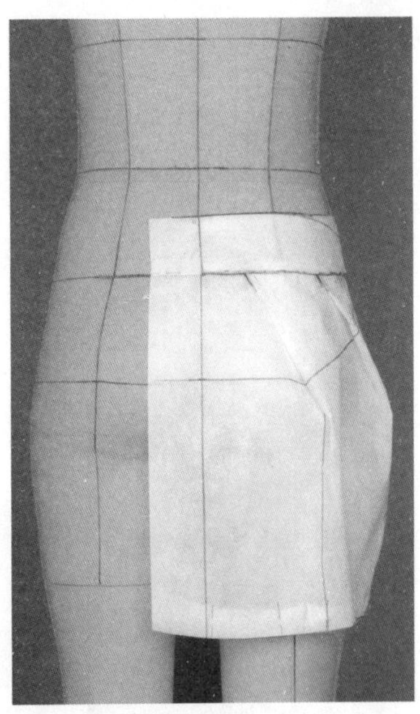

图2-46

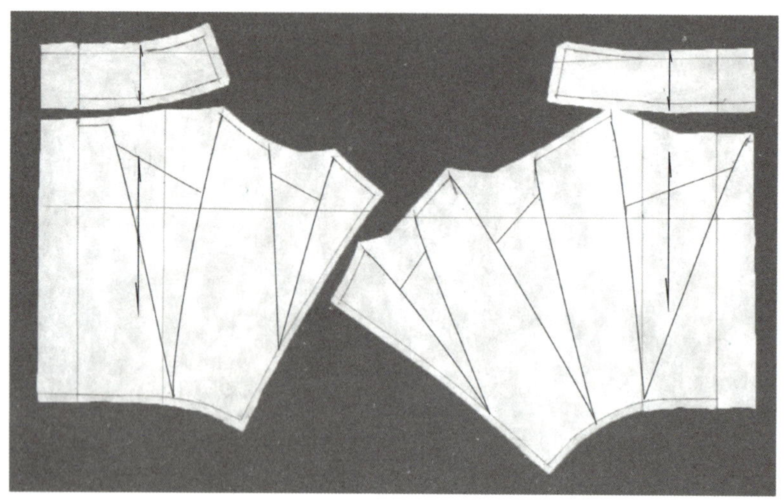

图2-47

二、云菇褶裙（图2-48）

筒型，下摆稍收，右侧自有一活褶，使穿着者行走自如，活褶上端活灵活现就如一朵云菇（图2-48）。

1. 仿真人台，前裙片

（1）在人台上标线：腰头，云菇褶位（图2-49）。

（2）前裙片布样准备，固定CF（图2-50）。

（3）布样往侧转折，转折面约有1.5cm空间量（图2-51）。

（4）沿着侧缝折一竖褶，在HL处大7cm，在云菇褶起点斜折一褶，褶量约8cm，右侧布样下垂，形成一活褶（图2-52）。

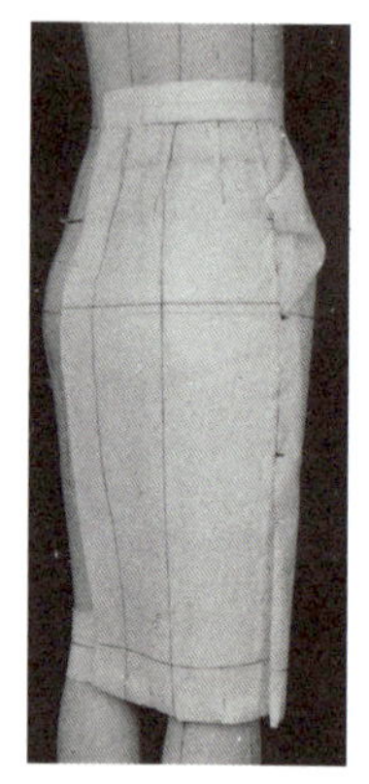

图2-48

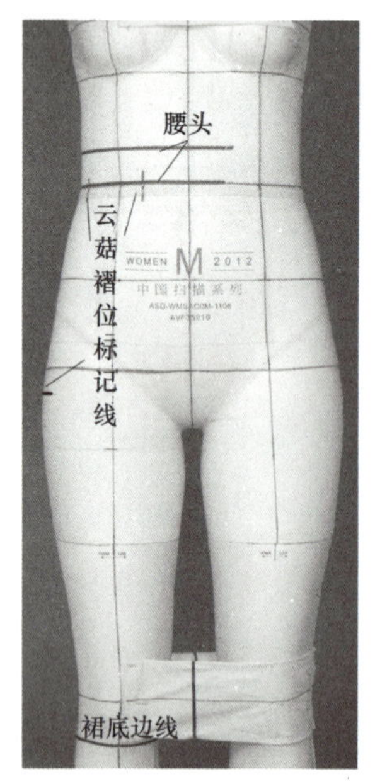

图2-49

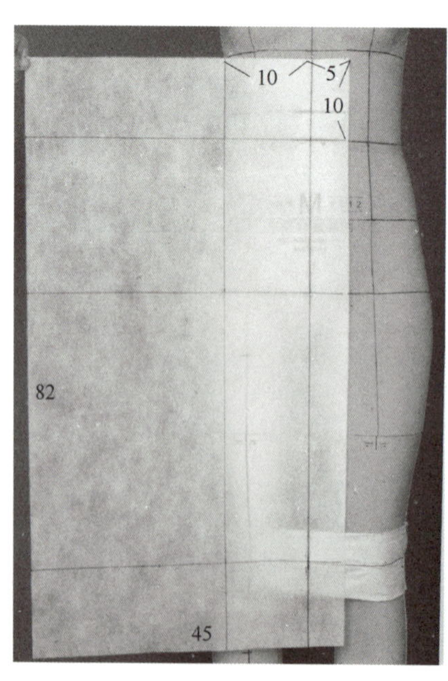

图2-50

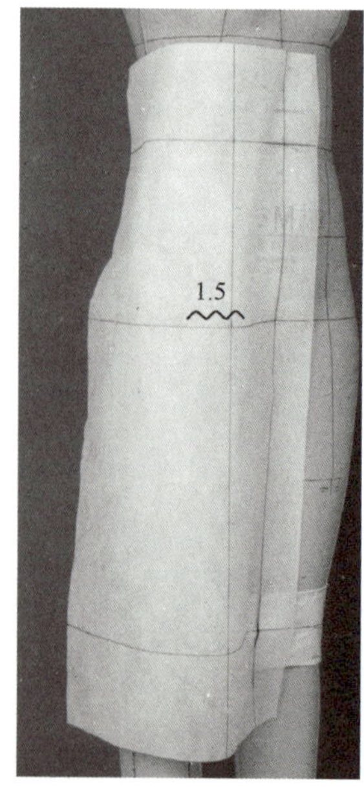

图2-51

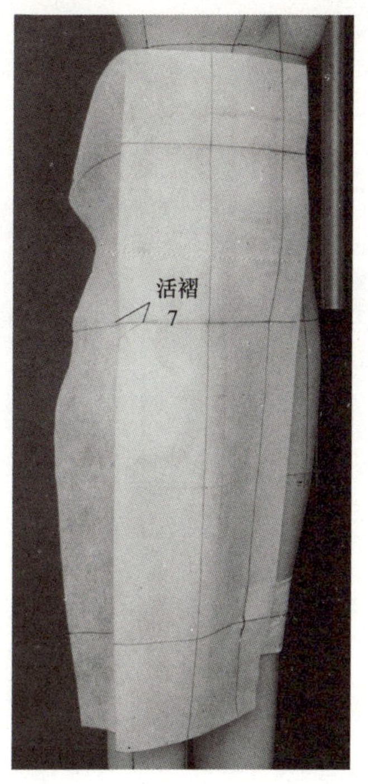

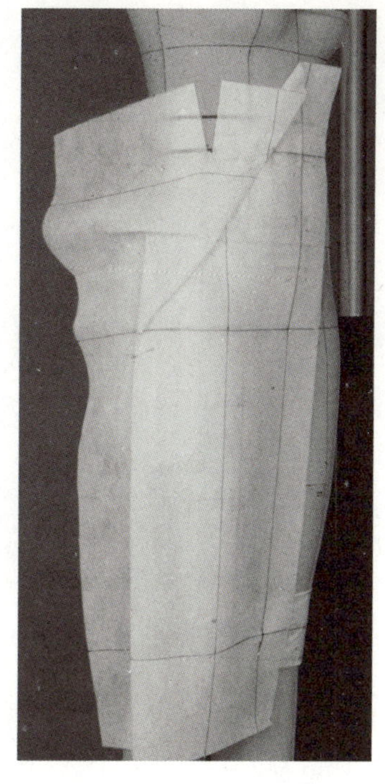

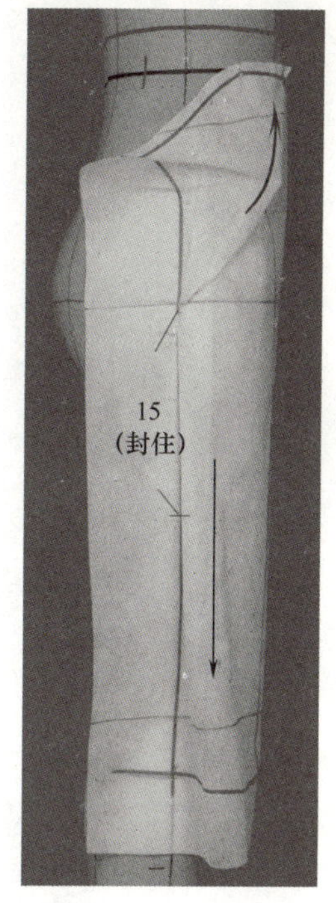

图2-52

（5）整理造型，裁剪云菇形状袋口，使裙摆顺着下肢往内收进。封缝HL以下15cm这一段（图2-53）。

（6）在袋口下加上袋口垫布，各部裁剪，标线（图2-54）。

2. 后裙片，组装

（1）后裙片布样准备，固定CB（图2-55）。

（2）布样往侧转折，转折面约有0.5cm空间量。顺应前身造型，裙摆往内收进。重合侧缝（图2-56）。

（3）将腰部浮余量0.3cm作为腰口缝缩量，其余缝为腰口侧缝撇势与两个腰省，重合侧缝（图2-57）。

（4）腰头裁剪，完成衣裙组装（图2-58）。

（5）裁片整理（图2-59）。

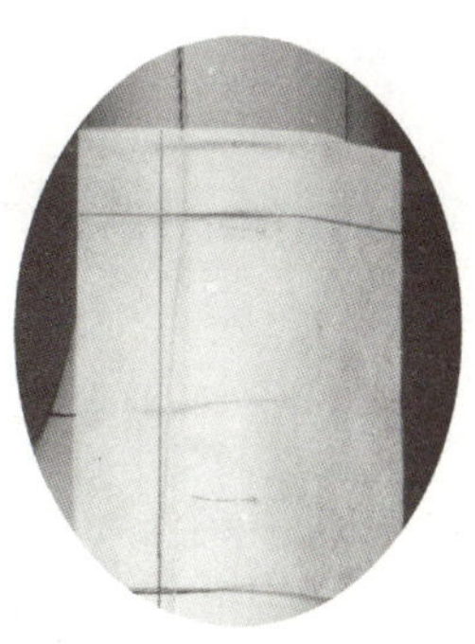

图2-53

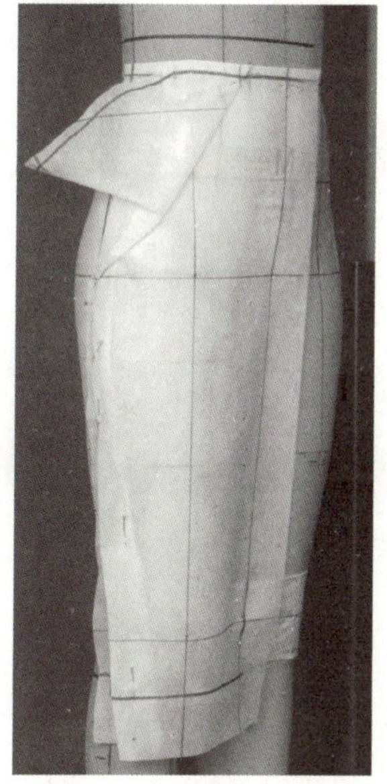

图2-54

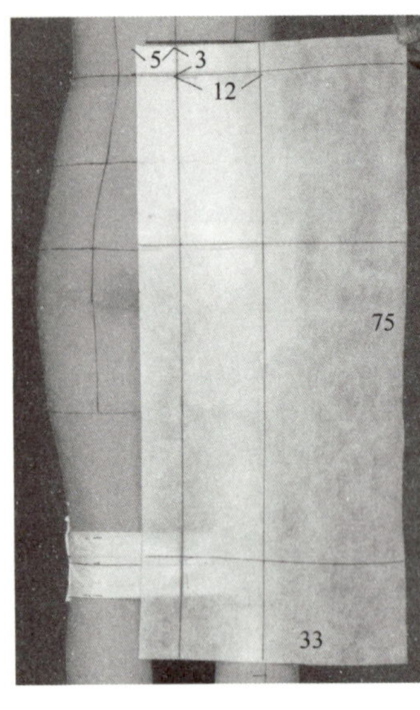

图2-55

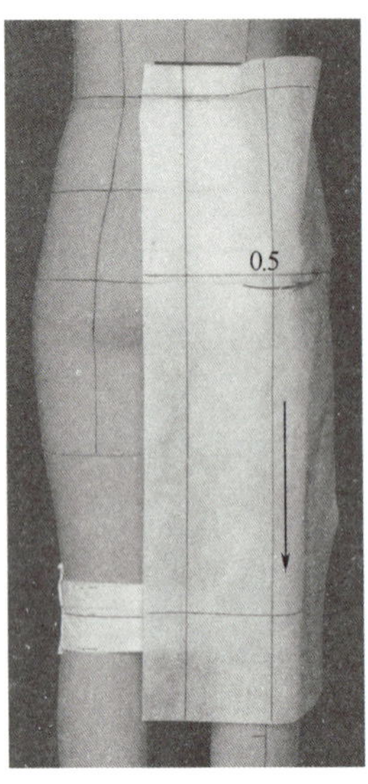

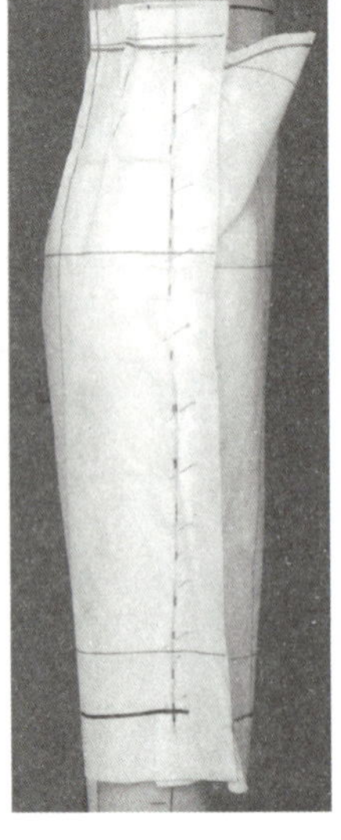

图2-56

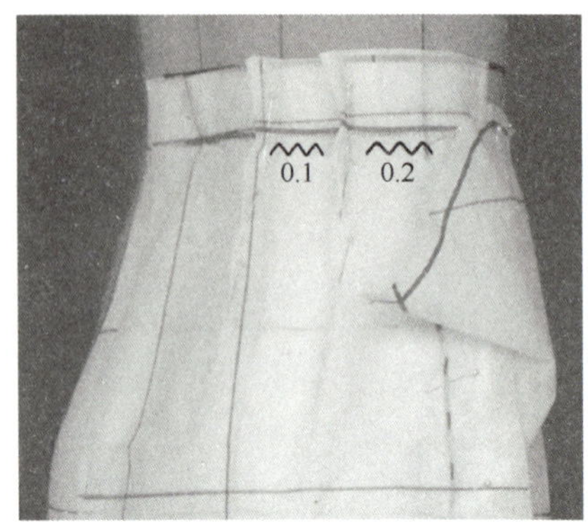

图2-57

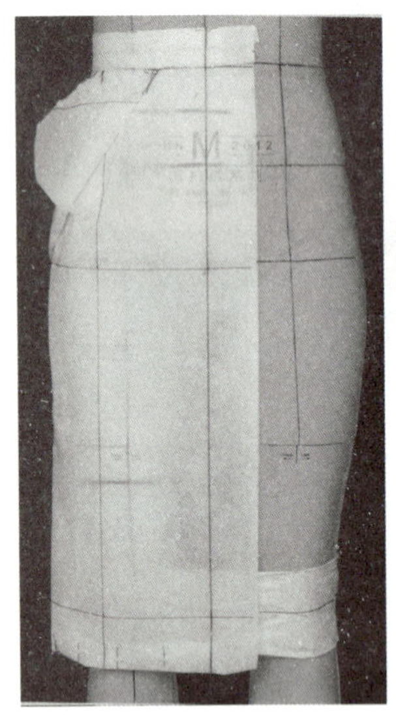

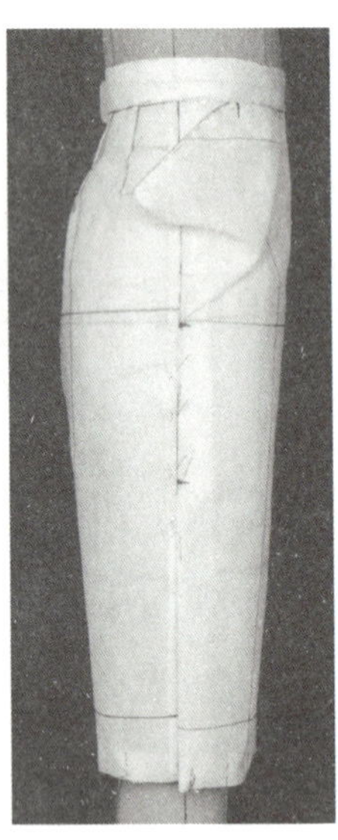

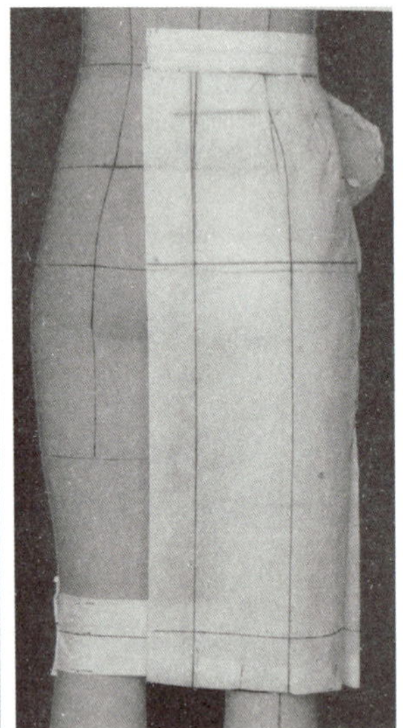

图2-58

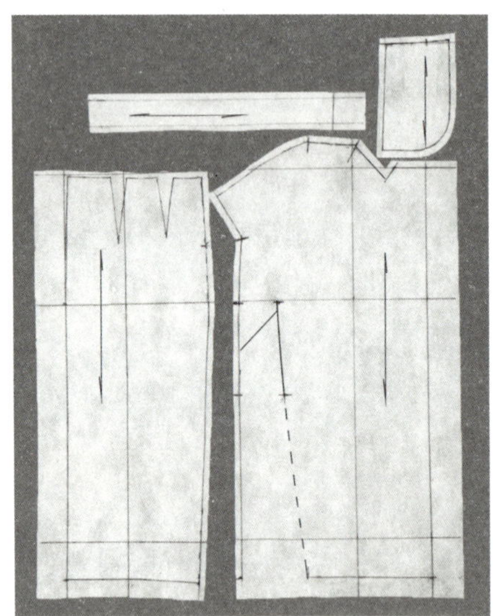

图2-59

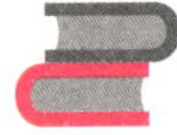

思考、技能训练题

1. 在衣裙褶造型中，如何保持结构的平衡？

2. 用本章的立体裁剪方法完成图2-60褶裙造型。

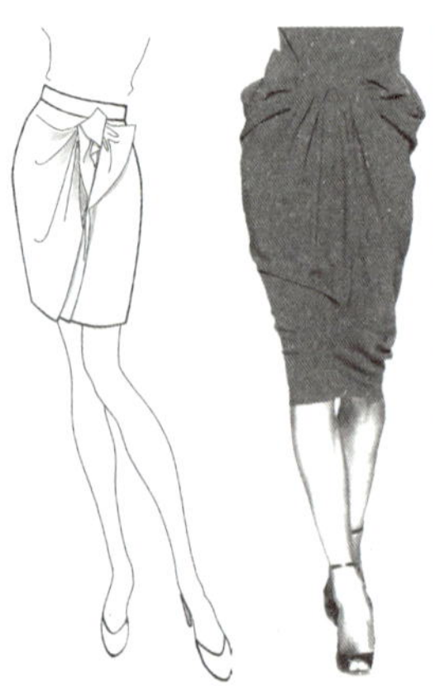

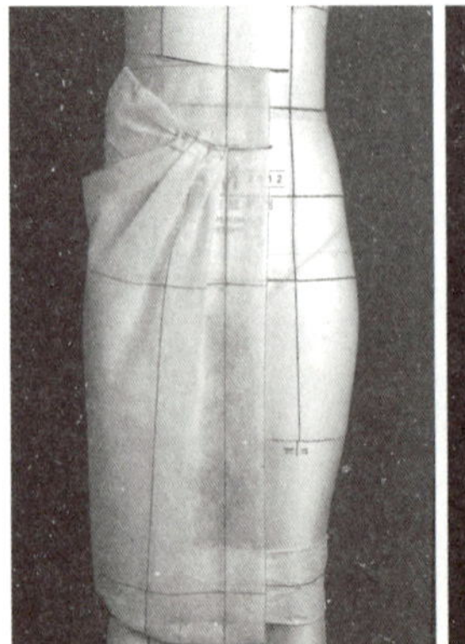

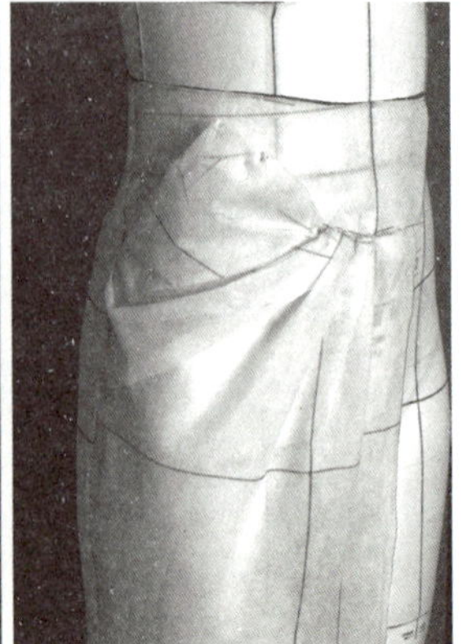

图2-60

衣领

课程名称： 衣领

课程内容： 归纳衣领的结构，分为立领、翻领、褶裥领三大类，另加一个兜帽。遵循由易到难、从基础到应用的顺序展开。立领从旗袍立领至连身立领、褶裥立领、立翻领；翻领从普通小翻领至大翻领，西服领；褶裥领有展开型荷叶褶领，悬垂褶型荡褶领；最后为兜帽。

教学时间： 一般不另立教学项目，而是附在具体的款式裁剪中。

教学目的： 衣领立体裁剪具有很高的技术含量与极强的实用性。通过与具体款式结合的操作，要求学生能掌握立体裁剪衣领的基本技能。

教学重点： 连身褶裥立领，西服领，荡褶领。衣领结构平衡与造型尺度的把控。

[第三章]

衣领

衣领包裹颈部，冬天保暖夏天送凉，其实用性可见一斑。衣领位于头部之下，一衣之首，其装饰性尤为耀眼。衣领造型空间广阔，可具象亦可抽象，形式上可设计为立领、趴领、关门领、翻领、褶裥领等各种造型。一把剪刀任意挥洒，尽显立体裁剪之优势。

第一节 立领

立领包括基础立领、连身立领及立翻领等。基础立领，也可称之为衣领的基型，旗袍领具有典型性。

一、旗袍领

A款（图3-1）

（1）标领口线，测领口弧长○+⊘，设定领高，领样准备（图3-2）。

（2）领样盖下领口线一个毛缝，由后中线往前装合，毛边打剪口使之服帖（图3-3）。

（3）装至前领口下部时，要使领样上口自然贴向颈脖，这样领下口线出现起翘，标领上口线，点影领下口线（图3-4）。

（4）整理点影线，剪去多余毛边，组装。领样结构展示（图3-5）。

图3-1

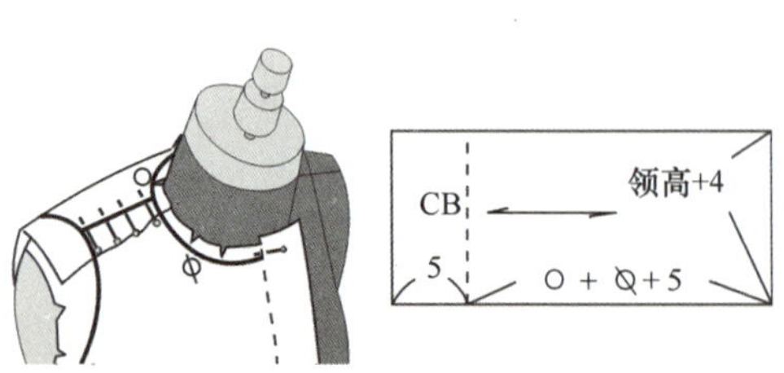

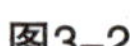

图3-2

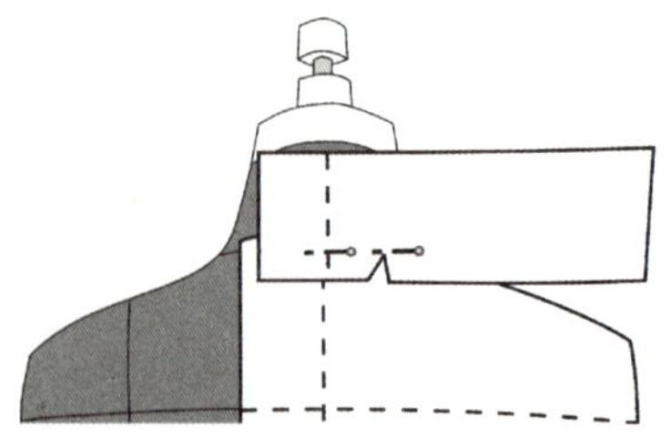

图3-3

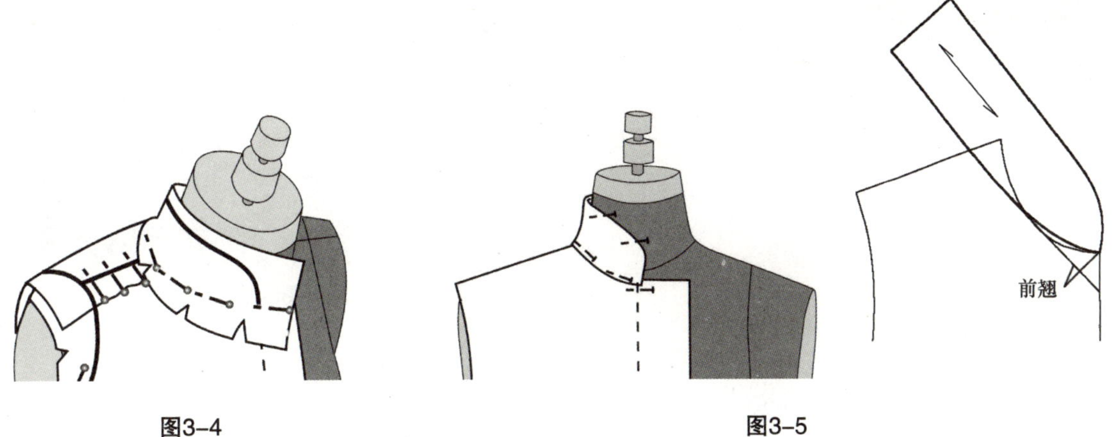

图3-4　　图3-5

B款（图3-1）

与A款领比较：A款领由于前下口起翘，而使领上口线短于领下口线，所以贴体抱脖；B款领上口往外扩开，领上口线明显增长，布样准备时后端下口线要起翘，领上口线扩开程度随领下口线起翘量增加而加大。领样板比较：A款领前端起翘，B款领后端起翘。

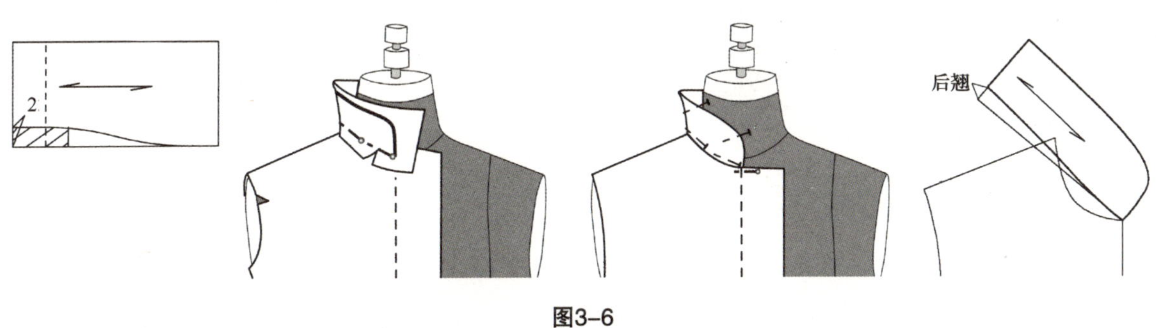

图3-6

二、连身立领

A款（图3-7）

（1）人台标线，标连身立领、省缝线前领裁剪。立领基（起）点距离人台颈肩点2cm（图3-8）。

（2）准备前后衣身布样时要加立领高度2~3cm。粗裁前领口，标立领基（起）点线，剪开该点毛缝，使颈侧布样由此自然站立，这就是前连身立领。标领子造型线、肩线（图3-9）。

图3-7

（3）后领裁剪。固定CB与背宽线后，对准BNP基准点，往上标设后领高度3～3.5cm。将肩背部浮余量推向后领口（肩省往领口转移）。裁剪肩缝，与前片裁法同样，也在距颈肩点2cm处剪开毛缝，使之自然站立，在SNP至BNP约1/3处捏缝领口省，顺着颈脖形态转折捏成橄榄形。重合肩缝（图3-10）。

（4）组装，领样结构展示（图3-11）。

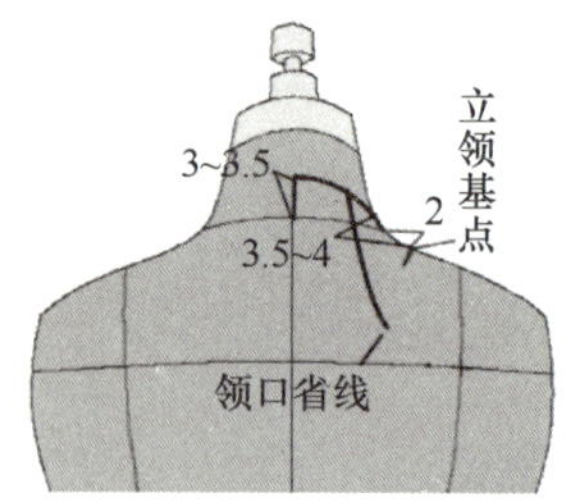

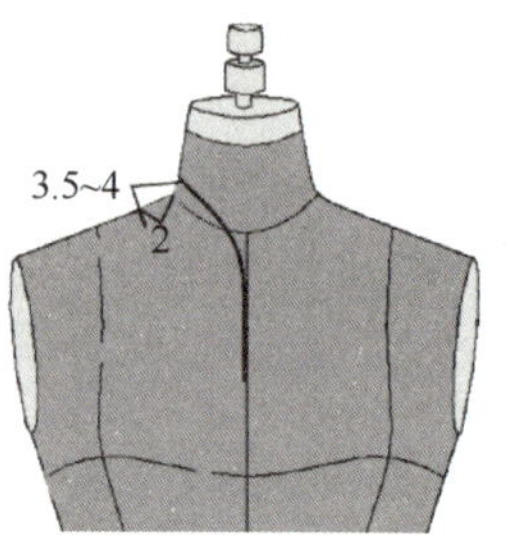

图3-8

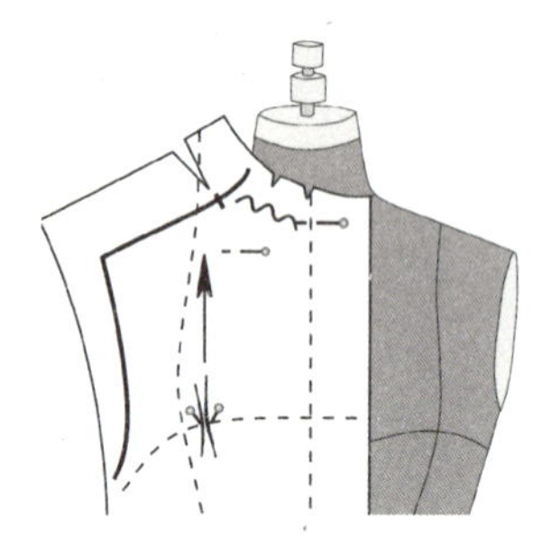

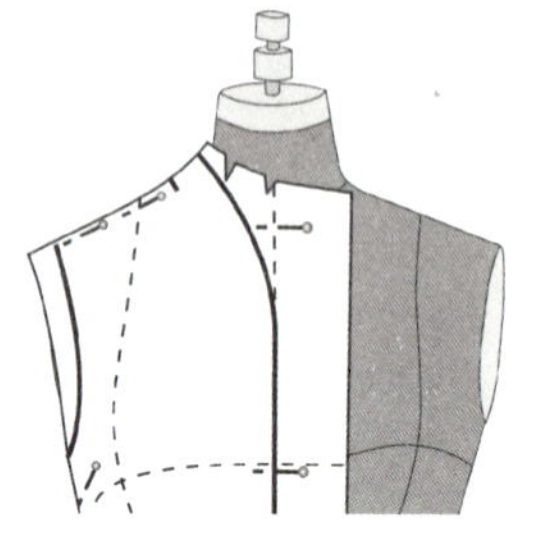

图3-9

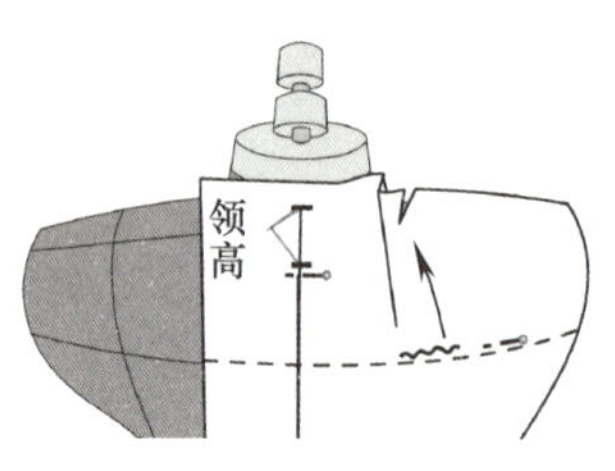

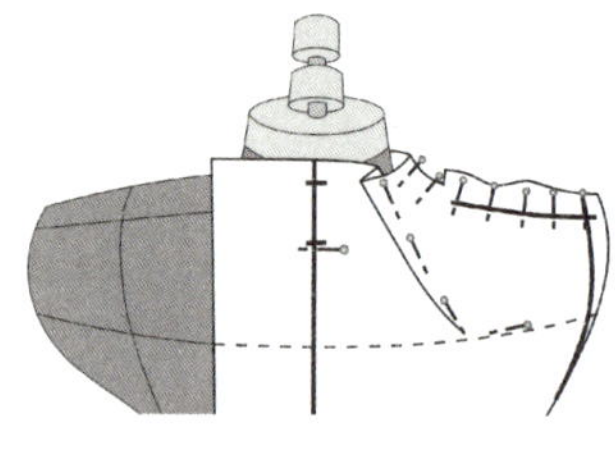

图3-10

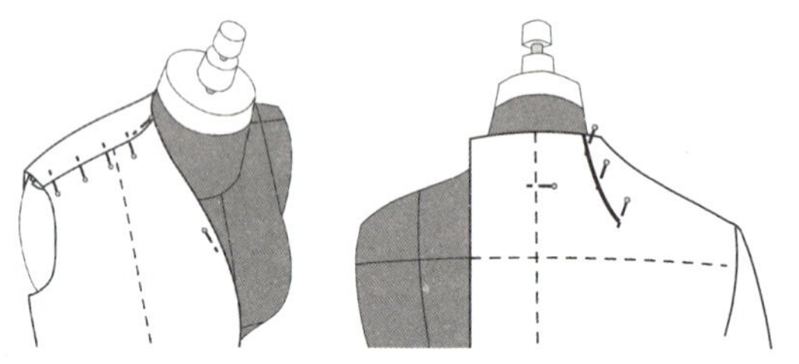

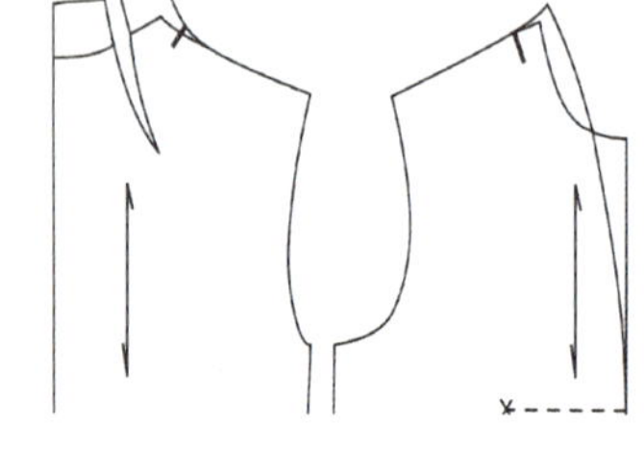

图3-11

B款（图3-7）

将与前身相连的领子延伸为后身立领。本款为大衣立领，颈部有较大空间。

（1）胸部浮余量（胸省量）推向颈窝，将前胸、袖窿、肩部固定。立领基（起）点距人台颈肩点4cm，设定SNP点，剪开该点毛缝，使颈侧布样由此自然站立，理出立领造型（图3-12）。

（2）在SNP内侧捏缝领口省，使省缝与CF呈平行状（图3-13）。

（3）领样绕向后身，理顺后领造型，剪去多余毛边，下口线折光后与后领口装合（图3-14）。

（4）组装，领样结构展示（图3-15）。

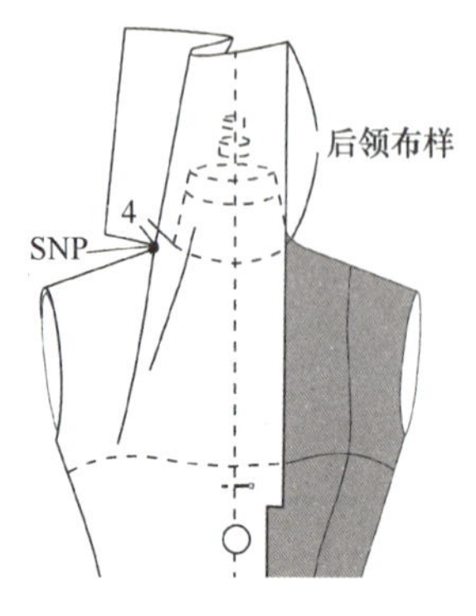

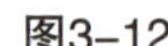

图3-12

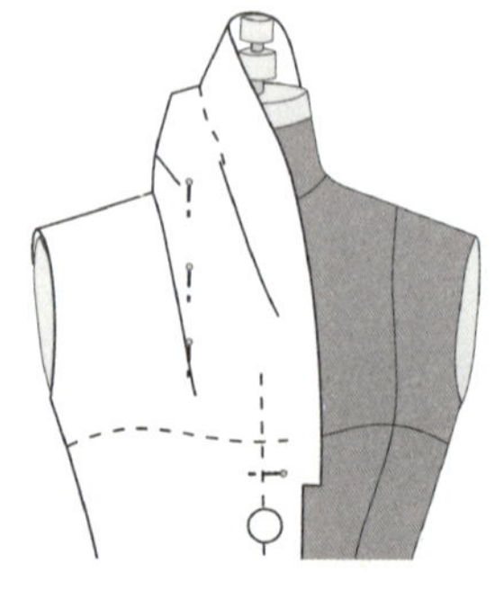

图3-13

图3-14

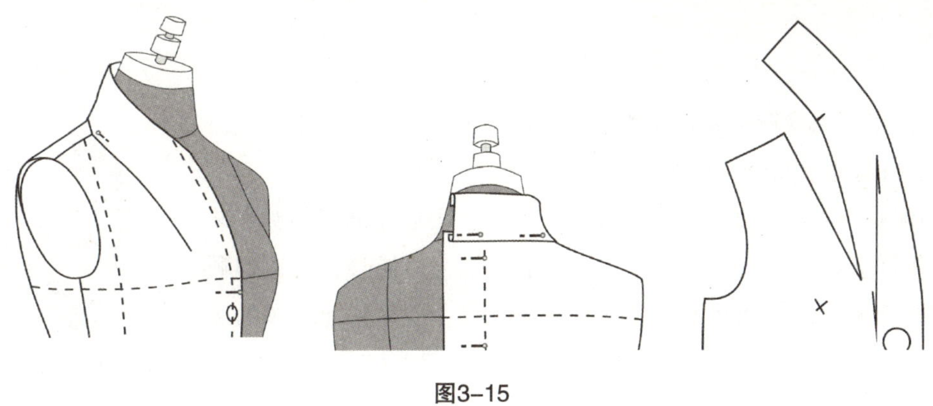

图3–15

C款（图3–7）

将B款的领口省分理成3个放射状褶即成（图3–16）。

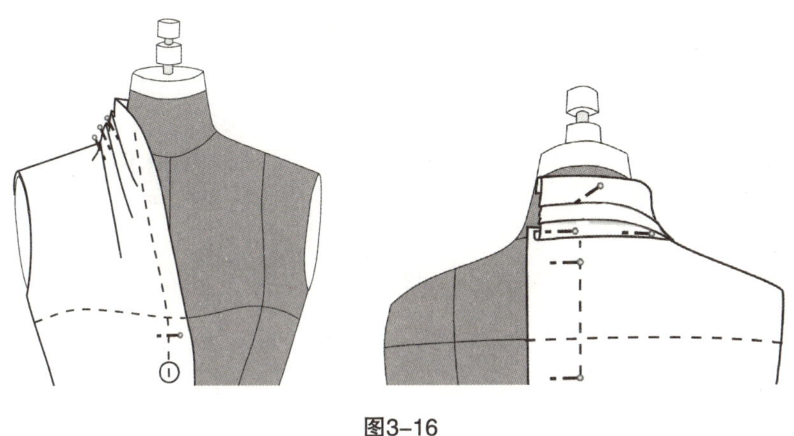

图3–16

三、立翻领

立翻领由底领和翻领构成，底领结构与基本型立领相似，属于贴体抱脖型，底领与翻领的结构关系就像同一圆心的内圆与外圆（图3–17），结构线上短下长，前端起翘。翻领的翘度要大于底领，宽度也要增加，这样能使处于最外围的翻领翻得服帖，盖得住底领。图3–18中A款为衬衫领，B款为拿破仑领。

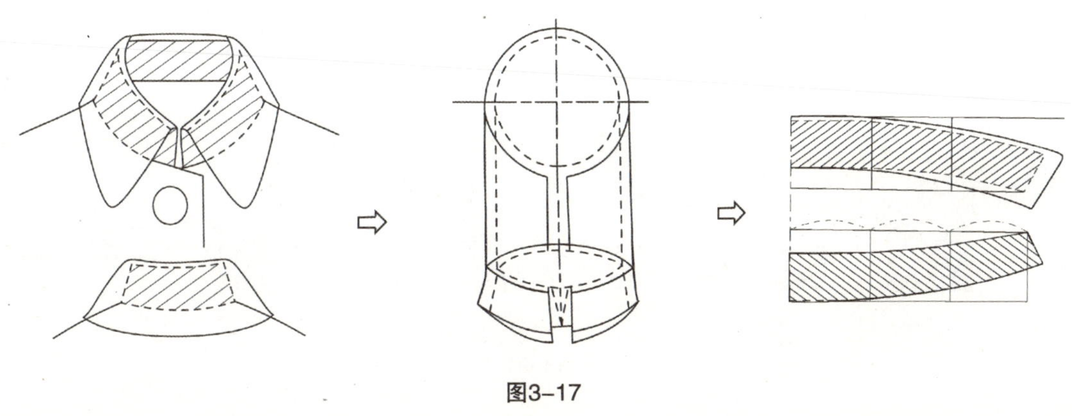

图3–17

A款（图3-18）

（1）标领口线。用藏针法装合底领，控制好领下口翘度，使之与领口贴顺，同时领上口与脖子间要有自然空间，标领上口净线（图3-19）。

（2）翻领裁剪，粗裁领样，起翘度要大于底领。由后往前至装领点装合领样，将翻领样上口盖过底领上口净线一个毛边，一边抓合，一边摆顺领样，要控制好起翘度，使领样上口产生自然的窝势，能盖住与底领的接缝。折转下口毛边，在CB上要盖过底领0.8～1cm，领角造型（图3-20）。

（3）组装，调整、确认造型，翻折服帖，领宽盖得住底领，领角造型符合要求。领样结构展示（图3-21）。

图3-18

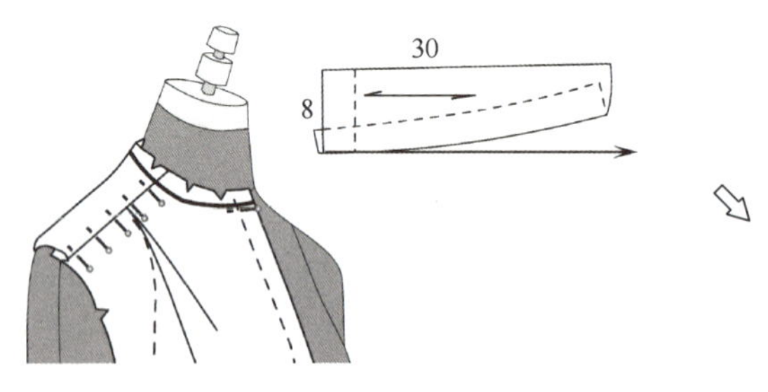

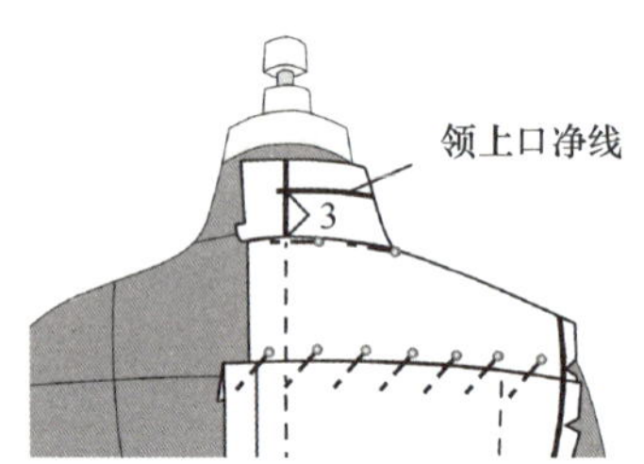

图3-19

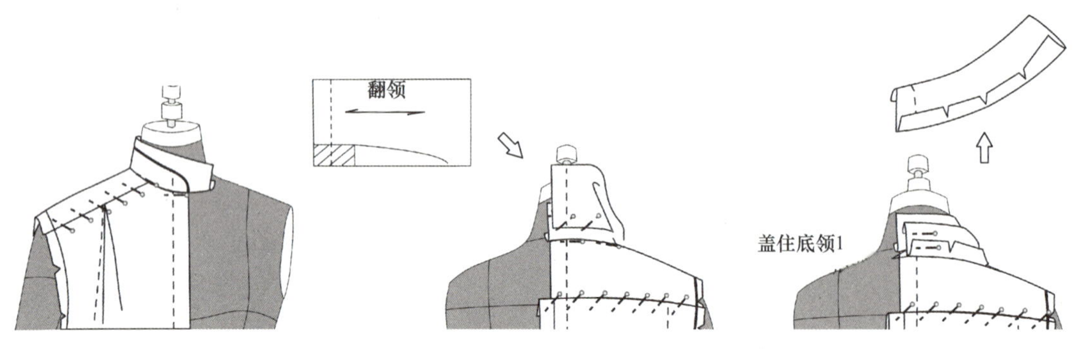

图3-20

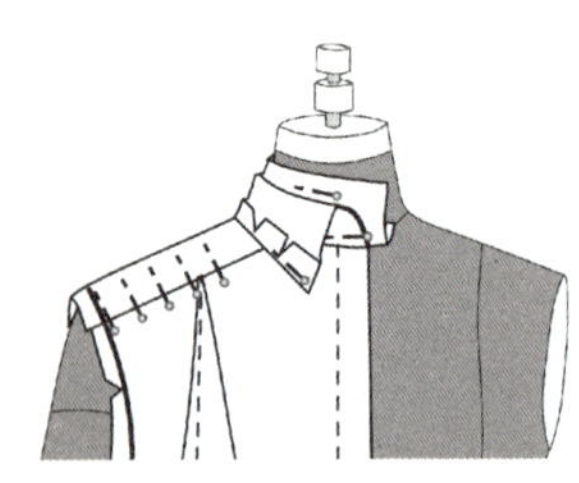

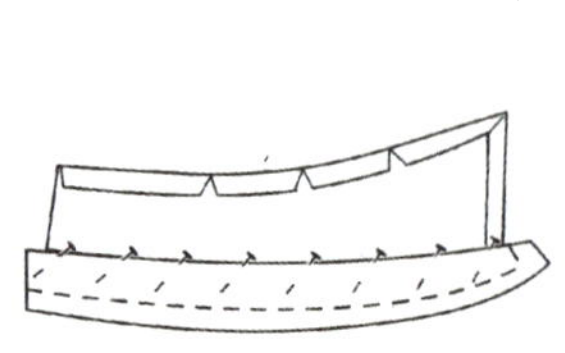

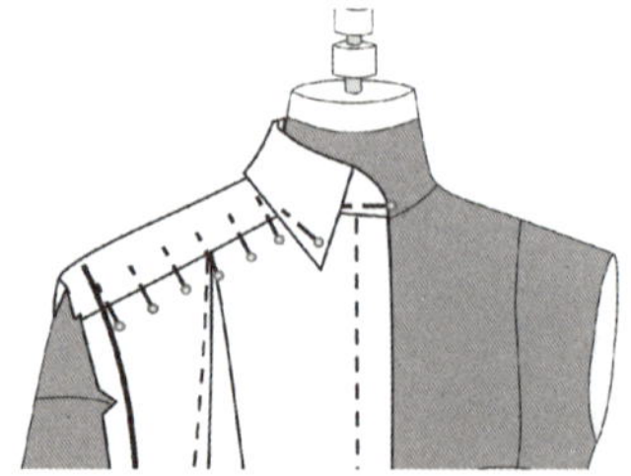

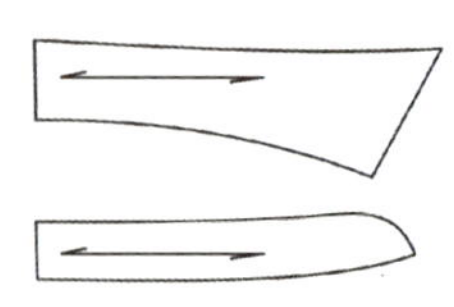

图3-21

第二节　翻领

一、翻领造型形态及结构原理

以关门领为例。

（一）关门领结构

往下翻折的衣领统称为翻领，翻领包括关门领、平翻领和翻驳领三大类。

领子下方门襟扣合的翻领统称为关门领，连底领式立翻领、平翻领也属于关门领。关门领由领座与翻领构成，领腰线（翻折线）将之连成一体，领子宽度以后领中为准。领子下口线必须由后往前起翘，翻领宽度要宽于领座，这样才能翻得服帖（图3–22）。

（二）关门领领腰线与翻领造型形态

衣领领腰线与颈脖的贴近或离开产生领型的变化：贴近颈脖，领型就平直，有阳刚之气。反之，领型曲度增加，产生曲线美（图3–23）。

领腰线的变化取决于领下口线的起翘量，图3–24中的三款翻领的后领宽、领围大与前领角都相同，但因领下口线起翘量的差异，产生了形态结构的差异。反映出领腰线的曲度随领下口线起翘量增加而增加的结构关系。

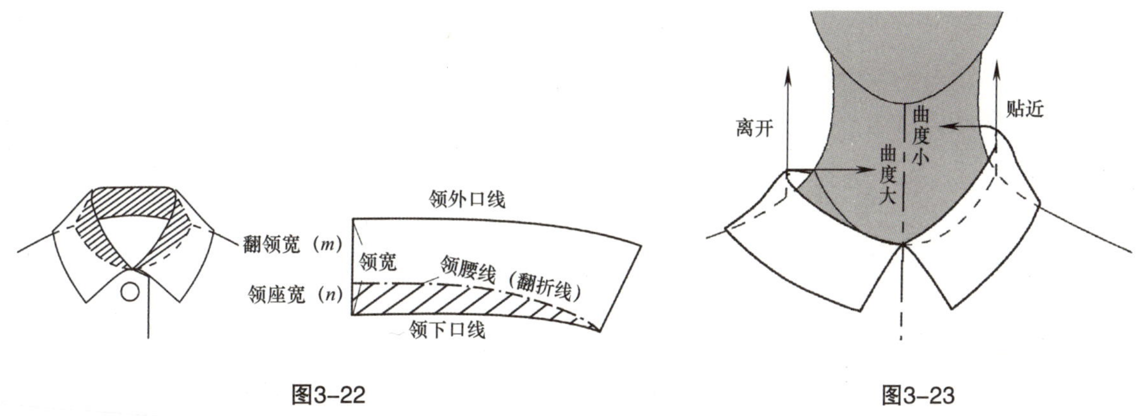

图3–22　　图3–23

（三）关门领领样准备和操作问题处理

1. 领样准备与下口起翘

翻领造型的首要条件是设计领下口线在后中的起翘量。构成起翘量的要素为：领子的宽度与曲度、领口大、材料厚度等。一般而言，这些要素与起翘量存在一定的正比关系，领样准备时要综合这些要素，布样要大些，为造型操作时备有调整余地。在初步定出起翘量后，可试着剪去翘量，沿领口试围一下是否合适（图3–25~图3–28）。

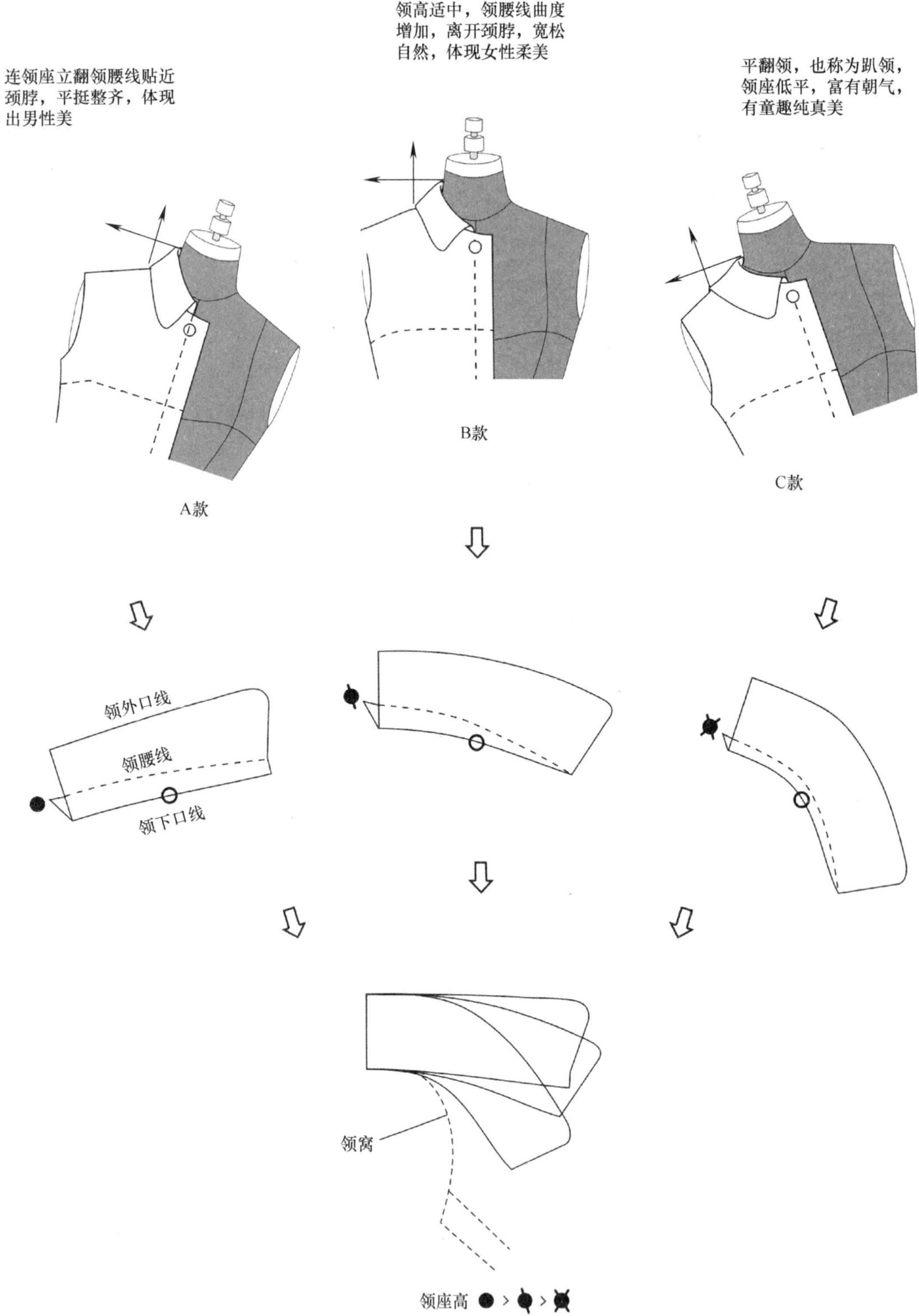

起翘量以C款领最大，领下口线与领高线最接近，领外口线、领腰线和领下口线的曲度随着起翘度的增加而增加，领座高正与此相反

图3–24

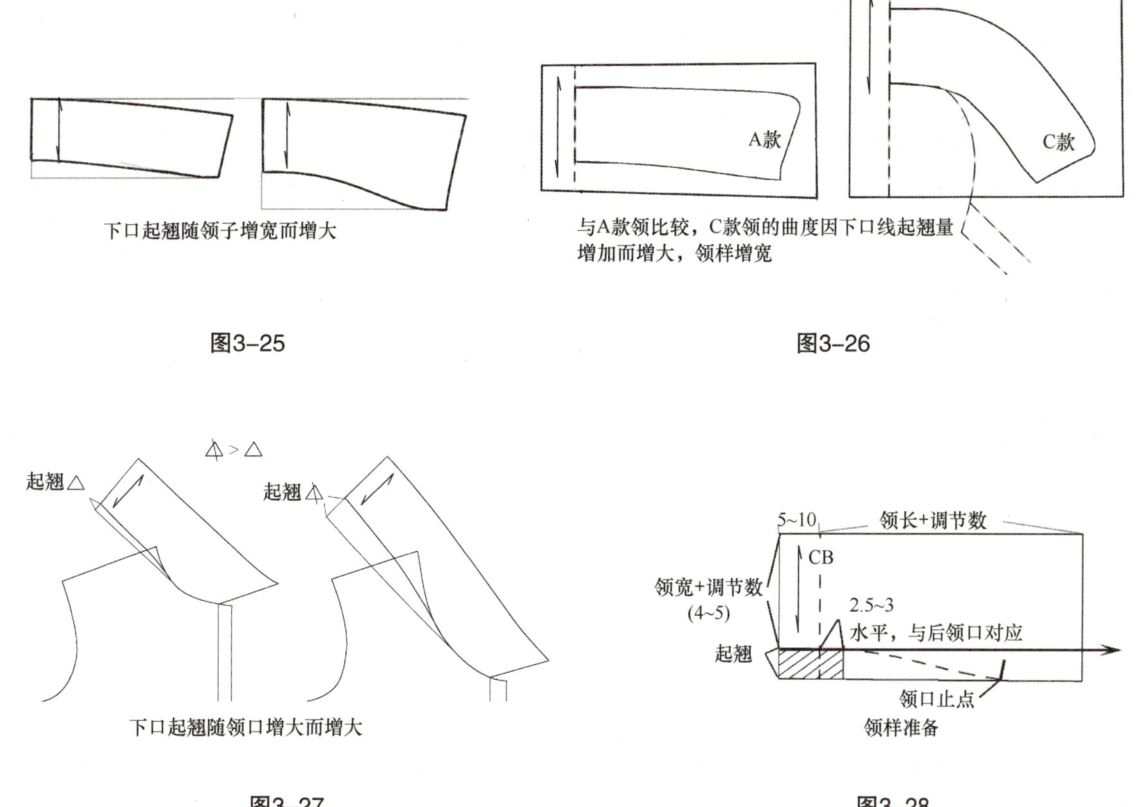

图3-25　图3-26

图3-27　图3-28

2. 领样操作问题处理

（1）在操作中如出现领样外口线不够或过剩，可将之切开或折叠起来处理（图3-29）。

（2）组装操作完毕后，观察衣领结构是否平衡。其标志：领腰线翻折平顺、自然。否则就是结构有问题，可能是领子结构与领口不贴合，或装合手段有偏差，要重新调整（图3-30）。

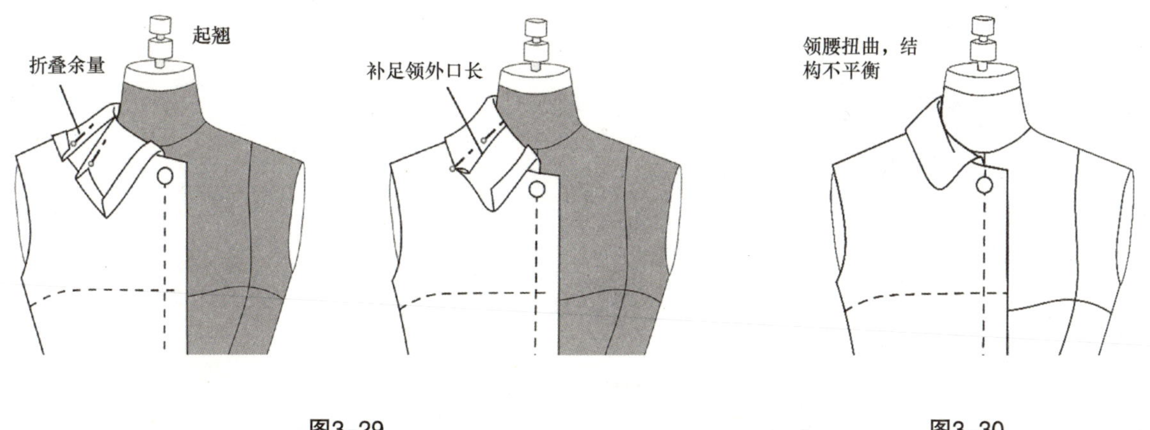

图3-29　图3-30

二、关门领

领子下方门襟扣上的翻领俗称关门领，关门领的结构在翻领中具有类型意义（图3-31）。

图3-31

A款（图3-31）

（1）人台标线：领口、领座、翻领线（图3-32）。

（2）领样准备。由于翻领下口线、后中线起翘的特性，布样下口预先画成起翘状，在后中线往右2.5~3cm处要剪水平，使之与后领口对应，并在后中线上设定领座宽（*n*）、翻领宽（*m*）。

测量前后领口大，粗裁领样下口线（图3-33）。

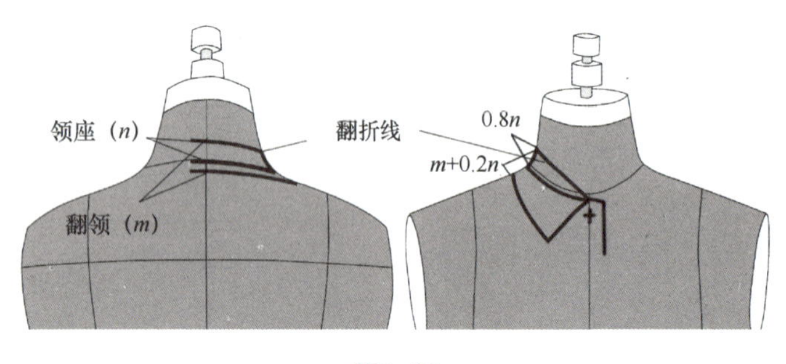

图3-32

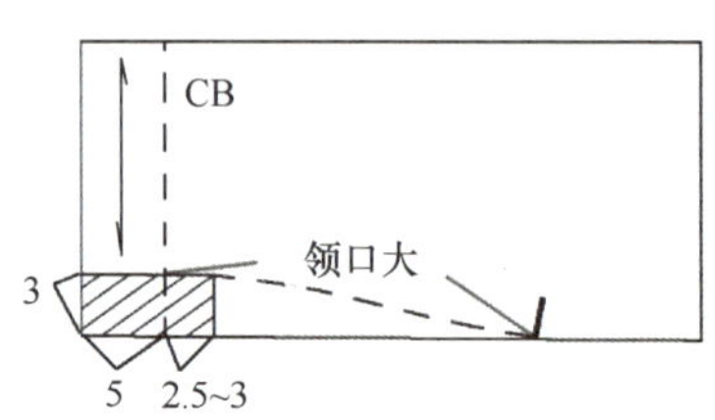

图3-33

（3）在领样CB上设领座宽*n*、翻领宽*m*。将领样盖下领口线一个毛缝，由后往前缝装至装领点止，装领毛缝要剪开（图3-34）。

（4）下口毛边向外翻折，使领样翻得服帖，边装边试翻折，调整，在后中将翻领盖过领座宽1cm。裁剪领型（图3-35）。

（5）组装，领样结构展示（图3-36）。

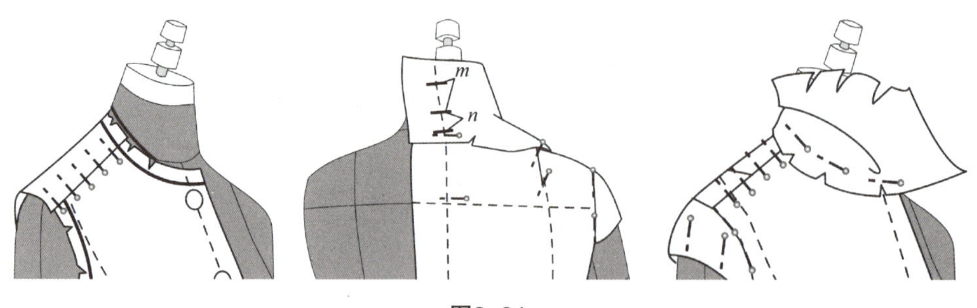

图3-34

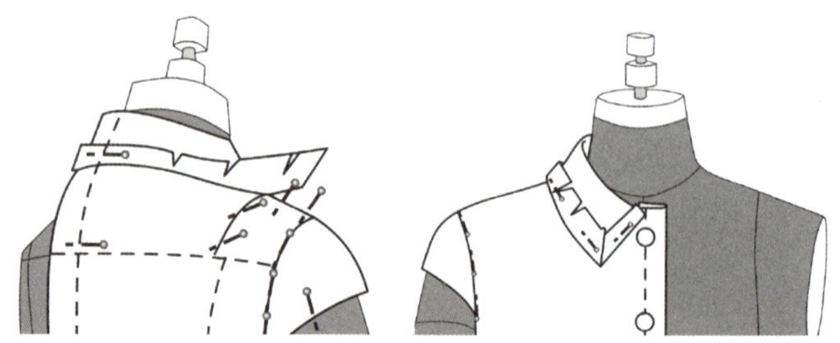
图3-35

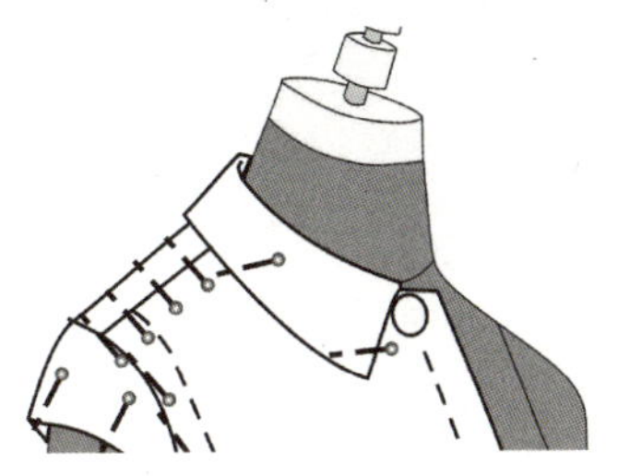
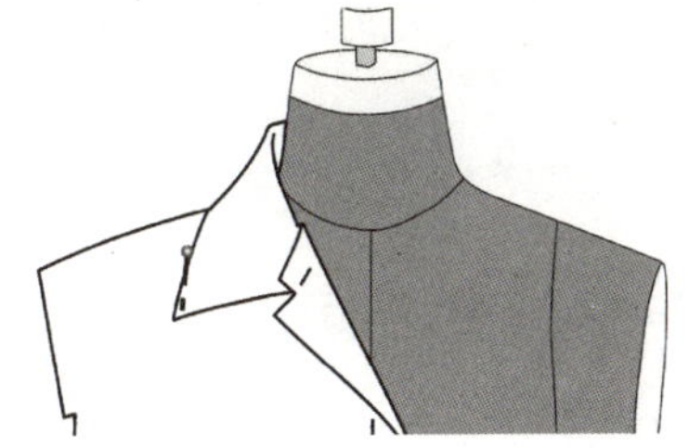
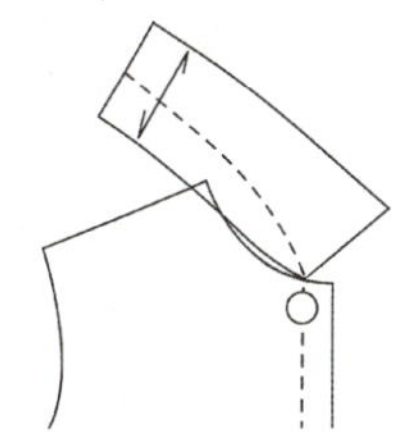

图3-36

三、平翻领

以海军领为例，领座很低，后中起翘较大，趴伏在肩上的翻领统称平翻领。同属平翻领，造型形态也可大相径庭，有童稚可爱的娃娃领，有潇洒大方的海军领等，各有千秋（图3-37）。在操作前要事先设定领座的高度。以海军领为例。

图3-37

A款（图3-37）

（1）标领口弧线，后领口稍高于基准线（图3-38）。

（2）领样准备，裁剪、装合领样。从后中心开始，折别领座高（n）1.5cm，这一高度要保持到颈侧。将领样按箭头指向推抚理顺，由后往前剪开装领毛边（图3-39）。

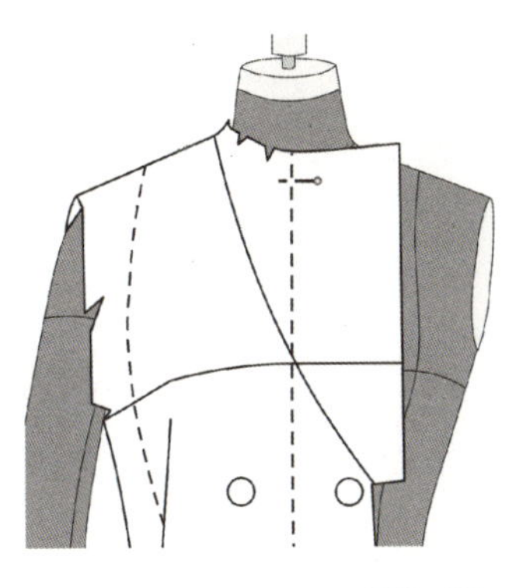
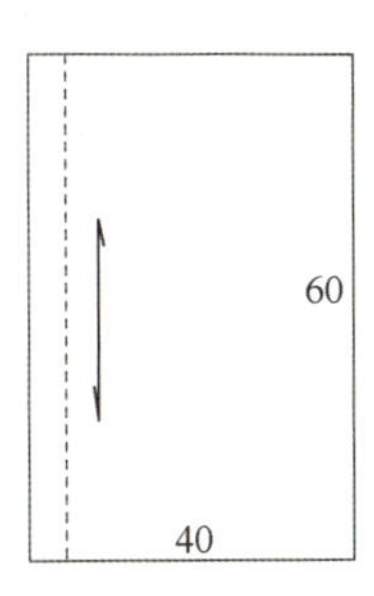

图3-38

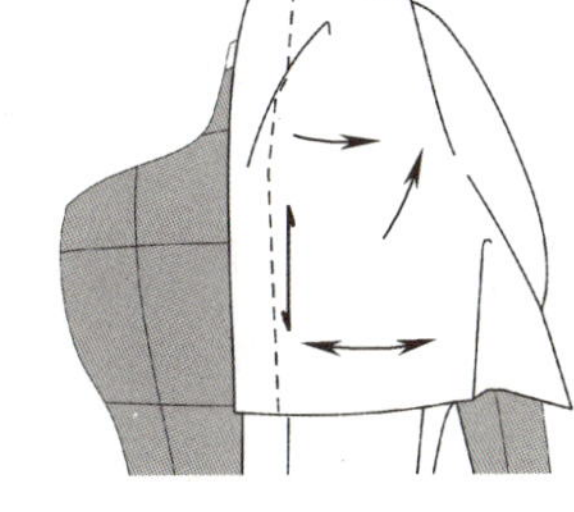
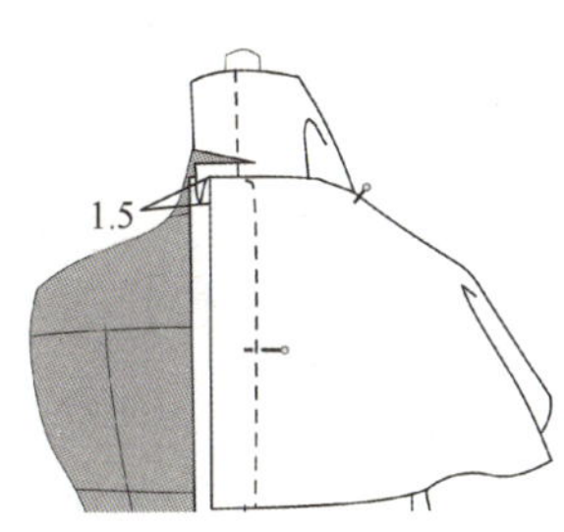

图3-39

（3）转到前身，按箭头方向理顺，推平布样，领座宽到装领点逐渐消失，沿领口线装合领样，固定领座，从上往下剪去多余毛边，然后再剪开领下口毛缝，使之服帖（图3-40）。

（4）标披肩领外口装饰线，去多余毛边（图3-41）。

（5）组装，标装饰线。领样结构展示（图3-42）。

图3-40

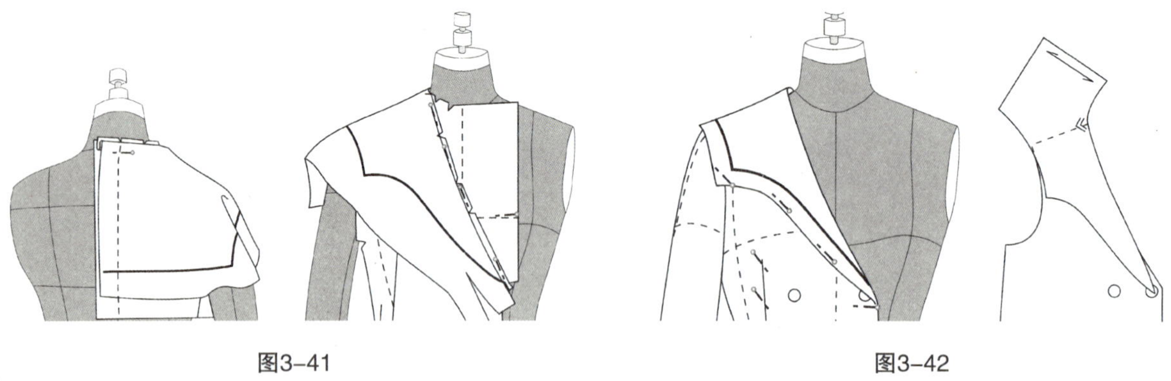

图3-41　　　　图3-42

四、翻驳领

翻领、驳头向两侧打开的衣领统称为翻驳领。应用最广的是翻驳线呈直线形的驳领，此外还有挂面与领子连成一体的连驳领、翻驳线呈弧形的翻驳领等。比较典型的翻驳领是端庄整齐的西服领，常用于职业套装。

A 款（图 3-43）

（1）人台标线，翻驳领结构复杂，为降低操作难度，比较精确地造型制板，要在人台上标驳领线。设定颈肩点SNP，比基准领口宽1cm，标后领口线、翻折线、驳领线（图3-44）。

（2）衣身撇门，将部分前胸浮余量（胸省量）往前中推移，使CF在BL以上出现松量（作为门襟的空间量），在基准领口处外撇0.8cm。粗裁领口，剪开翻驳止点毛边，折光止点以下毛边（图3-45）。

（3）以翻折线为中轴，翻折驳头，将翻驳领造型线转为结构线，驳头、领口标线，裁剪。钉扣子（图3-46）。

（4）领样准备、裁剪同关门领。装领由后往前至领口转角处为止，边缝边翻折领样，要以翻折线自然为宜。按领子造型反折领外口毛边，打上剪口，使之反折顺畅（图3-47）。

图3-43

（5）在串口线上将翻领与驳头叠合，确定领子造型，翻折线在领子与驳头处要连接顺畅（图3-48）。

（6）竖起领子，将领口净线用消失笔点影至领子上，即为领下口线。整理缝份（图3-49）。

（7）组装，净样展示（图3-50）。

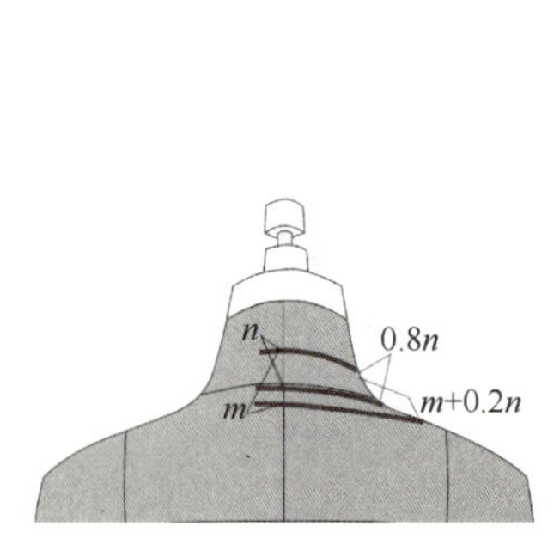

图3-44

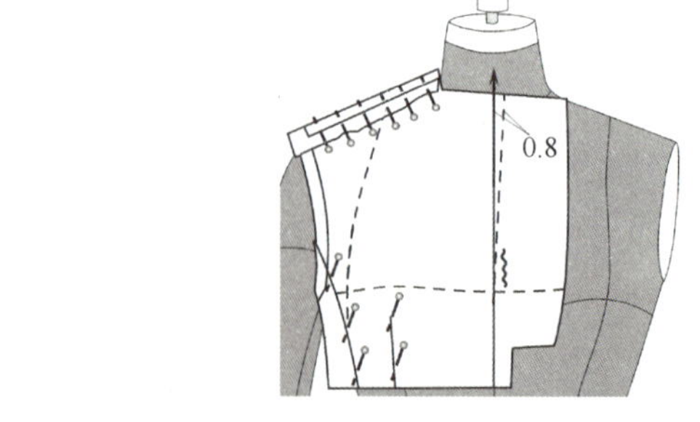

图3-45

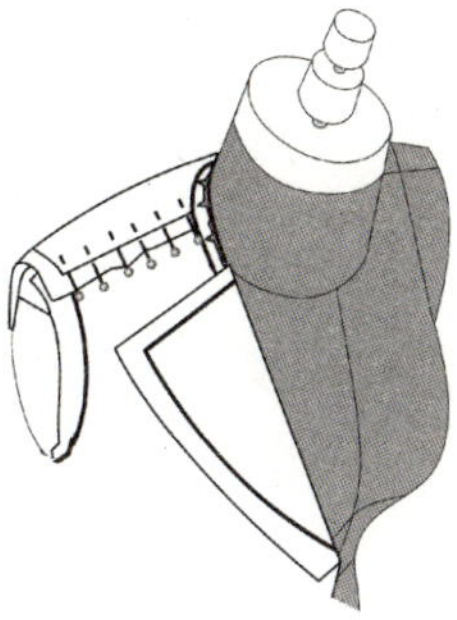

图3-46

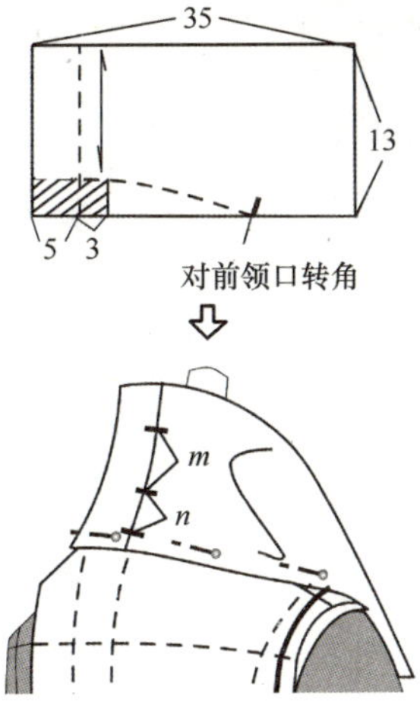

图3-47

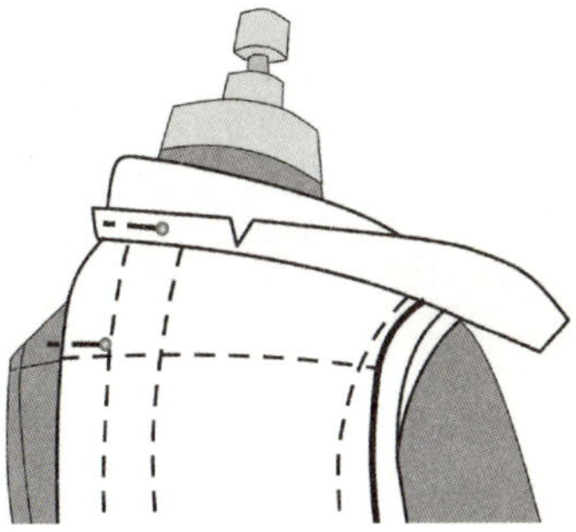

图3-48

图3-49

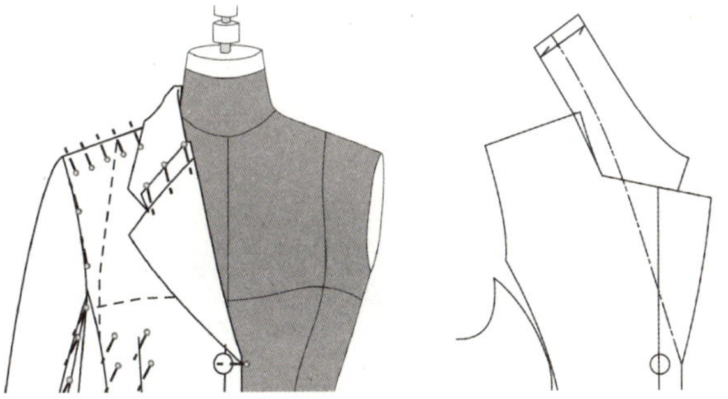

图3-50

五、分片翻驳领

（一）分片翻驳领（图 3-51）与立翻领比较

（1）立翻领领座前部起翘，使领上口线（●）短于领下口线（■），顺应了颈脖上小下大的形态，因此在颈侧贴体圆顺（图3-52）。

（2）普通翻驳领的领座结构是后部起翘，因此连接领座与翻领的翻折线（●）长于领下口线（■），在颈侧处与颈脖形成较大空隙。分片翻驳领是将领座与翻领分片，缩短翻折线长度，使之短于领下口线而贴脖。这一原理与立翻领领座的领上口线短于领下口线相似。领座分片线应在领腰线之下，以免缝子外露（图3-53）。

图3-51

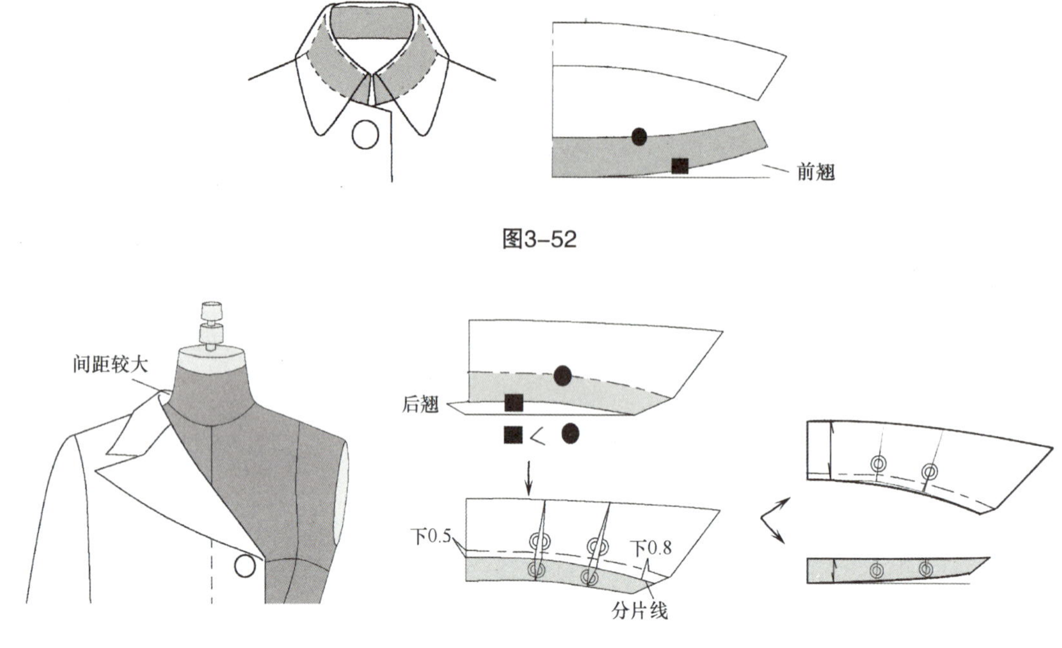

图3-52

图3-53

（二）分片翻驳领（图 3-51）

（1）在人台上标领口线、翻折线、驳头造型线后，在翻折线下标领子分片线：在后领中点下降0.5cm，在前领口转角处下降0.8cm（图3-54）。

（2）领座裁剪。往内折转下口毛边，前部要起翘，翘量以上口贴向颈部为好。缝装领座至前领口转角处为止。标领座上口线，剪去多余毛边（图3-55）。

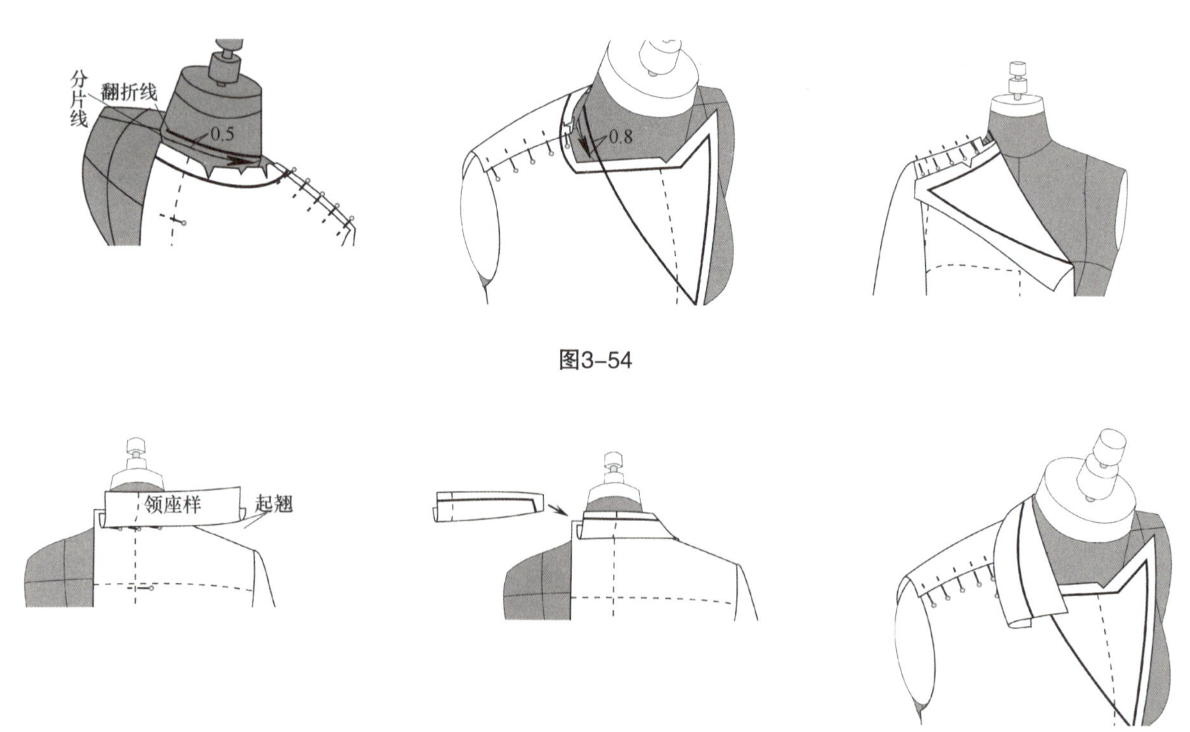

图3-54

图3-55

（3）翻领裁剪，领样后中要有较大的起翘。折转翻领样上口毛边，与领座缝合，装领止口线在后领中点盖过领座净线0.5cm，在前领口转角处盖过领座净线0.8cm，补足领座宽度。折光驳头毛边和前翻领样外口毛边，进行驳领造型（图3–56）。

（4）组装，净样展示（图3–57）。

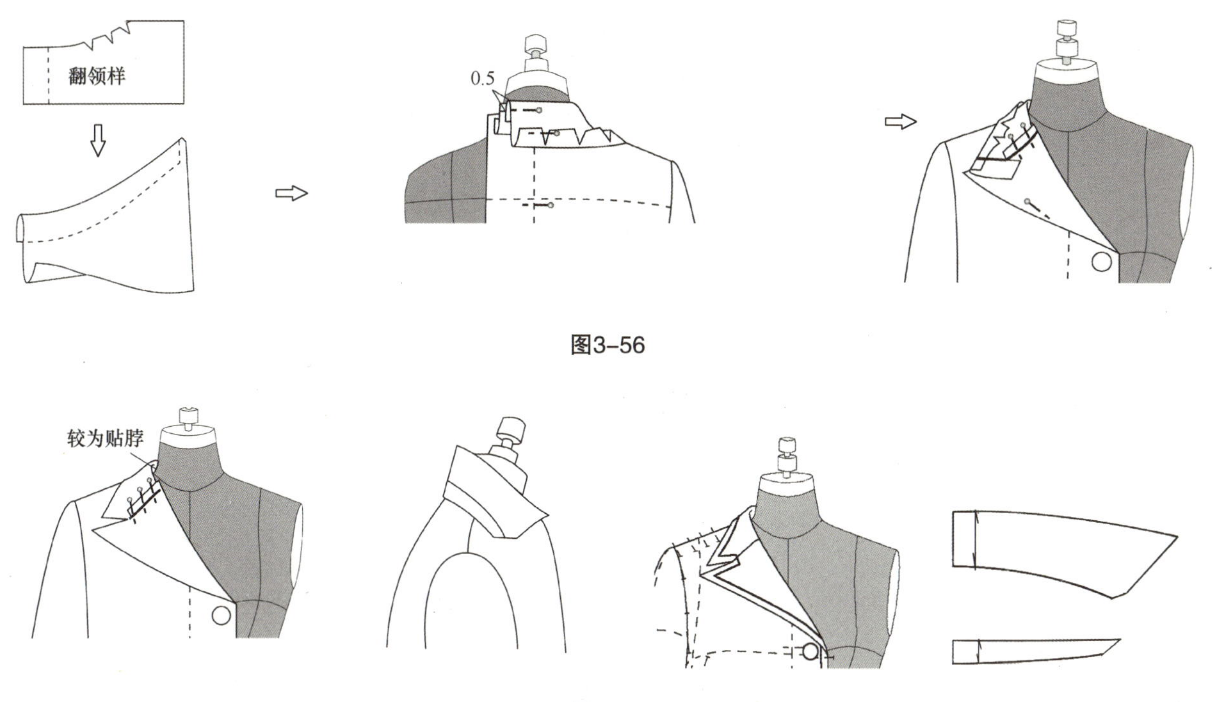

图3–56

图3–57

第三节　褶裥领

利用衣领、领口的展开量或省道转移量进行造型的领型统称为褶裥领。

一、荷叶褶领

荷叶褶不仅仅用于衣领，在衣身、袖子、裤和裙上都能广泛应用，古典又时尚（图3–58）。

A款（图3–58）

（1）标领口线、褶位和荷叶褶领外口线，画出荷叶褶领基型图（图3–59）。

（2）按基型图准备领样。裁剪荷叶褶领，估计后中领子宽度，剪开领样一角的平分线，将剪开的领样留足后领宽，与后领口对齐裁剪至后面第一褶位标记点A为止（图3–60）。

图3–58

（3）拉出A褶后固定该点，摊平领样，往前顺着领口毛边裁剪领样至下一个褶点，就这样由后往前，做荷叶褶领的裁剪造型，各个荷叶褶的展开量要角度相当，使褶型整齐，具有韵律感。标荷叶褶领外口造型线，剪去多余毛边（图3-61）。

（4）组装，领样结构展示（图3-62）。

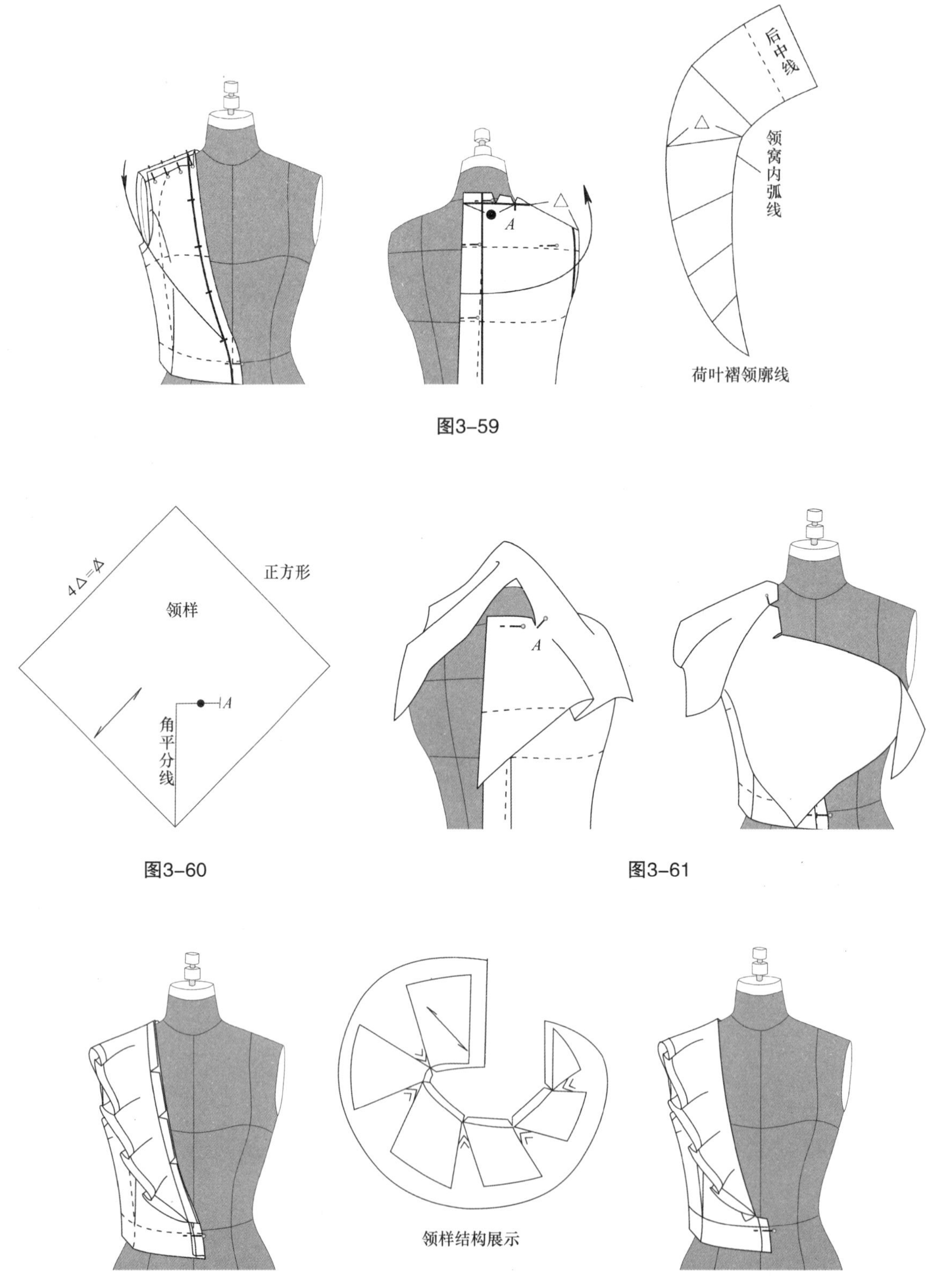

图3-59

图3-60

图3-61

图3-62

二、荡褶领

荡褶领造型优美，气韵生动，被广泛用于礼服和夏装（图3-63）。

A款：装领式荡褶（图3-63）

（1）利用领样下垂起褶。首先要裁剪领口，领口夹角应小。领样布采用斜料，夹角角度必须大于领窝夹角，这样才有余量下垂，垂褶程度与夹角之差成正比（图3-64）。

（2）装领时，领样夹角对准领口夹角，盖过领口净线一个毛缝，从下往上装合领样后翻正，形成第一个荡褶，依次在两边对称折出第二个荡褶、第三个荡褶，在肩上固定。然后剪去多余毛边（图3-65）。

（3）组装，领样结构展示（图3-66）。

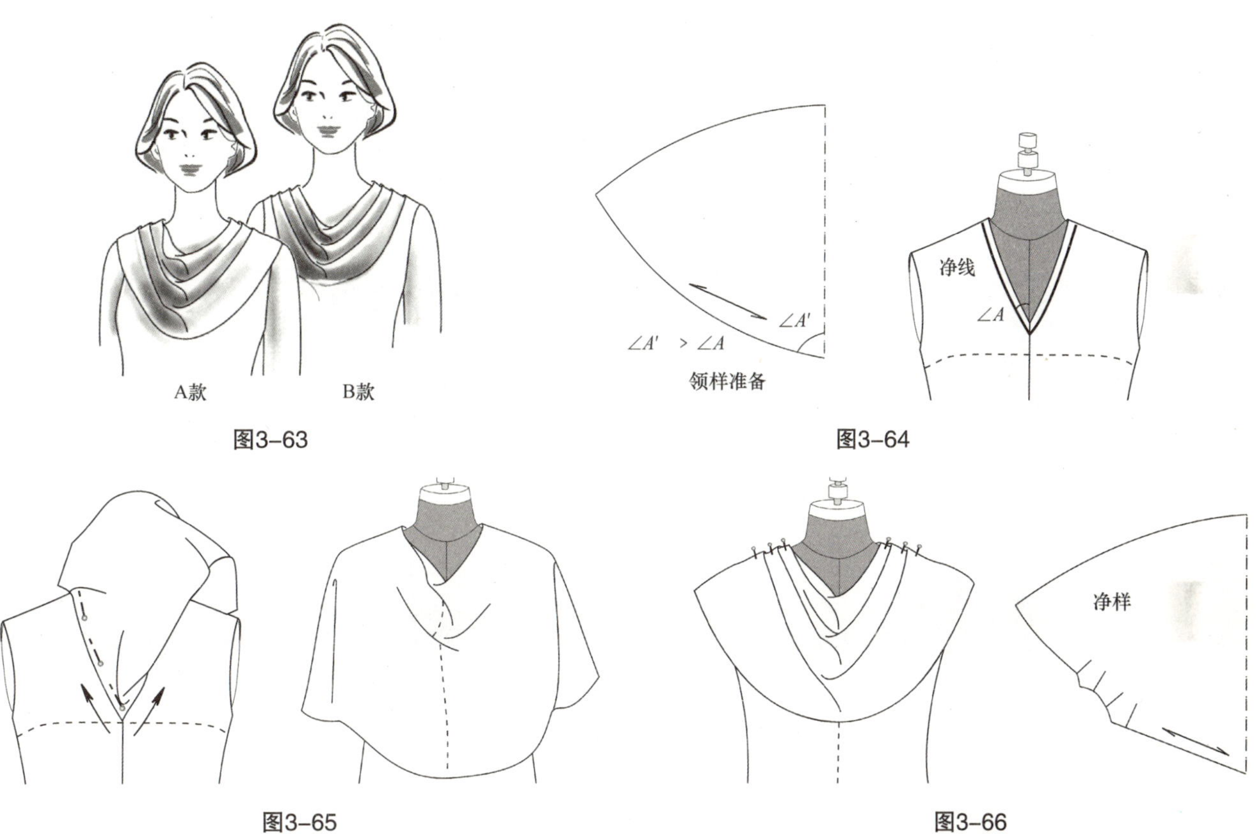

图3-63

图3-64

图3-65

图3-66

B款：连身荡褶领（图3-63）

（1）在人台两边肩线上对称标褶位线，准备整个褶领布样，在CF上连折（图3-67）。

（2）往内折转领口贴边，挂装领样，在两边肩线上固定领口位（图3-68）。

（3）折别第一个垂荡褶，要左右对称。按此折别第二个垂荡褶、第三个垂荡褶，垂褶量随着褶位下移而减少，理顺垂褶造型（图3-69）。

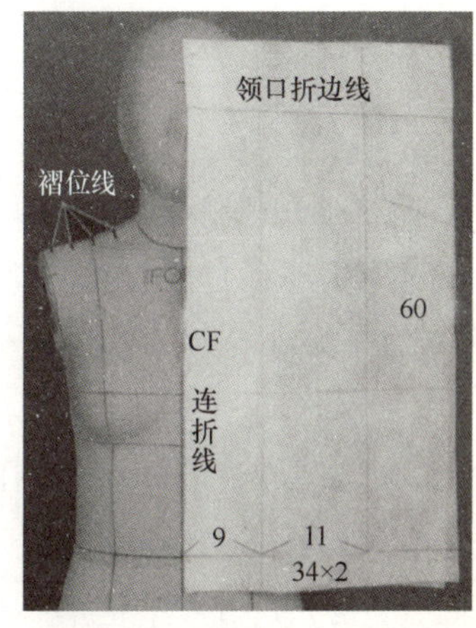

图3-67

（4）侧面造型，在腰围转折面上放松量1cm，固定袖窿与侧缝（图3-70）。

（5）各部裁剪，标线（图3-71）。

（6）组装，裁片整理，换用布料后的荡褶领展示（图3-72）。

（7）裁片整理（图3-73）。

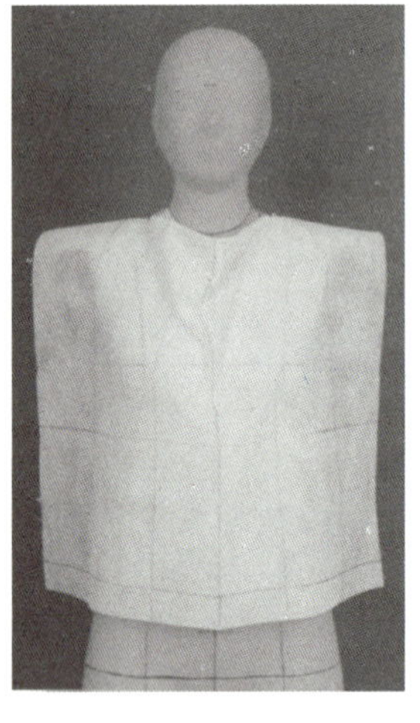

图3-68

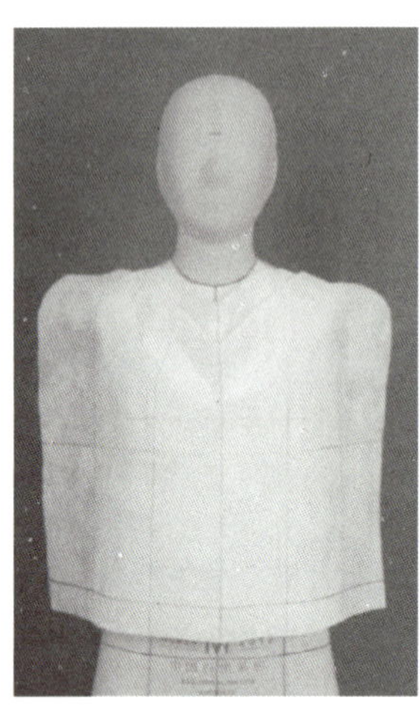

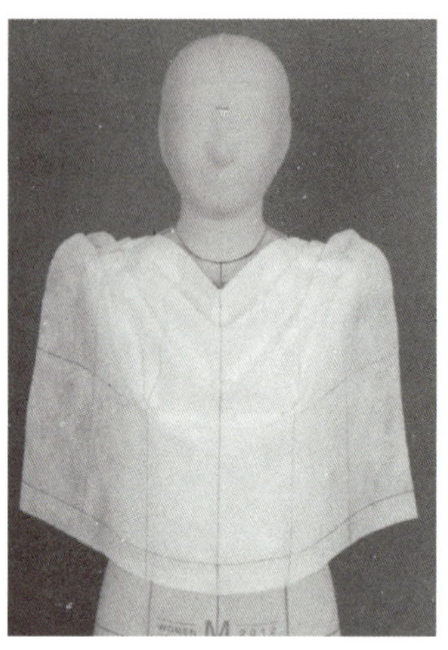

图3-69

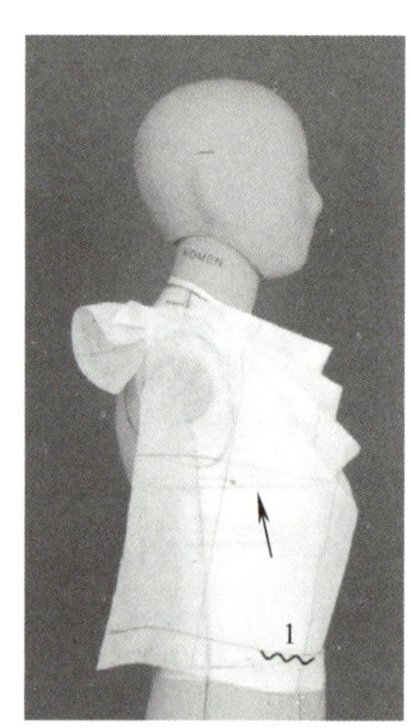

图3-70

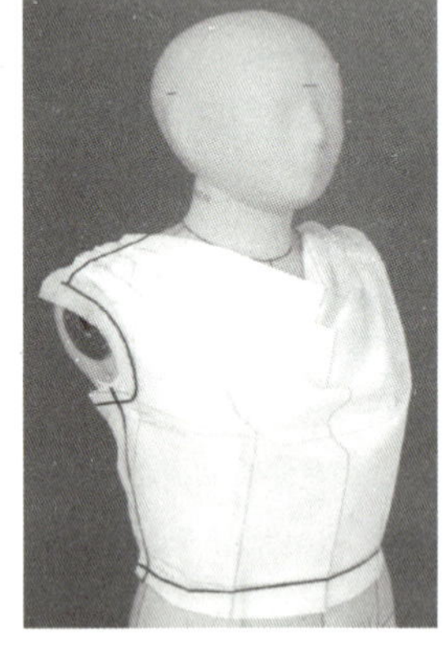

图3-71

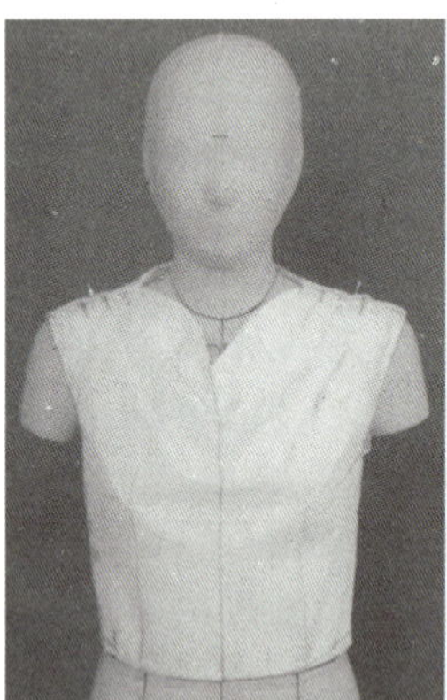

图3-72

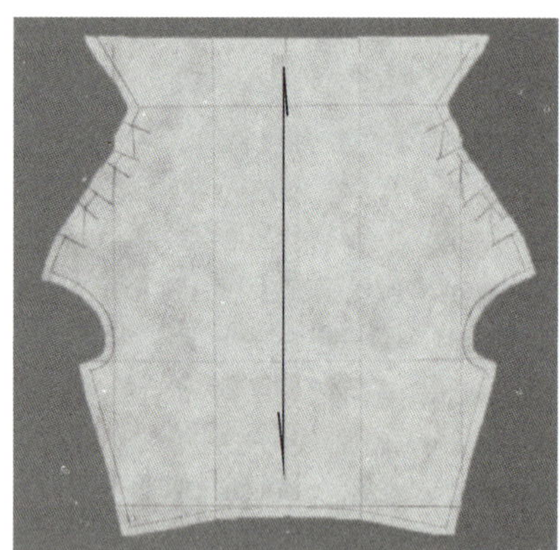

图3-73

第四节　兜帽

三维扫描仿真人台的头模给帽子款式的造型设计带来了极大的便利。下面是保暖型兜帽的立体裁剪（图3-74）。

兜帽款（图 3-74）

（1）在衣身上标兜帽的领口线。在头模上标头围线，帽中线，外口线（图3-75）。

（2）兜帽布样准备。将侧中线下口剪开10cm，对准颈肩点别

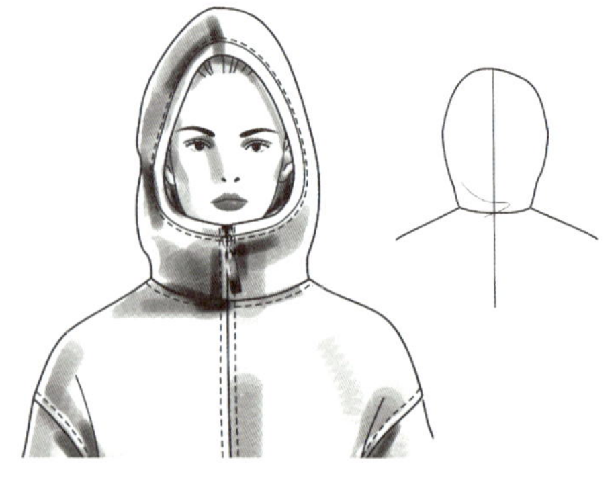

图3-74

合（图3–76）。

（3）从肩缝分别往前、后领口围顺布样，保持好结构的平衡，将由此而来的浮余量捏缝为颈侧省。剪去下口多余毛边，与领口重合（图3–77）。

（4）整理兜帽廓型，将头顶部分浮余量折别为省缝（图3–78）。

（5）在外口线放松量2~3cm，作为颈部的活动量。标帽中线（图3–79）。

（6）兜帽外口标线，外口放松量2~3cm，裁剪（图3–80）。

（7）组装，整理裁片（图3–81）。

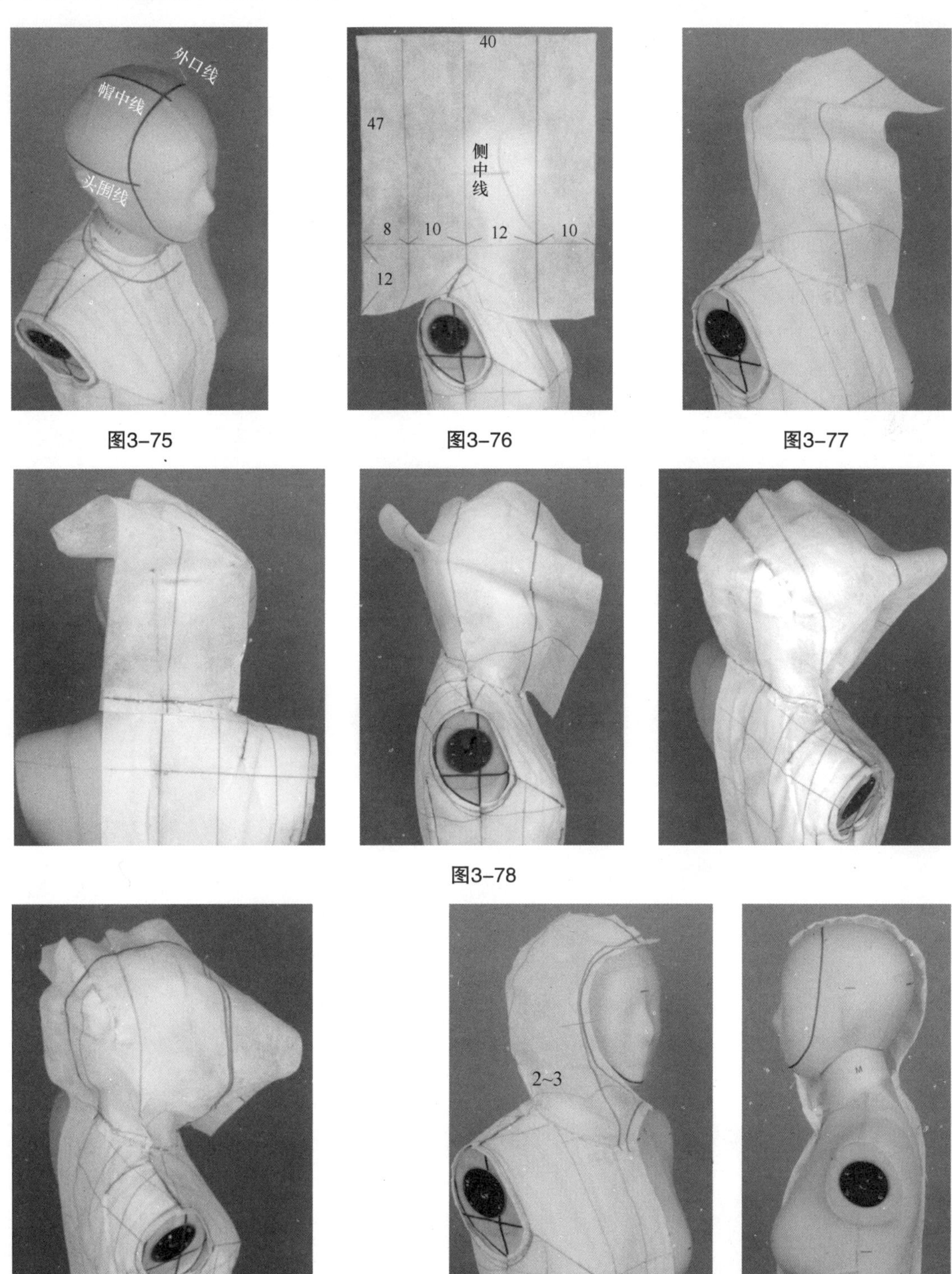

图3–75

图3–76

图3–77

图3–78

图3–79

图3–80

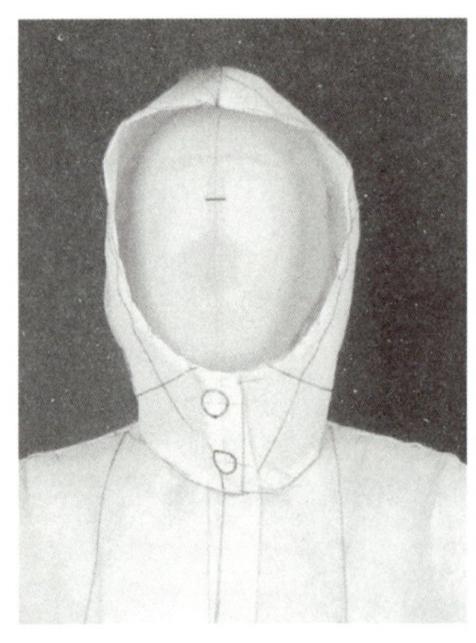
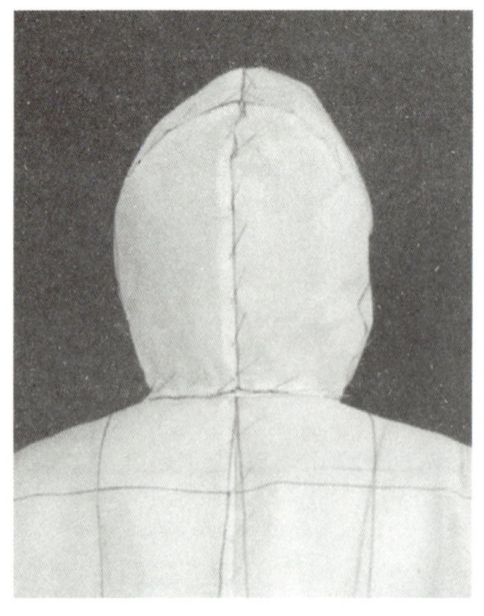
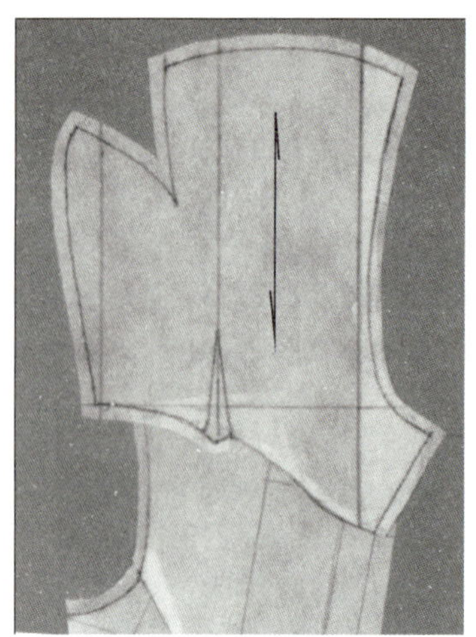

图3-81

思考、技能训练题

1. 各类翻领与前、后领口存在着什么样的结构关系?
2. 利用课外时间，结合具体的款式做衣领立体裁剪练习。

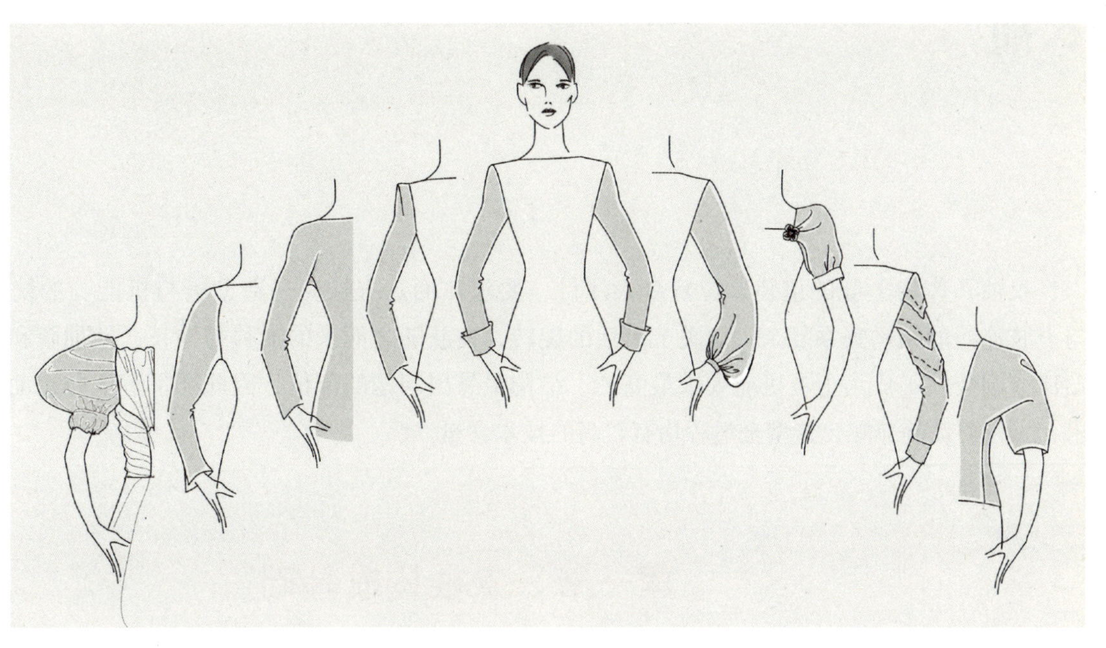

衣袖

课程名称： 衣袖

课程内容： 人们对于衣袖的装饰与机能都有较高的要求，为达到这双重要求，务必要了解衣袖的构成原理。第一节即对此作了概括性说明；第二节的一片袖、两片袖是基本袖型，以理性化、规范化的平面裁剪为主；第三节、第四节插肩袖、连袖与褶裥袖等应用型袖则以立体裁剪为主。这样有助于对衣袖构成理论的系统认识与操作技能的掌握。

教学时间： 一般不另立教学项目，而是附在具体的款式裁剪中。要利用课外时间勤做练习。

教学目的： 衣袖立体裁剪具有很高的技术含量与极强的实用性，通过与具体款式结合的操作，要求学生能掌握裁剪衣袖的基本技能。

教学重点： 西服袖，插肩袖，泡褶袖，翘肩袖。装饰与机能功能的尺度的把控。

[第四章]

衣袖

衣袖，作为上肢的包装，位置令人注目，要求体面。衣袖美是造型美与机能美的统一，因为躯干与上肢连接的结构关系复杂，肩关节灵活的旋转，皮肤随之而来的滑移与伸长，使袖窿和袖子（尤其是贴体型圆装袖）成为上衣机能要求最高的、结构最易出问题的部位，因此要了解上肢运动机能的特殊需求，操作要动静兼顾，造型全过程均有较高的技术含量。

第一节　衣袖构成基础

一、上肢与腋窝、臂根的基本形态

上肢位于体侧，结构形态要重在侧面观察。腋窝与臂根的形态是通过纵剖面来观察的（图4-1）。纵剖面将上肢分内、外两侧，腋前、后点（FAX、BAX）是内、外侧的分界点（图4-2）。这对于理解袖窿与袖山的生成原理有很大帮助。

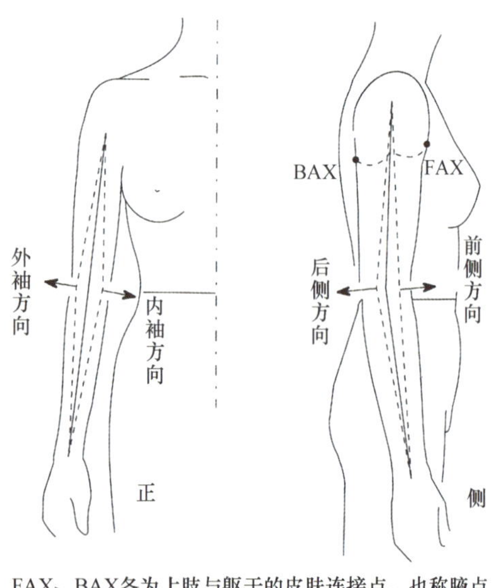

FAX、BAX各为上肢与躯干的皮肤连接点，也称腋点

图4-1

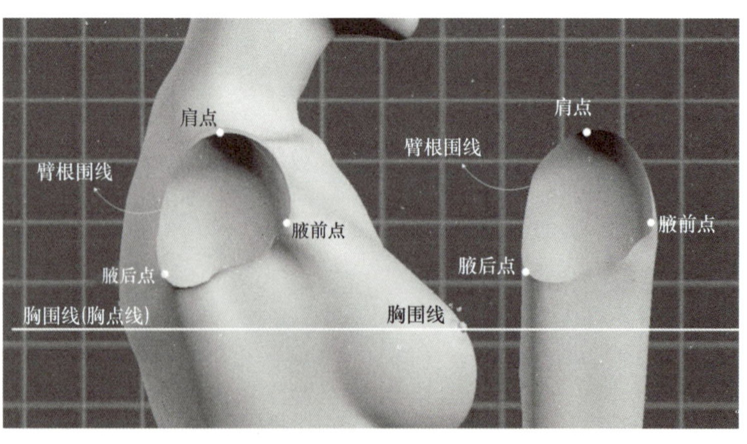

图4-2

二、衣袖、袖窿的构成基础

点B、点C是手臂外侧的中点。点B、点C以上的肩臂结合部是个复曲面，点B、点C以下为运动功能区（图4-3）。手臂能作360° 运动，运动时复曲面呈收缩状态，因此机能要求较低，此处又是人们关注的焦点，要求体面，属于装饰性区域，袖山与肩部在此呈此消彼长的互补式结构，此类结构便于操作、设计的展开，如插肩袖、泡褶袖等，因此也称为自由设计区。

与此相反的是点B、点C以下运动功能区，上肢下垂时两腋点间是一条线，往上抬举时腋窝则被打开，由一条线变成一个面，往侧转动时腋窝皮肤则产生滑移（图4-4）。

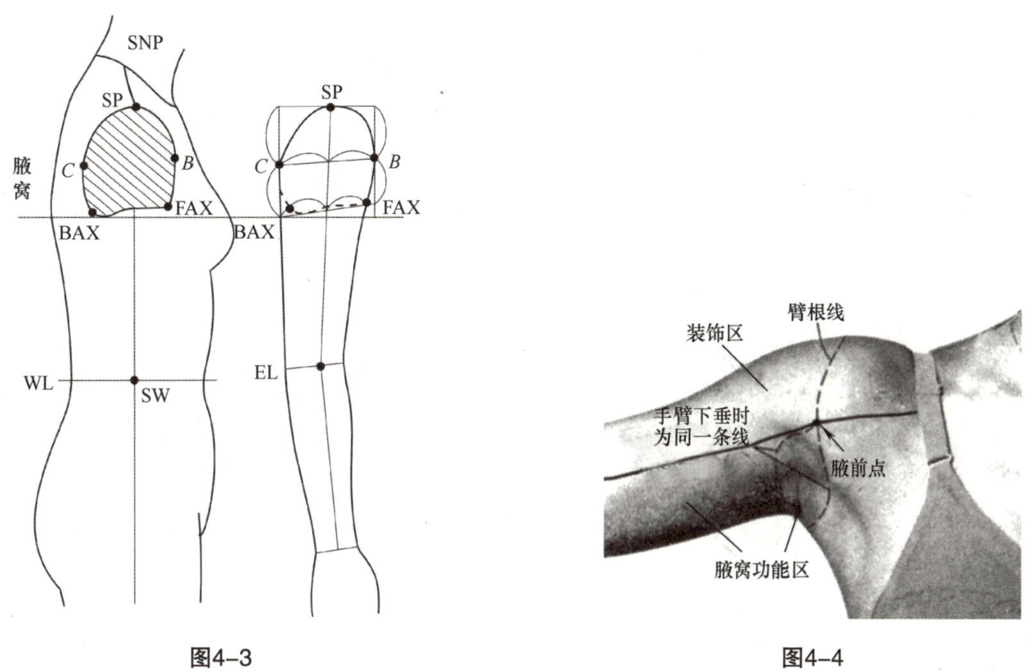

图4-3　　图4-4

因此窿门与内侧袖山的结构与此要相顺应，要加入相应的空间量。此外，窿门的宽窄、上下变化与季节、衣身的结构类型也密切相关（图4-5）。

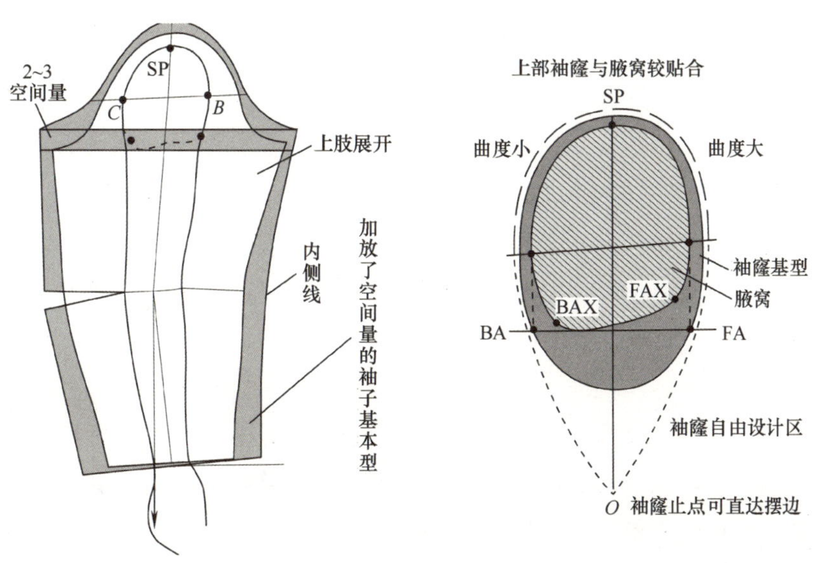

图4-5

第二节 圆装袖

一、圆装袖构成原理

（1）确认袖山高。将手臂抬至所需角度（45° 为适中），从袖窿与侧线交点向手臂中线引垂直线，该线与肩端之距△即为袖山高（图4–6）。

（2）将布样搭在手臂上，袖子中线对准肩端点固定，布样自然下垂，下口再与手臂固定（图4–7）。

（3）再将手臂抬至所需角度，剪开袖山毛缝，由上往下，由前往后与袖窿别合。抓合袖底毛缝，清剪多余毛边。最后组装（图4–8）。此法比较直观，但操作难度大，因此除了用作试验，基本型衣袖一般采用平面裁剪，立体组装，充分应用立体组装的灵活性与直观性，有问题随时调整。

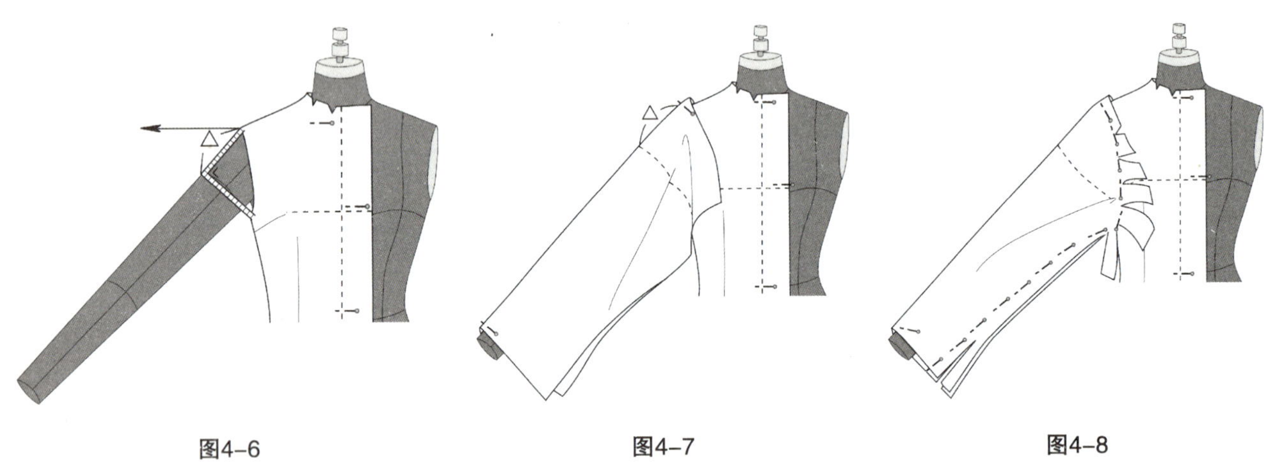

图4–6　　图4–7　　图4–8

二、衣袖结构制图法

1. 衣袖制图法

（1）直接法：直接制出袖子平面展开状态。

（2）筒式法：根据衣袖结构形态，概括成筒形，再作平面展开。

两类方法各有不可替代的优势。直接法应用广泛、操作简便，这里不再赘述。筒式法从立体廓型入手，采用半立体制图法，比较直观，结构更趋合理。

2. 衣袖筒式基本结构

（1）直型筒袖：大多由一片袖构成，常用于宽松上衣和较宽松上衣。

（2）曲型筒袖：将直筒型结构在臂肘线上切开，使之朝前弯曲，贴近上肢形态，这类结构大多为两片袖、一片半袖，常用于较贴体和贴体型上衣（图4–9）。

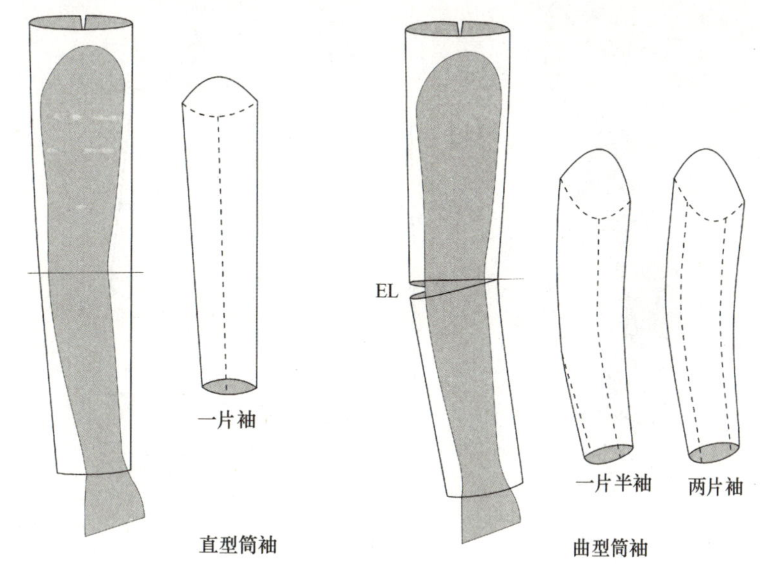

图4-9

三、直型筒袖结构构成展示

袖山以下部分制成矩形，矩形边向内对接成袖筒，上面部分为外袖，下面部分为内袖。袖肥与袖口的落差分两处消除（图4-10）。同样，上小下大的扩展型袖口如喇叭袖，也用此法切入扩展量（图4-11）。

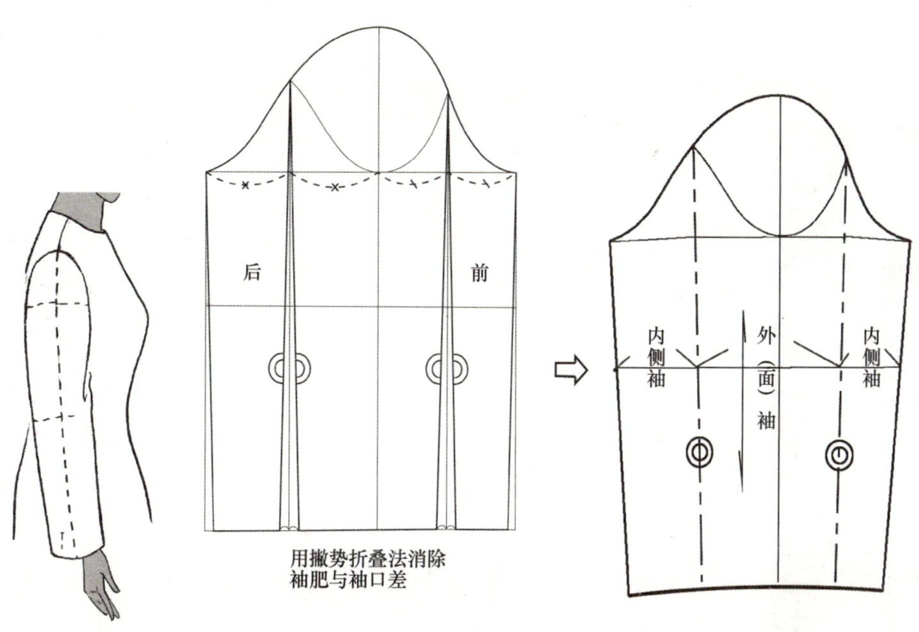

图4-10

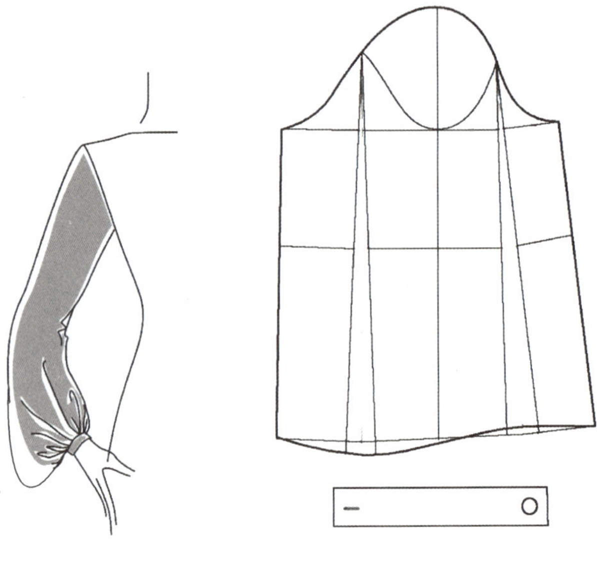

图4-11

四、贴体、较贴体的曲型筒袖结构

两片袖（图 4-9）

贴体型袖具有符合上肢自然状态的方向性，结构要求严谨，与平直袖型具有较大的差异。在该类型中西服袖比较有代表性。以两片式西服袖为例，采用意大利式结构：袖山饱满，大袖前偏，袖上大下小，弯度大，纱向倾斜度大，小袖的纱向较为平直，不同弯度、纱向的缝子拼合后，使袖筒饱满圆挺、贴顺臂弯，穿着效果美观。

（1）将透明白纸覆在衣身上面描拷袖窿线，设置袖窿对位线。设计袖山框架结构，袖山中点从袖中线后移1cm，以适应后倾的肩点（图4-12）。

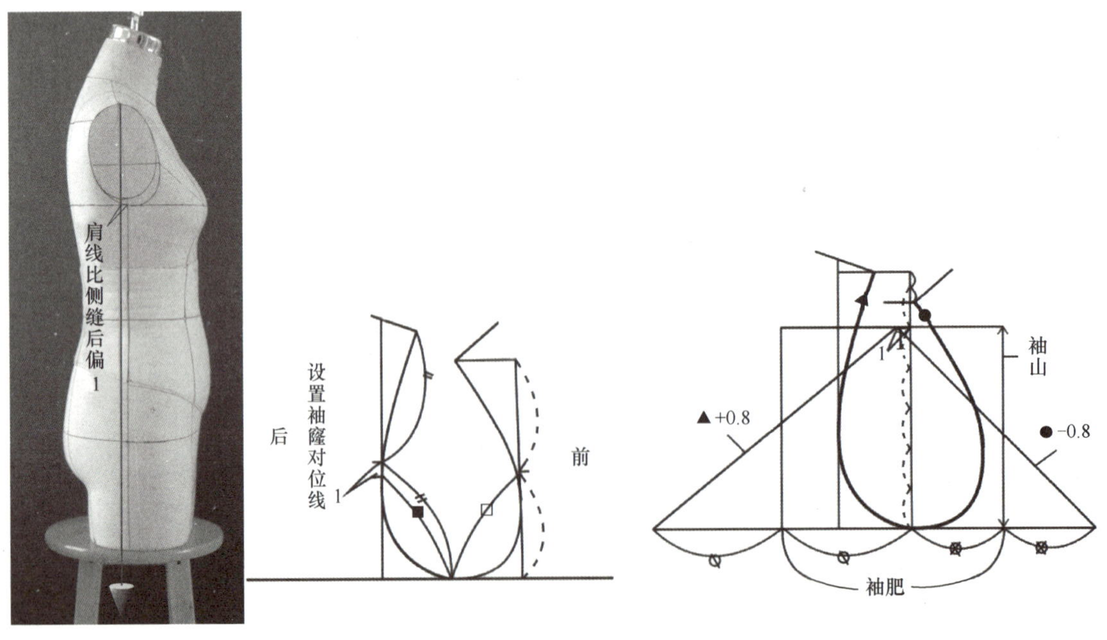

图4-12

（2）制袖筒。将白纸按前、后偏袖连折线向下面内侧折转，前偏袖连折线是凹的，要剪开袖肘线才能折转。制大袖内侧偏袖线与小袖。设置袖窿对位线（图4-13）。

（3）打开袖筒，展平白纸，取得大袖纸样，用透明白纸描拷小袖（图4-14）。

（4）袖片裁剪，将大袖片前袖缝中段拽拔开，折转前偏袖，后袖缝相应归缩。别合前袖缝（图4-15）。

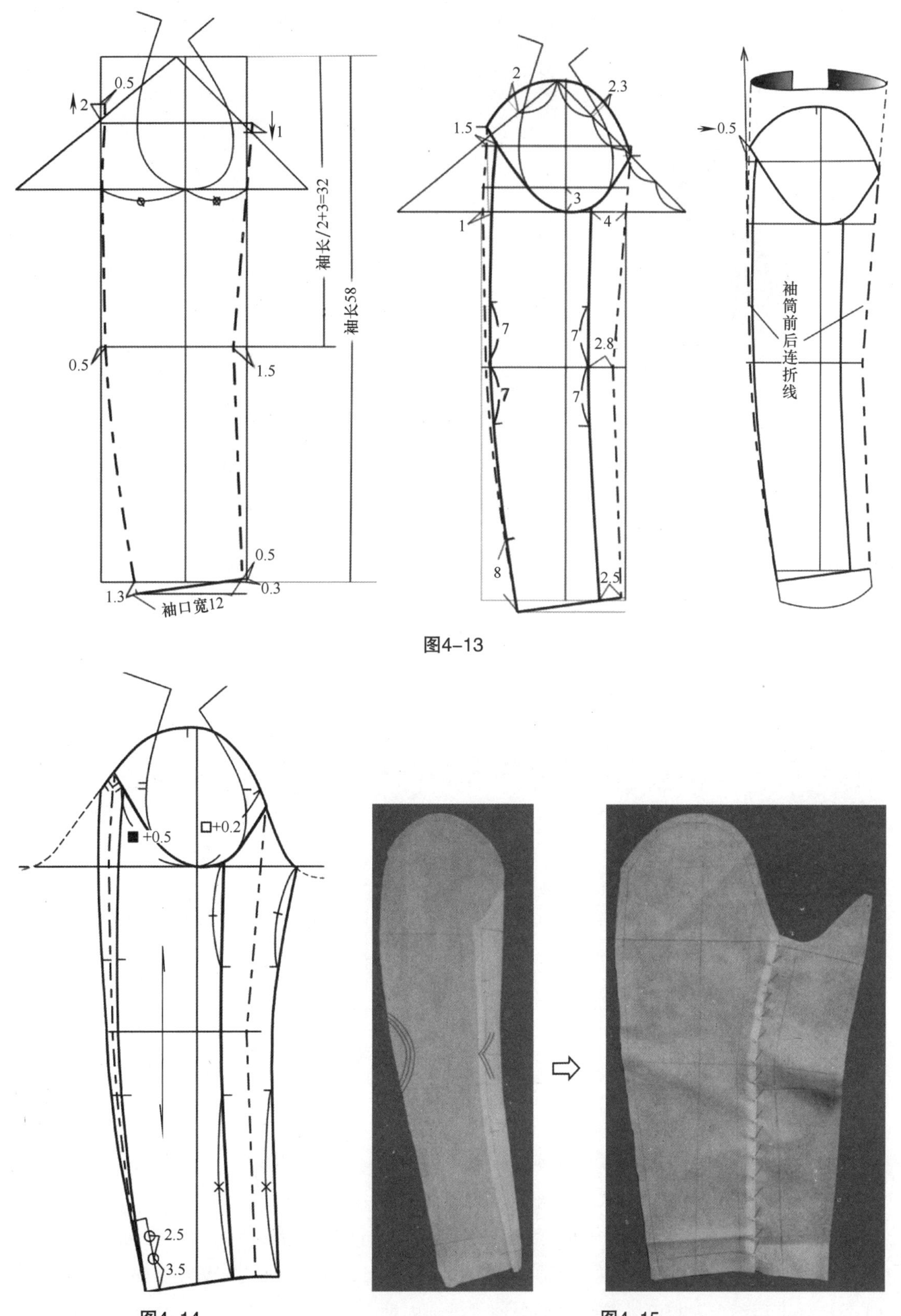

图4-13

图4-14

图4-15

（5）别合后袖缝，用手针抽缝袖山，使袖眼睛形态、尺寸、方向与袖窿接近（图4–16）。

（6）装袖，方法同原型袖。西服袖案例（图4–17）。

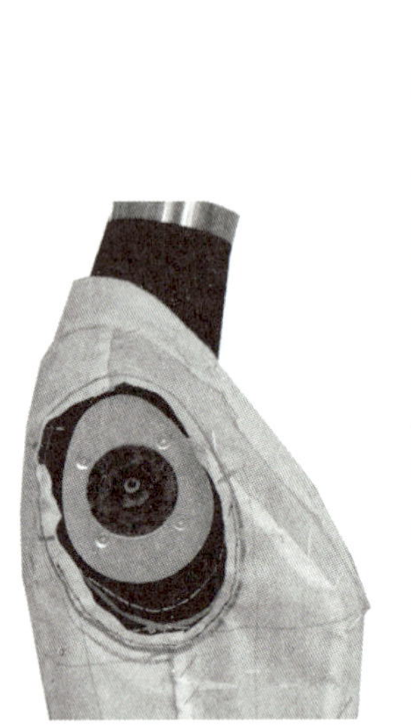

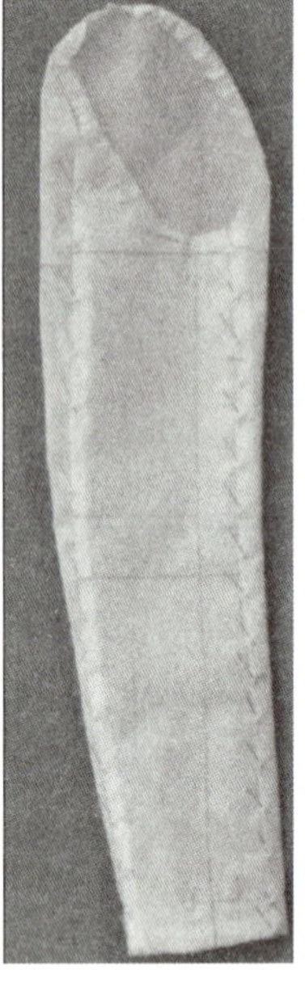

图4–16

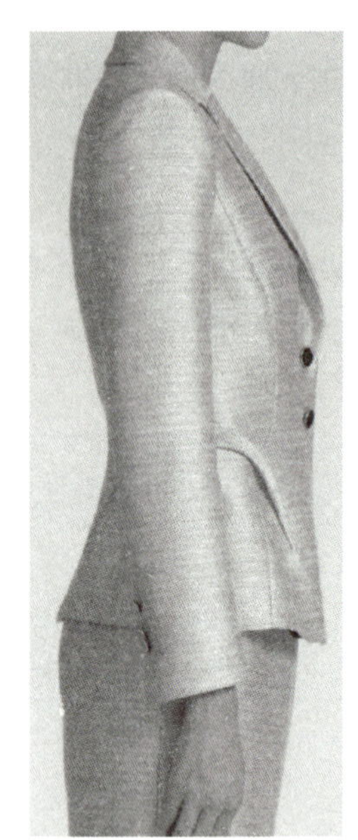

图4–17

一片半袖（图 4–9）

一片半袖是带肘省的一片袖，立体感与贴体度介于一片袖、两片袖之间，具体制图如下：

（1）将透明白纸覆在衣身上面描拷袖窿线，设置袖窿对位线。设计袖山框架结构，袖山中点从袖中线后移1cm，以适应后仰的肩点。制袖山高、袖肥，方法同两片袖，不过袖山高度低于两片袖，袖肥相应增大（图4–18）。

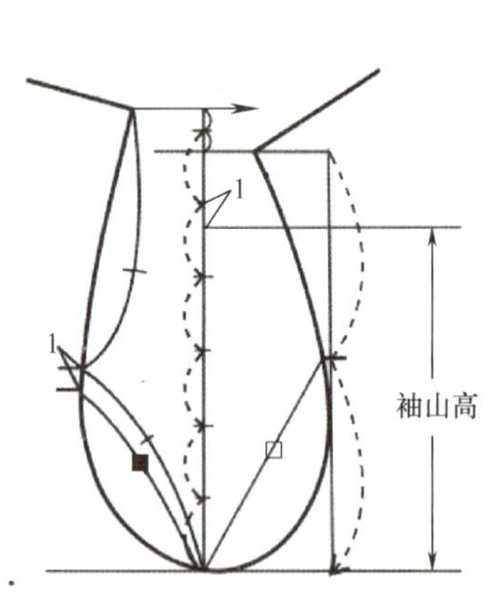

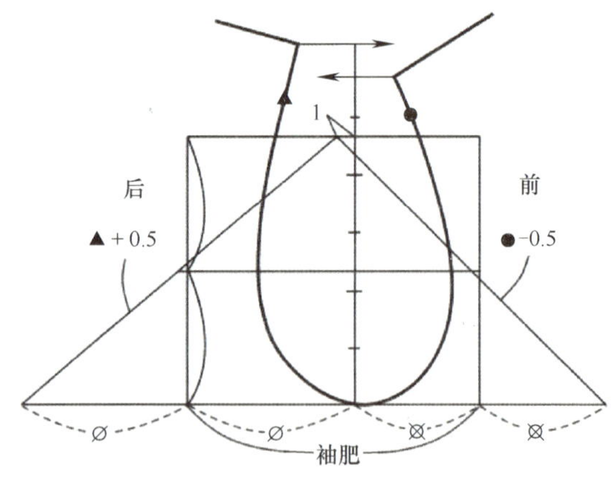

图4–18

（2）制筒袖基图，后袖侧连折线夹带袖肘省，袖型比两片袖筒稍见平直（图4–19）。

（3）袖筒形成、打开：将白纸按前、后偏袖连折线向下面内侧折转成筒状，前偏袖连折线是凹的，要在EL处剪开才能折平。上层为外袖，下层为内袖。将袖中线（即内袖袖底线）、肘省缝线、对位线、袖肥与EL描拷到下层纸上，打开袖筒，展平内袖，描画内袖各线（图4–20）。

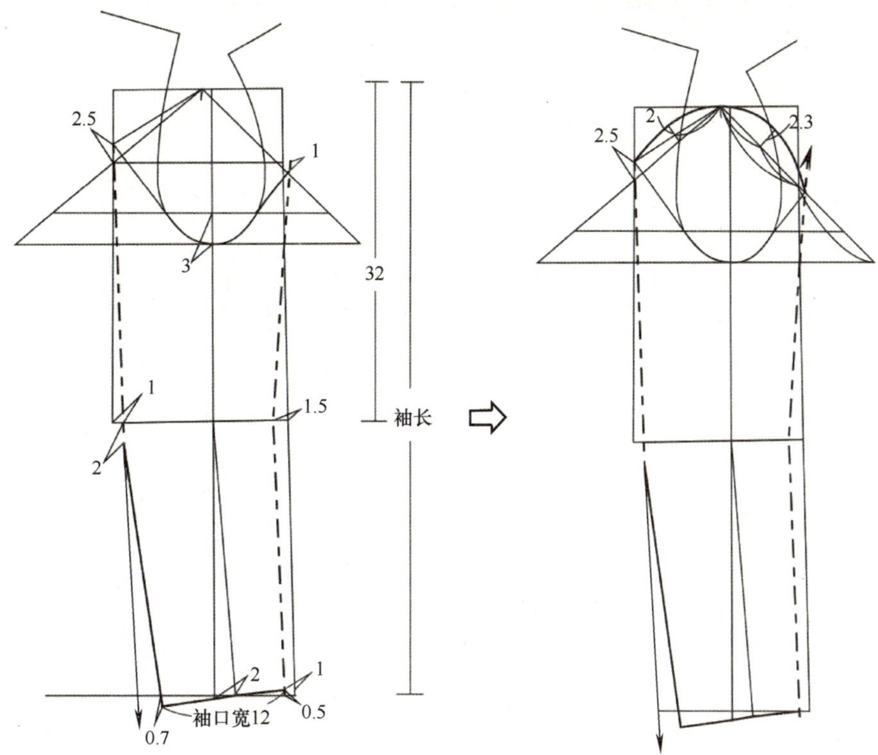

图4-19

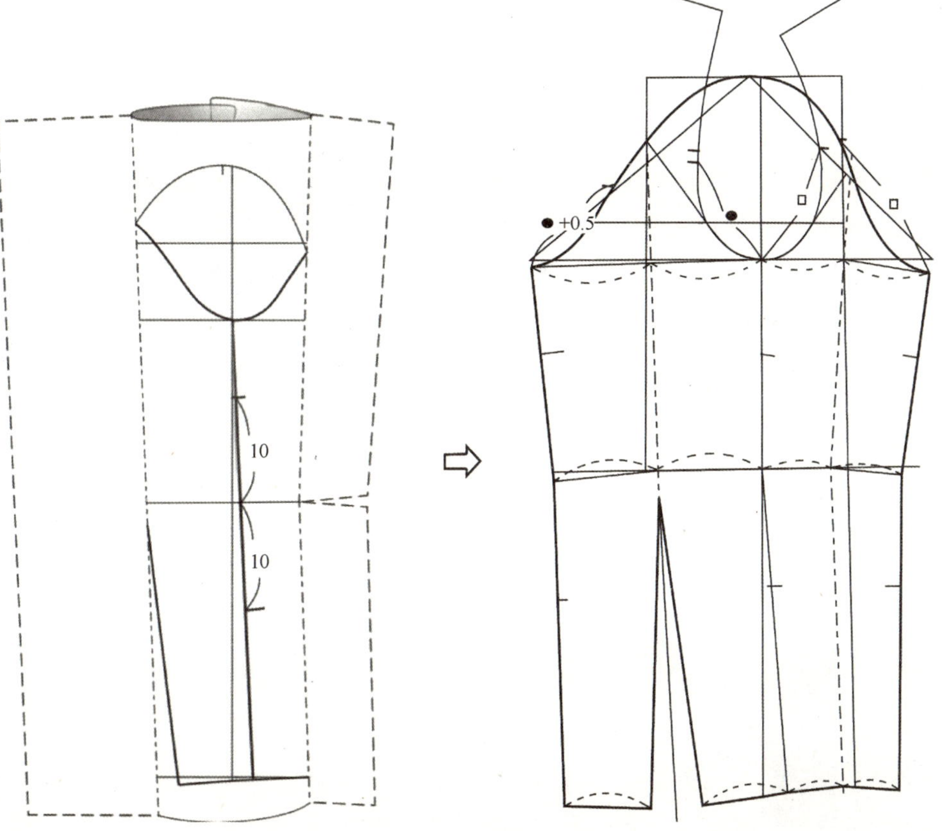

图4-20

（4）肘省由袖口转移至袖底，这是一片半袖的另一种形式（图4-21）。

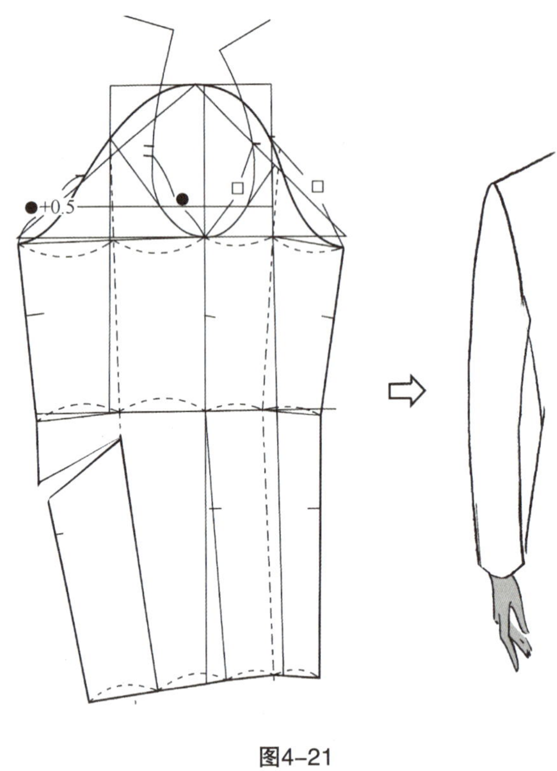

图4-21

五、宽松型筒袖结构

宽松型衣袖袖型后偏，内侧衣褶较多，使用曲型筒袖结构，能增加衣袖立体感、平整度，减少衣褶。

（一）肩宽与窿门、袖山高的结构互补

一般情况下，肩宽随胸围增加而增加，袖窿门宽、袖山高则会随肩宽增加而缩减，肩宽与袖窿、袖山之间存在着互补关系（图4-22）。

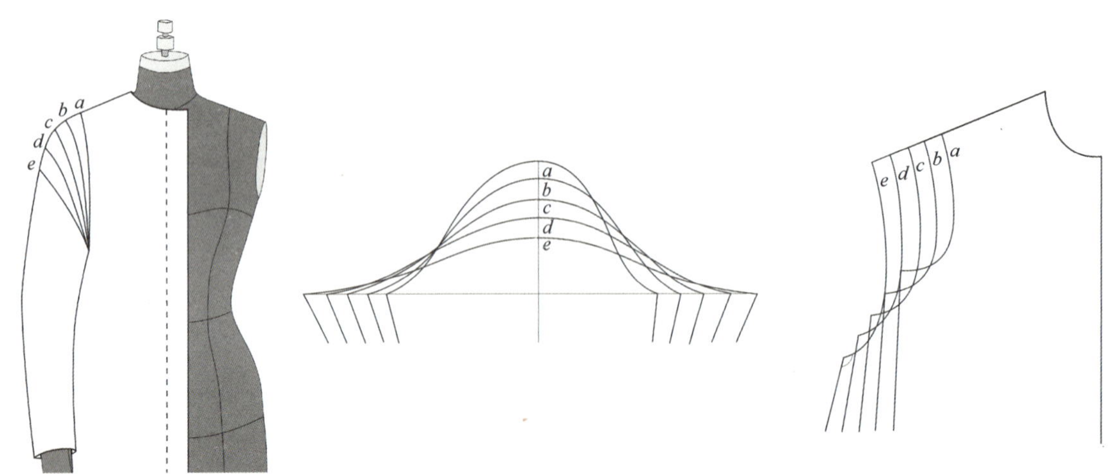

图4-22

（二）设计袖山与袖肥

1. 立体设计

手臂抬到所需高度，由窿门与侧缝交点向手臂中线引垂线，该线与肩端之距即为袖山高（△）。确定袖山弧长与袖肥。一般情况下，宽松型上衣的袖山吃势较少，坍肩型袖山可以无吃势。因此要根据具体情况来设定袖山弧长（●）。将此长度用软尺在测定的袖山高度（△）内圈成袖山的形态，按此进行袖山制图（图4–23）。

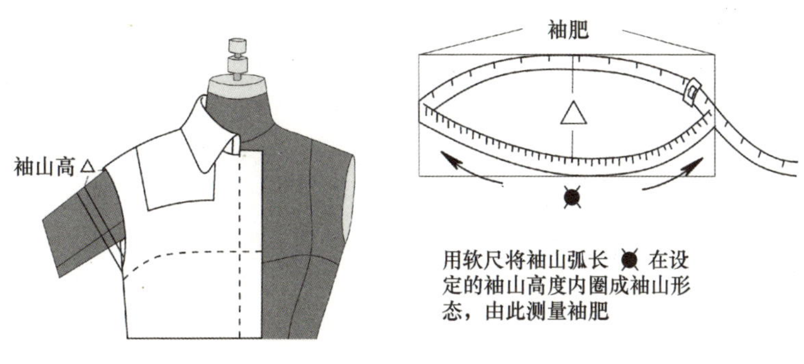

图4–23

2. 平面直角三角形法

根据直角三角形直角边长之比来设袖山倾角，再制出袖山高与袖肥。宽松型结构一般采用中、低型袖山高（图4–24）。

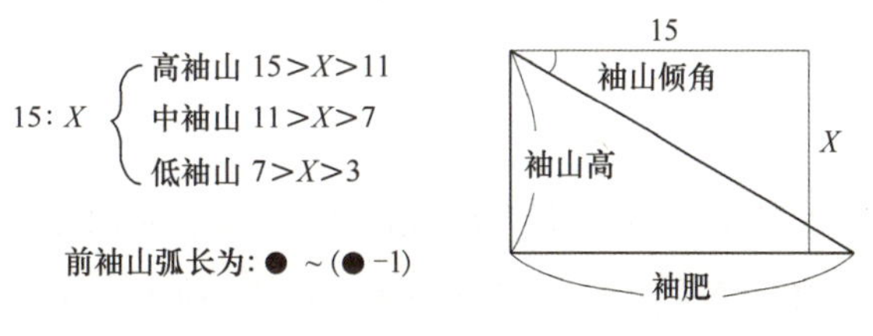

图4–24

宽松型两片式筒袖（图 4–25）

（1）筒袖制图。制袖山基图，低型袖山，无吃势，所以袖山斜线要短于前后袖窿弧长（前●，后▲）；袖肥与袖口差数大，要将袖肥两侧减去4cm，再将此长度移到袖筒的内侧袖缝，使前、后袖底线在袖肥处交叉8cm。制袖眼，然后制袖筒下部（图4–26）。

（2）按图4–21的方式打开袖筒，分制成两片式宽松袖（图4–26）。

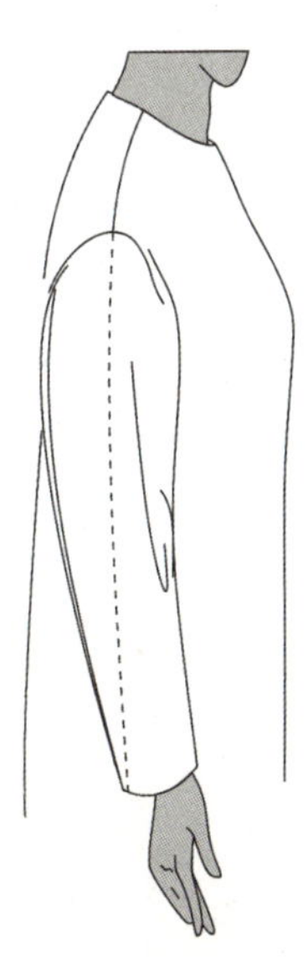

图4–25

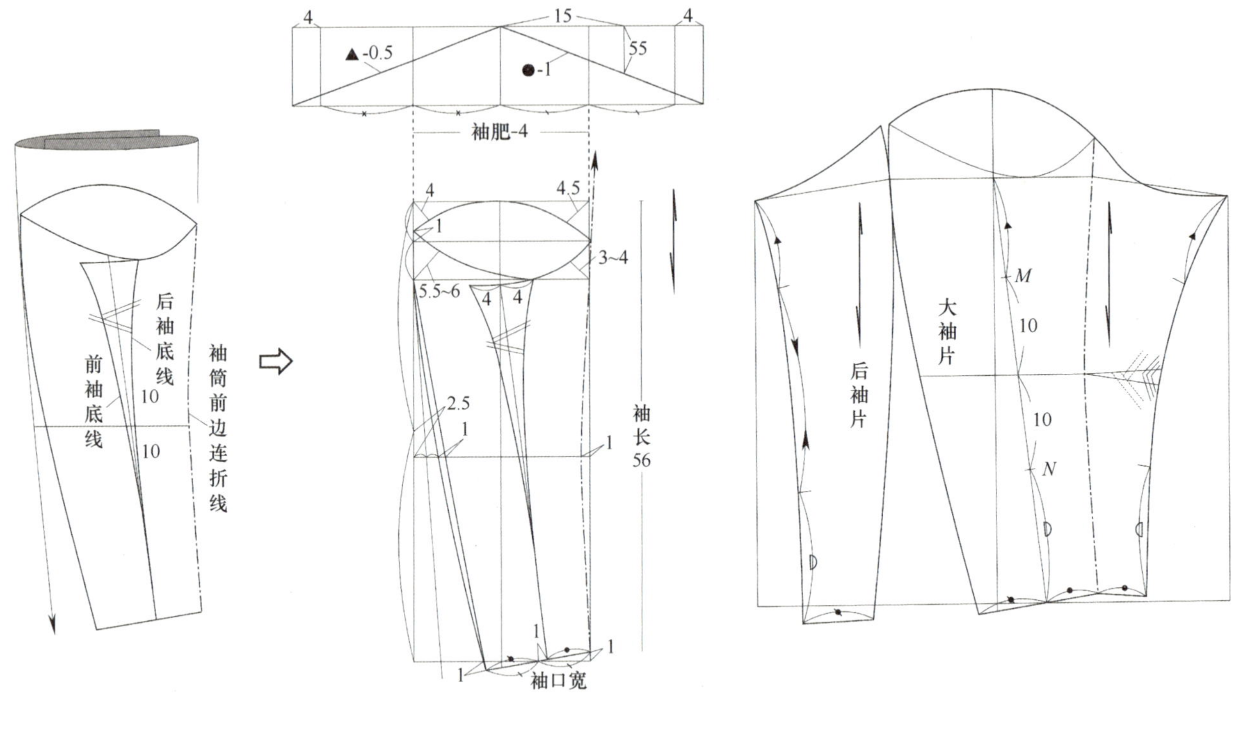

图4-26

六、宽松型落肩袖结构

近年来宽松式平面化的廓型非常流行，衣身结构的平面化引起袖子的连锁反应。落肩，上部袖山与袖窿平贴，以强调平面效果，与强调贴身、有立体感的西装袖正好相反。结构原理类似连袖与插肩袖：按基准肩宽延伸2cm以上，再按设定的袖子倾斜度画袖中线、袖山，上段袖窿有吃势0.3~0.5cm（图4-27）。本类袖型应用设计见连肩褶裥针织短袖衫。

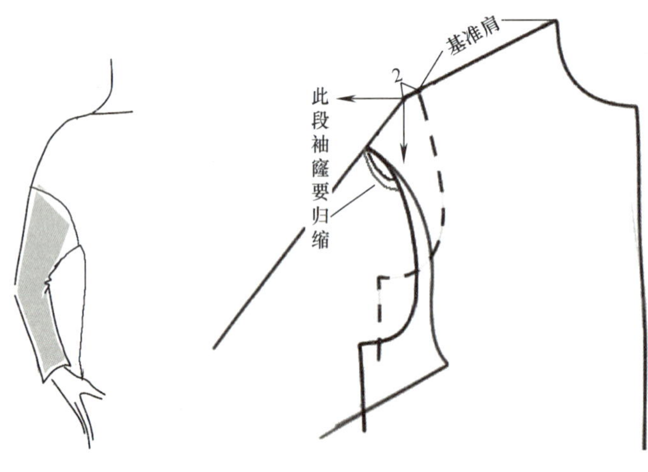

图4-27

第三节　插肩袖、连袖

一、插肩袖

插肩袖与连袖被广泛应用。两者的共同特点：将衣身上部和袖子连在一起制板。

插肩袖造型特点：肩头圆顺平挺，斜向曲线型袖窿使人放松，肩袖一体化使上肢显得修长，其结构也具有圆装袖所没有的机能性。圆装袖仅是包装上肢，然而能使上肢自由活动的是人体的“肩部——上肢带”机能，插肩袖将上肢与上肢带有机连成一体包装，袖窿设在胸大肌与三角肌对接的沟带内侧，就不受沟带影响而具有稳定性，后袖窿线从斜方肌与三角肌通过，则使肩部显得丰满、健壮（图4-28）。插肩袖裁剪要在圆装袖结构的基础上展开。

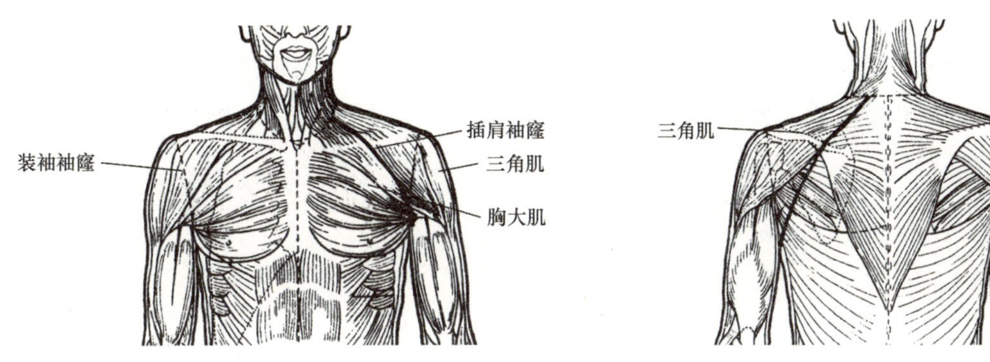

图4-28

插肩袖基型（图 4-29）

（1）按装袖衫裁剪衣身，窿门下落1cm。标基准袖窿线，再标插肩袖窿线，在领口定位，往下约2/3袖窿深处与装袖袖窿接合，标对位点*B*、*C*，*C*也可稍高于*B*（图4-29）。

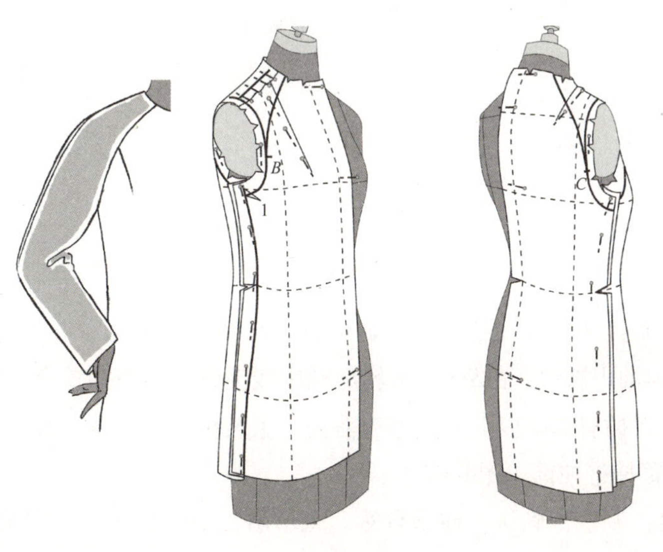

图4-29

（2）将手臂抬至所需角度，理顺衣身袖窿，从袖窿与侧线交点向手臂取垂直线，该线与肩端点之距“△”，即为插肩袖山高（图4-30）。

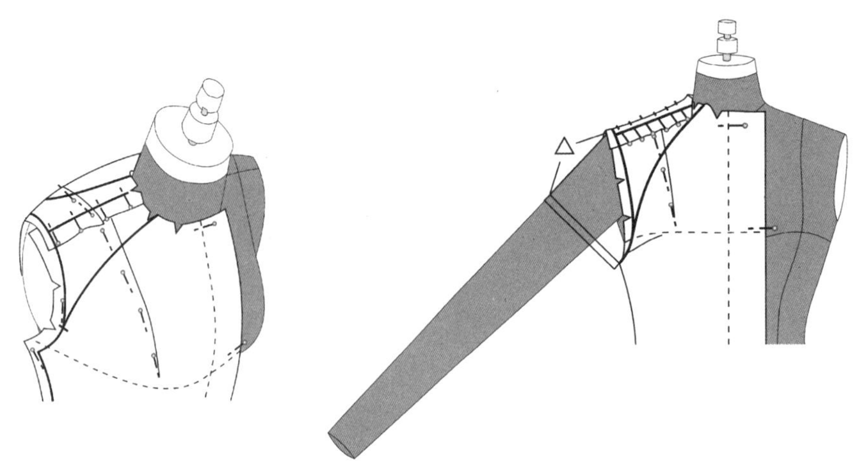

图4-30

（3）按此衣身制成基本型插肩袖窿结构图，袖山对位点B'、C'与袖窿B、C对应，并按布料厚度，在B'、C'以下袖山线加设吃势量0.3～0.5cm，前片吃势量约为后片的1/2（图4-31）。

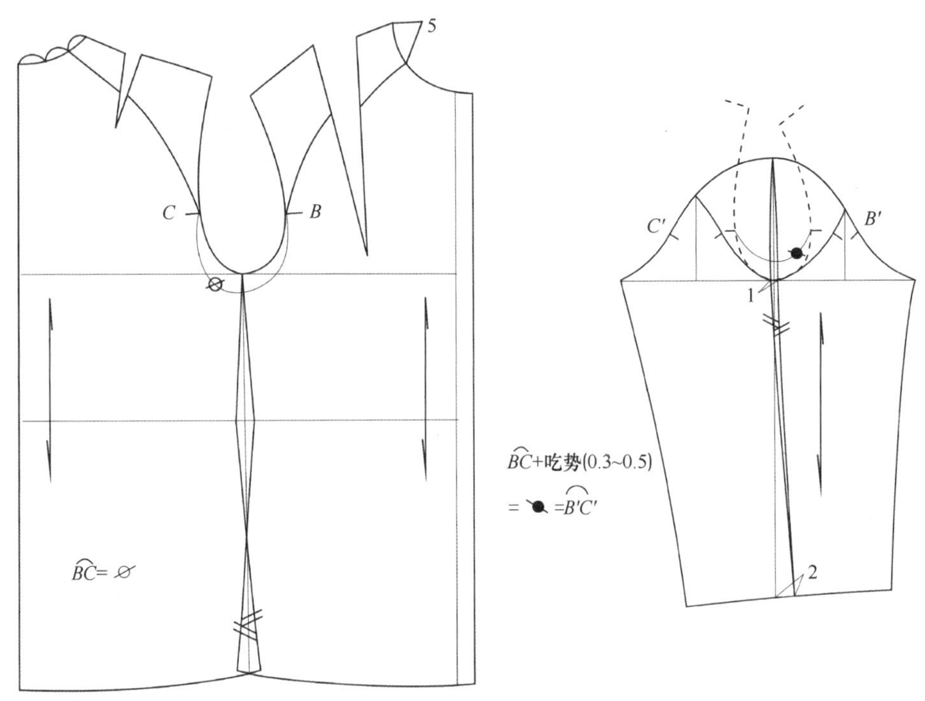

图4-31

（4）准备袖子布样，长度为基本型袖长加插肩部分。粗裁袖山B'、C'以下部分，前后袖山顶点S处各撇进1.5cm和1cm，作为袖山撇势，由S往下折转后袖中线毛缝，与前袖盖合（图4-32）。

（5）抓合袖底毛缝，将插肩袖窿以上多余毛边剪去，组装插肩袖衣身。装袖，袖山上的B'、C'与窿门上的B、C对合，将手臂伸进袖筒（图4-33）。

（6）摆平袖样，观察，调整，确认：袖型自然，无牵吊，袖中线适中，理顺前袖山布样，剪去多余毛边，固定肩缝，重合袖山与袖窿，标肩线与前袖山线（图4-34）。

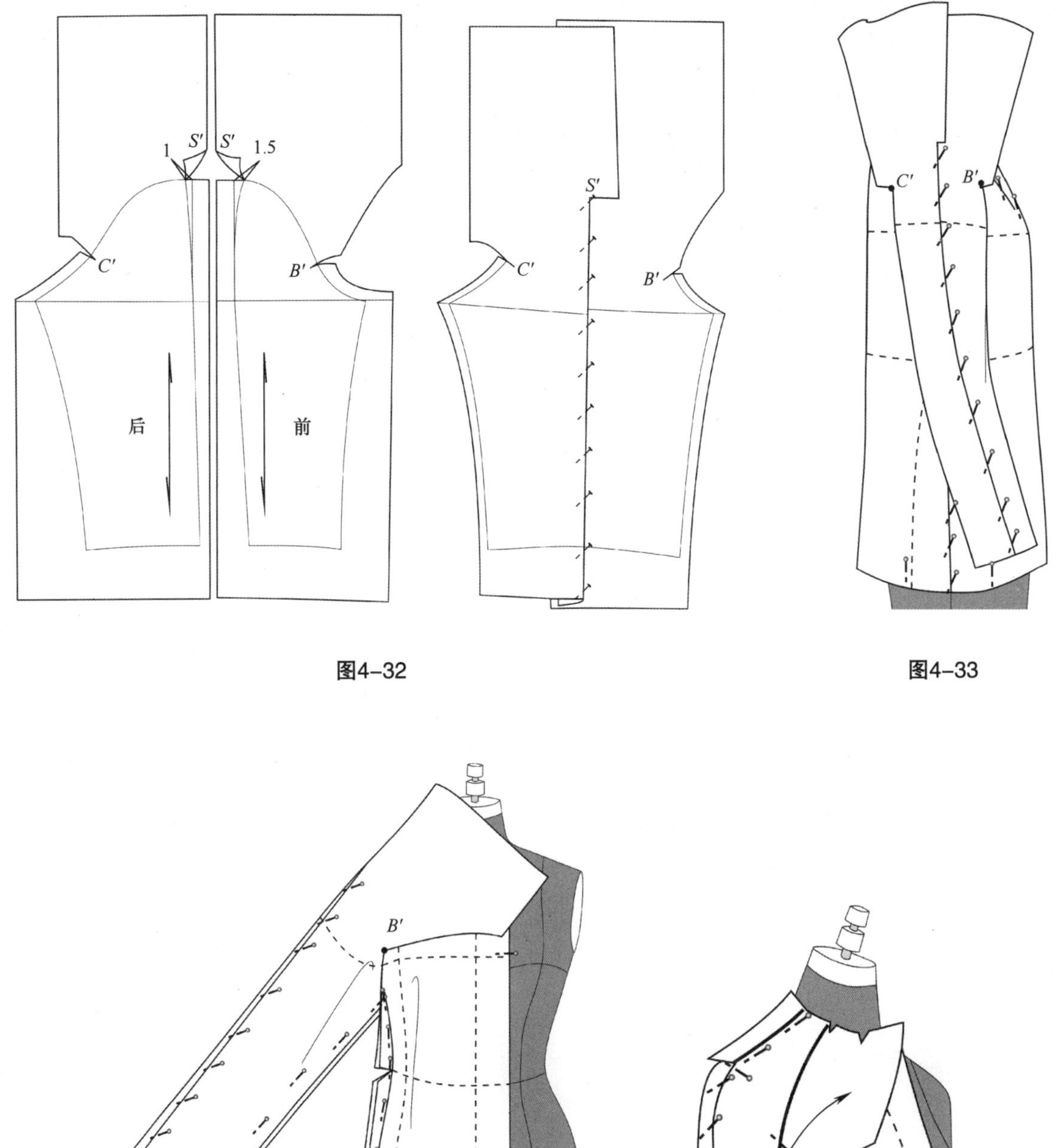

图4-32

图4-33

图4-34

（7）后袖山裁剪，将上部布样依着后背的戤势理顺，以便上肢带运动（图4-35）。

（8）摆平后袖山布样，肩头浮余量在肩缝中部与肩端归拢，剪去多余毛边。重合袖山缝，将后背衣身浮余量均匀归拢，使后背显得丰满，重合肩缝，肩缝、后袖山、领口标线（图4-36）。

（9）卸下样衣，拷贝插肩袖样板，组装袖子，袖底缝对准衣身侧缝，B' 、C' 与B、C对准，该段袖山与窿门装合。然后将手臂伸进袖筒，装合上部袖山（图4-37）。

（10）组装。净样展示（图4-38）。

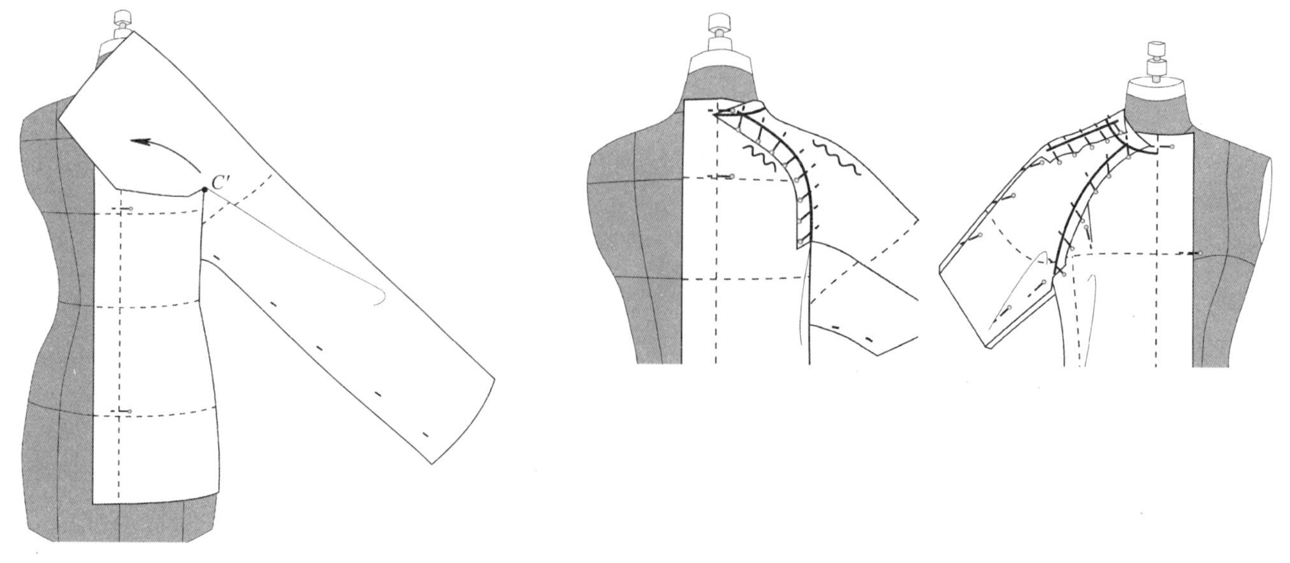

图4-35

图4-36

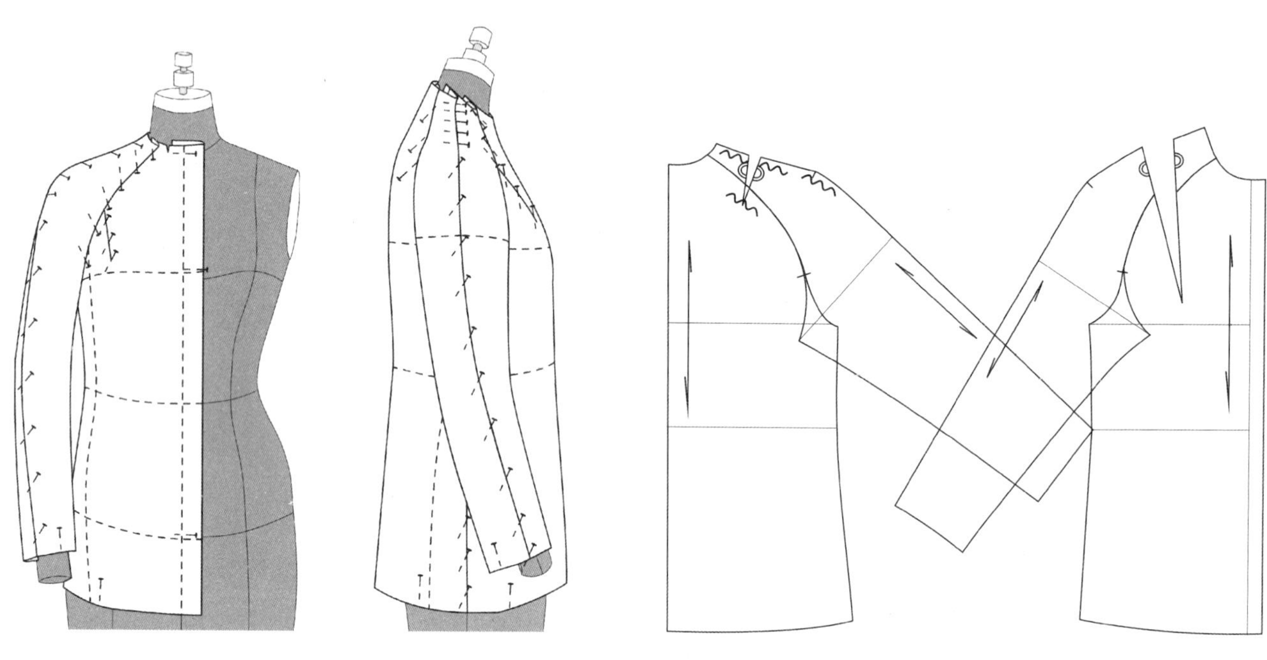

图4-37

图4-38

二、连袖

连袖的衣身与袖相连，线条柔和、含蓄。应用于贴体型、较贴体型结构时，具有与职业女装不同风格的阴柔之美。因此常被应用于高级女装设计。本款拼袖裆型连袖已属于应用型（图4–39）。

拼袖裆型连袖衫（图 4–39）

1. 前身

（1）人台装龟背型垫肩，标连袖线（图4–40）。

（2）前身布样准备，固定前中线CF（图4–41）。

（3）裁剪领口，裁剪、固定肩缝，塑造胸侧转折面，固定。胸侧浮余量（胸省量）往下自然转移，将腋窝下布样往后身推顺，捏缝通底省，下摆因胸省转移而来的浮余量大部分收作通底省，剩余3cm作为下摆松量在省缝两侧摆放均匀（图4–42）。

（4）理平前腋侧布样，使之不因捏腰省引起的布丝偏斜而起涟扭曲。在侧缝处固定。设袖裆点（袖插片对应点）O、A，袖裆用以补充抬升上肢的量，要设得隐蔽，手臂下垂时不外露，为此，袖裆开衩顶点O设在BL上方的2～3cm处，开衩止点A设在BL～WL中间的侧线上，侧线标至A（图4–43）。

（5）在手臂上摆顺前片布样、固定，布样上BL与手臂中线呈45°左右夹角，该角在EL之下。由颈侧往下，对准基准线标肩线、连袖中线（图4–44）。

（6）剪去上、下袖缝多余布料，留足毛缝，从A至O剪开开衩（图4–45）。

图4–39

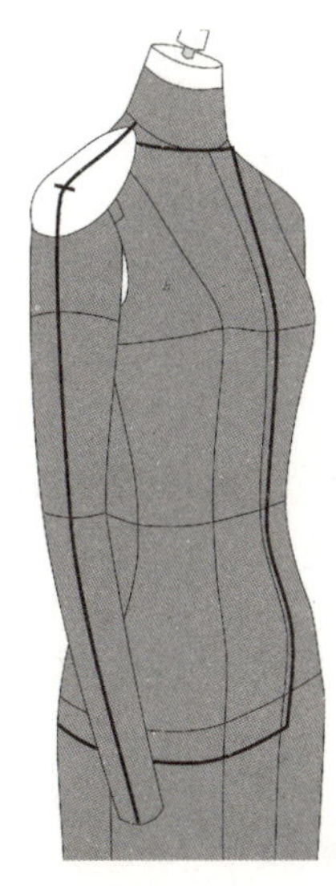

图4–40

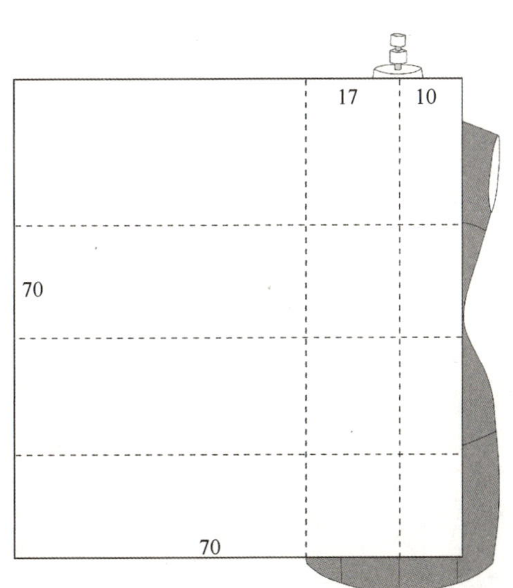

图4–41

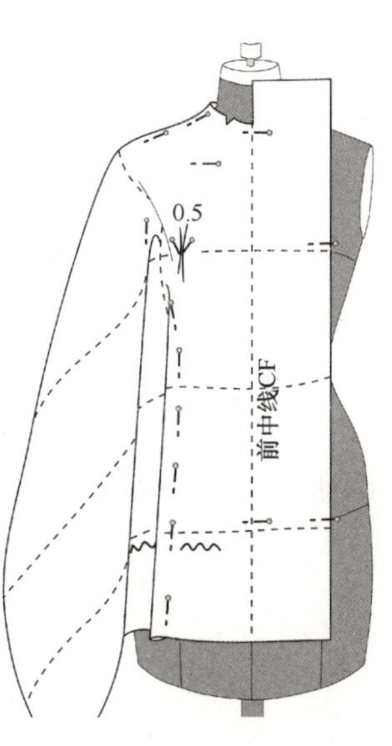

图4–42

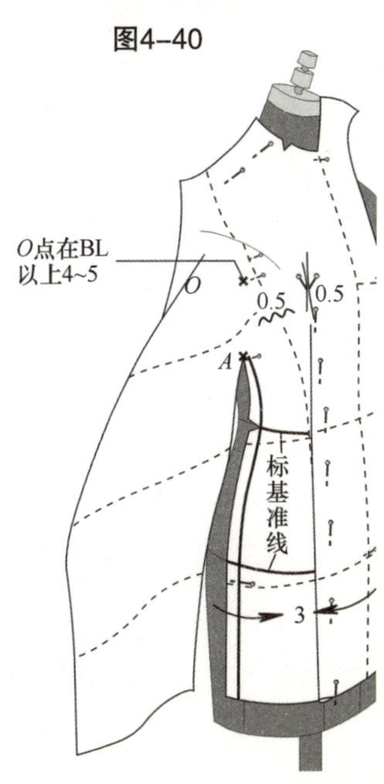

图4–43

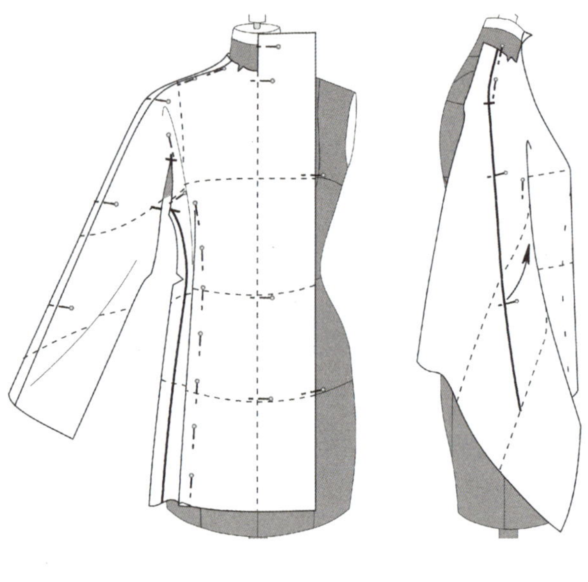

图4-44　　图4-45

2. 后身

（1）后身布样准备（图4-46）。

（2）先将背宽线、后颈窝点固定，背宽线在肩胛骨点放松量0.5cm固定。然后背宽线以下后中线往外自然撇出，按人台基准线重标、固定后中线。再由肩胛骨点往上推直布丝，使领口出现0.3cm松量，裁剪领口、肩缝，肩缝约有1cm吃势，重合肩缝。最后塑造背侧转折面，在手臂上固定，捏缝通底省，收出腰部曲线。臀围松量1cm（图4-47）。

（3）推顺背侧面布样，固定侧缝，设袖裆点O、点B，各与前片O、A在同一水平线上或稍低，剪开侧缝毛边至B，剪开袖裆缝O、B方法同前片，然后抓合腋下毛缝（图4-48）。

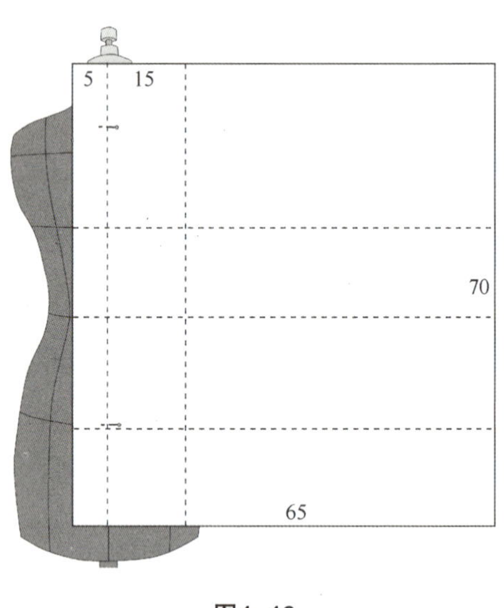

图4-46

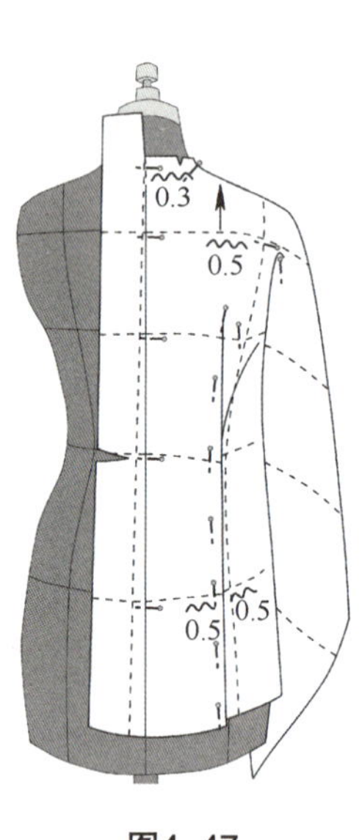

图4-47

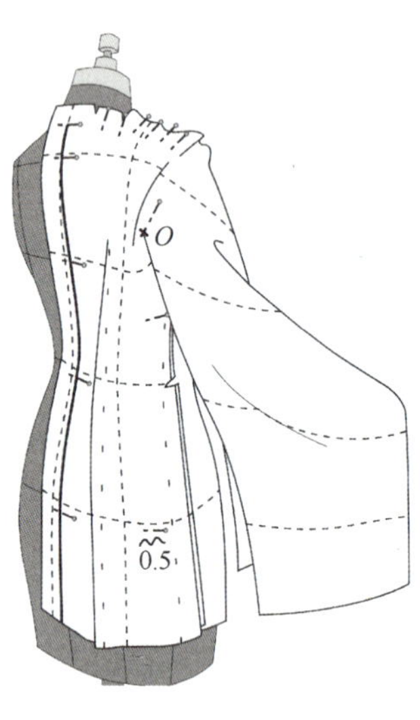

图4-48

（4）在手臂上摆顺后片布样，剪去袖中缝的多余毛边，与前袖样盖合，从肩端点至袖肘将产生的自然松量吃进，抻拔前袖EL以上部分。这样能使袖形自然往前。袖子造型，在手臂前后两侧捏缝松量，要后大于前，后袖口往顺着手臂捏缝袖口省，前袖底毛边沿手臂内侧固定，标袖中缝线和袖口线（图4-49）。

（5）手臂抬至所需角度，测出袖裆大小，装合前、后袖裆布，然后抓合袖下毛缝，标领口、摆边线与镶条线（图4-50）。

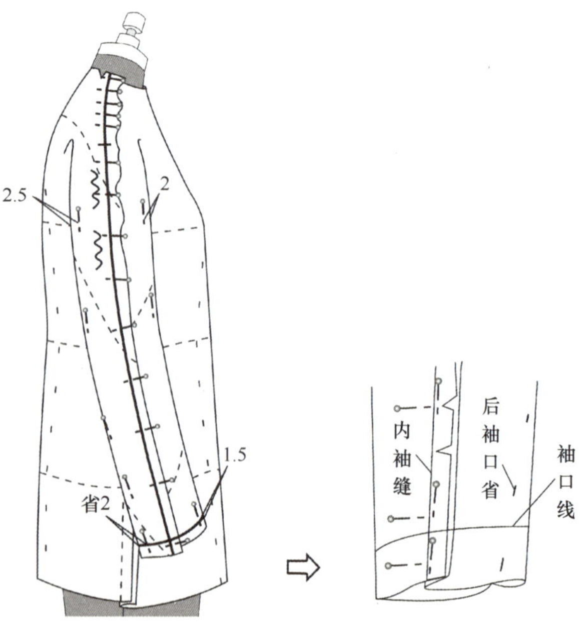

图4-49

（6）组装，连衣袖袖子结构是斜丝，容易变形，腋下拼袖裆线缝头小，容易起毛，在熨烫与规范化制结构线时要熨顺布丝，摆正布样（图4-51）。

（7）板型整理，比较袖子倾斜度。制好对位线。净样展示（图4-52）。

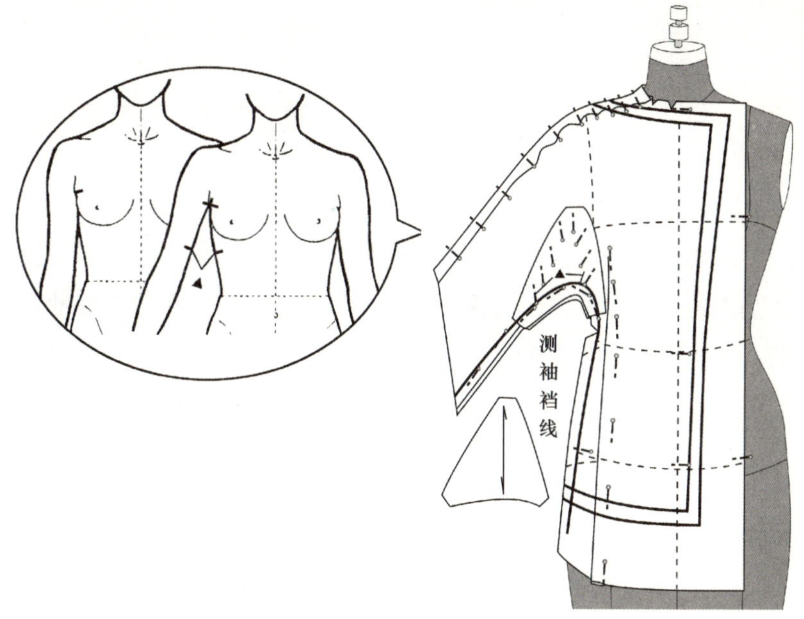

图4-50

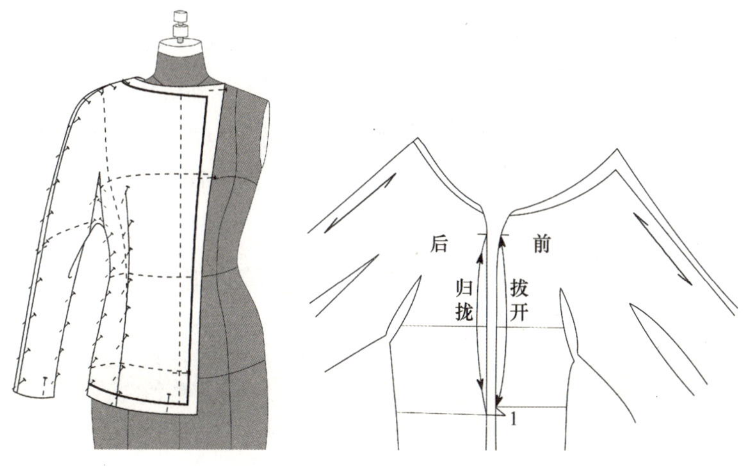

图4-51

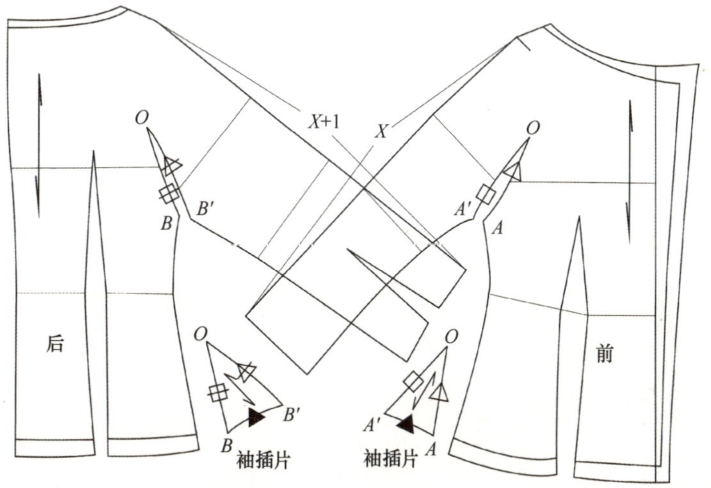

图4-52

第四节 褶裥袖

泡褶袖、翘肩袖与插肩袖结构的共同之处：腋点以上的装饰性区域有互补式变化，上部袖山都逾越了基本的肩袖界线。因此操作方法、程序也相似：在与基础袖窿、袖山的比较中进行本袖窿的设计与标贴，下部内侧袖山及其以下袖筒部分平面裁剪，上部袖山则备足布样，立体造型。

一、泡褶袖

泡褶型短袖款（图 4–53）

（1）制基型袖。展开基型袖袖山，切入袖山褶量（■），在袖肥线往上5cm画袖山立体与平面裁剪的分界线，设定分界对位基点*B*′、*C*′（图4–54）。

（2）标袖窿线。肩宽窄于基本肩宽1~2cm，由此往下标袖窿线，标袖窿对位点*B*、*C*（图4–55）。

（3）泡袖布样准备，分界线以上的袖山布样裁剪成矩形，留足袖山缝份。基点*B*′、*C*′以下按净线裁剪毛样，别合成袖筒（图4–56）。

（4）*B*′ *C*′ 以下部分与袖窿装合，将*B*′ *C*′ 以上部分往外展平（图4–57）。

（5）袖山中点对准肩缝，向两边对称折别袖山褶，间距要均匀。褶的方向必须与袖窿标线垂直（4–58）。

（6）标袖山线、袖口线，裁剪袖山毛缝，组装袖子（图4–59）。

图4–53

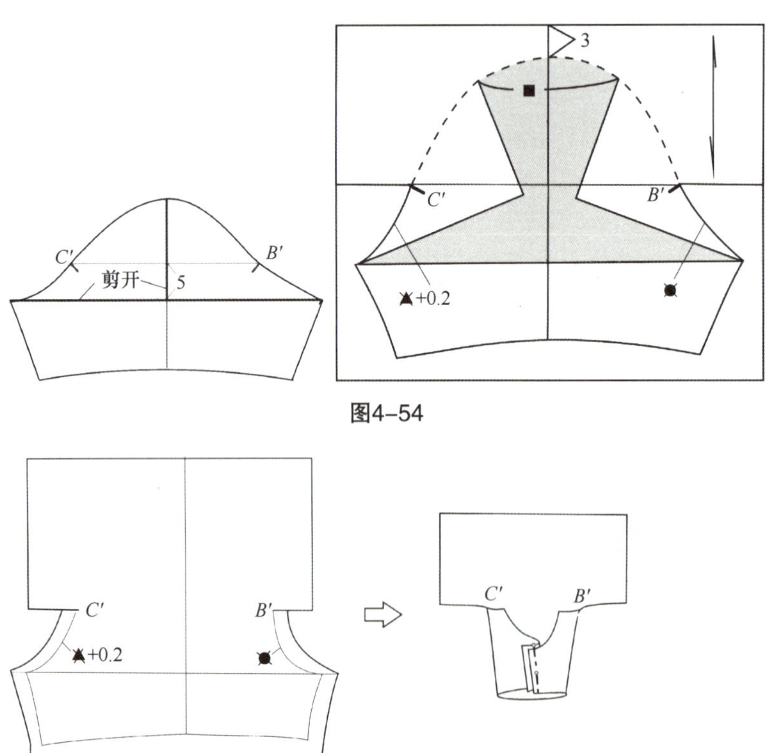

图4–54

图4–56

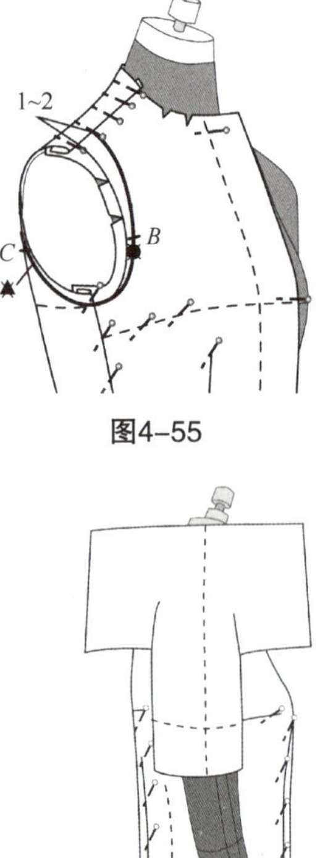

图4–55

图4–57

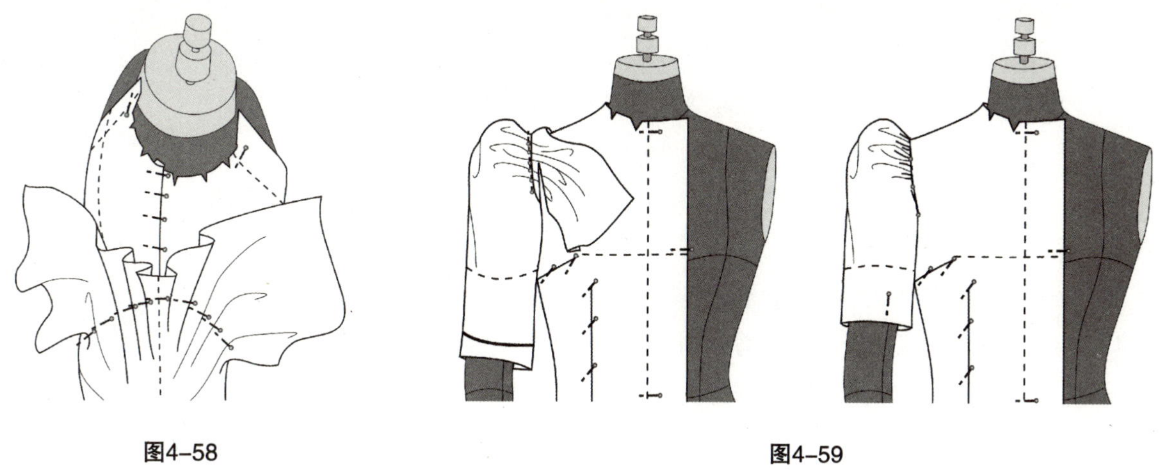
图4-58　图4-59

二、荷叶袖

荷叶型七分袖款（图 4-60）

下部作波浪褶展开，在平面上展开造型（图4-61）。

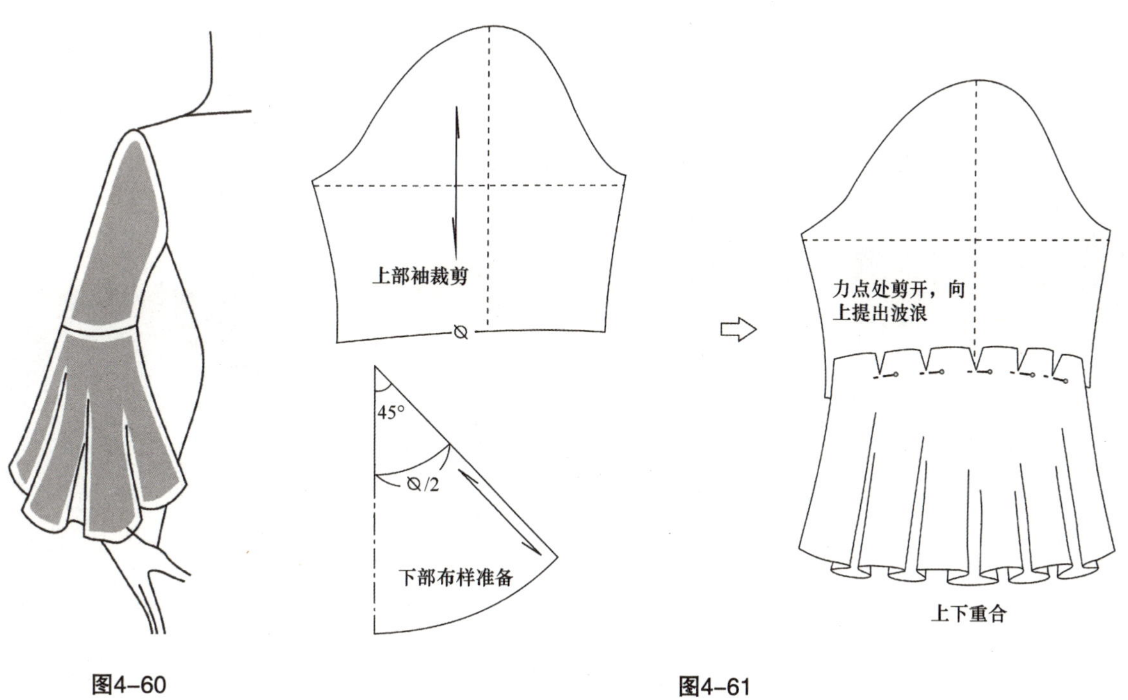

图4-60　图4-61

三、翘肩袖

翘肩袖的结构原理类似泡褶袖，属于肩头与袖山互补式的结构，衣身肩头的一部分移置于袖山之上。

翘肩袖款（图 4-62）

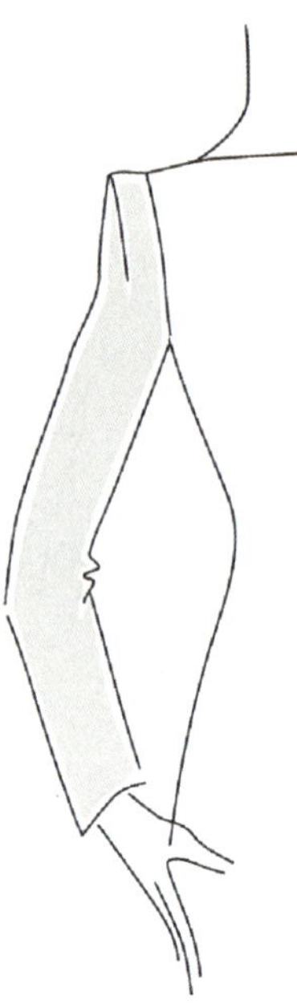

图4-62

（1）将翘肩部位的垫肩加厚、翘高。标翘肩袖窿线，由基型袖窿往内2.5cm，设定翘肩宽。翘肩袖窿部位前后各长7.5cm（图4-63）。

（2）两片袖作基图，在大、小袖山上加放、画顺翘高量。大袖袖山上部要应用立体裁剪，布样要剪成矩形（图4-64）。

（3）别合翘肩袖袖筒，内侧袖山与窿门装合（图4-65）。

（4）中线部位与翘肩肩点别合，剪开别合点以上缝位，前袖山由下往上理顺，将浮余量往内折叠，整理成袖山省，保持该省缝与翘肩袖窿间距2.5cm的平行状态（图4-66）。

（5）后袖山操作与前相同。抓合翘肩缝，剪去多余缝边（图4-67）。

（6）点影翘肩袖山线与翘肩袖窿线，放开袖山省缝。修剪缝份（图4-68）。

（7）组装，完成造型。板型展示（图4-69）。

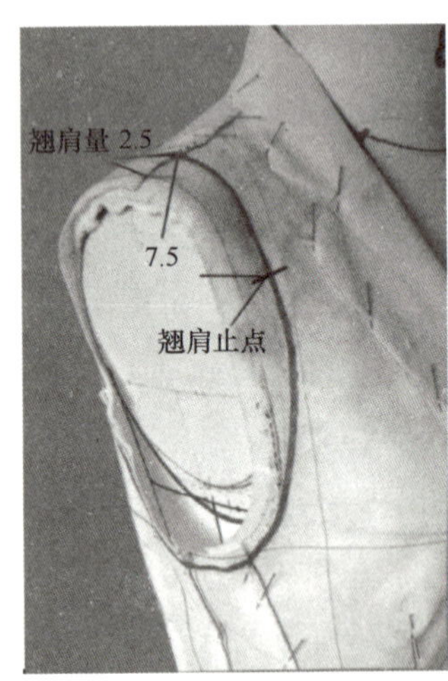

图4-63

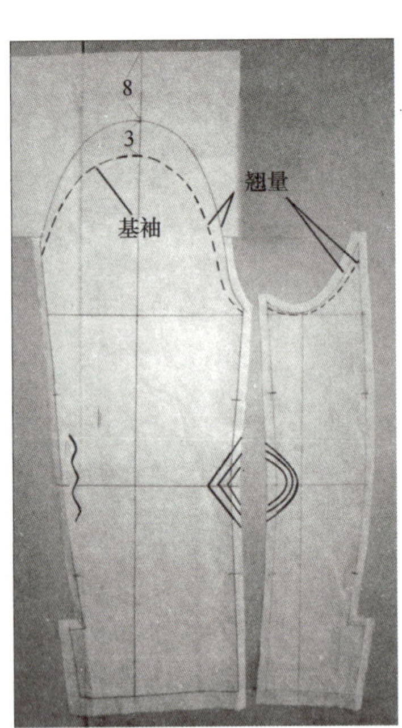

图4-64

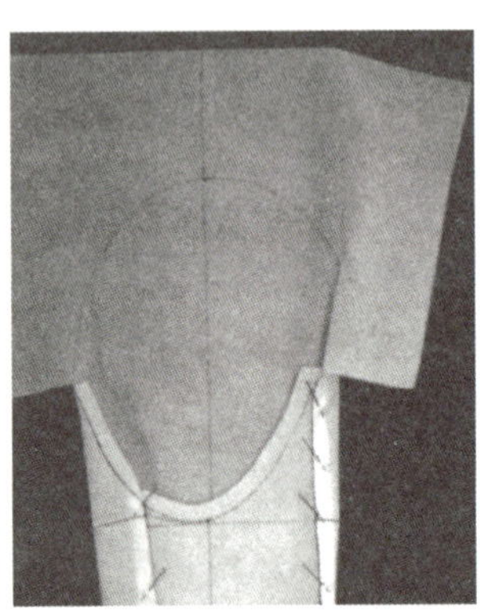

⇩

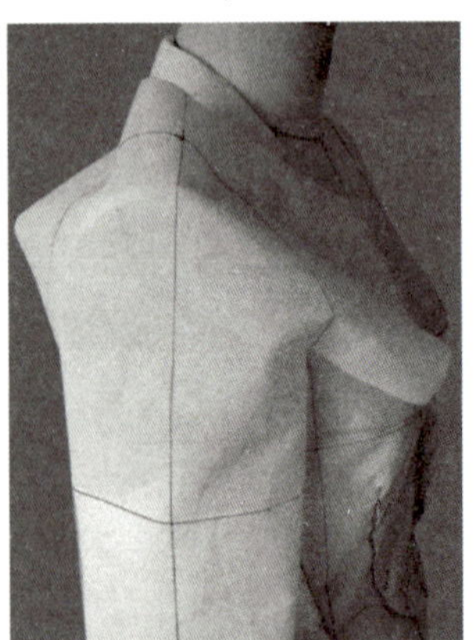

图4-65

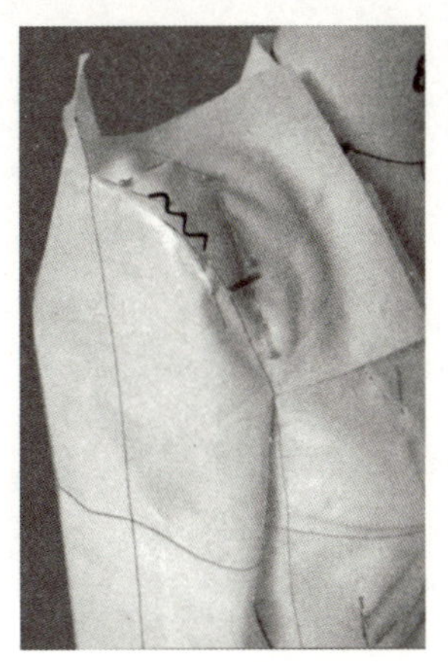
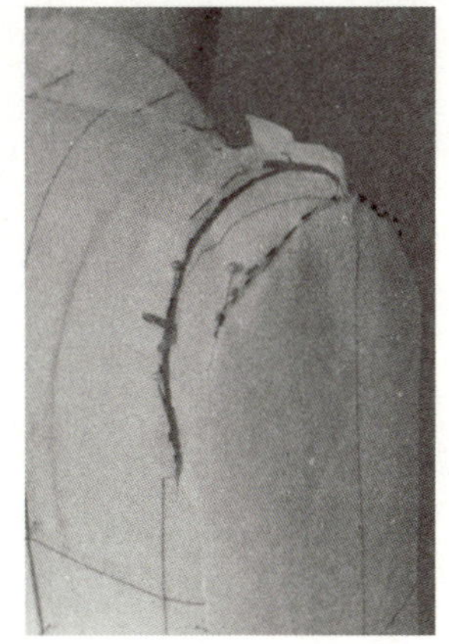

图4-66

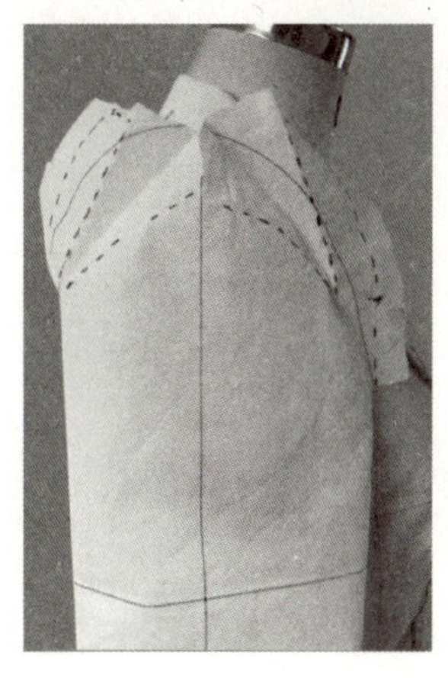
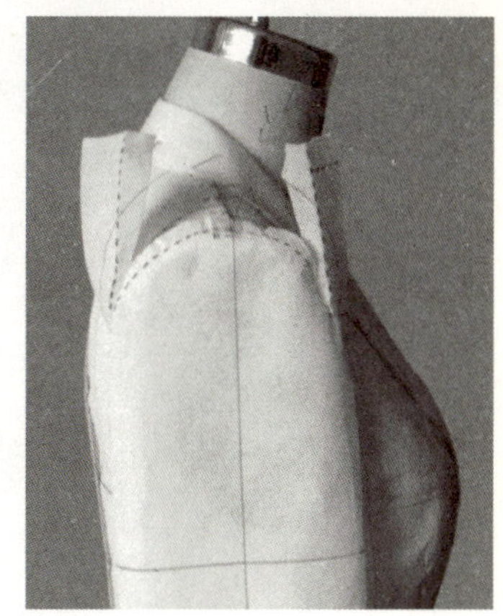

图4-67

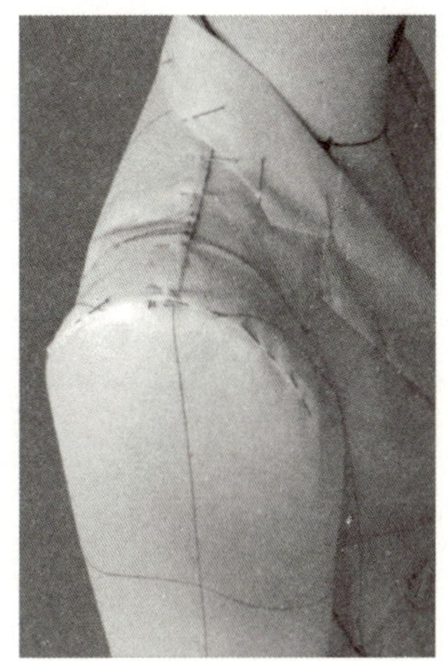

图4-68

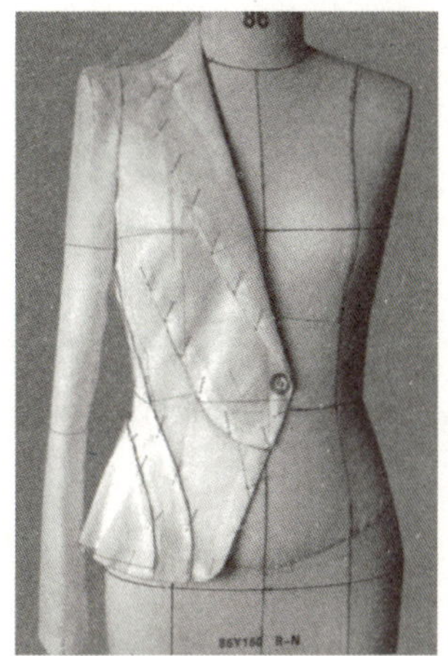

图4-69

思考、技能训练题

1. 在两片袖袖山制图中，袖肥线往上3cm为什么要与窿门相贴合？
2. 利用课外时间，结合具体的款式做衣袖立体裁剪练习。

二面构成上衣

课程名称： 二面构成上衣

课程内容： 自本章起教学进入衣装基础造型与应用设计的综合阶段。本章又分为春夏与秋冬装两大模块。夏装材料相对较薄，便于各类造型技能的施展。春夏装的衬衫即有基础型与横裁两种。此外内外相连衫、蝶恋花衫、连肩褶裥针织短袖衫也多方面体现了立体裁剪的造型特色。秋冬装篇的高腰女装、育克肩型外套、插肩袖风衣、O 型帽子衫等从贴体型至宽松型的应用展现了立体裁剪对于日常装的广泛价值，激发学生掌握立体裁剪的热情。

教学时间： 50 课时。

教学目的： 使学生了解、掌握二面构成上衣多方面的造型技能，加深对于服装空间造型本质的理解。

教学重点： 廓型的塑造，贴体型、宽松型结构的内存空间尺度与结构平衡的把控。领、袖的裁剪技能。

[第五章]

二面构成上衣

由前后两个衣片构成的上衣统称二面构成，是上衣的基本结构形式。利用造型规律和操作程式中的共通性，本书将上衣裁剪分作二面构成与多面构成两大模块，其中又有四季之分。与夏装、衬衫等比较，穿在其他衣服外面的上衣、外套尺寸要大些，要为衬、里、垫肩和内衣等提供空间量。裁剪这样的上衣或外套，要加大放松量或选用大一号的人台。

第一节 立翻领衬衫

本款属于传统型、基础型，胸省转移具有典型性，省量化为三部分：袖窿纵向松量，与通底腰省合一化作扩摆量，余下的量作为腋下省量。

A款（图5-1）

1. 前衣身

（1）前衣身布样准备，固定CF（图5-2）。

（2）在BP处存放0.5cm松量，由BP往上推直布样，使领口自然产生0.2～0.3cm的松量，在领口侧下方固定，裁剪、固定领口（图5-3）。

（3）抚平肩部，裁剪肩缝；前胸抚余褶转至胸下，裁剪、固定袖窿，塑造胸侧转折面，在下部袖窿纵向、BP至侧缝之间各放0.5cm松量（图5-4）。

图5-1

（4）作扩摆造型，塑造腹侧转折面，布样下部要正、侧转折分明。将其余浮余量移至侧缝，捏缝成腋下省，固定侧缝内侧。自BP往下3cm捏缝通底腰省，省缝往侧倾斜，以顺应上小下大的服装廓型，腰部省量以收平腰部为好，在HL转折面的空间量不得少于2cm（图5-5）。

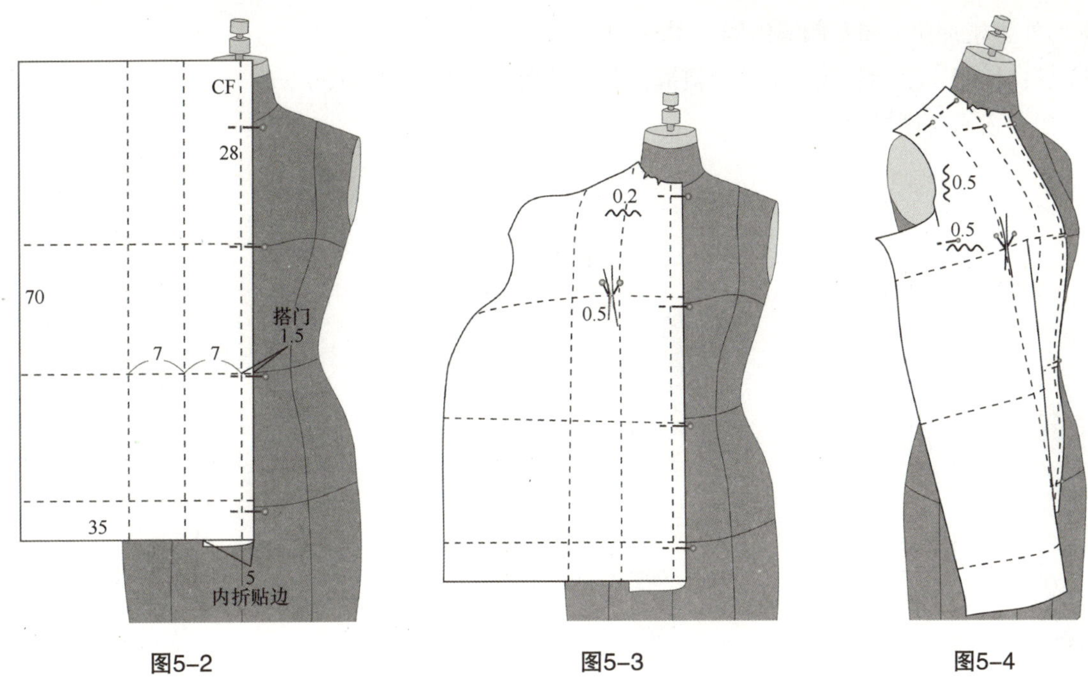

图5-2　　图5-3　　图5-4

（5）剪开腰口毛边，衣身往外抻拉出少许，用珠针悬空固定，各部位标线，侧缝线上端由基准交点“+”往外放出松量0.5cm（图5-6）。

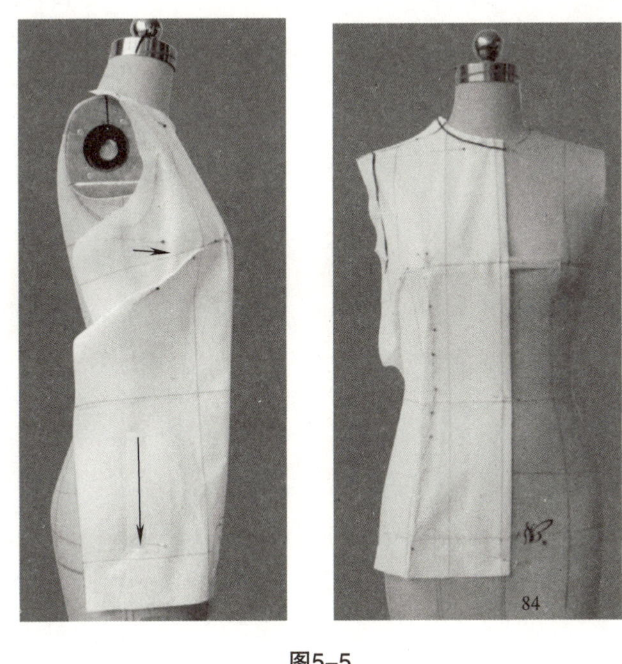
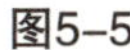

图5-5

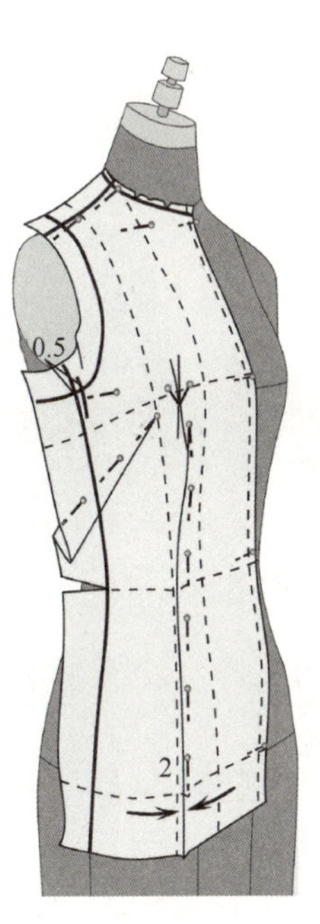

图5-6

2. 后衣身

（1）后衣身布样准备，固定CB（图5-7）。

（2）裁剪领口，在背部领口引导线往上推直布样，使领口有0.2～0.3cm的松量。捏缝通底腰省，省中线与引导线平行（图5-8）。

（3）背宽放0.5cm松量，在袖窿处固定；裁剪、重合肩缝，将肩背部余褶0.5cm左右归拢在肩缝中段，其余归拢在上部袖窿。布样向侧面转折，在BL约有2cm、在HL约有0.5~1cm空间量。剪开腰口毛边，腰围线上向外稍稍抻拉，固定侧缝内侧（图5-9）。

（4）转向前身，沿标志线往下抓合侧缝，各部裁剪，标线（图5-10）。

（5）组装衣身（图5-11）。

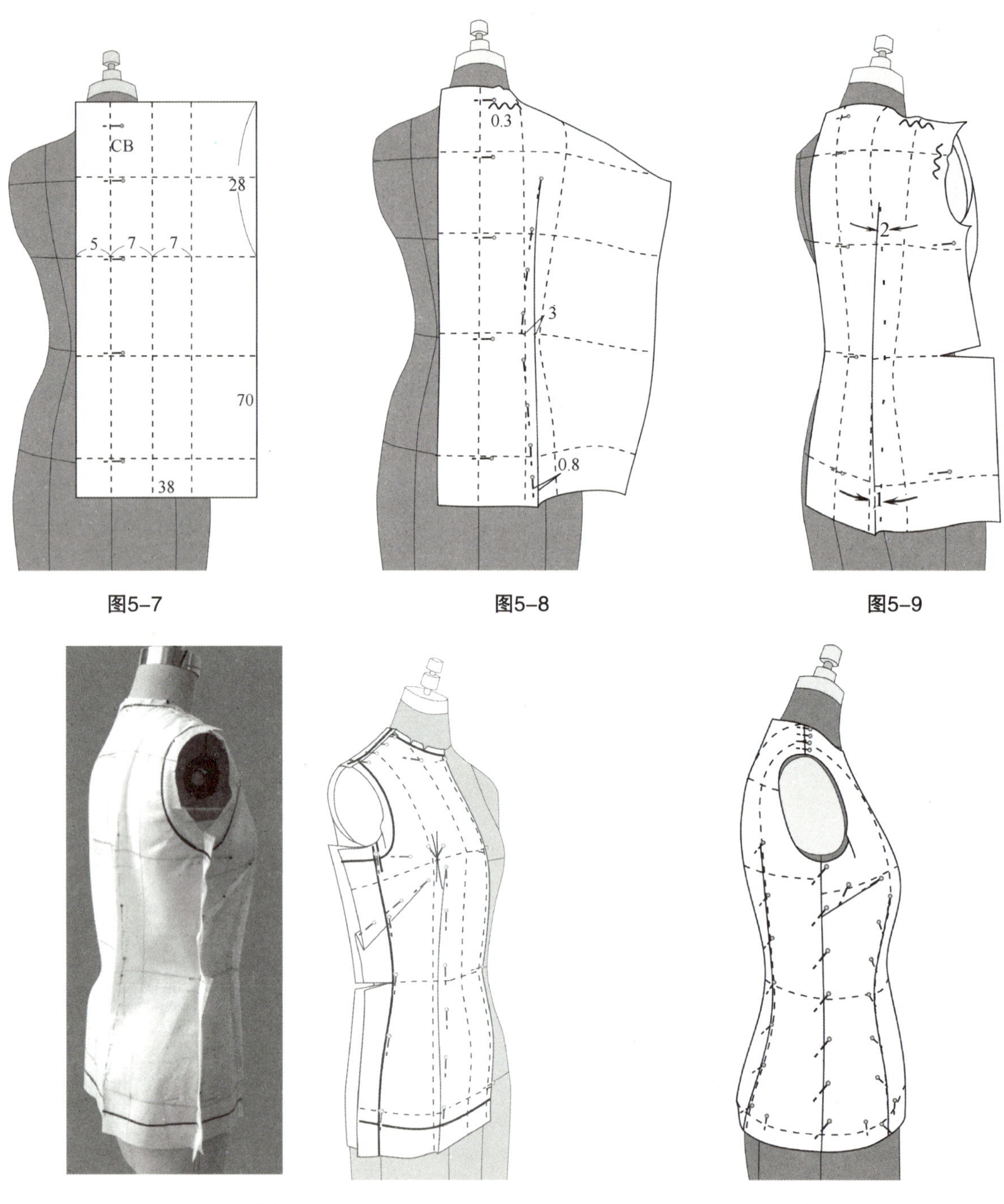

图5-7　图5-8　图5-9

图5-10　图5-11

3. 领、袖，组装

（1）立翻领型裁剪、组装（图5-12）。

（2）衣袖为平直型结构，采用平面裁剪（略）。别合袖样，袖口开衩。装袖，袖口抽褶，缝装袖克夫。钉扣子（图5-13）。

（3）组装，确认造型（图5-14）。

（4）裁片整理（图5-15）。

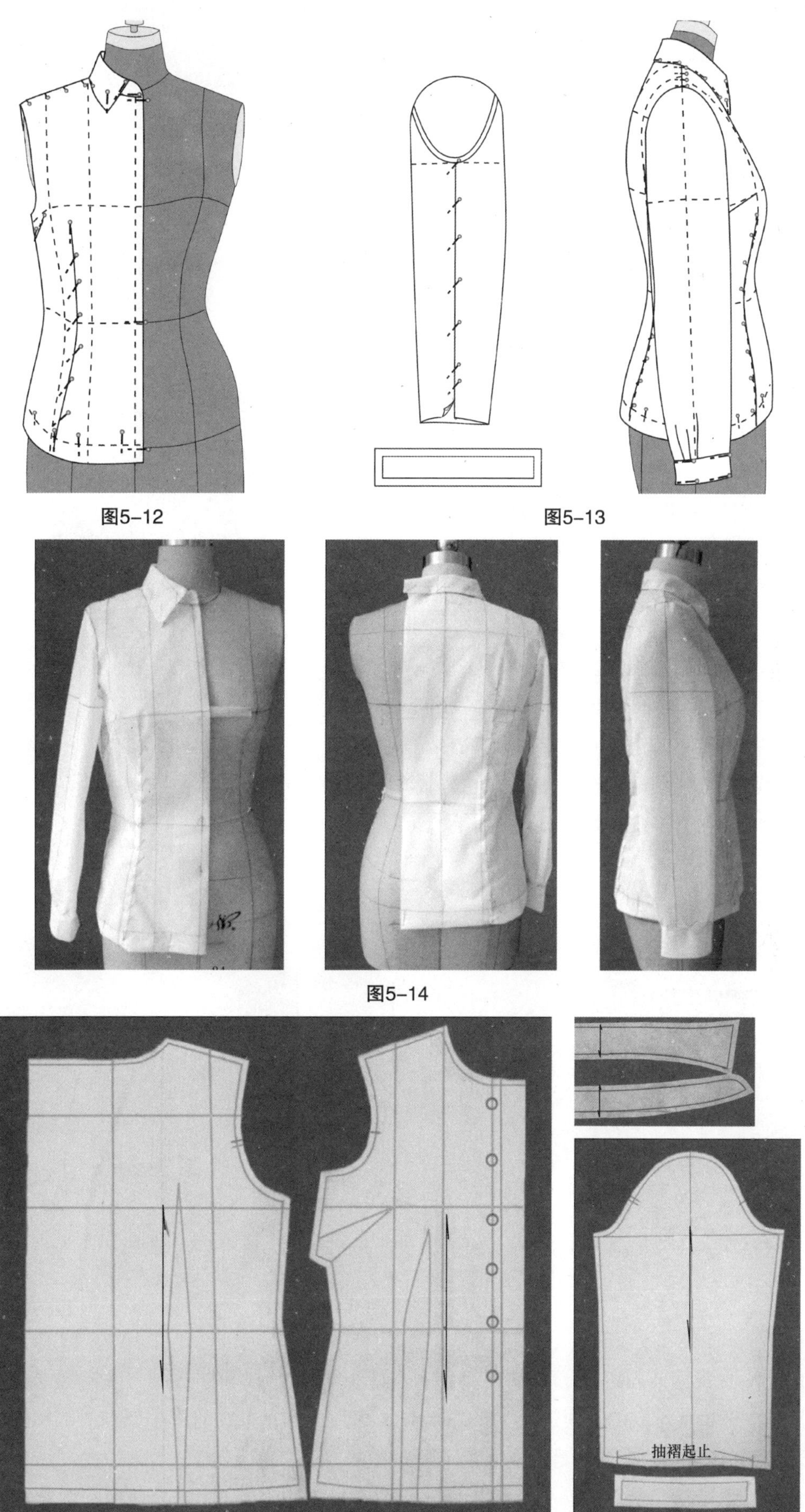

图5-12

图5-13

图5-14

图5-15

第二节 时尚春夏装造型

一、内外相连衫

A款（图5-16）

1. 内层

（1）布样准备，前、后各一片。采用正反面不同色的布料，作由底摆连成一体的内外衣造型，里外两种色彩相互映衬（图5-17）。

（2）前片内层裁剪，固定CF，标摆边线。BP存放0.5cm松量，由此点往上理直布丝，使领口出现0.3cm松量，在领口侧下方固定（图5-18）。

（3）裁剪、固定基本型领口、肩缝。在BP与侧缝间放松量0.5cm，在侧缝内侧固定。剪开袖窿毛边，塑造胸侧转折面。裁剪袖窿，将胸部浮余量分0.5cm作为下部袖窿纵向放松量，其余捏缝为袖窿省，固定袖窿。在下摆塑造体侧转折面。侧线在摆边收进约2cm，固定侧缝。标领口、肩缝、基准交点"+"和侧缝线。剪去侧缝多余毛边（图5-19）。

图5-16

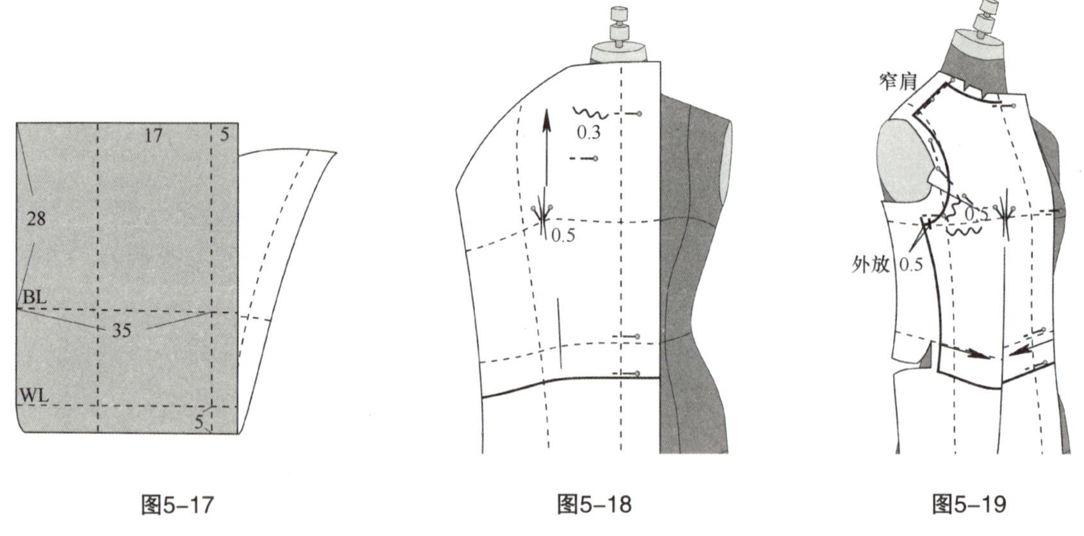

图5-17　图5-18　图5-19

（4）内层后身裁剪，固定CB，下端约有1.5cm撇势，标后中线和摆边线。固定背宽线，在肩胛部留0.5cm松量，往上理直布丝，使后领口含有0.3cm松量，肩背浮余量推往肩缝中部与上部袖窿。裁剪、固定后领口。塑造背侧转折面，在袖窿毛边上固定（图5-20）。

（5）裁剪、重合后肩缝，塑造体侧转折面。侧线在摆边收进2cm固定，裁剪、固定袖窿。剪去多余毛边。标领口、肩缝、袖窿与侧缝线（图5-21）。

（6）准备内层立领布样、装领（图5-22）。

（7）前身在上，重合侧缝，前后侧缝要上下对准（图5-23）。

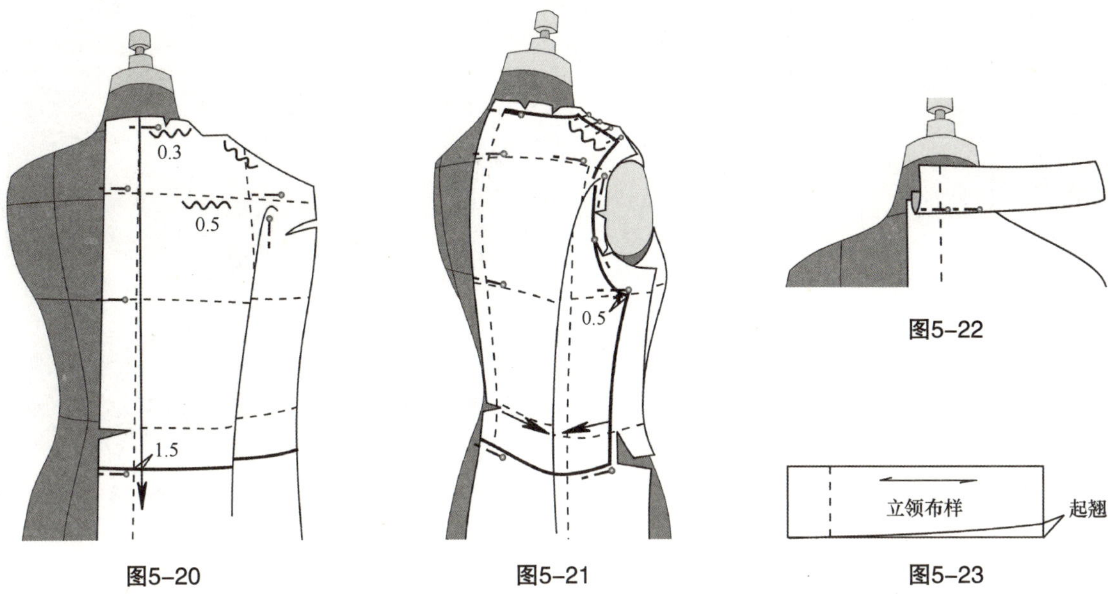

图5-20　图5-21　图5-22　图5-23

2. 外层，组装（图5-24）

（1）外层裁剪。布样顺着内层摆边往上折转成外衣样，固定前中线与摆边。由摆边往上理顺腋侧布样，剪开袖窿毛边，余褶推往领窝，塑造胸侧转折面，在袖窿毛边上固定（图5-25）

（2）使外层样宽舒平顺地包覆在内层外。领口余褶捏缝省。裁剪、固定领口、肩缝、袖窿与侧缝，标出各部位结构净线，侧缝线上端由基准点“+”放出1cm。外层后片裁剪步骤同前片，抓合侧缝（图5-26）。

（3）标立领上口线，剪去外层领口多余毛边，标褶位点（图5-27）。

（4）裁剪荷叶褶领。荷叶褶领外口标线，剪去多余毛边（图5-28）。

（5）袖子裁剪，下段袖口要作扩展。衣身、领、袖组装（图5-29）。

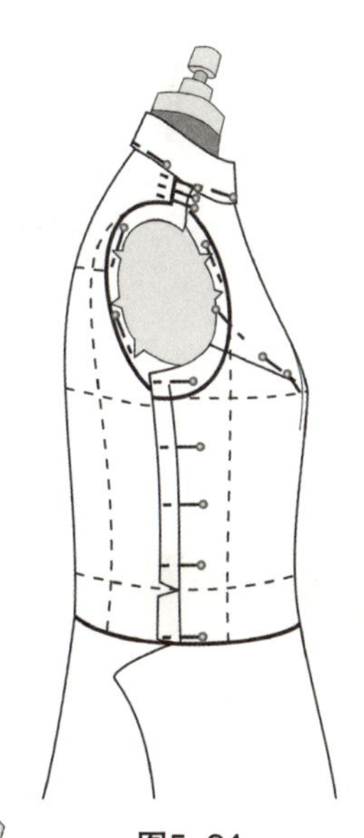

图5-24

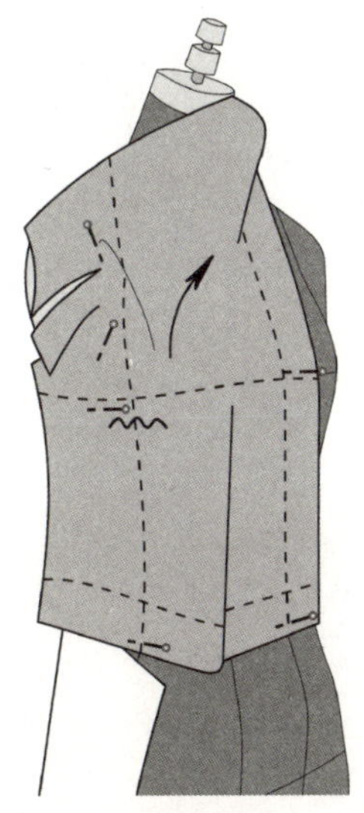

图5-25

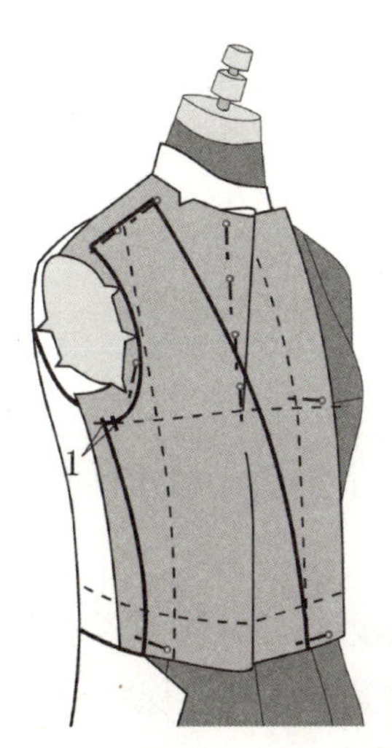

图5-26

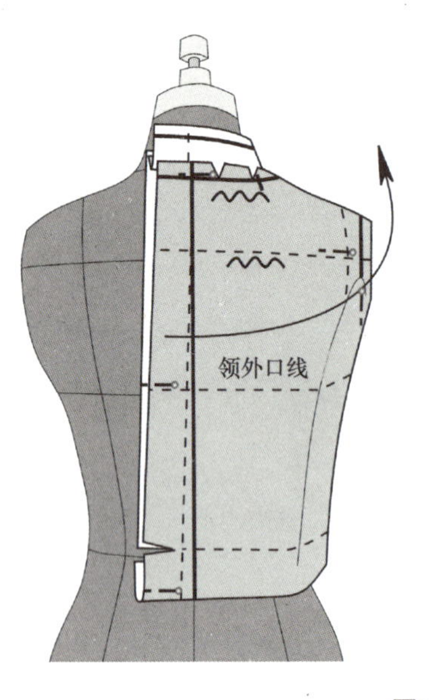

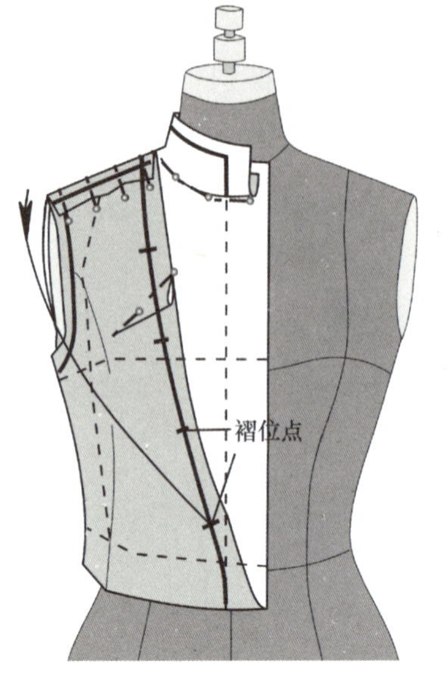

图5-27

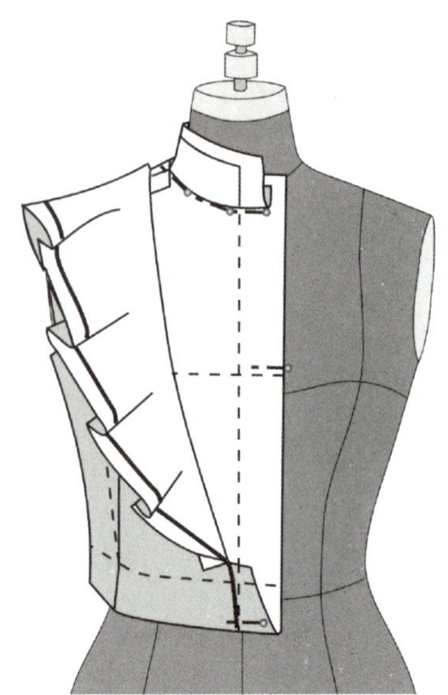

图5-28

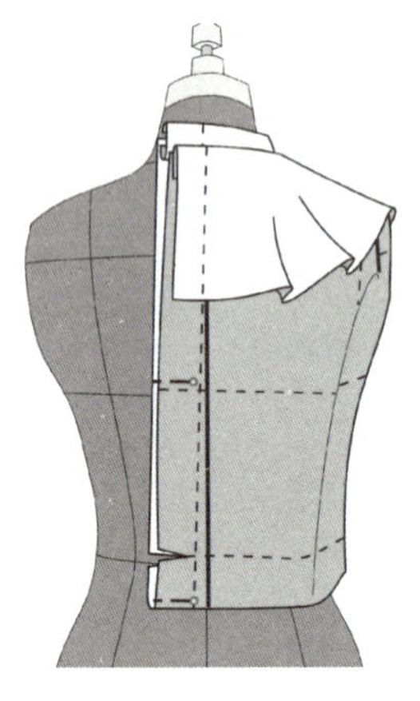

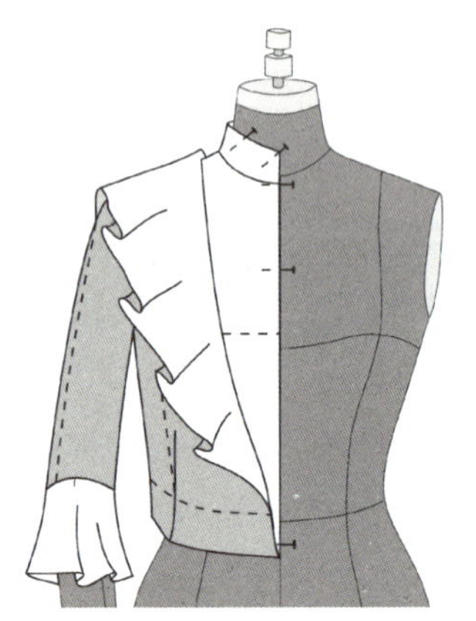

图5-29

二、蝶恋花衫

造型似花如蝶，应用了抽褶、荷叶褶等技法，一条由前往后走低的高腰线，使前后上、下段之比呈现出对比性变化，并有显著的瘦身效果。下部扩摆造型具有较高的技术含量。

无袖瘦身款（图 5-30）

1. 前衣身

（1）人台准备，标线。从高腰线至HL中部的侧缝上钉绷带，以方便高腰造型，在绷带上标侧褶标记（图5-31）。

（2）前身上段布样准备，固定CF（图5-32）。

（3）粗裁基型领口，折叠夹装花边的公主线型褶边缝，在胸围线上折叠褶边缝大2cm，满足夹装花边的需要。保持BL水平，将前胸浮余量作为胸省转入肩头的褶边缝中。塑造胸侧转折面。在胸

图5-30

围放松量1cm，将高腰部浮余量留1.5cm作松量，其余转入褶边缝与折一小褶。裁剪、固定肩缝。剪开袖窿毛边，标领口、肩缝、袖窿、侧缝、高腰线（图5-33）。

（4）前身下段布样准备，折转门襟毛边，斜置布样，在HL处往里撇进2cm固定（图5-34）。

（5）高腰部裁剪，在BP下方布样由前往侧转折，在高腰线上要稍微放松，剪开转折面上方毛边，由上往下扩摆塑型（图5-35）。

（6）标高腰线，剪去高腰线上方多余毛边。剪开下面侧缝上标记处毛边，折一小波浪褶，标侧缝线（图5-36）。

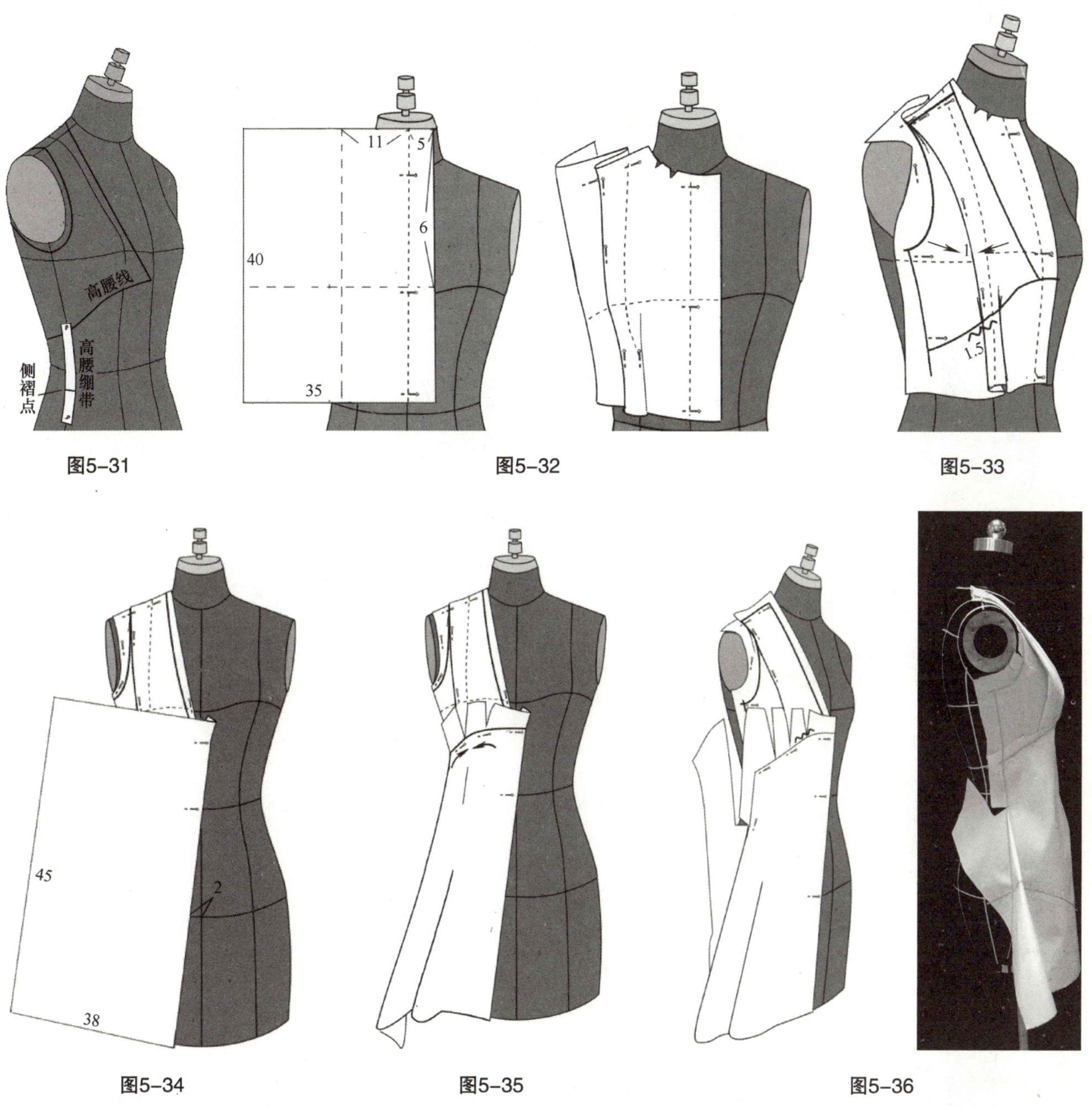

图5-31　图5-32　图5-33

图5-34　图5-35　图5-36

2. 后衣身

（1）后身上段布样准备，固定CB（图5-37）。

（2）按照前身上段方法裁剪，折叠夹装花边的公主线型褶边缝，在背宽线上折叠褶边缝2cm，以夹装花边。保持BL水平，将肩部浮余量作为肩省转入肩头的褶边缝中。叠合肩缝。塑造背侧转折面。在胸围放松量2cm，将高腰部浮余量留1.5cm作松量，其余转入褶边缝，折一小褶。各部裁剪（图5-38）。

（3）后身下段布样准备，固定CB（图5-39）。

（4）布样由后往侧转折，剪开转折面上方毛边，布样下落，下摆扩张造型，在转折面高腰线要稍微放松，使下摆扩张自然。标高腰线，剪去高腰线上方多余毛边（图5-40）。

（5）按前侧缝波浪褶裁剪方式，裁剪与前褶对称的侧缝小褶。沿前片标志线内侧抓合侧缝（图5-41）。

（6）装合前领口胸裆布，折叠前肩缝与下摆边，确认衣身造型，标前门襟荷叶褶位线（图5-42）。

（7）裁剪前门襟荷叶褶（图5-43）。

（8）组装。在前后公主线型褶缝中夹入花边（图5-44）。

（9）结构图展示（图5-45）。

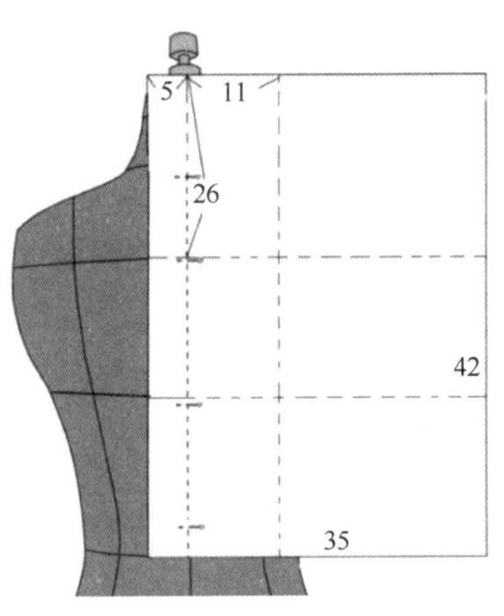

图5-37

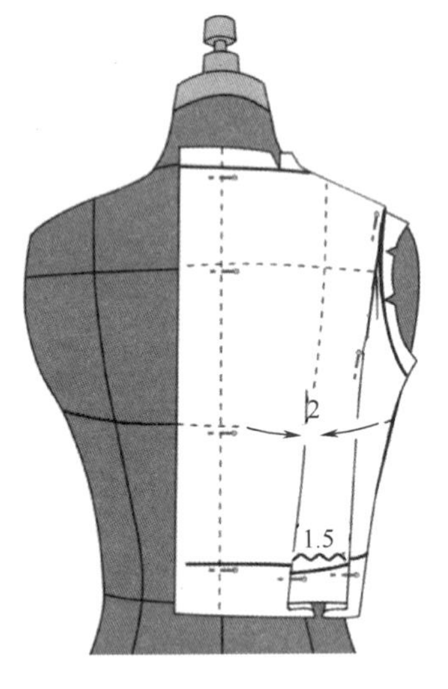

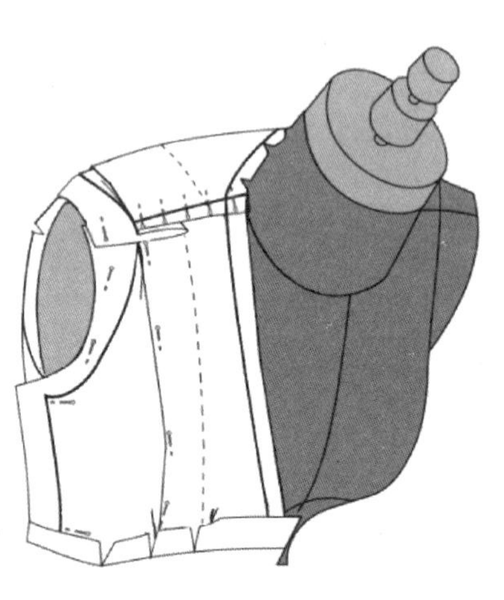
图5-38

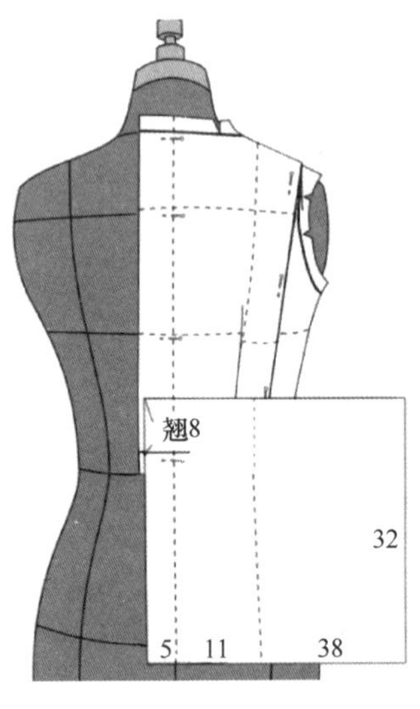

图5-39

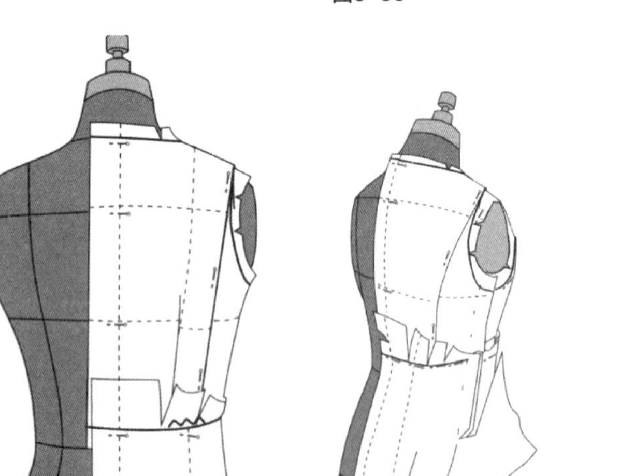
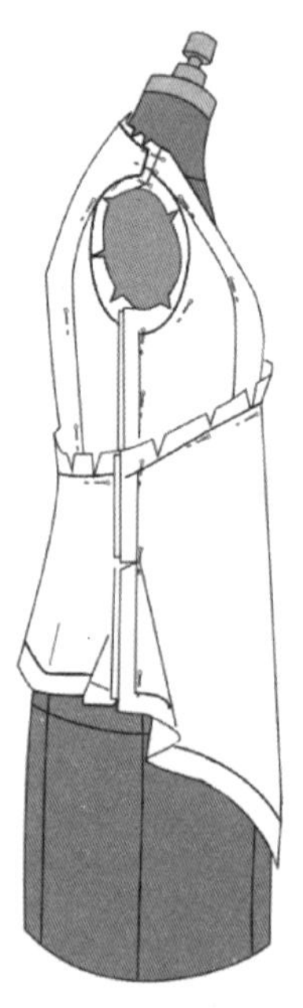
图5-40

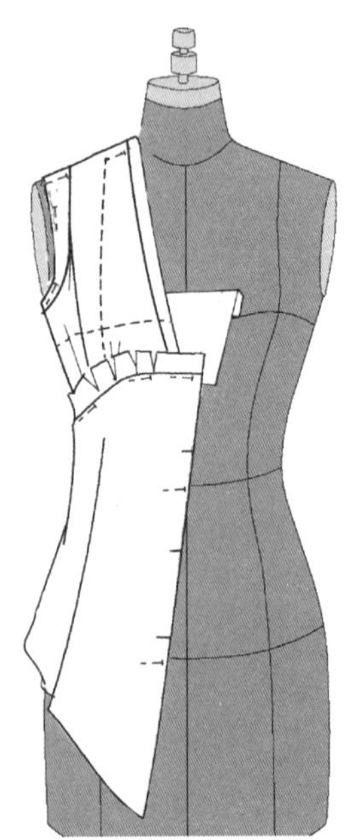
图5-41

图5-42

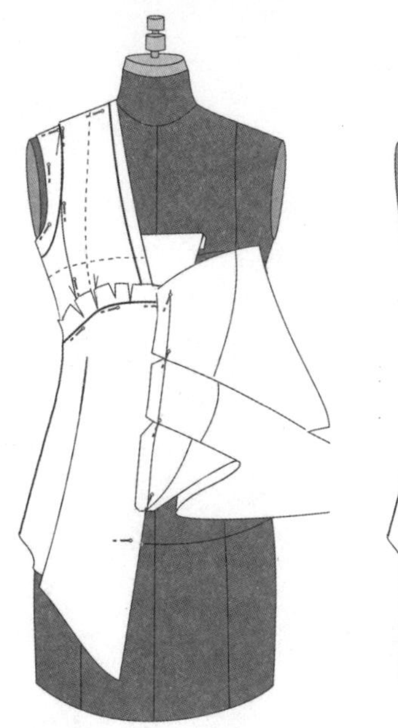

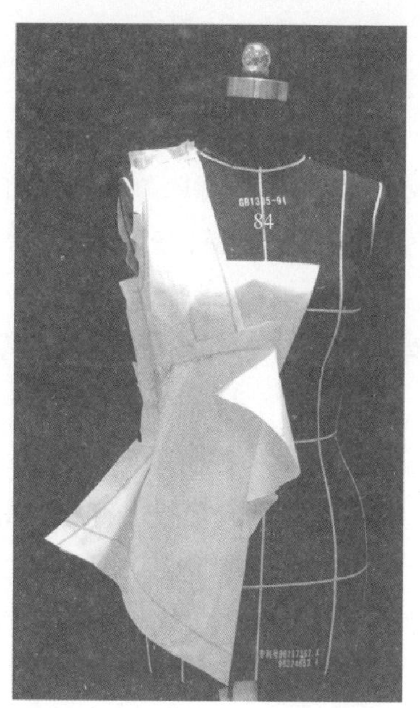

图5-43

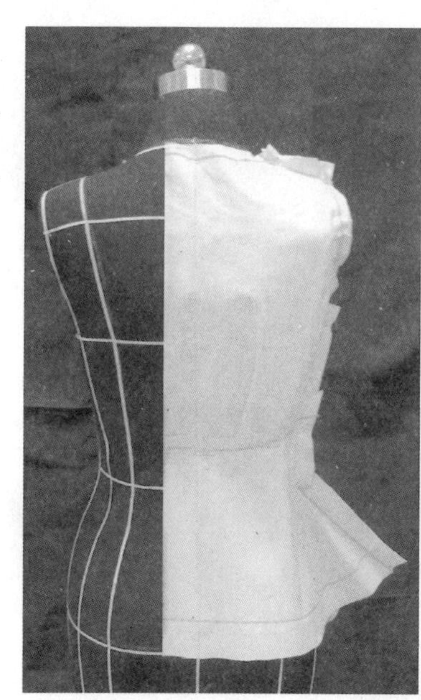

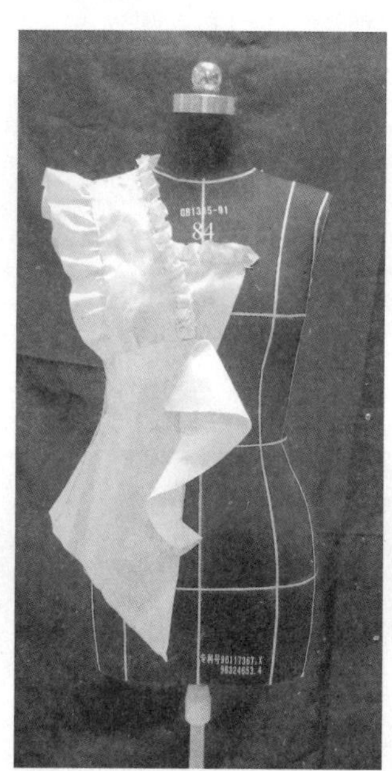

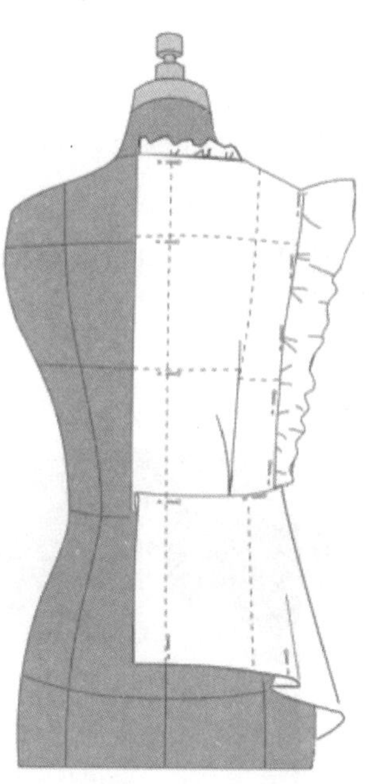

图5-44

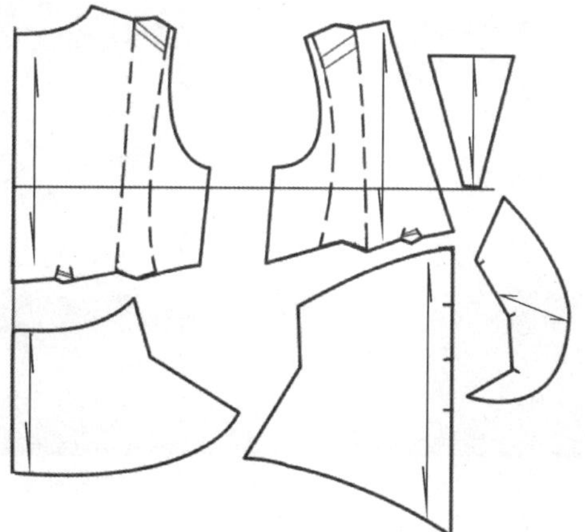

图5-45

三、巴黎牛仔衬衫

新颖贴体的横斜型分割线，胸、腰省自然转入其中，加以渐变的色彩，特种裁剪、特种工艺装饰缝边，使牛仔衬衫这一传统品种新姿焕发，本款对于设计与立体造型颇有价值。

牛仔款（图5-46）

1. 人台，前衣身

（1）将人台前后身各横斜向分割为A、B、C、D、E、F、G共7片。标明门襟线，钉扣（图5-47）。

（2）A片，育克裁剪，标线（图5-48）。

（3）B片，布样准备，固定CF。领口稍放松量，上口与A段育克自然衔接，裁剪，标线（图5-49）。

（4）C片，布样准备，固定CF。下口正好与BP相切，要理顺转折，放松量0.5cm，裁剪，标线（图5-50）。

（5）D片，布样准备，固定CF。要在此段上收塑腰部廓型，上口与C段悬空重合，下口要为腰部留出空间1.5cm，使造型转折自然，窿门裁剪，各部标线（图5-51）。

图5-46

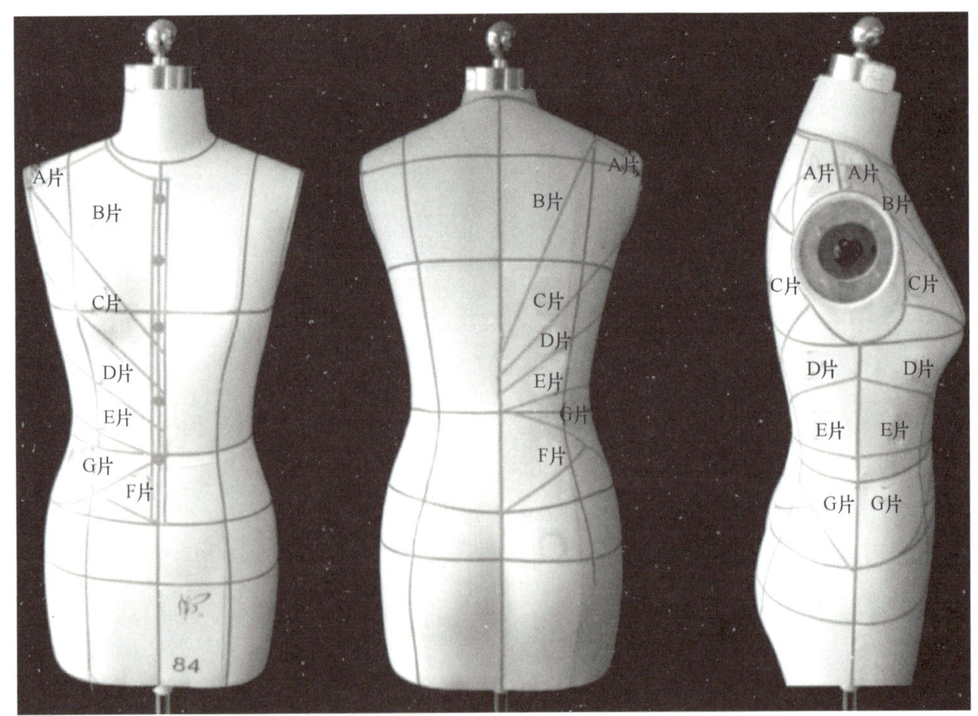

图5-47

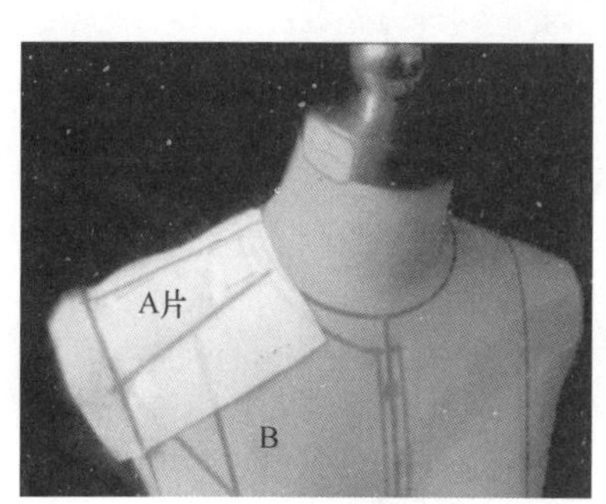

图5-48

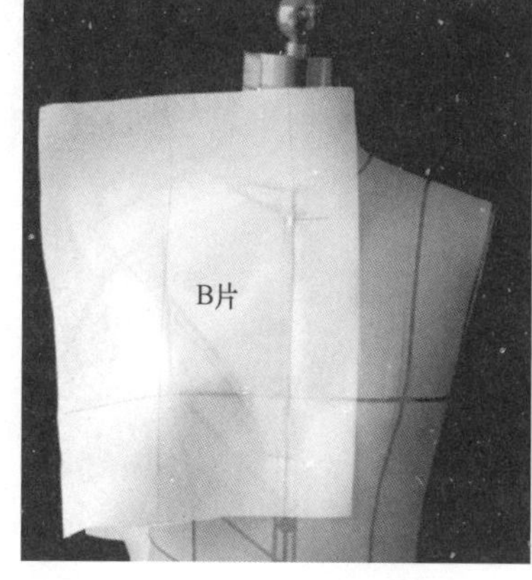

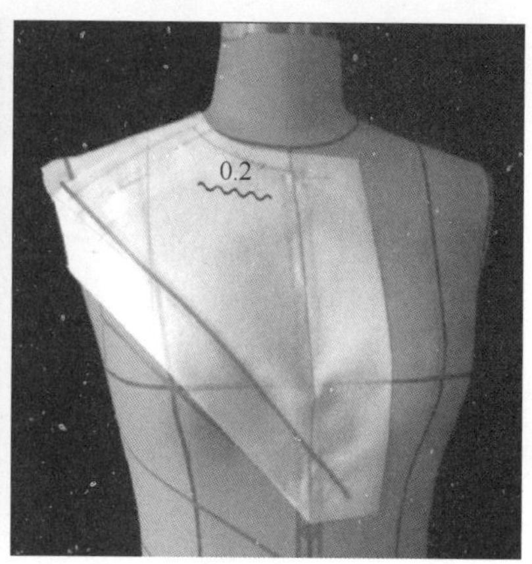

图5-49

（6）E片，布样准备，固定CF。上口斜跨胸腰之间，下口贴近腰部，倾斜度减弱，顺着D片塑型，下口放松量1.5cm（图5-52）。

（7）F片，位于前正中下摆，布样准备，固定CF，摆放平服，裁剪，标线（图5-53）。

（8）G片，前身收尾段，斜跨于腰髂之间，下口扩摆塑型。裁剪侧缝，标侧缝线，上端在窿门处外放0.5cm松量（图5-54）。

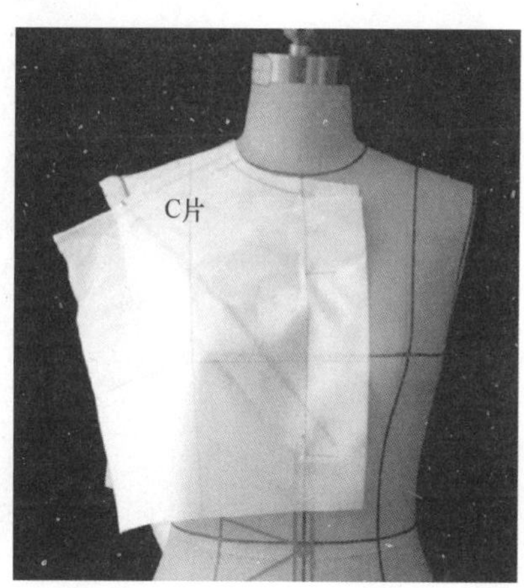

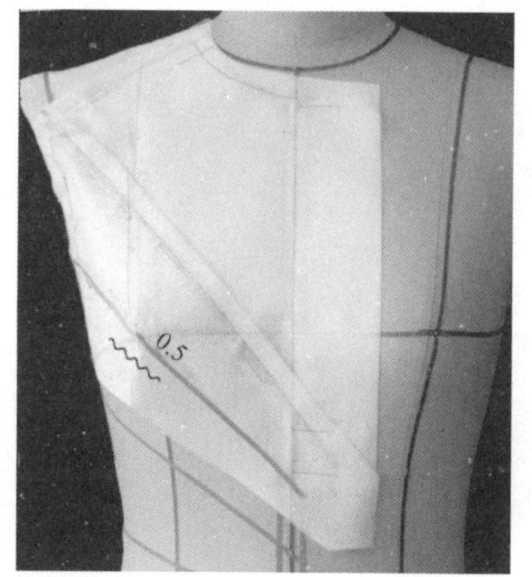

图5-50

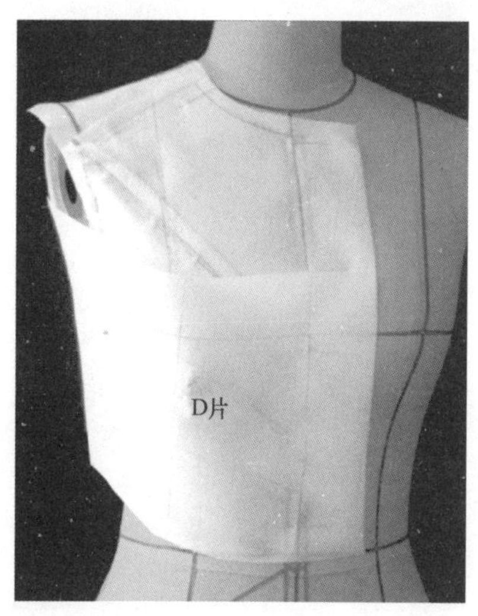

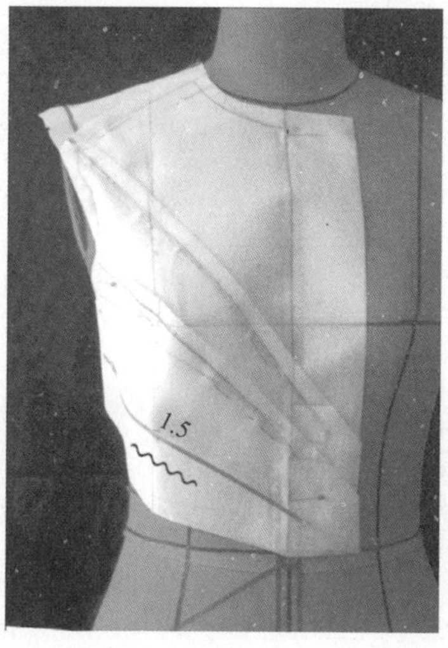

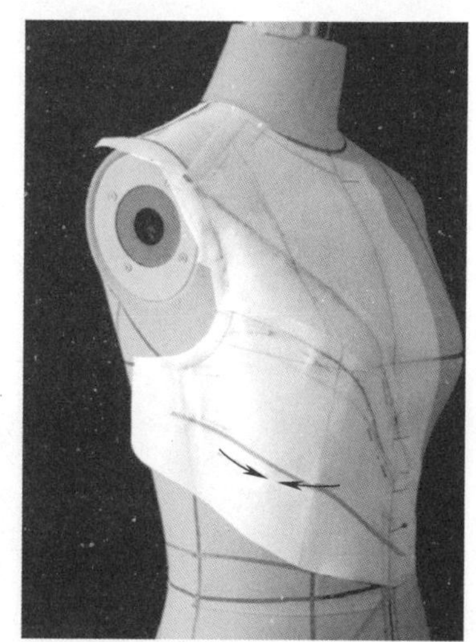

图5-51

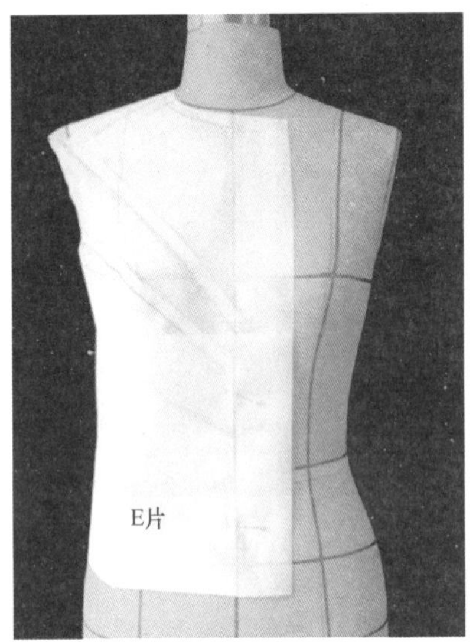

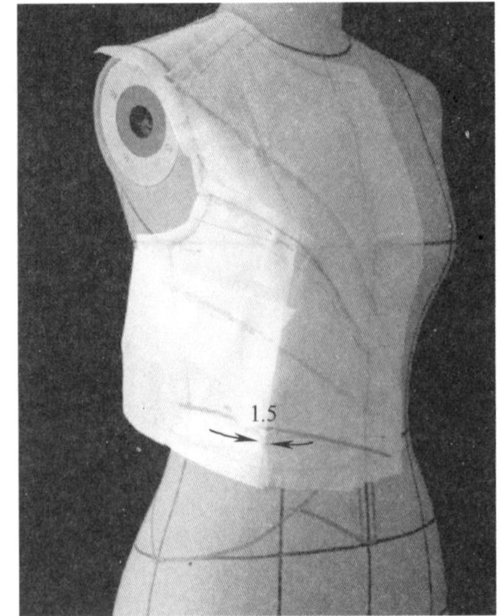

图5-52

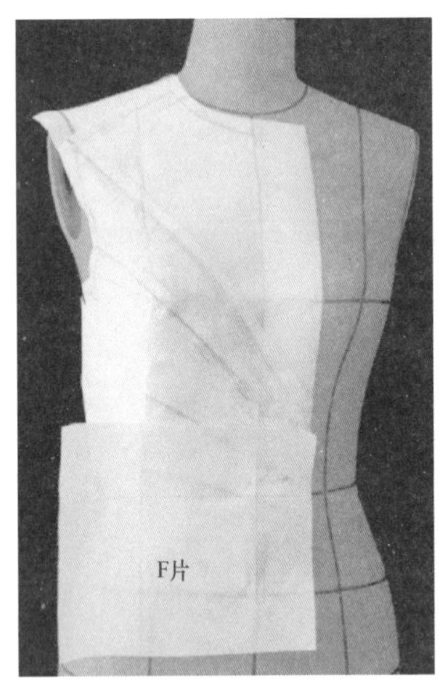

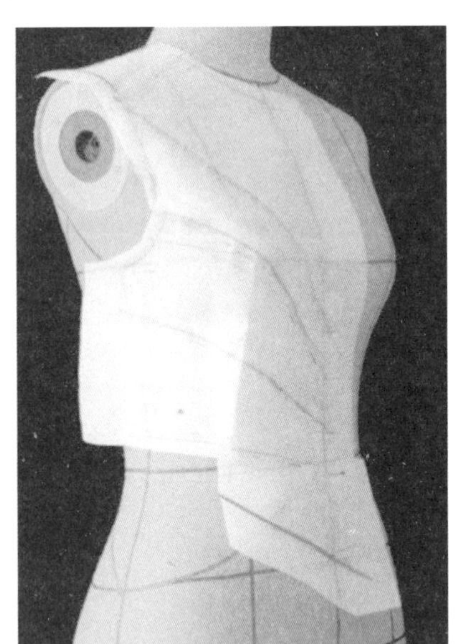

图5-53

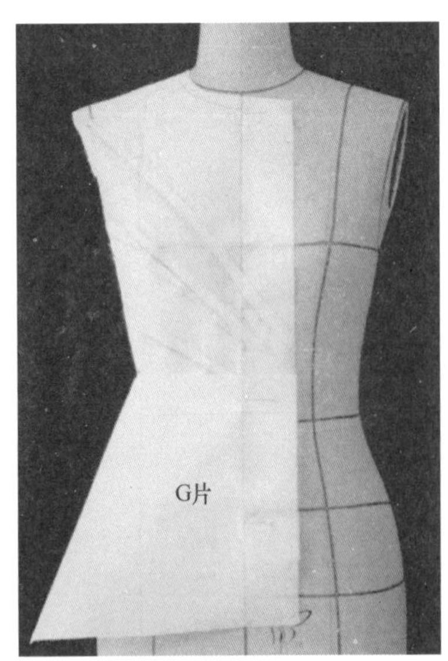

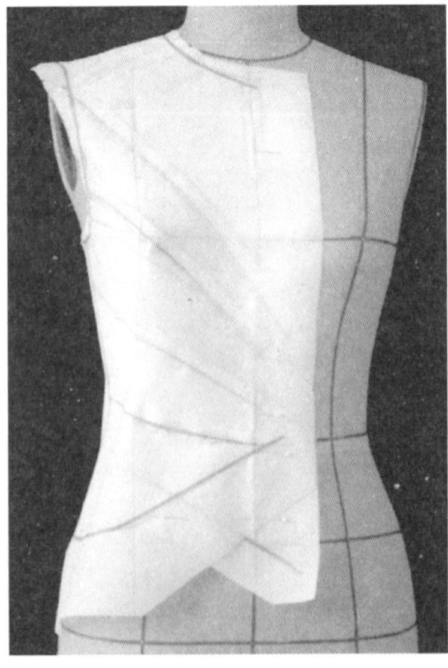
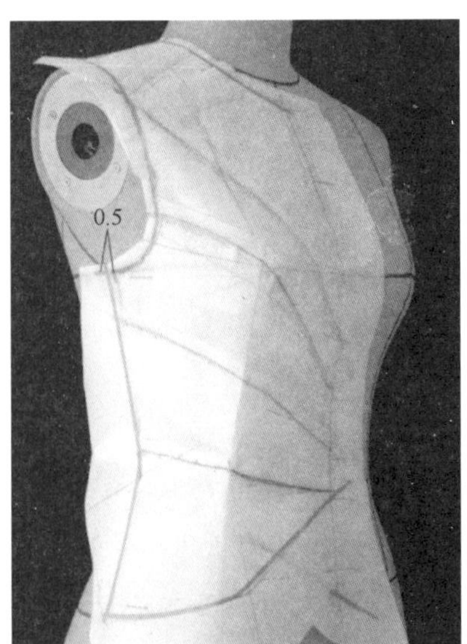

图5-54

2. 后衣身，组装

（1）A片，育克裁剪，标线（图5-55）。

（2）B片，布样准备，固定CB。在肩胛骨处保持自然松势，裁剪，标线（图5-56）。

（3）C片，布样准备，固定CB。下达腰部，上至肩胛骨与袖窿，处于人体运动功能需要较大的部位，在转折面空间要有2cm松量（图5-57）。

（4）D片，布样准备，固定CB。与C片同属人体运动机能需求较大的部位，上口与C片悬空别合，下口放松量2cm，袖窿裁剪（图5-58）。

（5）E片，下口处于腰部，裁剪塑型，放松量2cm，既吸腰贴体，又空间适度，转折分明（图5-59）。

（6）F片，在腰部下方，上口与E片悬空重合，下口扩摆造型（图5-60）。

（7）G片，在腰下部侧方，顺应F片转折面，完成最后造型，抓合侧缝，各部标线（图5-61）。

（8）整理衣身板型，置换裁片，每片都要加连装饰边部分。然后将之缝合，调整、确认造型效果（图5-62）。

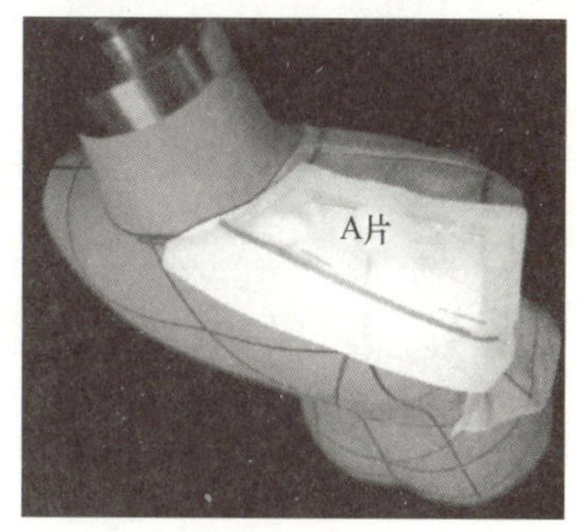

图5-55

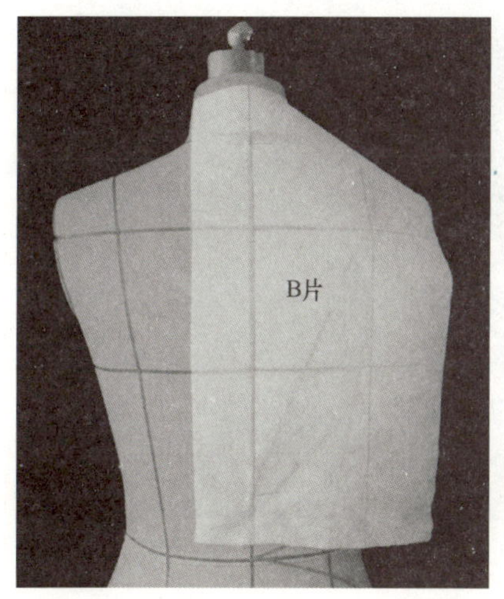

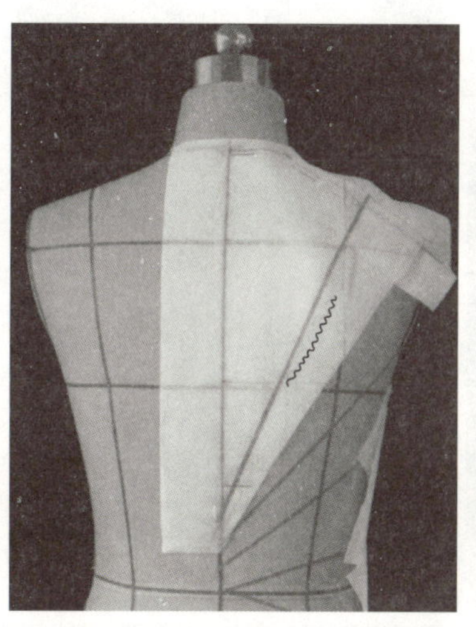

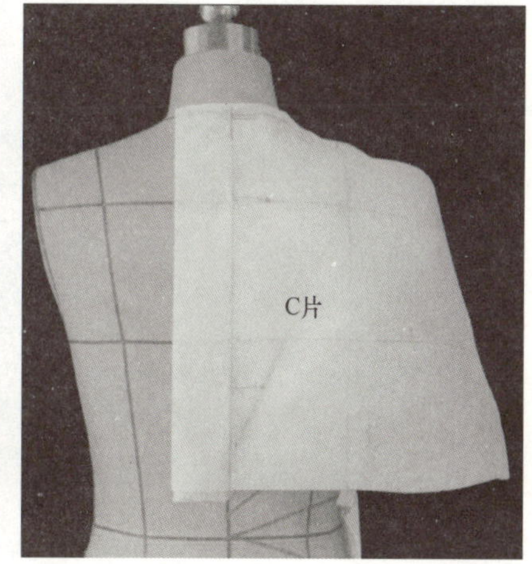

图5-56

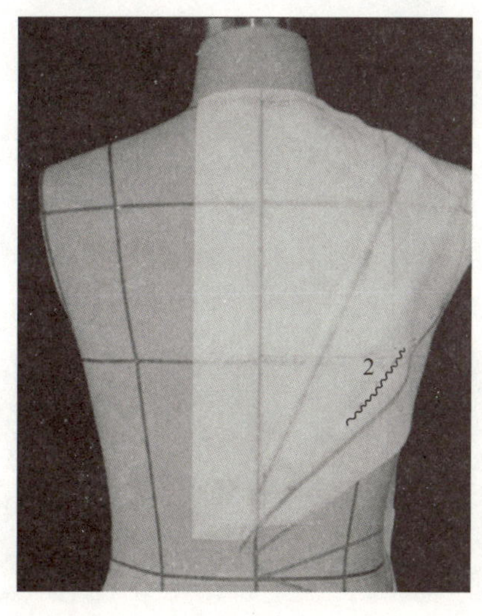

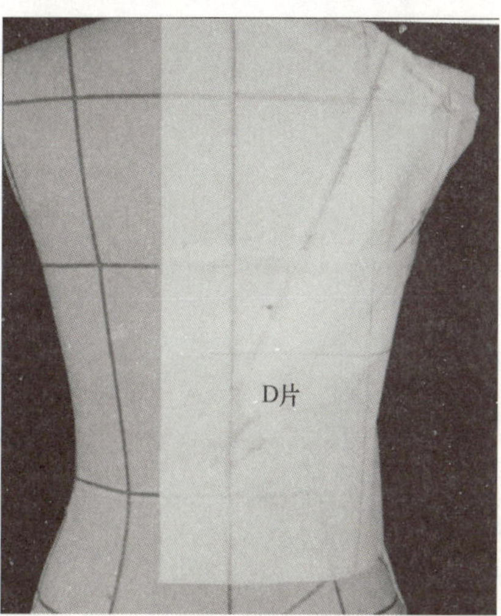

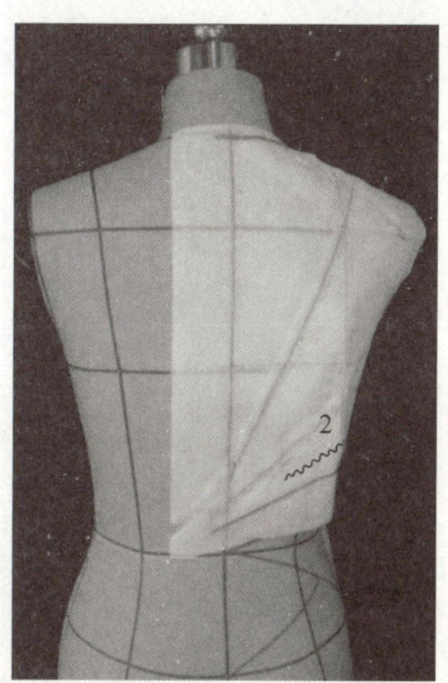

图5-57

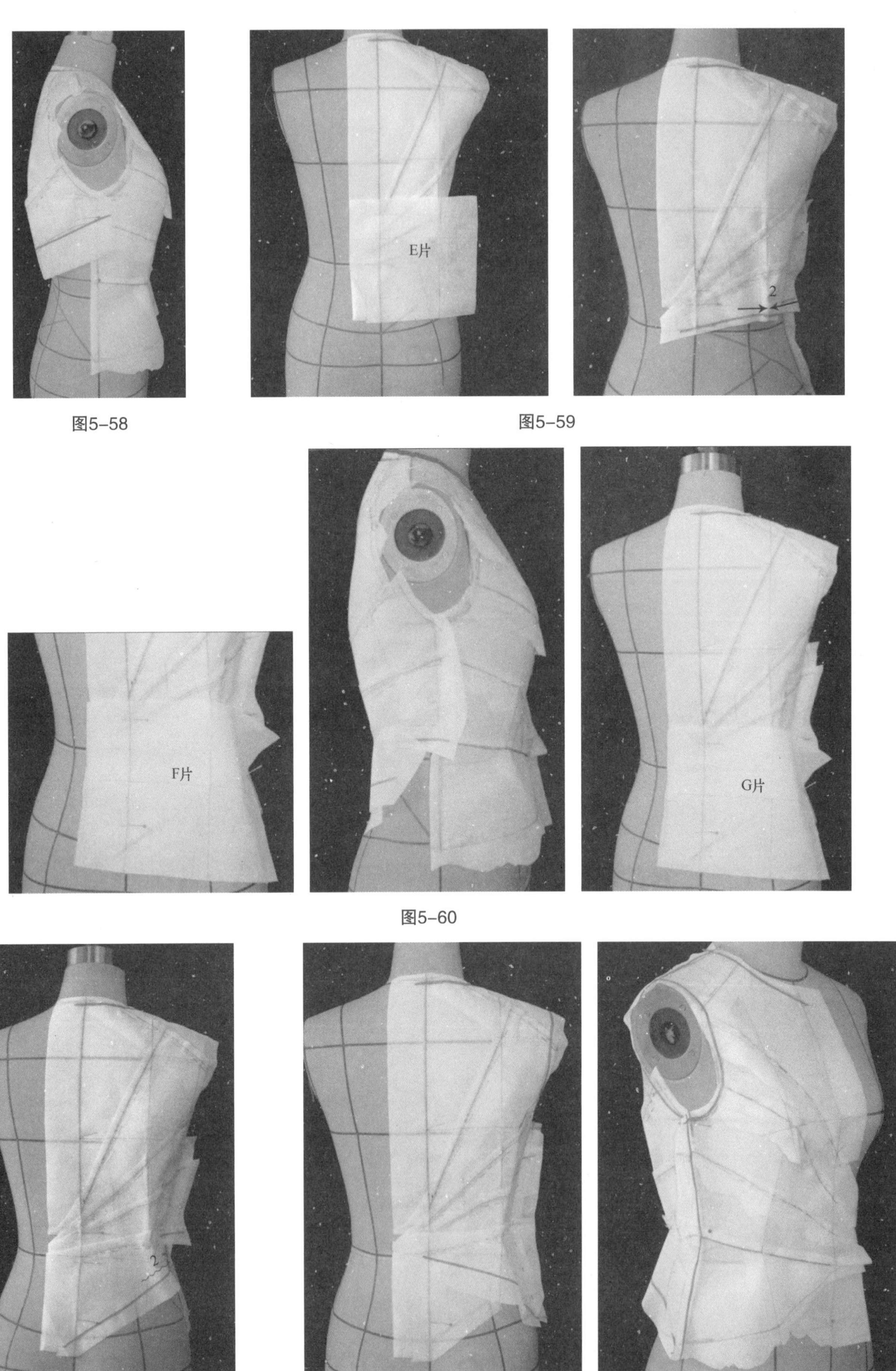

图5-58

图5-59

图5-60

图5-61

图5-62

3. 衣袖组装，整理裁片

平面裁剪袖子，并将之分割为4片，克夫另加。每段都要加连装饰边部分。按衣身缝合的方法缝合袖子（图略）。

（1）组装衣身、袖子。领子裁剪。组装（图5-63）。

（2）整理裁片（图5-64）。

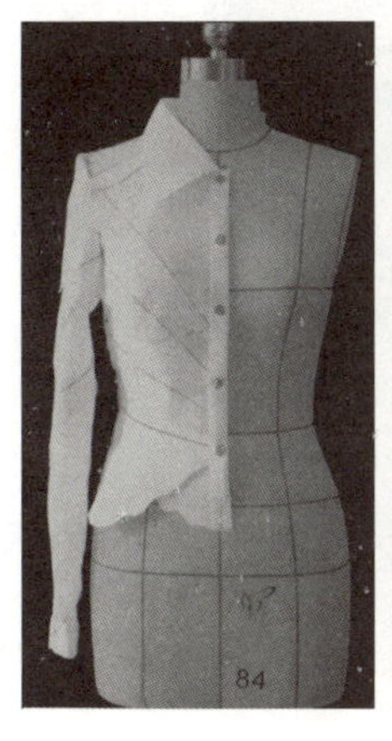
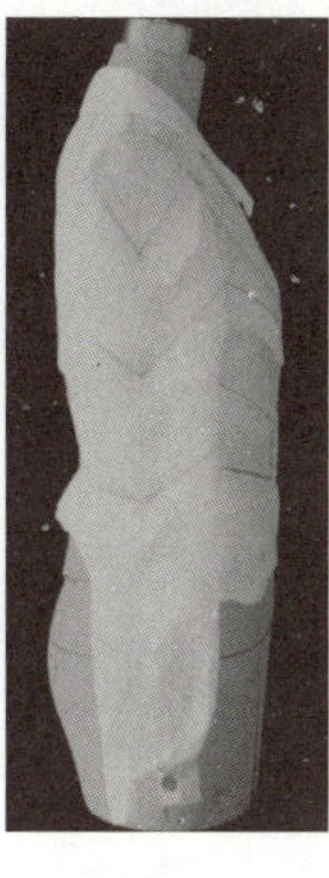
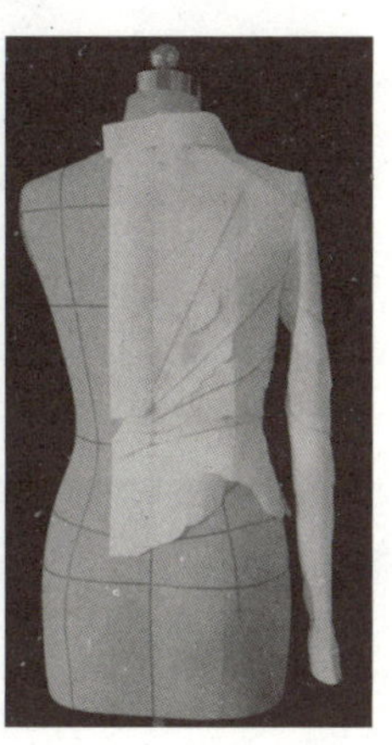

图5-63

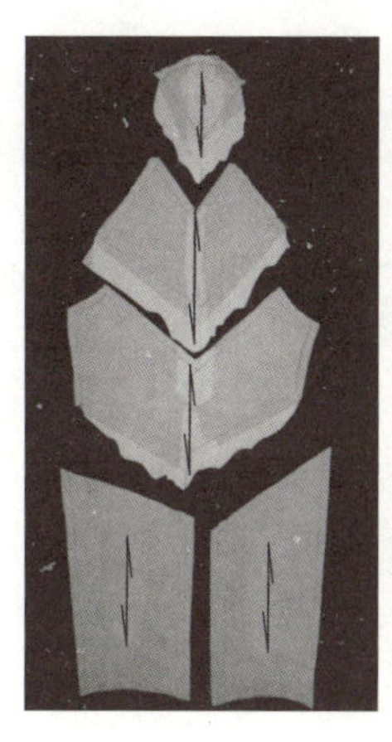

图5-64

四、连肩褶裥针织短袖衫

本款材料：针织。裁剪方法：平裁+立裁，平面裁剪下部衣身，胸省量分向三处隐形转移：下摆起翘、侧缝、前胸，后两处转移量均作缩缝处理。立体裁剪连肩褶裥袖。

连肩褶裥针织短袖款（图 5-65）

1. 前衣身，连肩褶裥袖

（1）将缝制好的下部针织衣身在人台上理平，由前往后身标好领口线。再由前领口往下1.5cm，转向胸侧标开刀缝连着袖窿线及后背开刀缝。在袖窿上标袖山对位线，测出对位线至侧缝长度：前△，后○（图5-66）。

（2）上部连肩短袖布样准备，45cm×60cm，画纵、横向引导线，使前袖宽于后袖5cm，以作前领口褶用，将袖中线对准人台肩线固定，裁剪领口（图5-67）。

（3）对准本款前领口转角向肩缝、袖窿方向分别折2个大2cm的褶。第三褶大5cm，对准前领口边开刀缝，至袖口消失。以袖山对位线与袖窿的交点为圆心，以前袖山对位线至袖窿侧缝点距离长度△为半径，用圆规在袖样上画弧线，描画袖窿线与该弧线相交，然后再在这一弧线上取与袖窿相对称的下部袖山与侧缝交点，描画、裁剪下部袖山。剪开袖山毛缝，与袖窿门重合（图5-68）。

图5-65

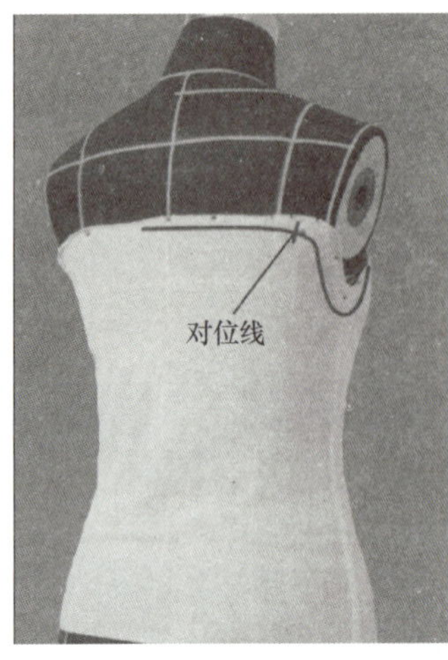

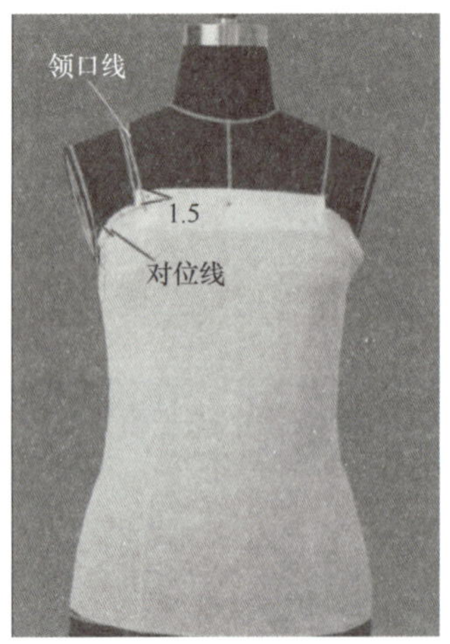

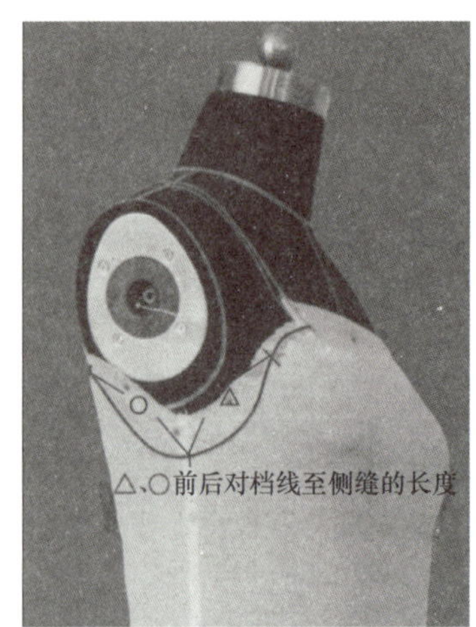

图5-66

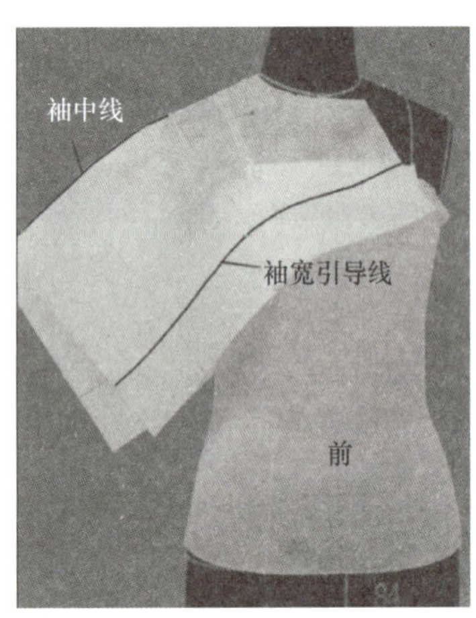

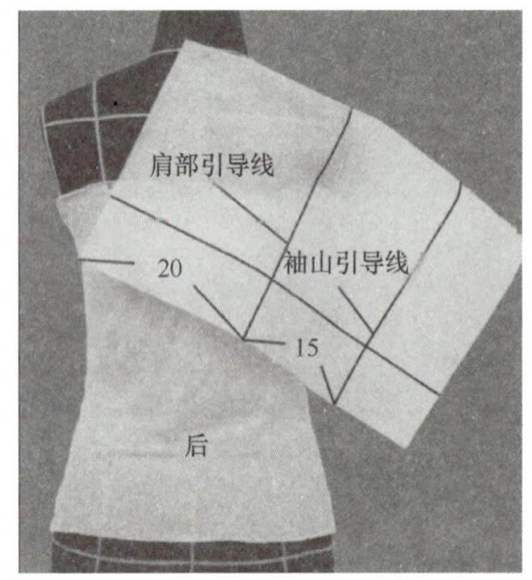

图5-67

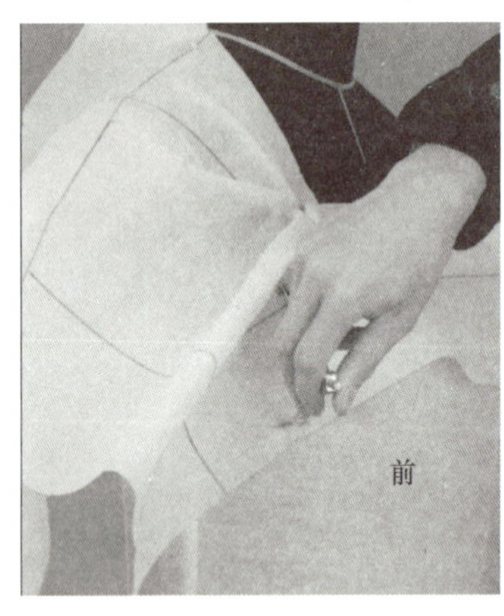

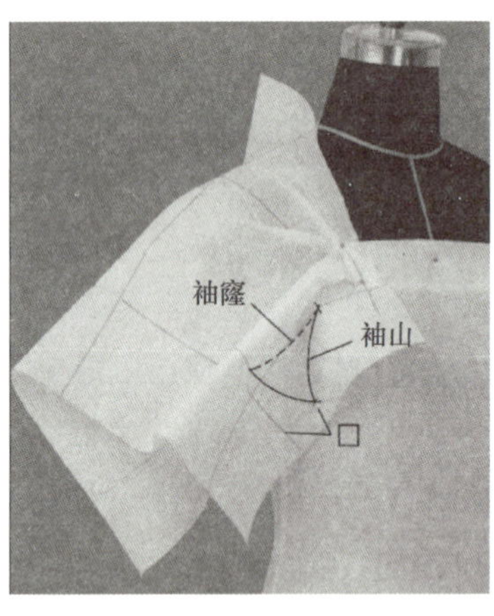

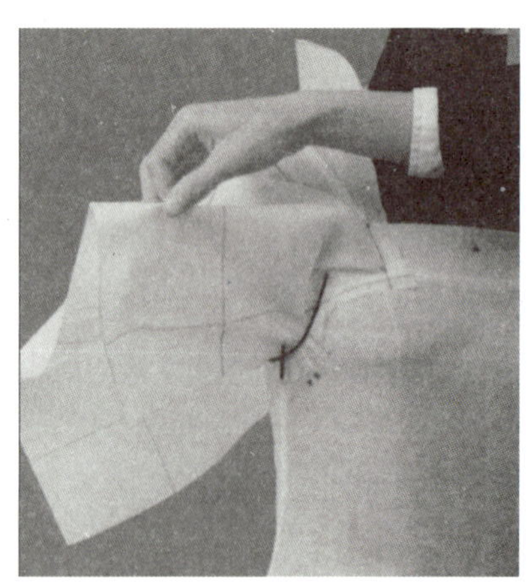

图5-68

2. 后衣身　连肩褶裥袖　组装

（1）理平后背部分，裁剪、固定后领口，背中缝与连肩袖开刀缝。背部余褶推向袖窿转角处，连折三个褶。使用与前身同样的方法，以后袖山对位线至袖窿侧缝点距离长度○为半径画弧线，描画后袖窿线与下部袖山线。前、后袖山的端点与袖山高引导线的距离（□）必须前后相等，即前后袖山高要相等。下部袖山裁剪方法同前（图5-69）。

（2）标袖窿、袖长、袖口线。平行抓合袖底毛缝，裁剪各部毛边（图5-70）。

（3）拷板、组装。连肩褶裥短袖样整理（图5-71）。

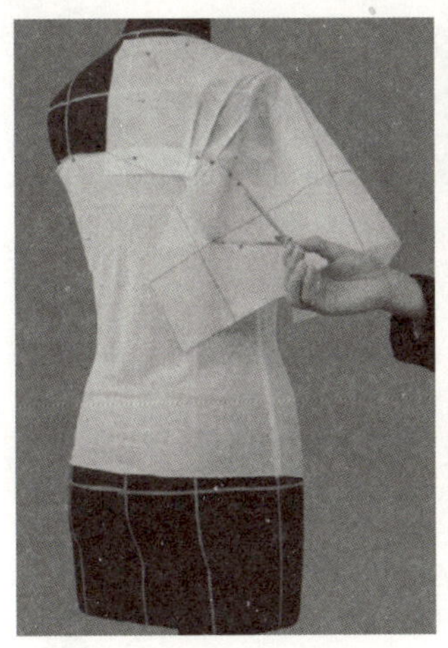

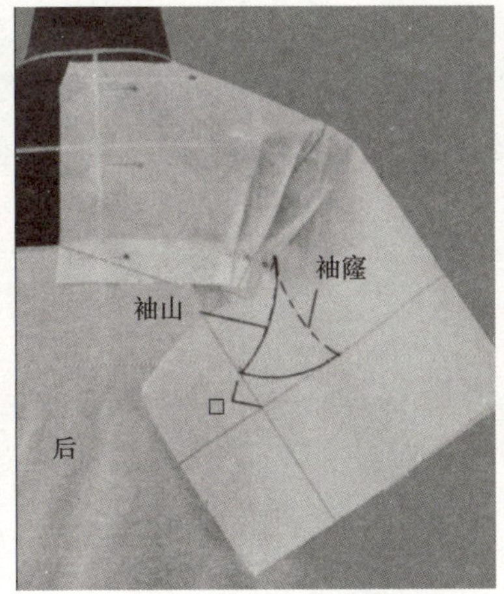

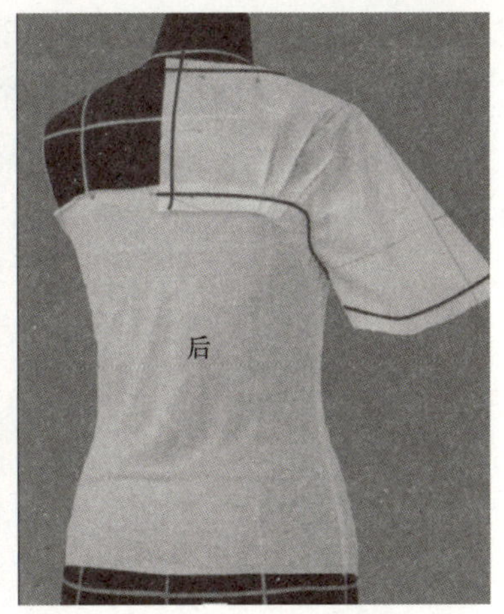

图5-69

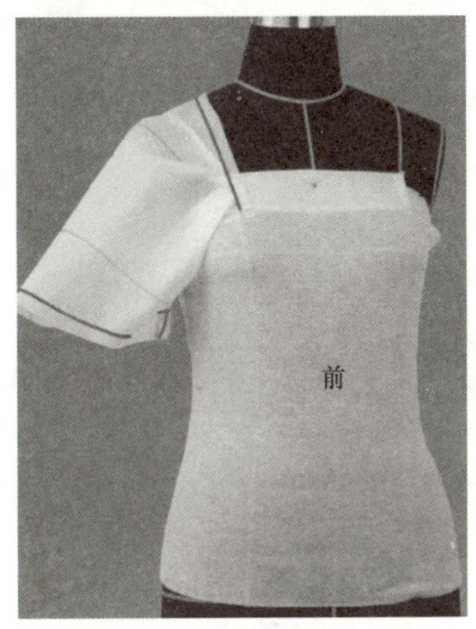

图5-70

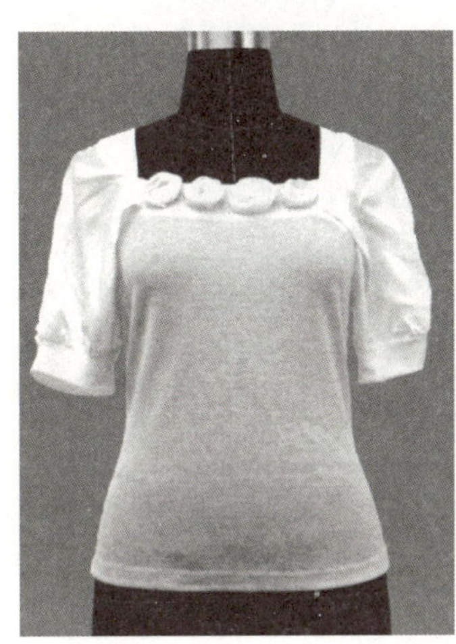

图5-71

第三节　高腰秋装

高腰秋装（图 5-72）

将胸省、肩省转移至胸侧与背侧，作为通底省，与腰省合一扩摆造型，这是本款特色。

1. 人台，前衣身

（1）人台准备，标高腰线，衬上垫肩（图5-73）。

（2）前身布样准备，固定CF（图5-74）。

（3）粗裁基本型领口。在BP存放0.5cm松量，由此往上推直布丝，使领口出现0.3cm松量，在领口侧下方固定裁剪、固定肩缝。胸部浮余量向下转移。在BP前侧往下垂直捏缝通底省，在省缝上标高腰标记（图5-75）。

（4）塑造胸侧转折面，在下部袖窿位置布样要放松，在手臂

图5-72

上固定。理顺侧面布样，浮余量推向BP与侧缝线中间，在HL上将浮余量量分出2cm作松量，其余都捏缝成腋侧通底省。该省是胸腰省合一，省量较大，要剪开腰处省缝。标衩位标记（图5-76）。

（5）袖窿裁剪、标线，下部袖窿纵向放松量0.5cm。剪开高腰处侧缝毛边，侧缝标线，固定。上端由基准交点"+"外放0.5cm（图5-77）。

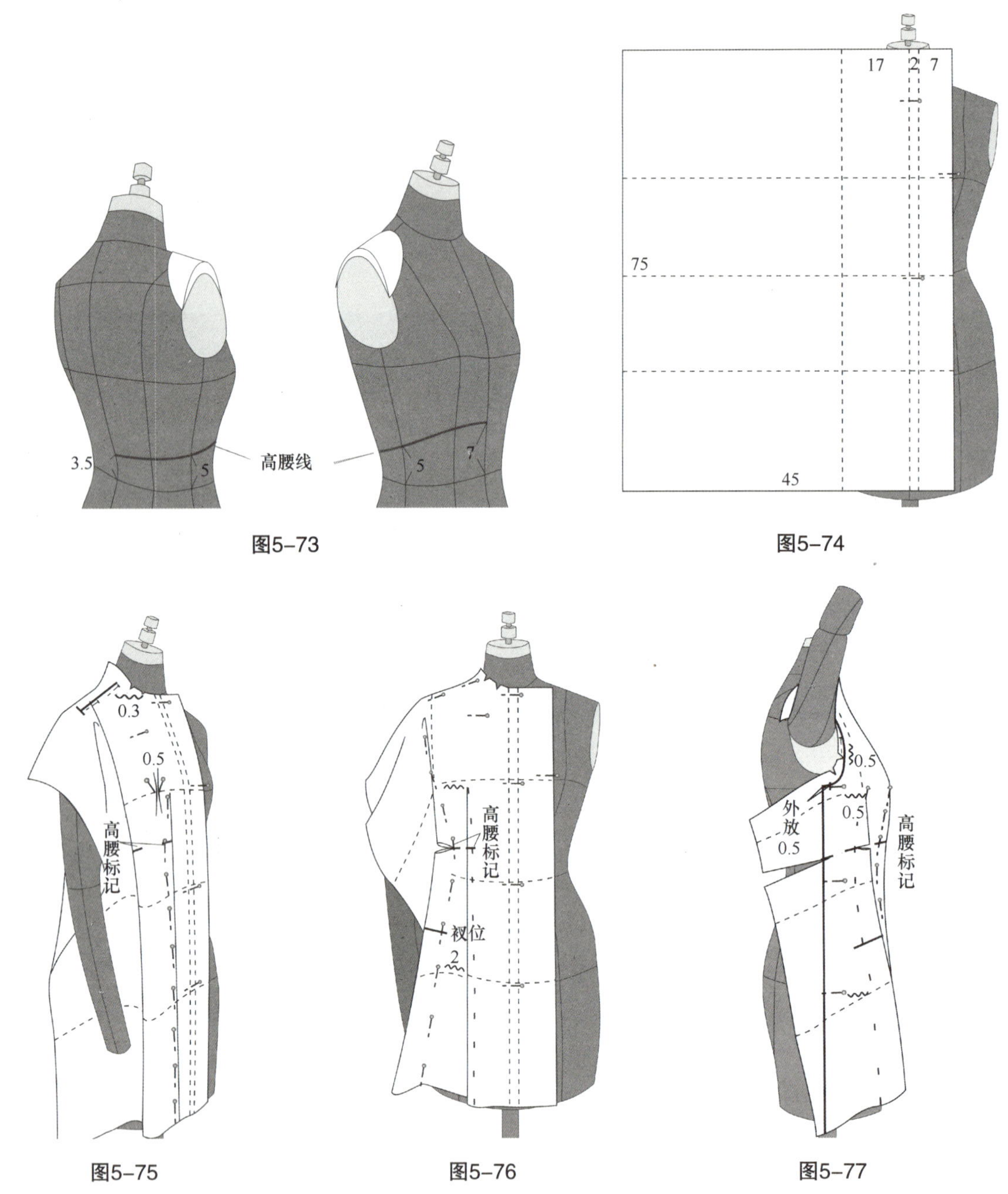

图5-73　图5-74

图5-75　图5-76　图5-77

2. 后衣身，组装

（1）后身布样准备，固定CB（图5-78）。

（2）从背宽线往下，摆正布样，将下部余量捏缝为1.5～2cm的背中线省，固定背中线。背宽线放0.5cm松量、固定。由肩胛骨点往后中线2cm再往上推直布丝，使后领口出现0.3cm松量，裁剪、固定基本型领口。标高腰标记（图5-79）。

（3）肩缝裁剪，肩部浮余量1/3留做肩缝吃势。2/3的余褶任其下垂。裁剪、重合肩缝，标肩线，剪开袖窿毛边（图5-80）。

（4）塑造背侧转折面，固定在袖窿毛边上。抬起手臂。将侧面布样理顺，浮余量推向转折面，在腋下固定。放下手臂，捏缝通底省，在HL上各放松量1cm。在侧面观察省位要前后对称，由于背部起伏大，操作难度高，要正侧对照，反复斟酌。剪开高腰处省缝。标衩位标记。袖窿裁剪，固定、标线，剪开高腰处侧缝毛边，抓合侧缝。标摆边线，剪去多余毛边（图5-81）。

（5）组装衣身。省缝下部开衩（图5-82）。

（6）领口标线，裁剪，领样准备。领子裁剪、组装，领子与领口展示（图5-83）。

（7）袖子裁剪，组装，一片半袖结构。装上袋盖（图5-84）。

（8）结构图展示（图5-85）。

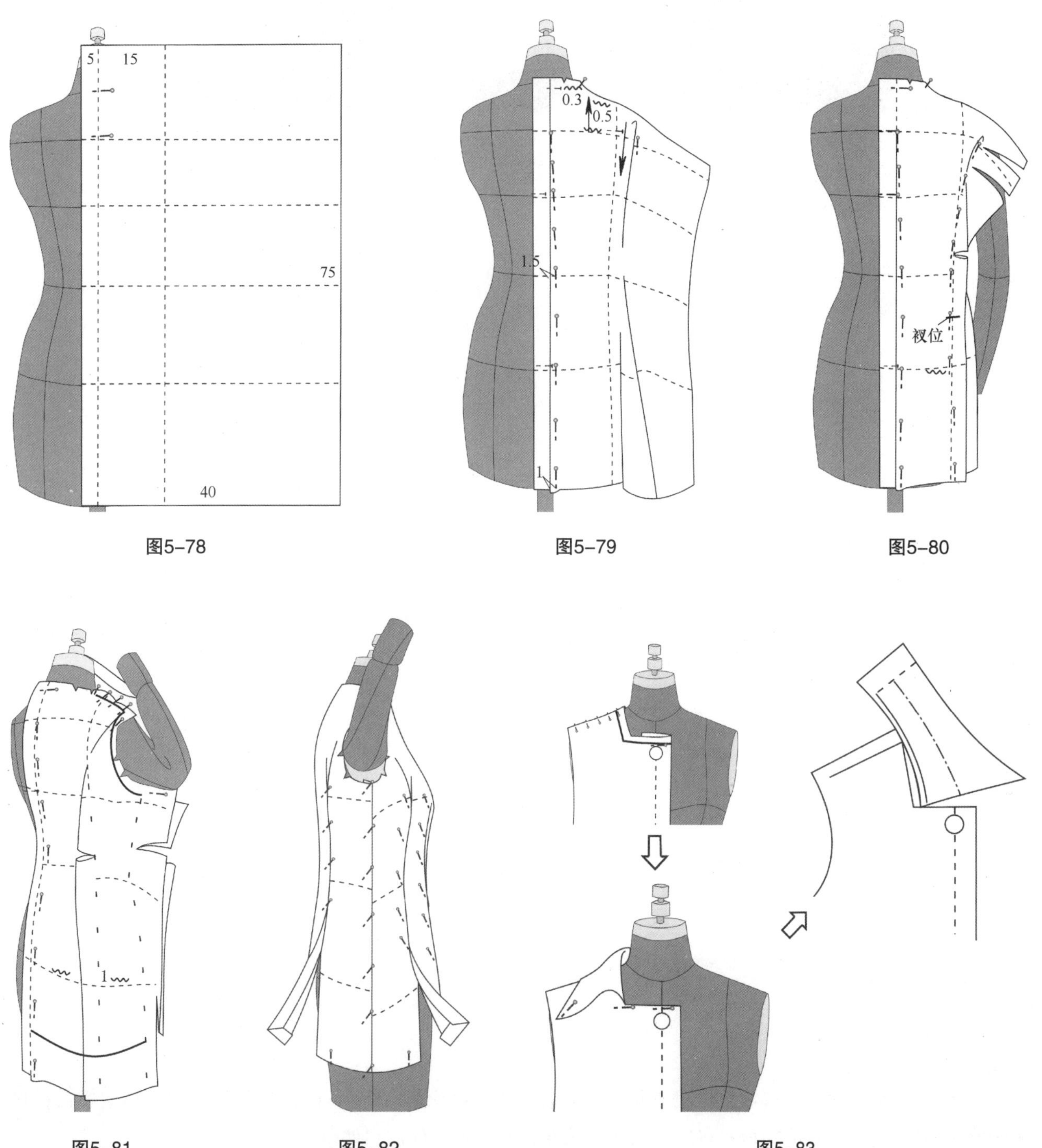

图5-78　图5-79　图5-80

图5-81　图5-82　图5-83

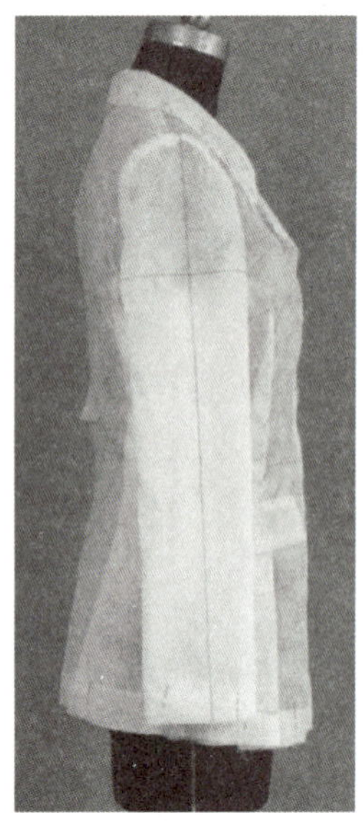
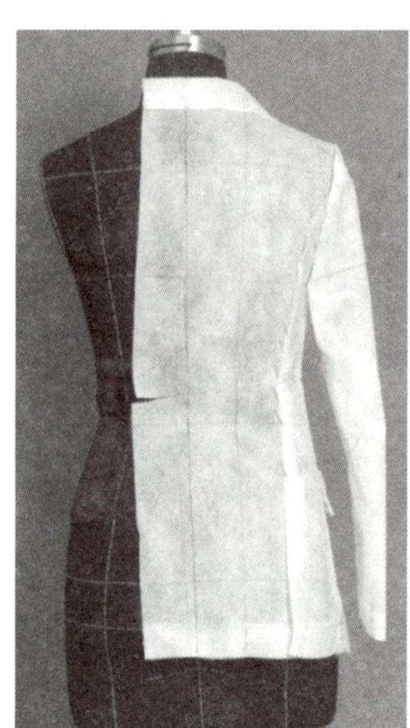

图5-84

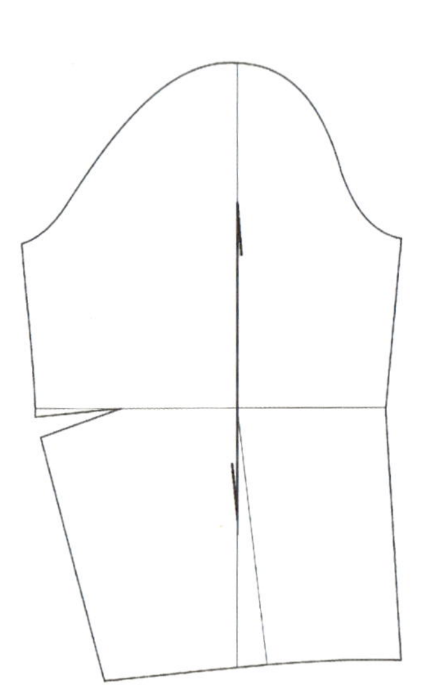
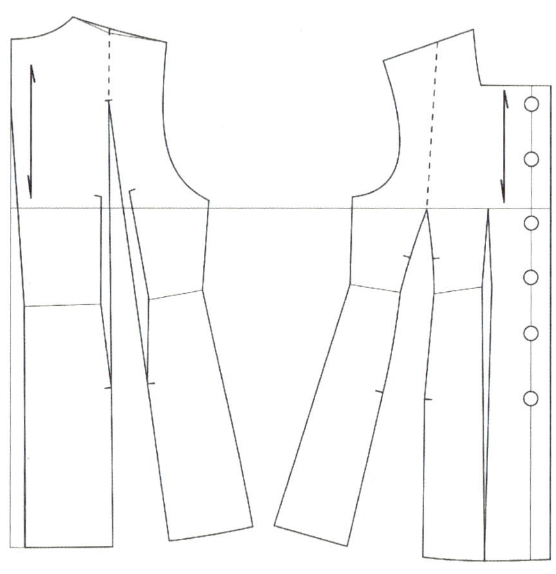

图5-85

第四节 外套、风衣

一、外套

宽松型结构，落肩，移出部分胸省量与后肩省量作袖窿松量，剩余省量都移向下摆塑造A型摆，材料使用粗纺呢，宽松量要追加材料厚度。圆垫肩装在正常位置，使肩自然落下。

育克款（图 5-86）

1. 前衣身

（1）人台准备，装圆垫肩（略）前衣身布样准备，由于宽松型结构以及材料厚度需要，CF外移0.8cm，以容纳前门襟厚度。固定CF（图5-87）。CB从基准线外移0.3cm，作为后中线松量（图略）。

（2）BP放松量0.8cm，由此点往上理直布丝，领口就有了0.4cm松量。基型领口、坍肩缝裁剪，固定。塑造胸侧转折面，推入部分浮余量作袖窿纵向松量，固定。标领口、肩缝、上部袖窿、装饰扣位和育克线（图5-88）。

（3）剪开袖窿毛边，由上往下，利用下垂的浮余量塑造A摆造型、固定。下部袖窿、侧缝、摆边标线，侧缝线上端由基准交点"+"外移1cm（图5-89）。

（4）塑A摆造型，要正、侧面兼顾（图5-90）。

图5-86

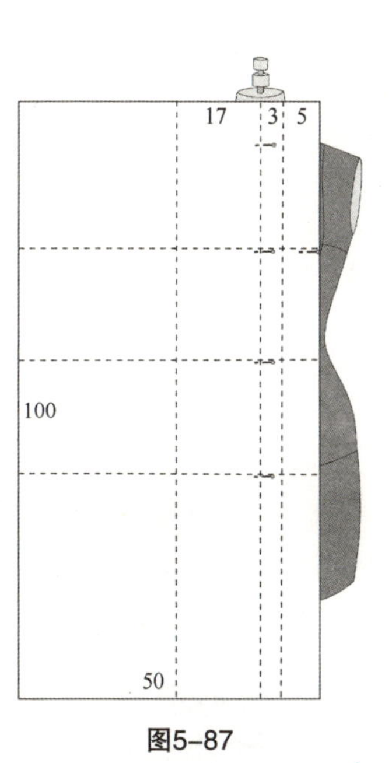

图5-87

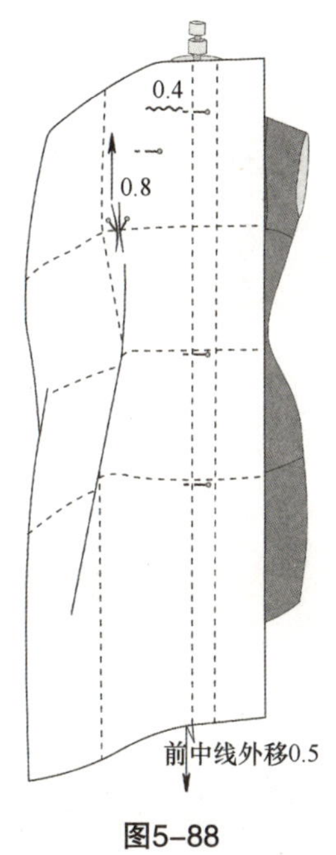

图5-88

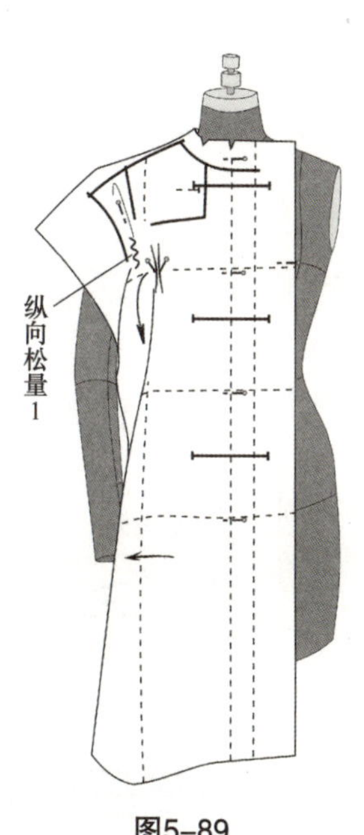

图5-89

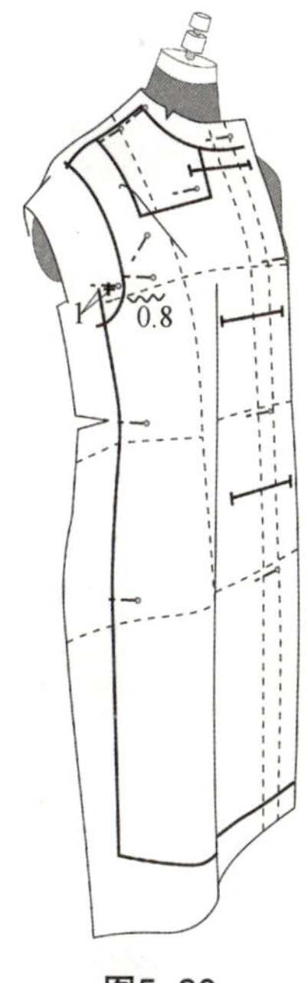

图5-90

2. 后衣身，组装

（1）后衣身布样准备，别合。CB从基准线外移0.3cm，作为后中线松量（图5-91）。

（2）设定后育克宽度标记，从此往上纵向放0.4cm松量，作为领口贴边与内衣的容量。将背宽线置成水平，布样中线下部内撇2cm，重标、固定背中线（重标背中线与高腰衫图5-86捏缝背中线省原理相同，都是使背中线贴体而撇去余量）。背宽线放0.5cm松量，由肩胛骨点往后中线2cm再往上理直布丝，使后领口出现0.3cm松量（图5-92）。

（3）裁剪、固定后基型领口。裁剪落肩缝，肩部浮余量留0.5cm作中段肩缝吃势量，其余往下摆转移，重合肩缝。剪开袖窿毛边，由背侧至摆边塑出后面A摆造型，在胸围处转折面上含有松量6～7cm。领口、肩缝、上部袖窿、育克和摆边标线。后侧面A摆造型、袖窿标线同前侧面，只是下摆量要小于前片，抓合侧缝，标摆边线，育克按所标净线裁剪（略）。剪去多余毛边（图5-93）。

（4）连领座式立翻领裁剪。领样准备，试画领下口线及肩缝对位线，剪开领样下口毛边，按所标领口线由肩缝起分别向前后装合领样，边装边调顺结构，而后标领下口线（图5-94）。

（5）衣袖裁剪，采用宽松型筒式结构。组装（图5-95）。

（6）结构图展示（图5-96）。

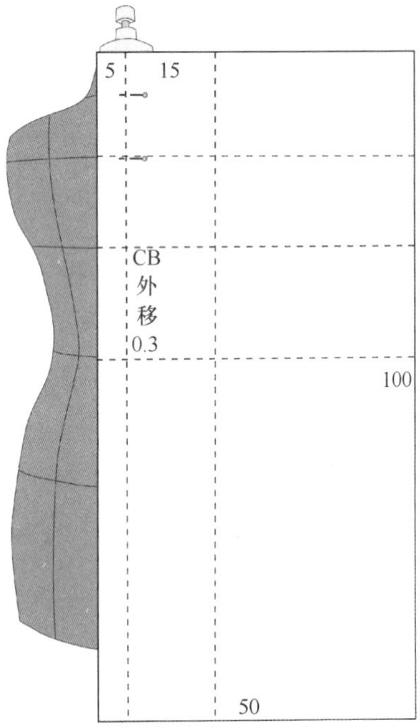

图5-91

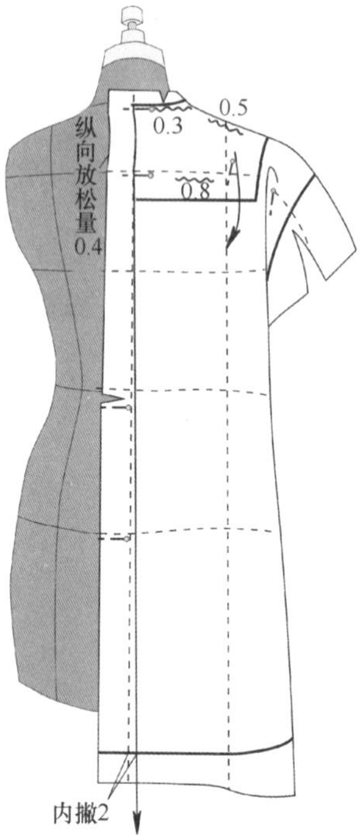

图5-92

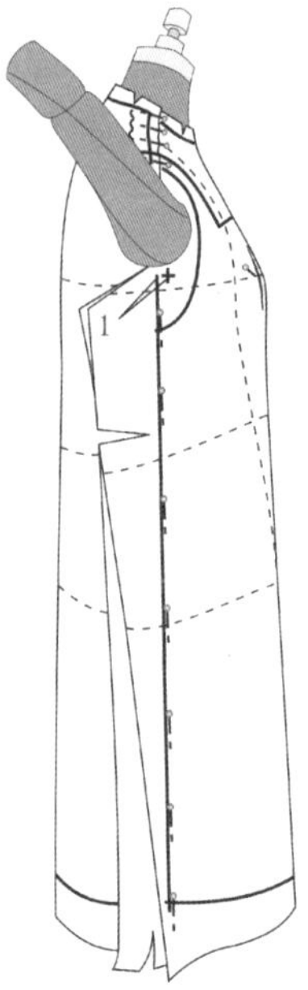

图5-93

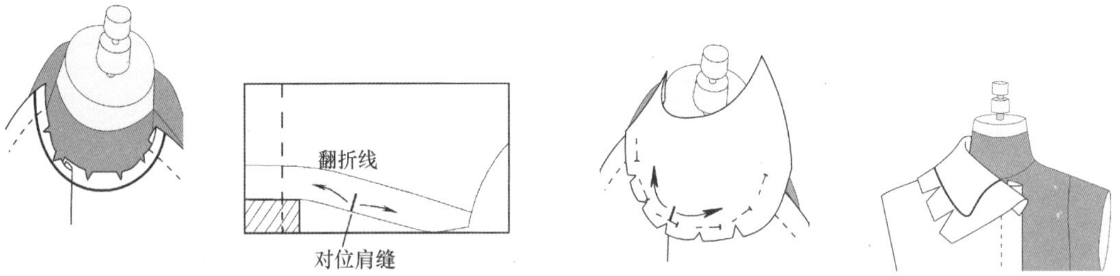

图5-94

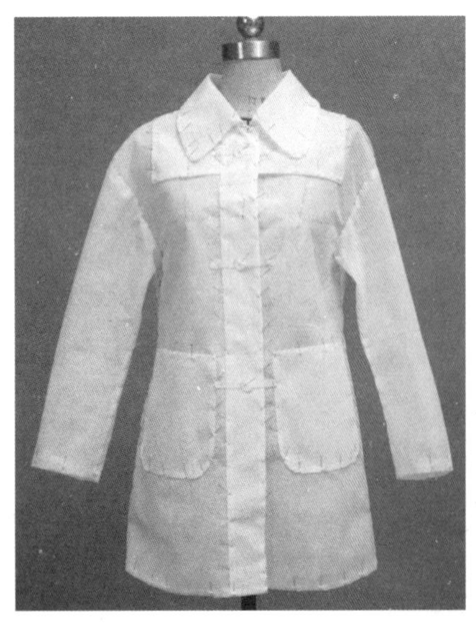

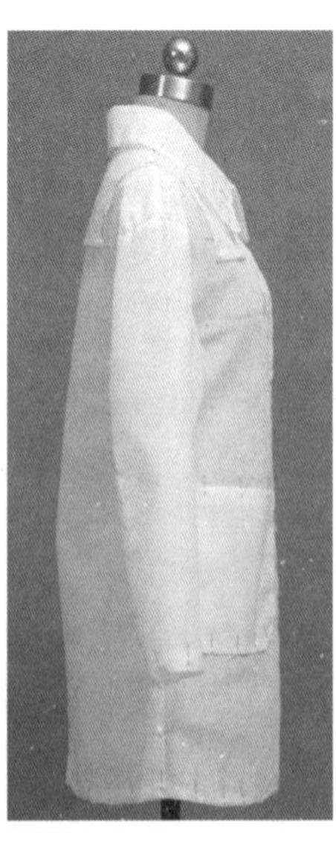

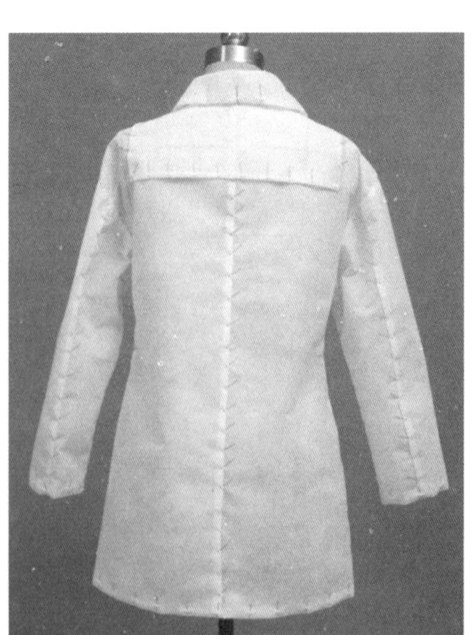

图5-95

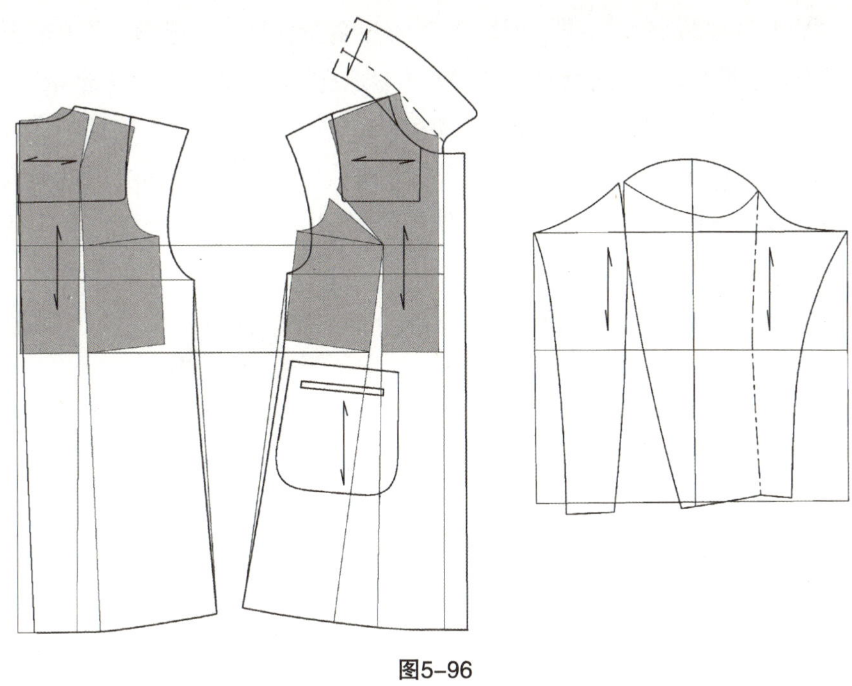

图5-96

二、双排扣插肩袖风衣

插肩袖款（图5-97）

1. 人台，前衣身

（1）人台准备，装圆垫肩，标线，CF外移0.5cm，以容纳前门襟厚度（图5-98）。CB从基准线外移0.3cm，作为后中线松量（图略）。

（2）前衣身布样准备，固定CF（图5-99）。

（3）BP放松量0.8cm，由此点往上理直布丝，领口就有了0.4cm松量。基型领口、肩缝裁剪，固定。塑造胸侧转折面，推入部分浮余量作袖窿纵向松量，固定（图5-100）。

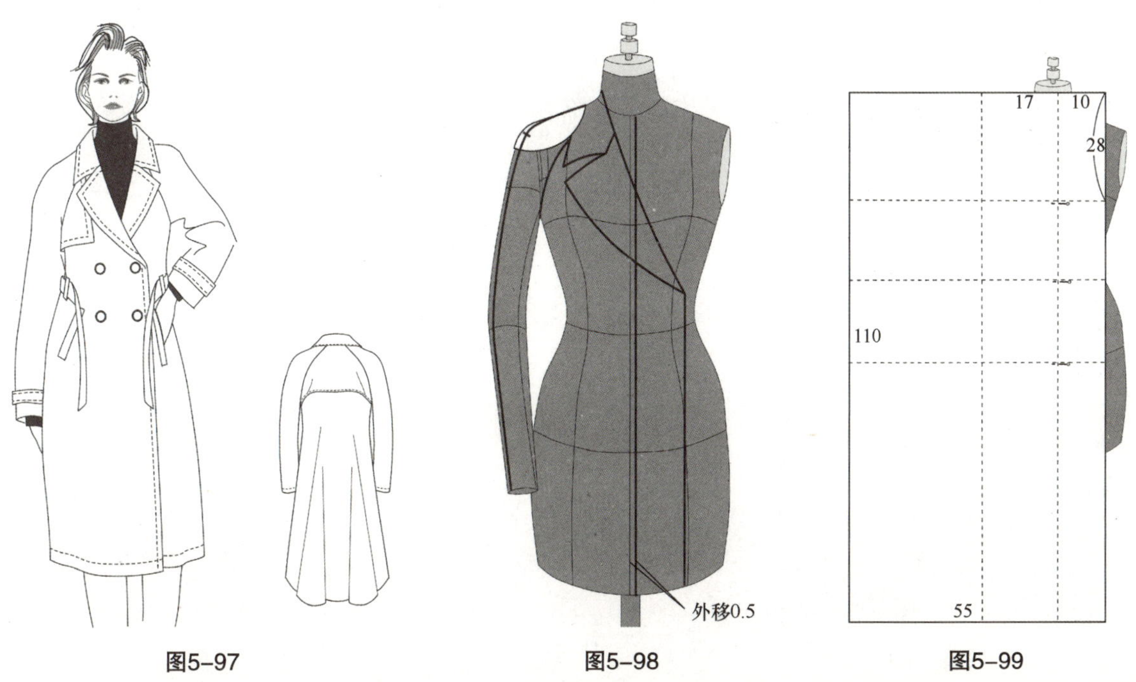

图5-97　图5-98　图5-99

（4）袖窿按装袖型结构裁剪、标线。利用下垂的浮余量塑造A摆造型。在BP与侧缝线之间放量0.8cm，固定。从胸围线与侧缝线基准交点“+”后0.8cm，垂直往下标侧线，剪去多余毛边（图5–101）。

（5）设定翻驳点与搭门宽，搭门上宽9cm，下宽9.3cm（在视觉上是上下同宽）。折转止口毛边，钉扣子。驳领造型，在人台与布样上都标上翻折线，翻折线在后中线高4～4.5cm，在颈侧高3～3.5cm。标领口驳头线。标插肩袖窿线，在1/3袖窿深处标设对位线*B*（图5–102）。

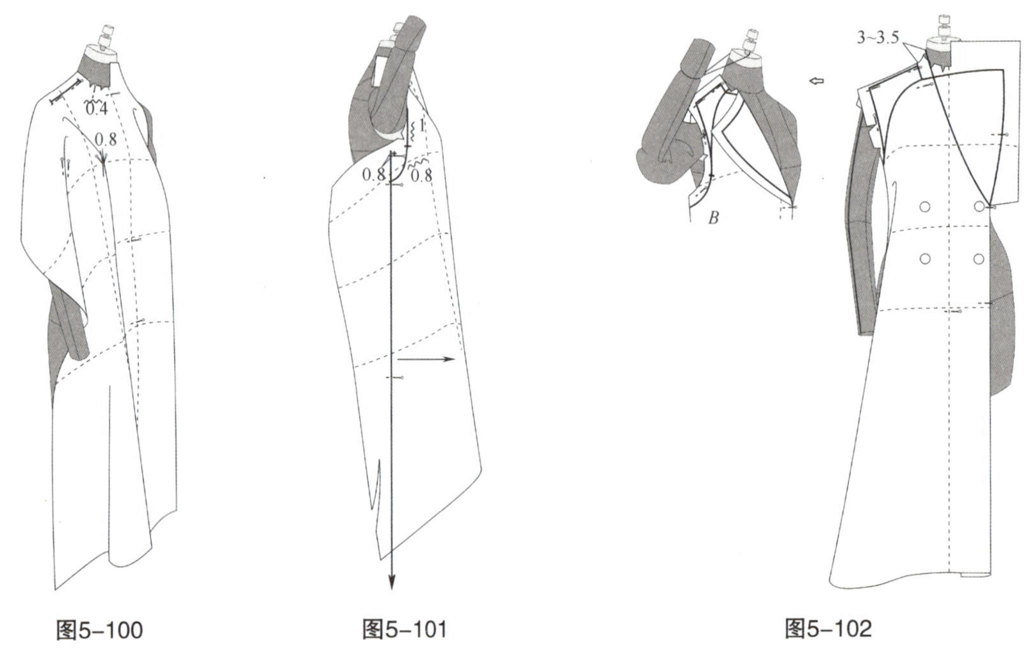

图5–100　　图5–101　　图5–102

2. 后衣身，组装

（1）后衣身布样准备，别合，CB从基准线外移0.3cm（图5–103）。

（2）背中线从BNP至背宽线处纵向放0.4cm松量，作为领口贴边与内衣的容量，再在摆边处约外移2.5cm，使下摆扩大。由肩胛骨点往上推直布样，使领口出现0.3cm松量，裁剪、固定基本型领口。将肩头布样摆平，利用下垂的浮余量塑造后衣摆第一个波浪褶（图5–104）。

（3）裁剪、重合肩缝，标肩线与领口线。塑造背侧转折面，并将这一转折推至摆边，形成第二个波浪褶。标插肩袖窿线与侧缝线（图5–105）。

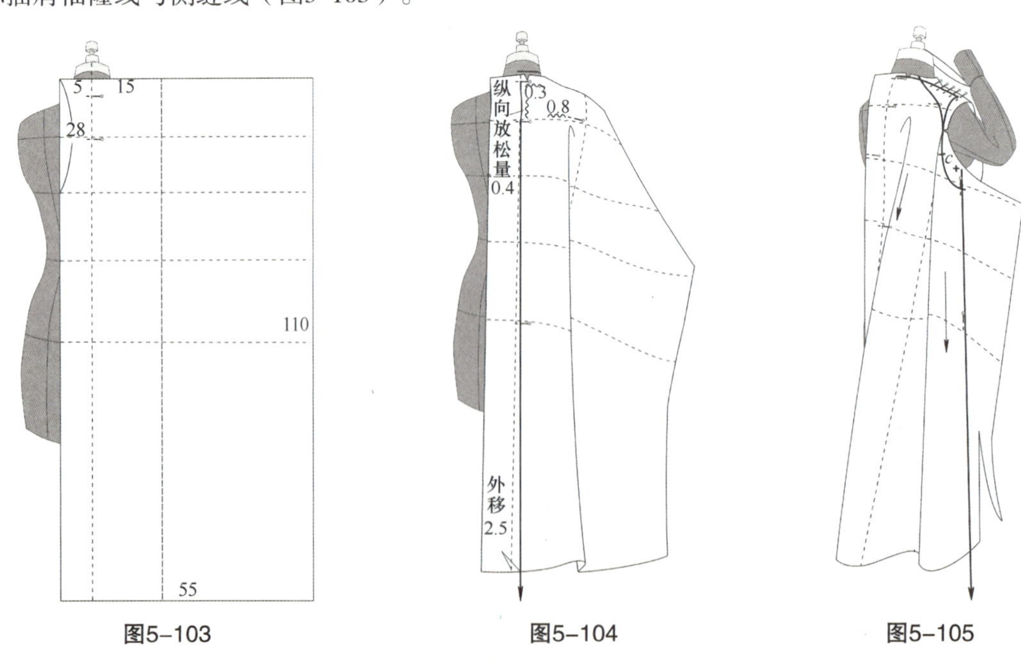

图5–103　　图5–104　　图5–105

3. 插肩袖

（1）抓合侧缝，标插肩袖窿对位线：*C*（前片为*B*），约在袖窿高度的1/3处。标摆边线，剪去多余毛边（图5-106）。

（2）裁剪驳头，标镶条线。将手臂抬至所需高度，理顺袖窿，从袖窿与侧缝交叉点向手臂取垂直线，该线与肩端点之距为袖山高“△”，制基袖样（图5-107）。

（3）裁剪插肩袖窿（图5-108）。

（4）取下衣样，拷贝插肩袖衣身样板（图5-109）。组装插肩袖衣身侧缝。裁剪、组装育克，标镶条线。裁剪插肩袖（图略）。

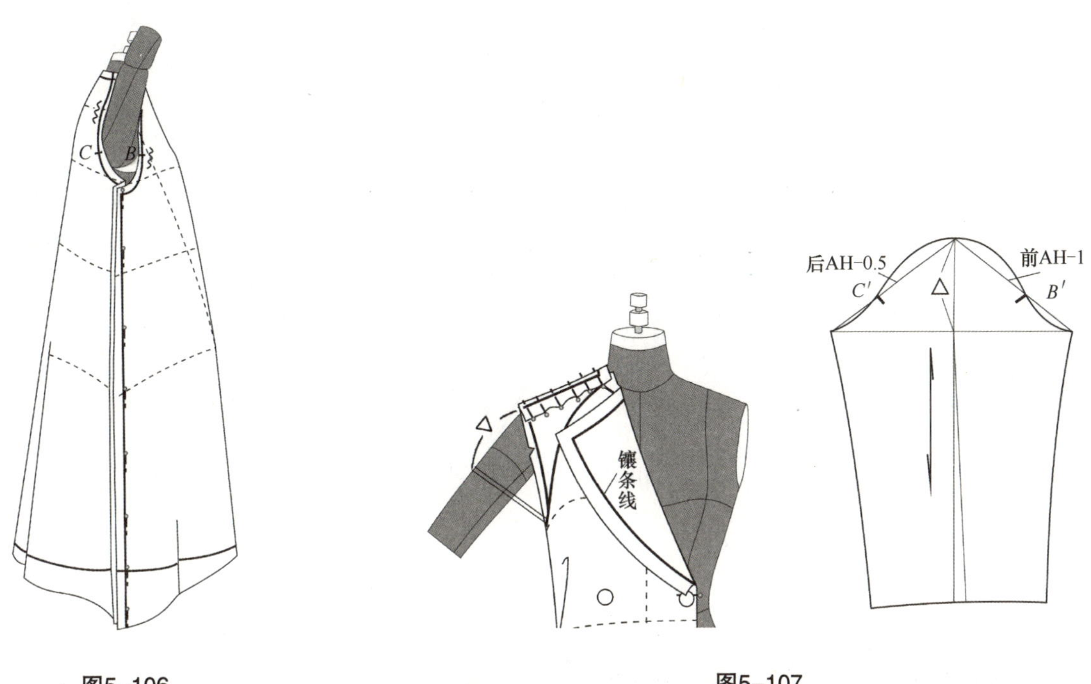

图5-106

图5-107

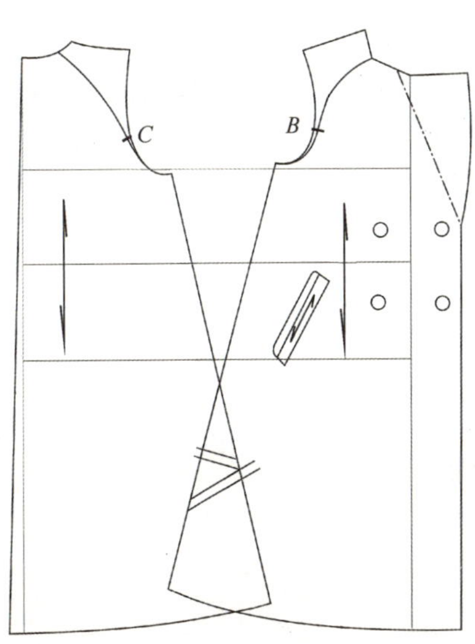

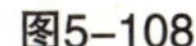

图5-108

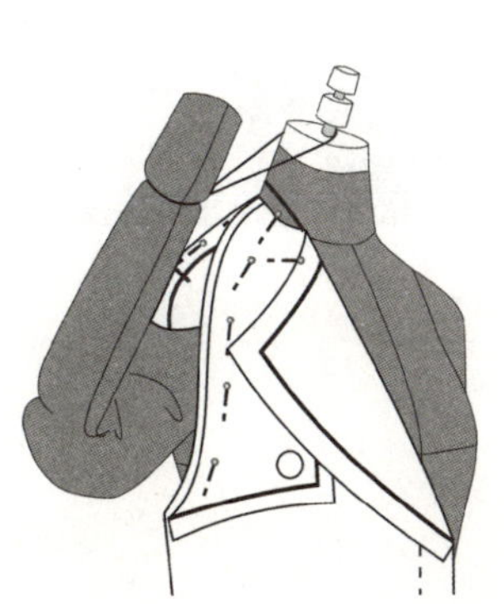

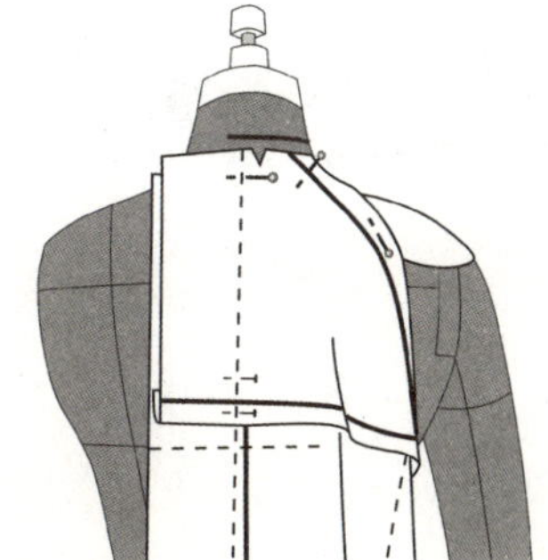

图5-109

4. 衣领，组装

（1）翻驳领裁剪造型（图5-110）。

（2）领、袖、袋口板组装，标镶条线，组装袖口襻（图5-111）。

（3）学生作业样衣展示（图5-112）。

（4）结构图展示（图5-113）。

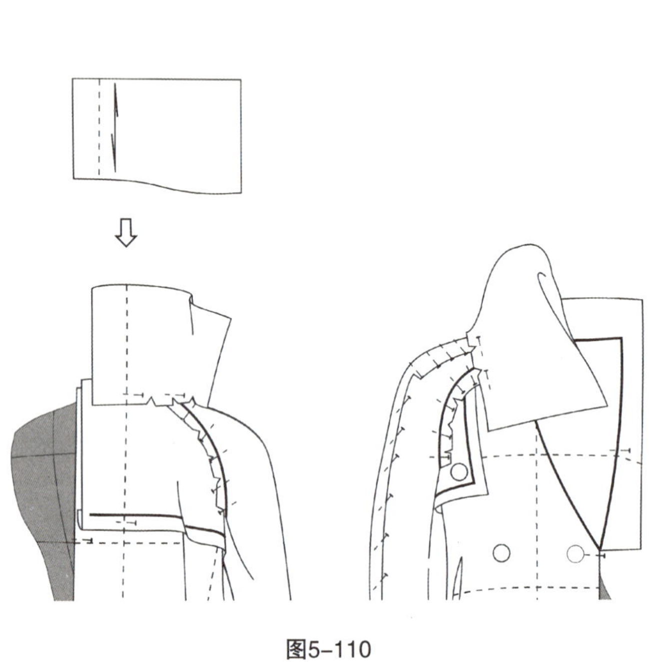

图5-110

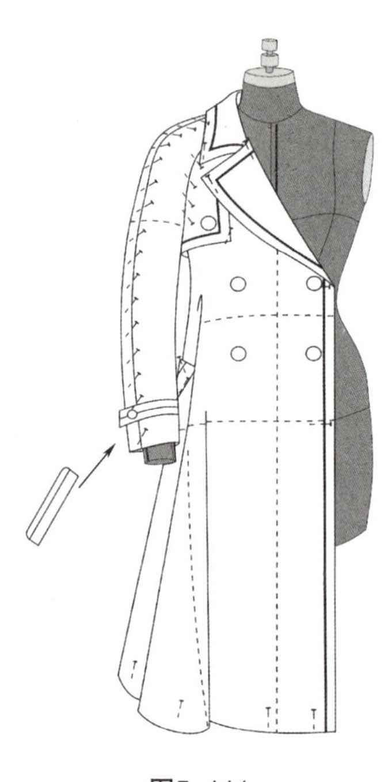

图5-111

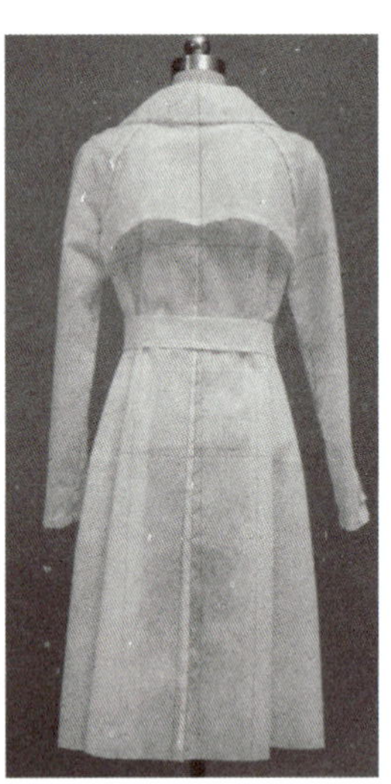

图5-112

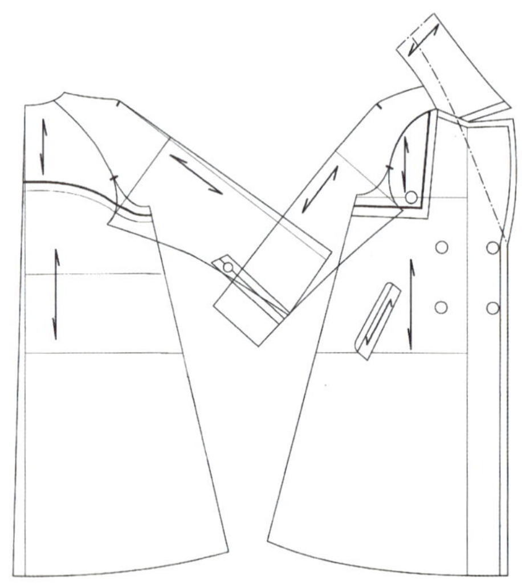

图5-113

三、拉链帽衫

B款（图5-114）

某一类结构的款式流行起来时，我们首先要关注的是结构宽松或贴体，尺寸大小，胸省的去处，方能在操作中胸有成竹。本款采用仿真人台进行剪裁，造型体现了当下的流行趋势：宽松、肩与袖山下落，但是要活动方便；“无胸省”，但是结构要平整自然，不能前翘后吊。使用平面裁剪往往难以估测效果，立体裁剪能步步为营，消除弊端，造出所需之型。

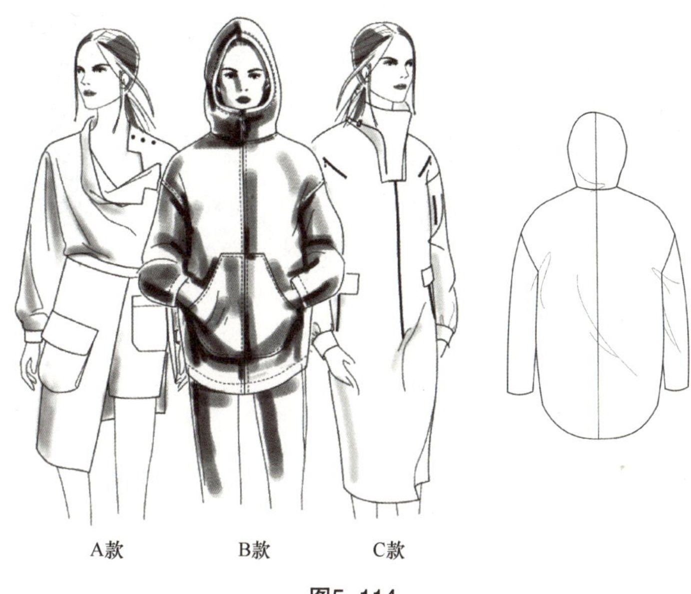

图5-114

1. 前衣身

（1）前衣身布样准备，材料选择比较厚实硬挺的、50克重的无纺布。本款胸围约120cm，因此在腋侧部要设置侧缝引导线，以利侧缝的操作。固定CF（图5-115）。

（2）胸省转移。将布样BL与人台的胸围基准线相对应，将BL以上的浮余量（胸省）分3处转移：CF处0.8cm，作为缝装拉链的自然缩缝量；领口松量1cm，其余推向上部袖窿（图5-116）。

（3）领口裁剪。拉顺布样，围裹人台。胸围宽松，摆围顺着体侧收拢，得出一个上大下小的廓型，按此设定侧缝上下端点（图5-117）。

（4）侧缝、袖窿、肩缝标线、裁剪，肩缝的落肩量约为15cm，窿门在BL处下落约5cm（图5-118）。

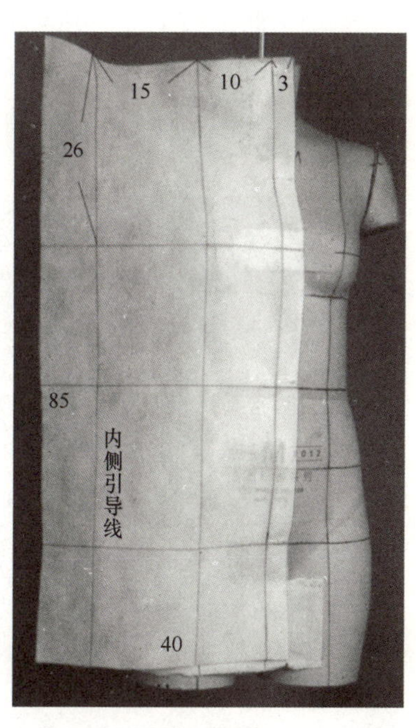

图5-115

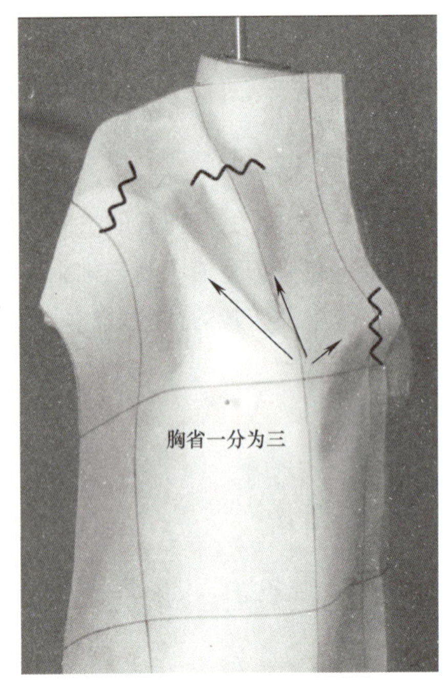

图5-116

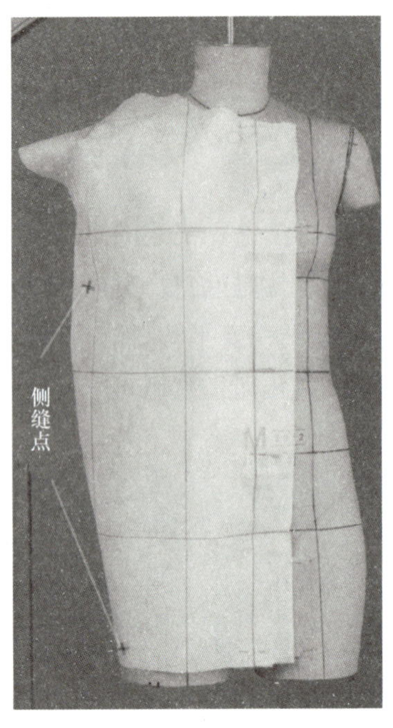

图5-117

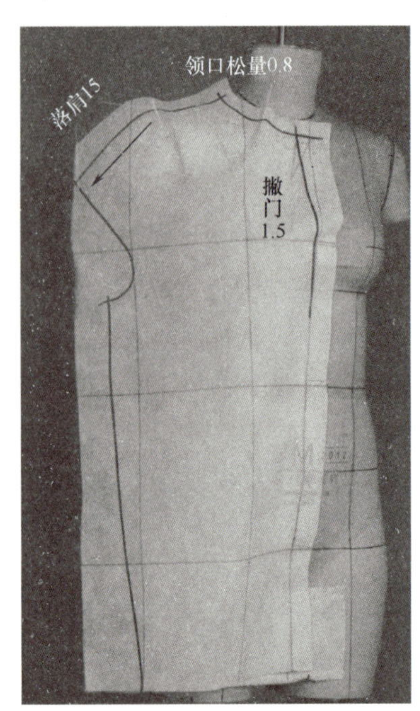

图5-118

2. 后衣身，衣袖

（1）后衣身布样准备，固定CB（图5-119）。

（2）后领口裁剪，标背缝线，要利用背缝来突出O型特征，作弓字型标线（图5-120）。

（3）后肩缝、袖窿侧缝标线、裁剪，侧缝放量要大于前身，使后身廓型更见宽松，平行抓合侧缝（图5-121）。

（4）衣袖布样准备，袖中线与肩缝别合（图5-122）。

（5）前袖山上部裁剪，与上部袖窿重合，要将袖样正面作为一个面来做平，袖窿倒吃针0.5~0.8cm。后袖山上部裁剪同前，放平袖样（图5-123）。

（6）衣袖布样抬至所需高度，裁剪前下部袖山，长度、结构形态与前袖窿门相对应（图5-124）。

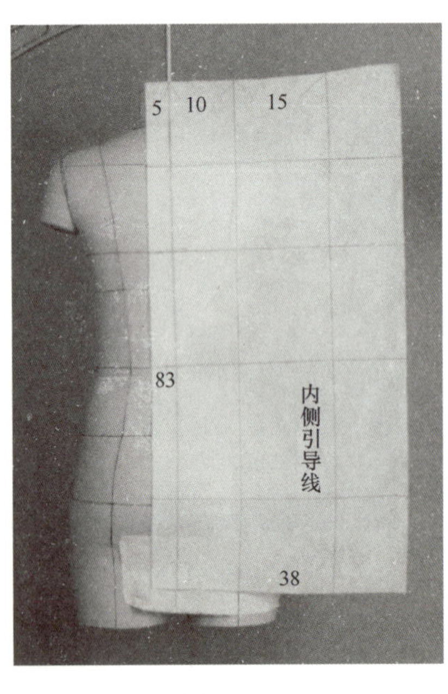

图5-119

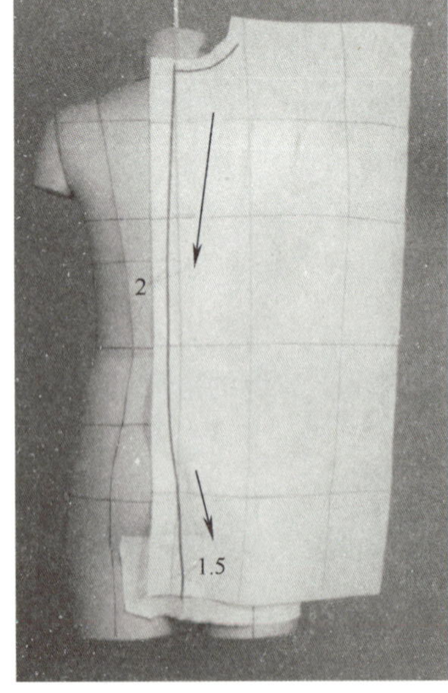

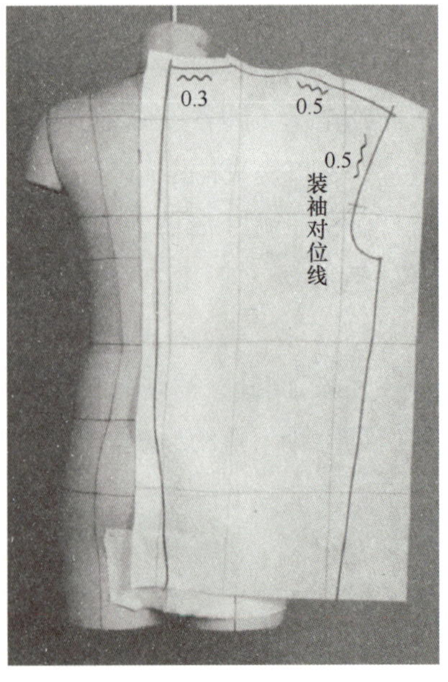

图5-120

（7）裁剪后下部袖山，要使前后袖山线与袖底线的夹角处于同一水平线上。剪开袖山毛边，与窿门重合。袖口、袖底标线，抓合袖底线，下摆标线（图5-125）。

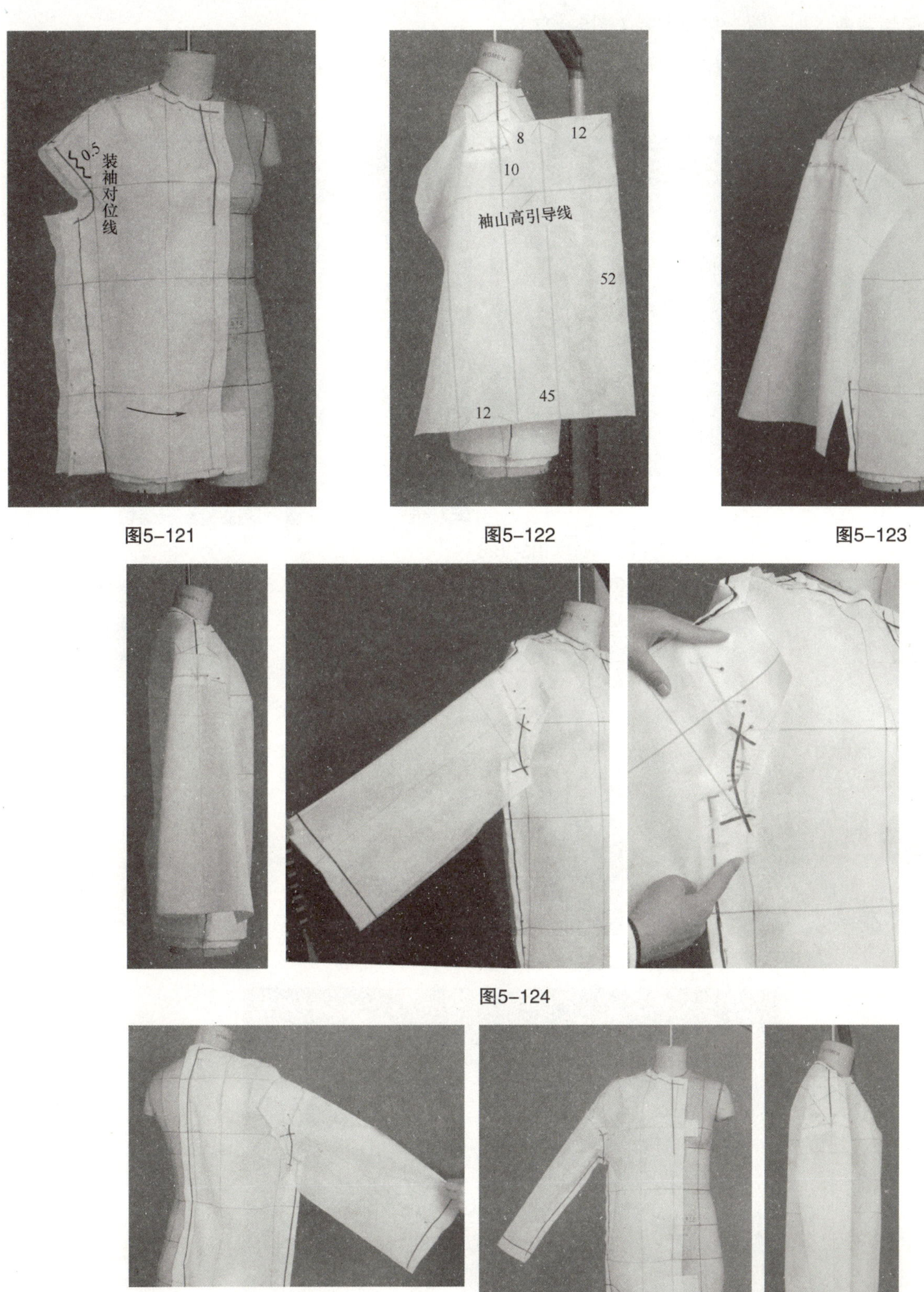

图5-121

图5-122

图5-123

图5-124

图5-125

3. 兜帽组装

（1）组装衣身，袖窿内空间可以放得下一只手臂（图5-126）。

（2）兜帽裁剪。袖、帽、袋样组装（图5-127）。

（3）袖、帽、袋样组装。袖、帽在放下、翻下后都要能平整自然（图5-128）。

（4）裁片整理（图5-129）。

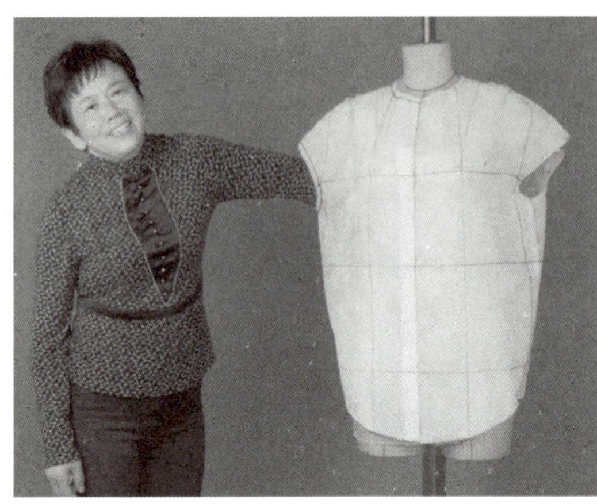

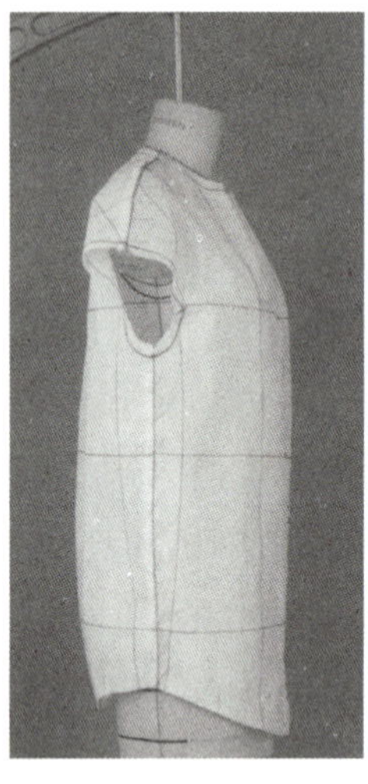

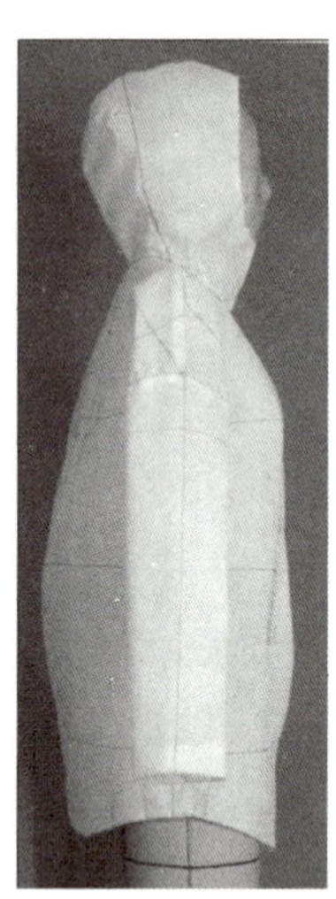

图5-126

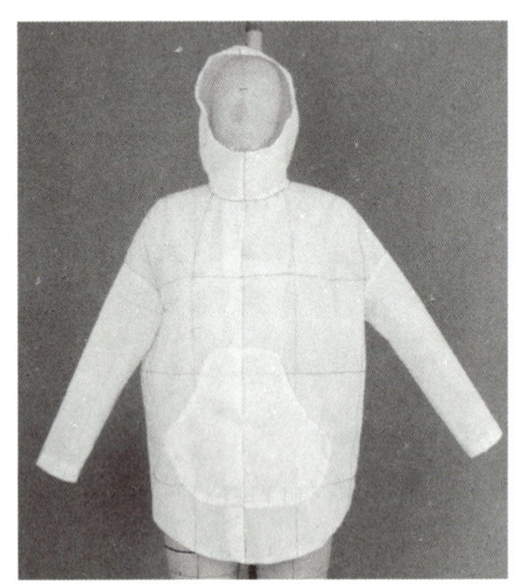

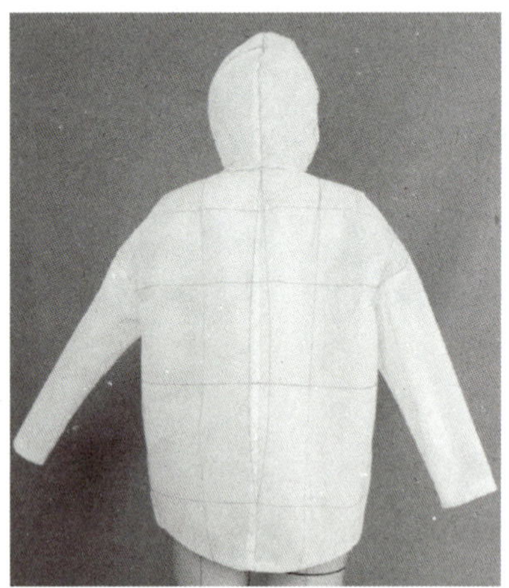

图5-127

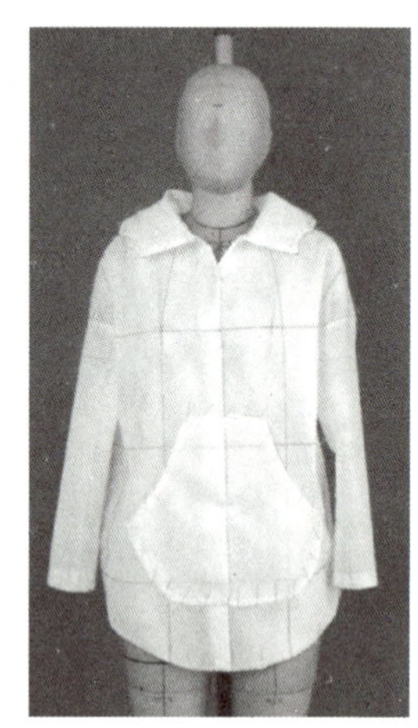

图5-128

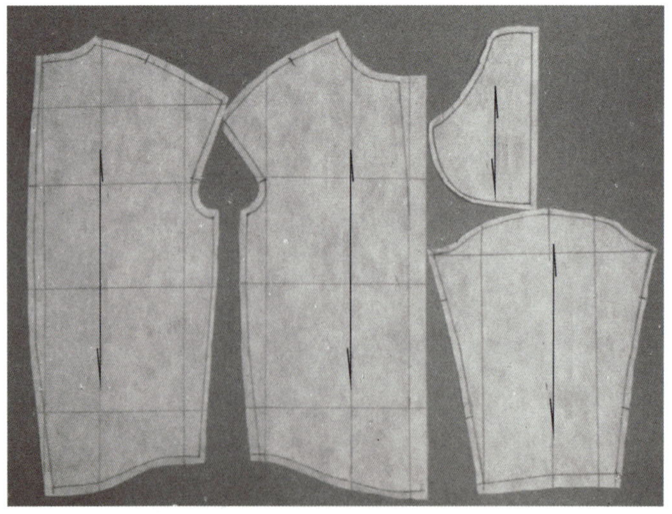

图5-129

思考、技能训练题

1. 在臂围线上，为什么前身的放松量大于后身的放松量？
2. 按顺序立体裁剪本章款式。
3. 立体裁剪练习图5-130茧型外套。
4. 拓展练习图5-131所示款式。

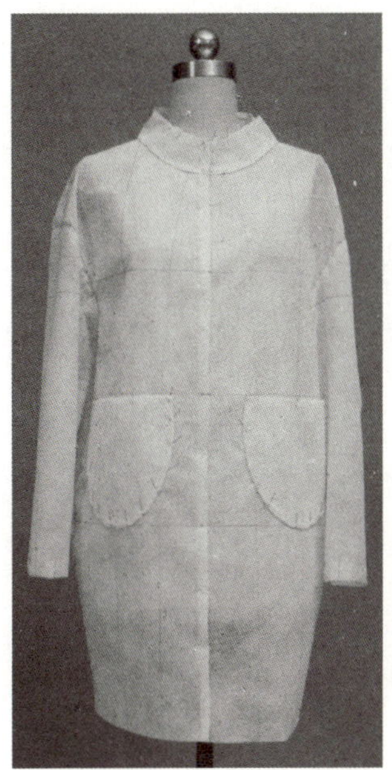

图5-130

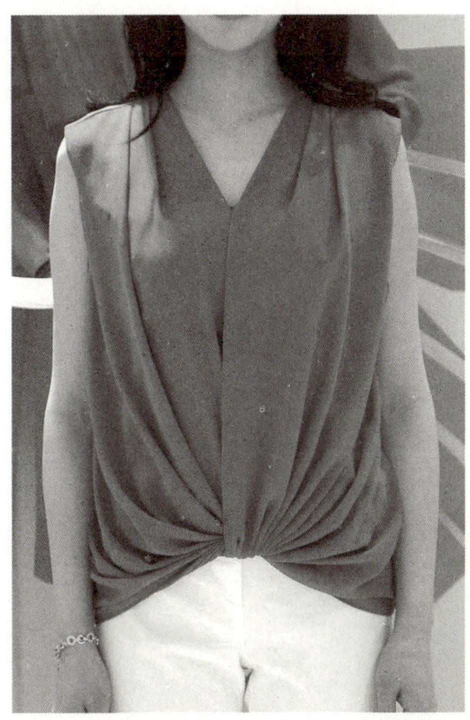
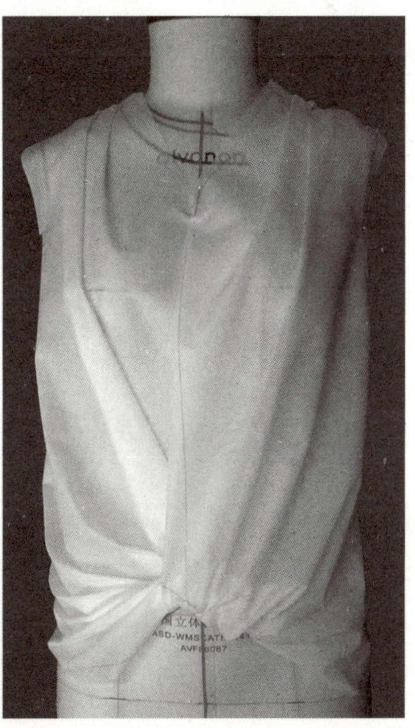

图5-131

多面构成上衣

课程名称： 多面构成上衣

课程内容： 第一节三面构成入门篇即为西服，接着是富有立体裁剪特色的活褶驳头衫，包肩领褶皱衫。第二节四面构成有典型款刀背缝西服，采用了规格设计，扣紧规格展开造型，公主线低腰型方格衫，羊腿袖夹克，交叠驳领波浪褶摆长大衣。第三节为四、五面构成连袖衫（既连袖也连领），具有相当的技术难度。

教学时间： 60课时。

教学目的： 使学生了解、掌握多面构成上衣造型技能，加深对于空间造型本质的理解。

教学重点： 廓型的塑造，贴体、宽松型结构的内存空间尺度与结构平衡的把控。领、袖的裁剪技能。

[第六章]

多面构成上衣

由前、后、腋侧三面衣片构成的上衣统称三面构成，三面、三面以上的构成统称多面构成。随着面的增加，服装结构，包括领、袖在内趋于复杂化、深入化，款式的综合性应用表现得更为充分。款式丰富多变，从西服至外套、连袖衫，这样的款式对立体造型的技能要求越来越高，功夫在课外，需要加倍的努力，去攻克一个个难关，从技能至原理的顿悟，循序渐进，使本章成为立体裁剪学习的一个极其重要的里程碑。

第一节　三面构成上衣

一、三面构成女西服

无论是裁剪还是缝制工艺，衡量一个人的技术水平，都有一条默认的规则：以西服的功夫见高低。三面构成西服即是西服功夫入门的向导。是将人体侧面的腋下部分作为一个面，也称腋侧面，以侧缝线为腋侧面的中心线，作为造型基准。腋侧面比较隐蔽，在前面不容易观察到，因此“误”认腋侧线为侧缝，产生修身、立体的美妙效果。

A款：三粒扣（图6–1）

1. 人台，前衣片

（1）人台准备：标三面构成的分片（腋侧）线，从前后观察都感到合适、修身。再标西服式驳领，袋位，钉扣等（图6–2）。

（2）前衣片布样准备，画腰省与侧面引导线。前、后衣身的侧面引导线与CF、CB距离相等，从造型中两线的变化来判断、比较前后空间的差别。别合布样，固定CF（图6–3）。

（3）BP存放松量0.5cm固定，由BP往上将前胸的浮余量分3处转移：大部分浮余量转向领口作为领口省量；袖窿纵

图6–1

向松量0.5cm；在颈窝处外撇0.8cm，使CF在BL以上的部分稍放松，作为门襟的松量。粗裁领口，并使之高于颈窝基准线，备作驳头造型需要（图6–4）。

（4）裁剪肩缝与袖窿。撤去BP固定针，捏缝腰省，从引导线往前1～2cm垂直往下定位，上省尖距BP点2.5～3cm，下省尖约在WL与HL中间稍往上，要被袋盖盖住，省量大2cm。布样往腋侧转折，在BP与腋侧线间放松量0.3cm，在HL转折处放松量1.5cm。剪开WL处毛边，保持开刀缝平顺。固定腋侧缝。各部位标线，裁剪（图6–5）。

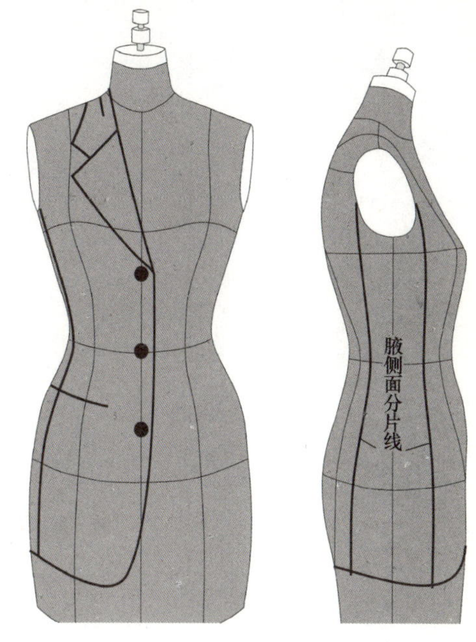

图6–2

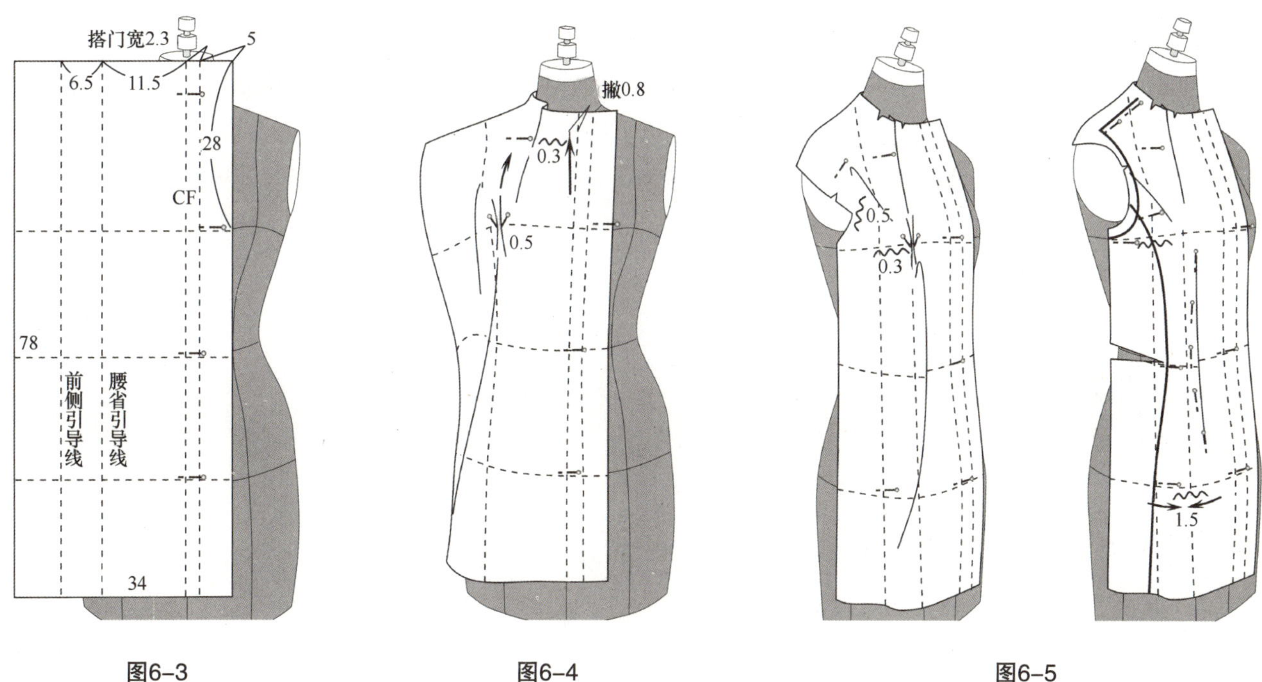

图6–3　图6–4　图6–5

2. 后衣片

（1）后衣片布样准备、别合，固定CB（图6–6）。

（2）背中线上方放纵向松量0.3cm，以免后中起吊。背中线下方往外撇出2cm，重标、固定背中线。在肩胛骨点放出0.5cm松量，在袖窿毛边上固定，在肩胛骨点往背中线2cm处往上理直布丝，使后领口出现0.3cm松量。裁剪、固定后领口。取肩背部分浮余量的0.5~0.7cm，归拢在肩缝中段，其余归拢在袖窿。重合肩缝（图6–7）。

（3）由背宽线往下塑造转折面，在BL、HL转折处各放松量1.5cm、1cm，固定后腋侧缝，各部标线，在侧面观察前后片结构平衡状态，剪去前、后片WL以上部位多余毛边（图6–8）。

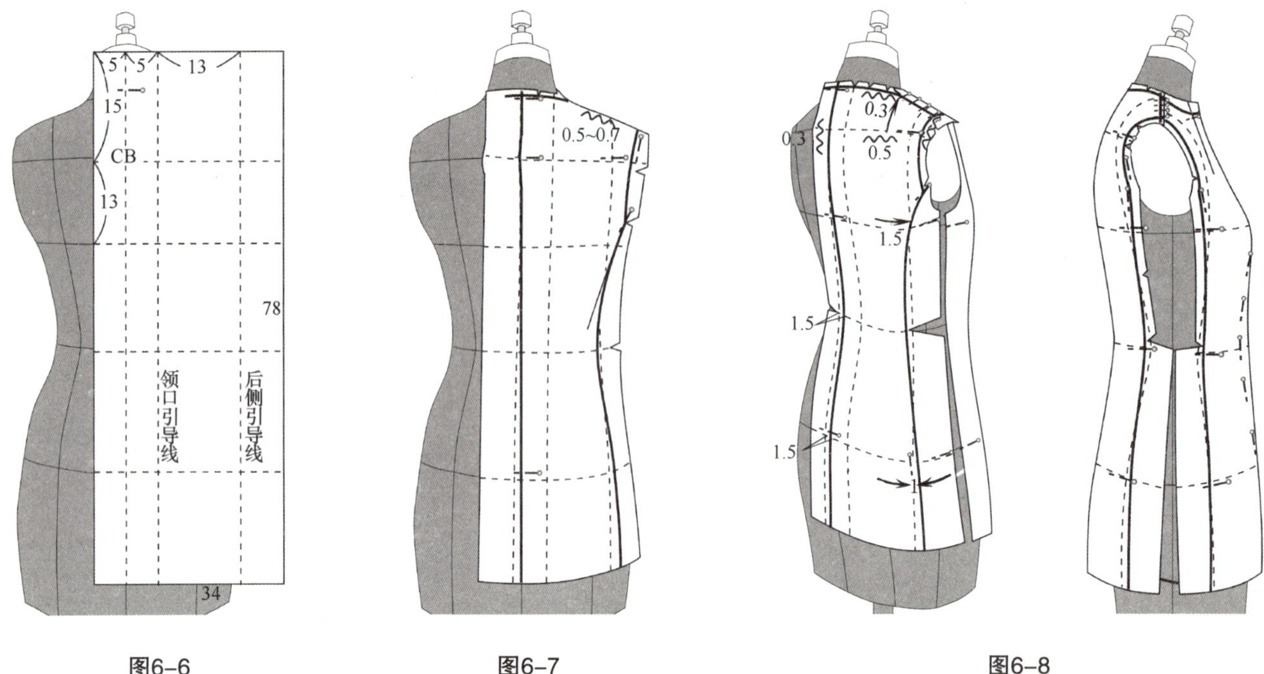

图6-6　图6-7　图6-8

3. 腋侧片，组装

（1）腋侧片布样准备、别合，固定中线，将前、后片WL以下毛缝沿开刀净线翻折，以利于与腋侧片毛边平行抓合。在BL中线抓捏1cm松量，剪开BL以上中线毛边与WL两侧毛边（图6-9）。

（2）重合WL以上两侧毛缝，大头针要别在腋侧片净线内。平行抓合WL以下两侧毛边，腋侧衣片在HL上的松量要有1cm。撤去除CF、CB以外的固定针，松开样衣，观察、调整造型：腋侧面中心线垂直，前、后、腋侧面转折分明，结构平衡（图6-10）。

（3）设置驳头止点，钉扣子，将领口余褶捏缝领口省（图6-11）。

（4）领口省省尖要能被驳头盖住（图6-12）。

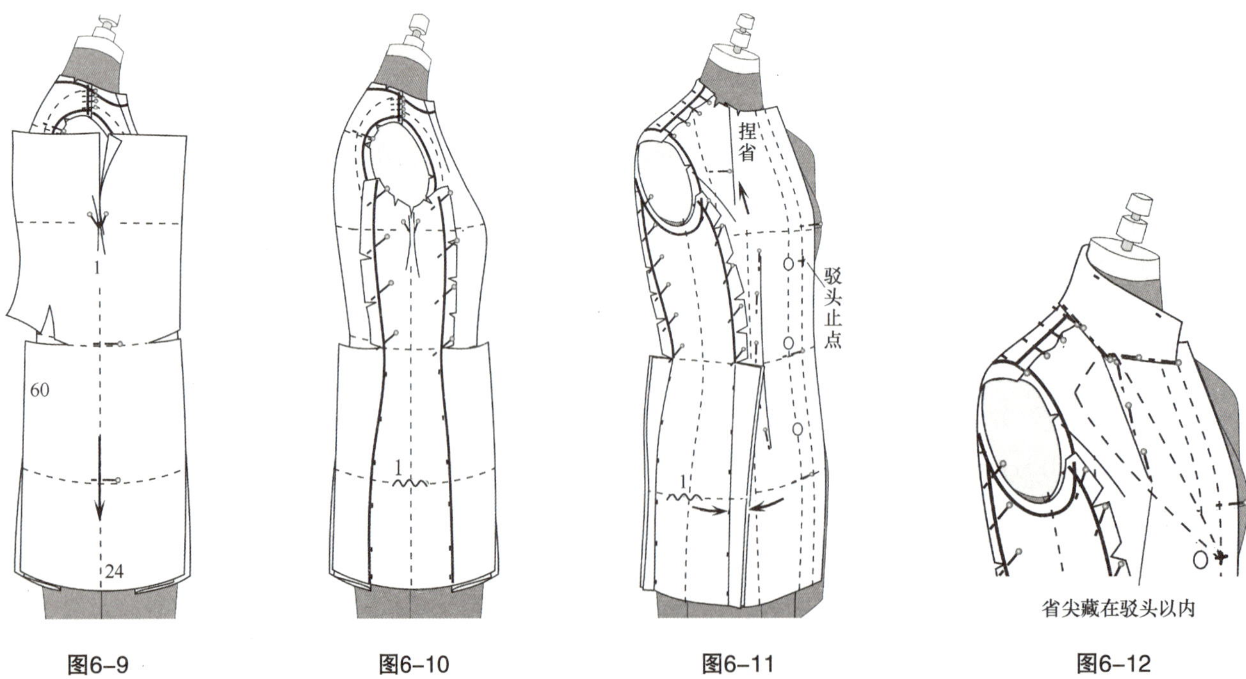

图6-9　图6-10　图6-11　图6-12

（5）各部位标线。衣袖、衣身、领、袋组装，完成造型（图6–13）。

（6）衣身、领结构展示（图6–14）。

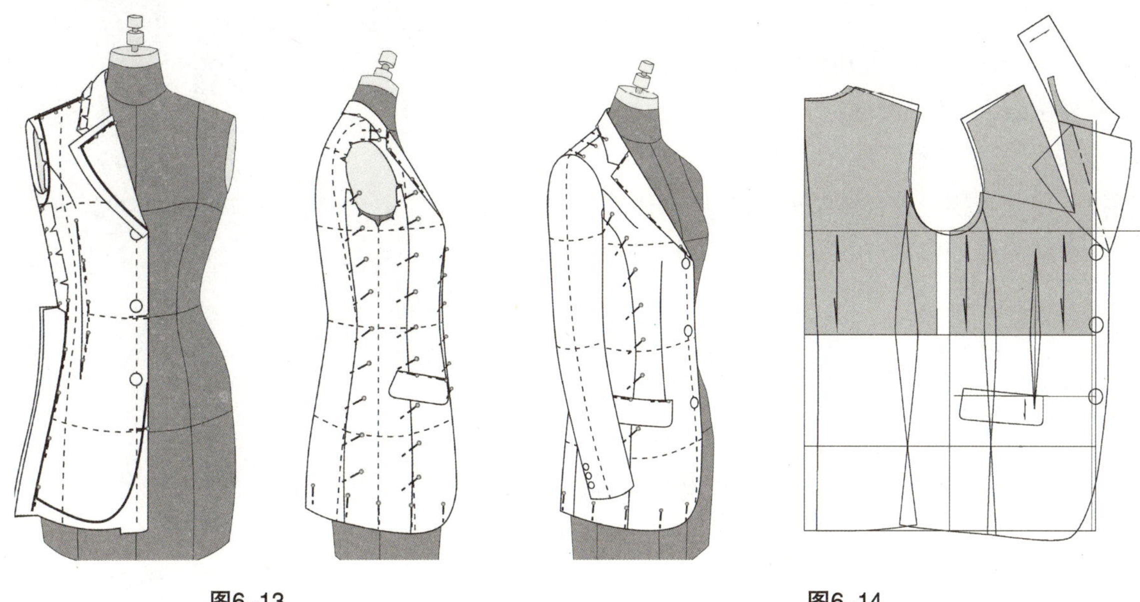

图6–13　　图6–14

B款：两粒扣（图6–1）

前衣片（弧型领口省，袋口钉子省）

上面的A款为基础型。B款的结构比A款有所变化。胸省分为3部分：袖窿纵向松量（舒适量）0.5cm；弧型领口省，使翻折线呈弧型；转入腰省（胸腰综合省），即袋口的钉子省，使前下摆自然贴向腹部。

（1）人台标线（图6–15）。

（2）前衣片布样准备、别合，固定CF，在BP存放0.5cm松量。将前胸浮余量的2/3转向领口，其余下垂。布样向侧面转折，理顺转折面（图6–16）。

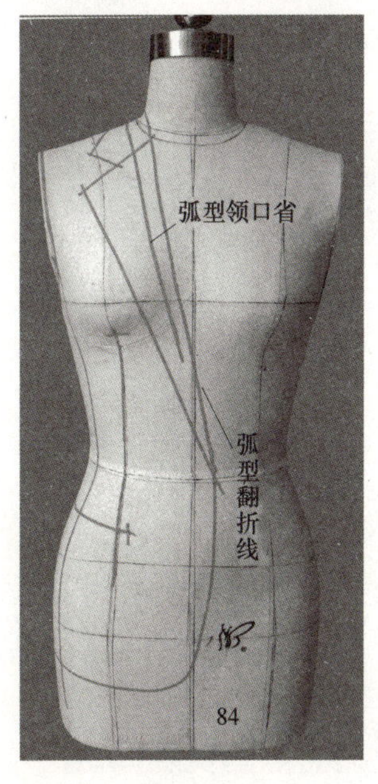

图6–15

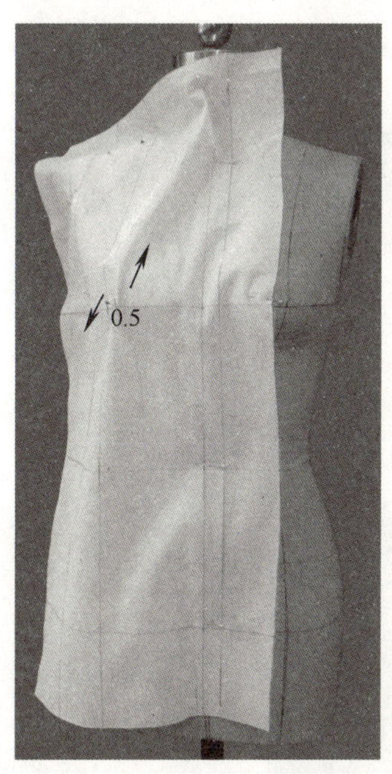

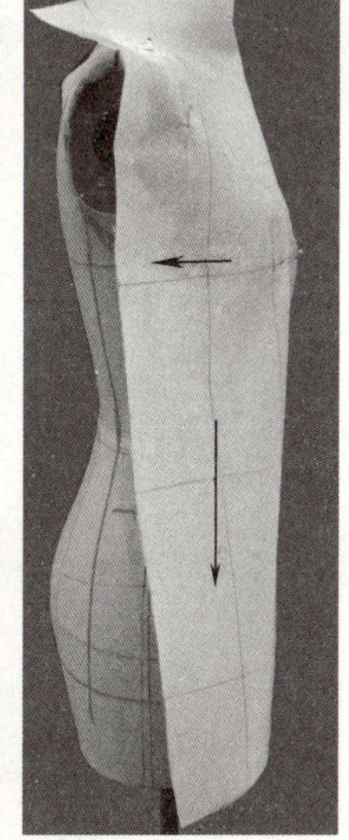

图6–16

（3）塑造胸侧转折面，裁剪、固定肩缝与袖窿，将布样向袖窿纵向推出0.5cm松量，在BP与腋侧线间放松量0.3cm。剪开腰口毛边，抚平、固定BL至袋口这一段的布样，给袋口留0.5cm毛边，剪开袋位线。

理顺袋位线以上结构，将下垂的浮余量捏缝成胸腰综合省，省量较大，省缝上下要与CF平行。将袋口下方的布样往上提拉，使之在摆边处自然贴向人体，在HL处有1.5~2cm的空间。在腋侧缝处袋口与上层会产生重叠，那就是钉子省（图6-17）。

（4）将领口的浮余量归拢为领口省，对正领口省标线剪开，标贴右侧省缝线并归缩前胸浮余量。剪开驳头止点，重合领口省缝边，省量以门襟能翻得服帖为准（图6-18）。

（5）裁剪领口、驳头。翻折驳头，各部位标线、裁剪（图6-19）。

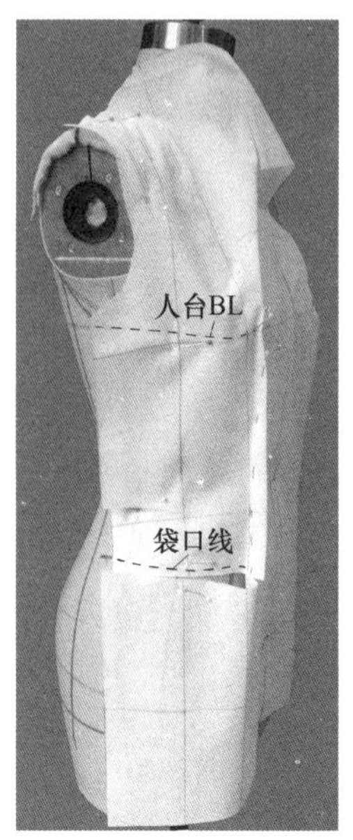

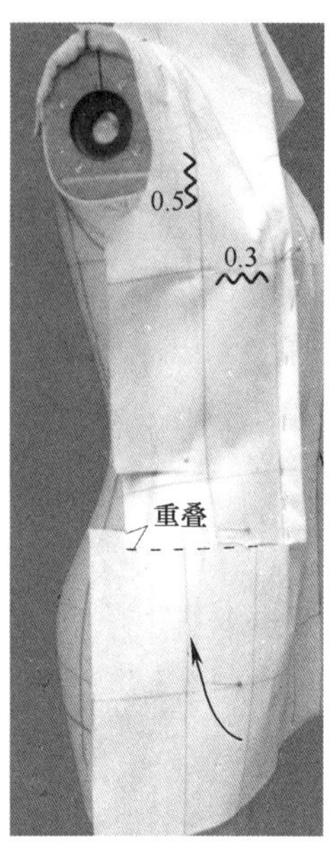

图6-17

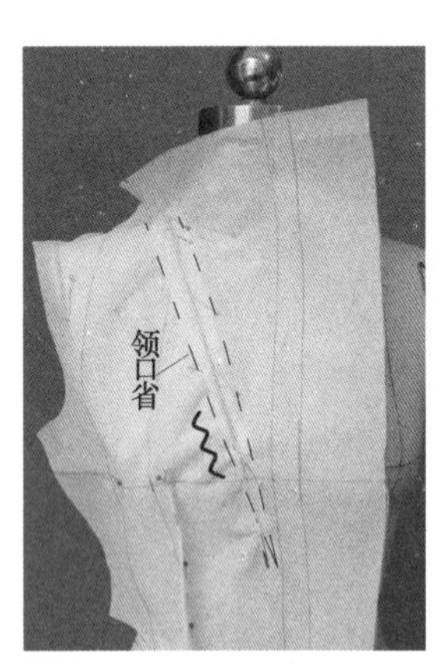

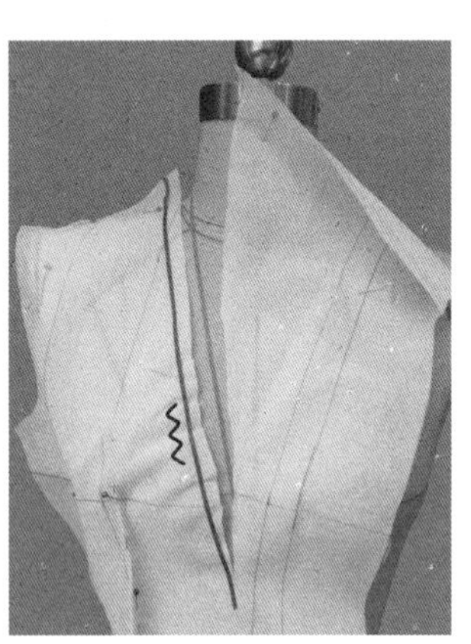

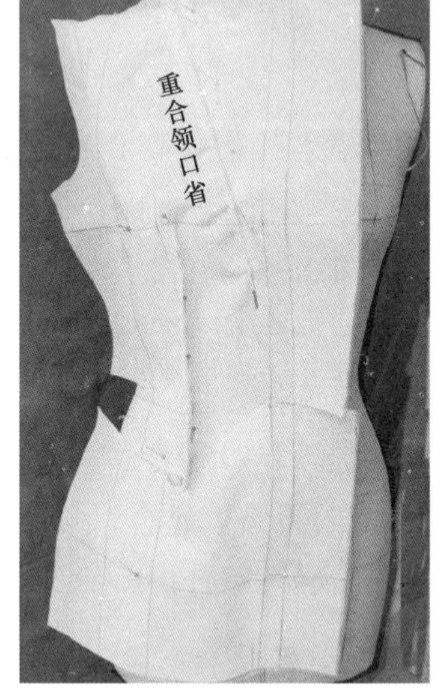

图6-18

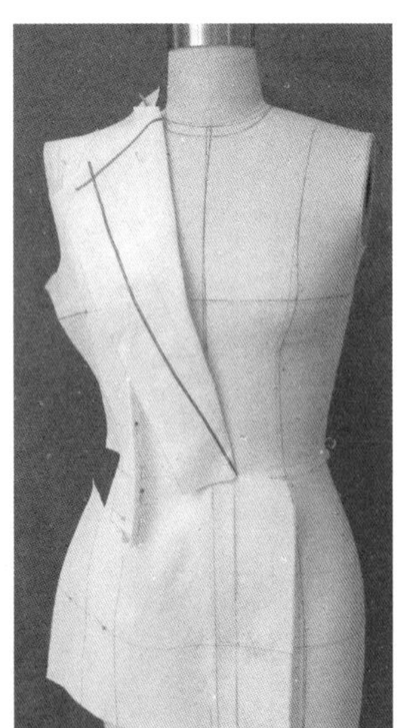

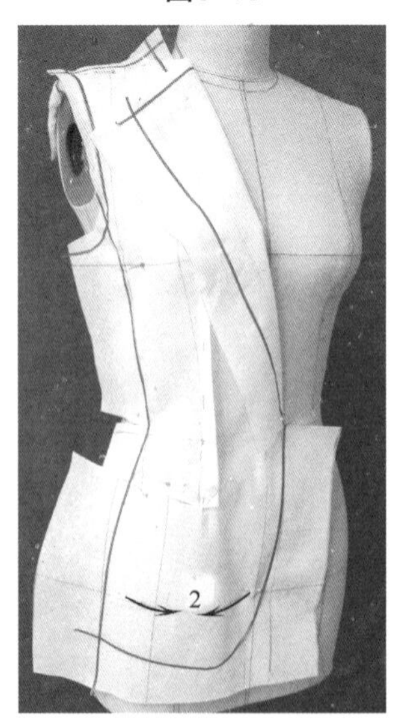

图6-19

（6）后身、腋侧衣片裁剪（略）。完成组装造型（图6-20）。

（7）整理衣身、领裁片（图6-21）。

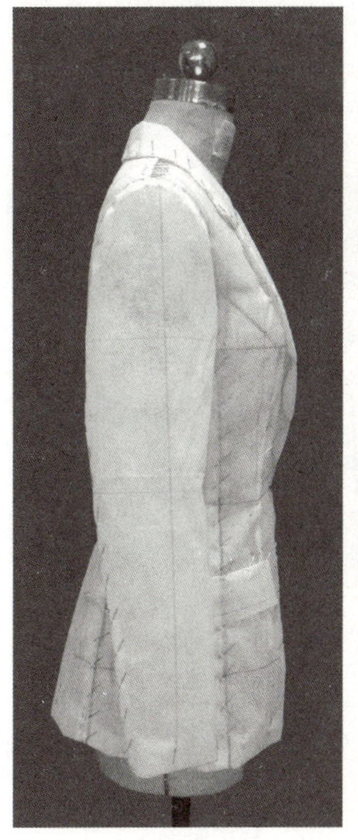
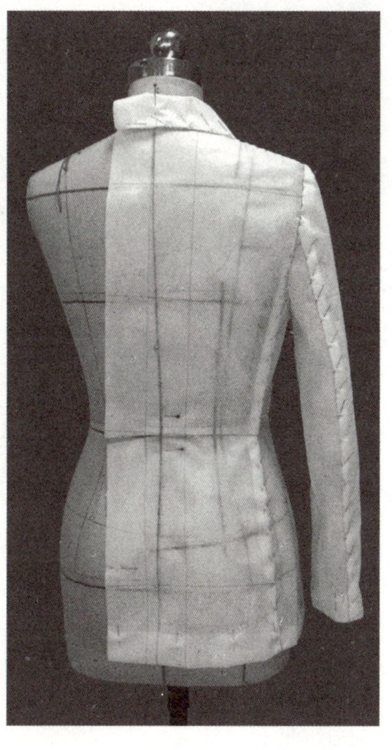

图6-20

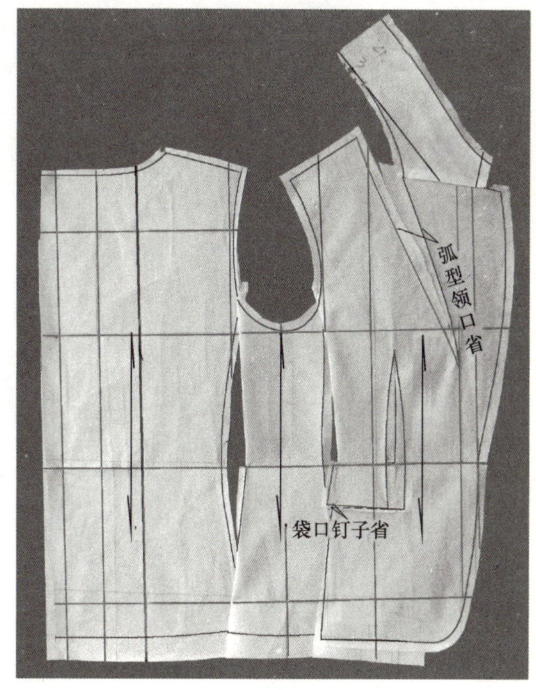

图6-21

二、三面构成褶衫

A款：活褶驳头衫（图6-22）

前衣片

一个活褶巧妙地将上部改造成独特的育克，与下部衣身撮合在一起，构成一款颇具特色的造型。

（1）前身下部衣片裁剪，设定双排扣搭门宽，钉扣，止口毛边自第一扣往下折转。BP存放松量0.7cm，固定。塑造胸侧转折面，HL在转折面上放松量2cm，腋侧缝固定、标线（图6-23）。

（2）翻下驳头，设计驳头造型（图6-24）。

（3）裁剪育克，设定单排扣搭门宽，折转止口毛边，钉扣。领口、肩缝裁剪，领口要有0.3cm松量（图6-25）。

（4）剪开袖窿毛边，塑造胸侧转折面。育克下部由袖窿起至前门襟顺着下层的驳头往里折褶，剪去多余毛边（图6-26）。

（5）抓合驳头上下层毛边。标领口、肩缝、袖窿和驳头线（图6-27）。

裁剪腋侧片、后片、领和袖（略），组装（图6-28）。

图6-22

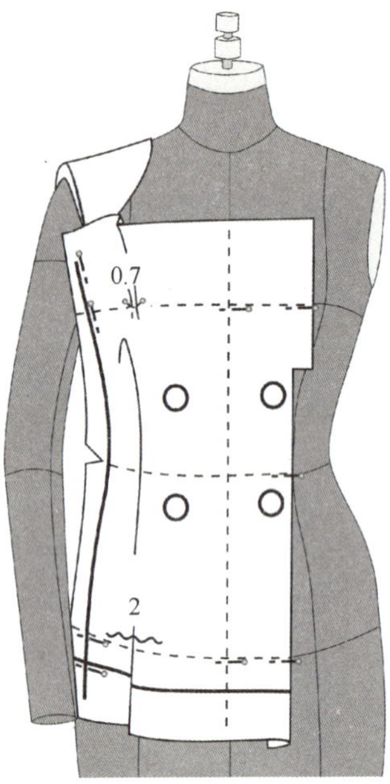

图6-23

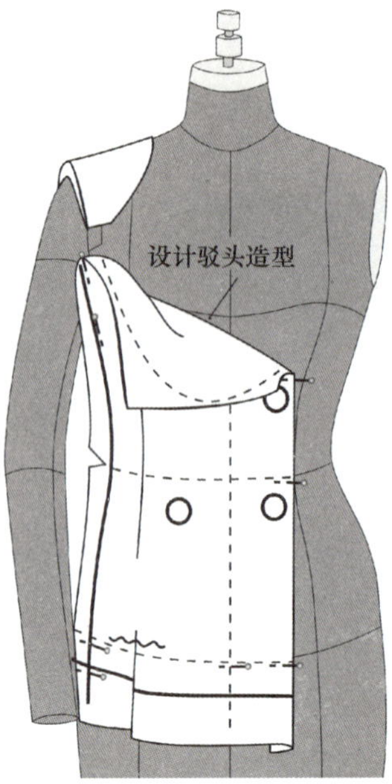

图6-24

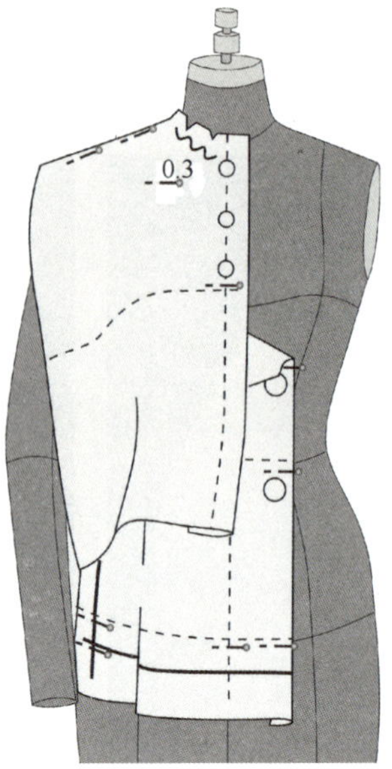

图6-25

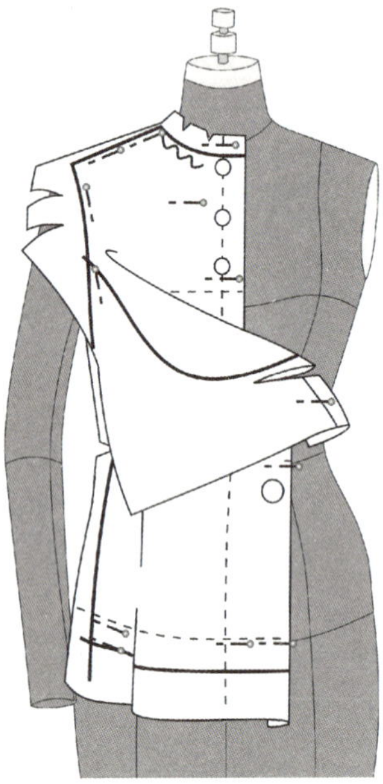

图6-26

图6-27

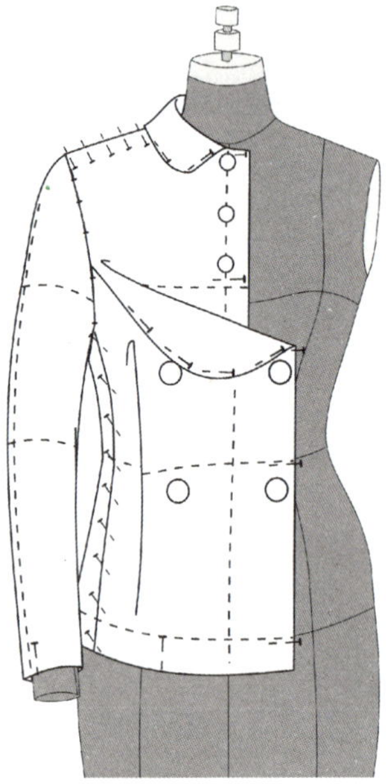

图6-28

C款：包肩领褶衫（图6-22）

1. 后衣片与腋侧片

（1）后片裁剪按常规做法，背部撇势捏缝为背中省。肩线较短，后领口较大，将肩背部余褶归入领口，标领口线（图6-29）。

（2）腋侧片裁剪。固定中线两端，由于前身拉褶，需要贴体才能显出褶形，所以放松量较小，侧中线上要捏缝腰省。固定前腋侧缝，后腋侧缝上部与后片重合，下部与后片毛边平行抓合。标两腋侧缝线（图6-30）。

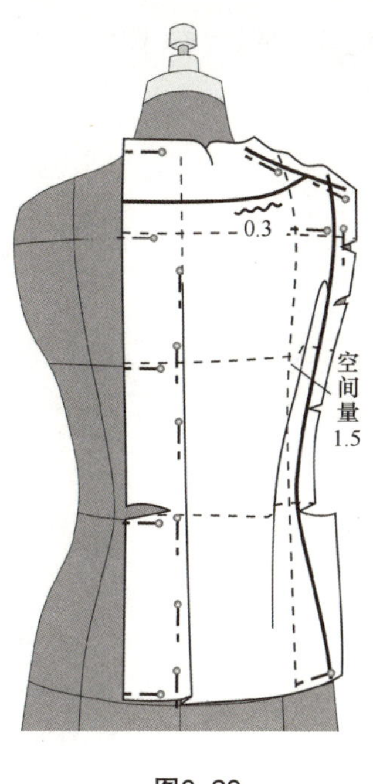

图6-29

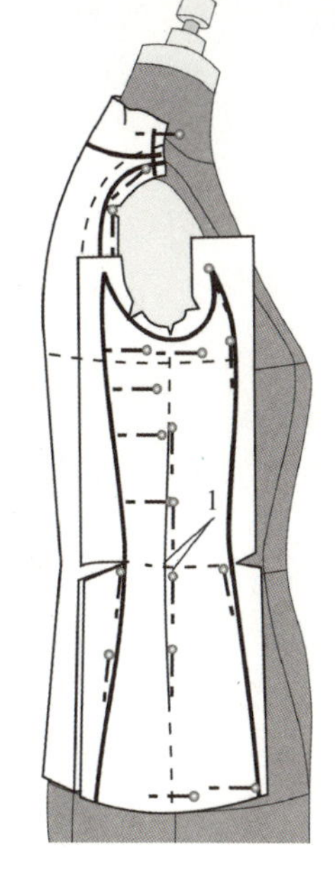

图6-30

2. 前衣片连领

（1）分析前片结构：领子与前衣片相连，在相连处收弧型领口省，使领子翻折有弧度。按此结构准备布样（图6-31）。

（2）CF临时固定。摆平右侧结构，从下往上裁剪、固定侧缝毛边；胸部余褶推往左侧，塑造胸侧转折面，裁剪袖窿、固定毛边；剪开肩缝，剪去右侧多余毛边（图6-32）。

（3）抓合侧缝毛边，重合肩缝，后领下口线向后领口折转（图6-33）。

（4）撤去CF与BP固定针，将布样放平，前胸余褶往右侧下垂，在左侧公主线与WL交点设定领口止点（图6-34）。

（5）捏缝领口弧型省，使领子翻折后具有弧度。将下摆边在左侧上提，所聚余褶分成4条放射型褶，固定在左侧领口止点（图6-35）。

（6）装合后领，确定后领座高（图6-36）。

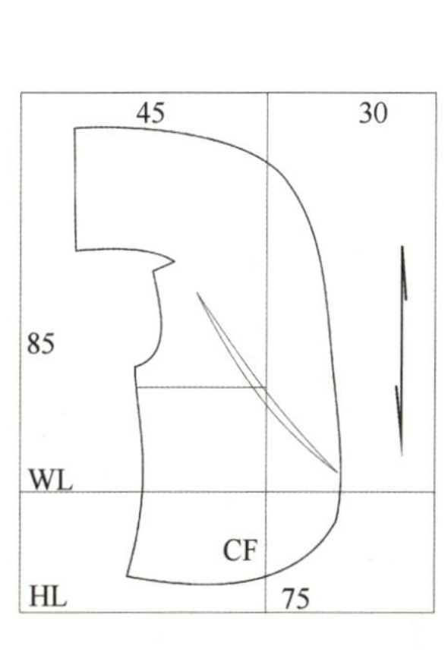

图6-31

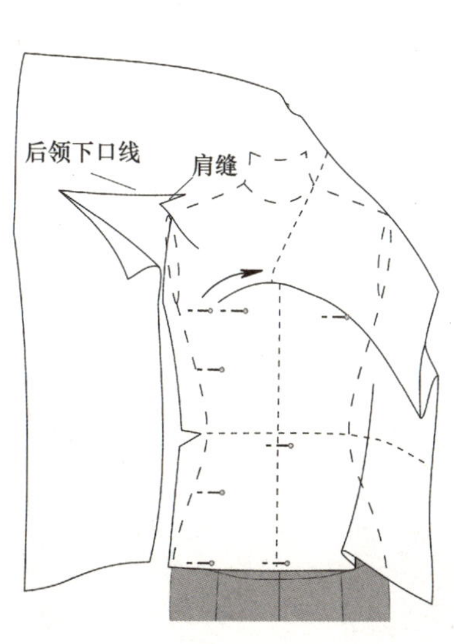

图6-32

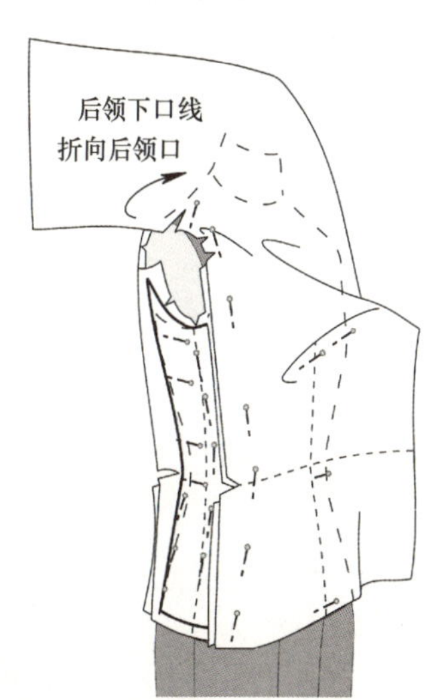

图6-33

（7）翻下领子，标外口线，剪去多余毛边。标出侧缝线、底边线（图6–37）。

（8）组装（图6–38）。

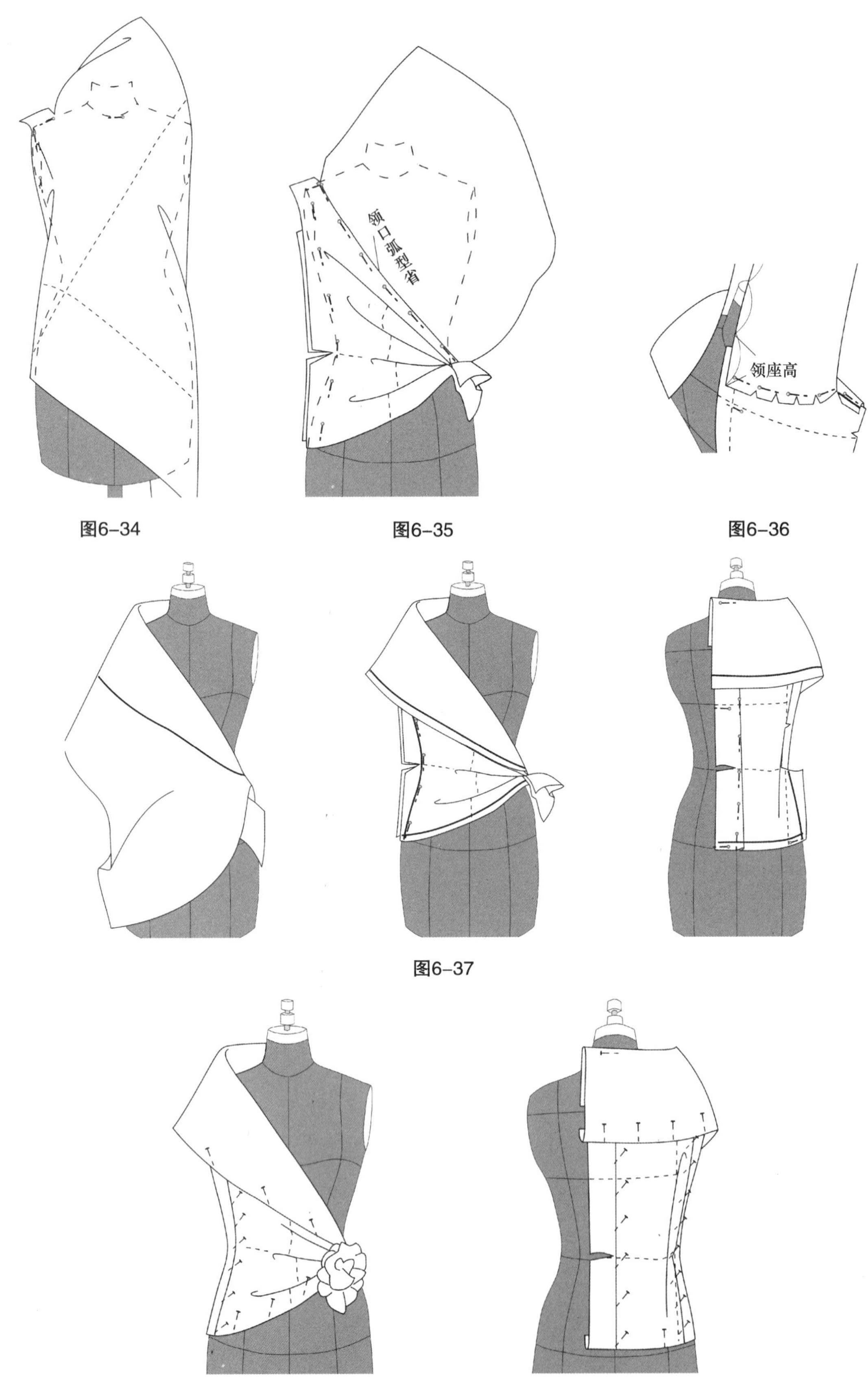

图6–34　图6–35　图6–36

图6–37

图6–38

第二节　四面构成上衣

一、公主线女西服

A款：单排扣西服（图6-39）

四面构成，是以开刀线手段将前、后身衣片各分出一个半侧面，结构上更贴近人体的服装形式。开刀线形式丰富多样，以刀背线为典型。因此该款对于掌握立体裁剪技术相当关键。在公司的制板设计，板师首先是拿出规格，再按此进行制板。近年来国内的某些赛事，对服装立体裁剪的款式也设定了规格，这对于缩短立体裁剪与平面裁剪的距离、让人在动手之前就心中有数、让操作过程“数字”化，进而得出贴近设计的结果具有积极的意义，对于立体裁剪教学方式方法的多样化也具有很好的启发性，该款就采用了这一方法。

图6-39

1. 规格、人台与松量、省量设计

（1）规格与松量设计（表6-1）。

表 6-1　规格与松量设计　　单位：cm

号型＼部位	后衣长	胸围	腰围	摆围	肩宽	袖长	袖肥	袖口围
160/84A	56	92	72	96	37	58	32	24

（2）在人台上标款式线。按衣长、肩宽规格标定摆边与袖窿线（图6-40）。

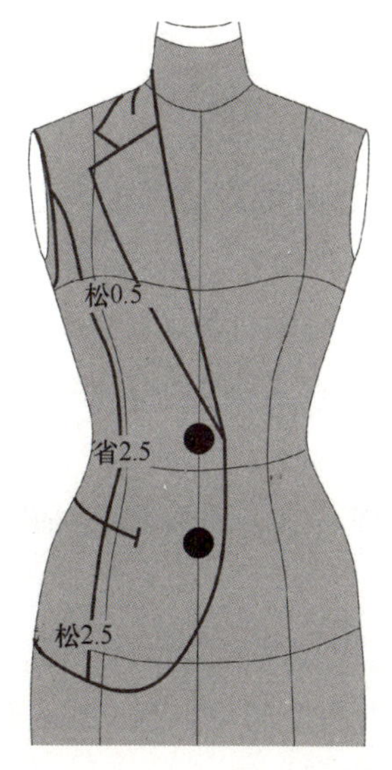

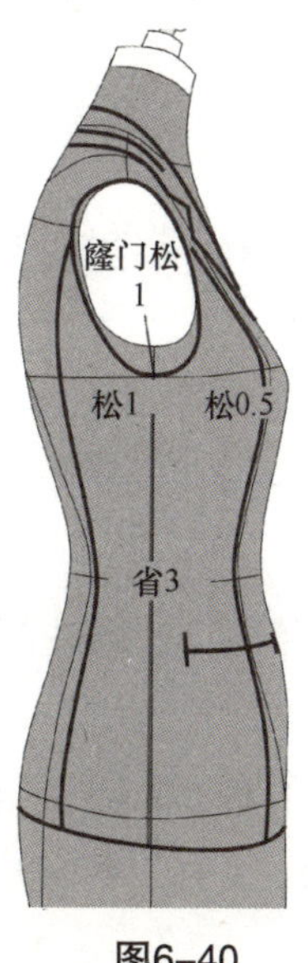

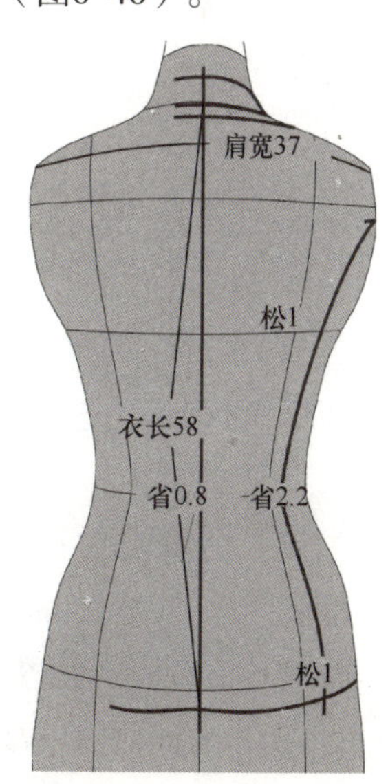

图6-40

（3）松量，省量设计与分配：

①胸围松量：（92–84）/2=4cm；松量分配：前身1.5cm（BP0.5cm，侧片0.5cm，侧缝0.5cm），后身2.5cm（中心片1cm，侧片1cm，侧缝0.5cm）。前、后侧缝的松量合在一起即为窿门的总松量1cm。

②臀围松量：（97–90）/2=3.5cm；松量分配：前身2.5cm，后身1cm。

③腰围省量：（92–74）/2=9cm；省量分配：前身4cm（刀背缝2.5cm，侧缝1.5cm），后身5cm（背缝0.8cm，刀背缝2.2cm，侧缝1.5cm）。

前、后侧缝的省量合在一起即为侧缝的总省量3cm（省量分配图详见图6–47、图6–53）。

2. 前衣片

（1）前衣片布样准备、别合，固定CF（图6–41）。

（2）摆平胸围线，BP存放松量0.5cm固定，由BP往上将前胸的浮余量分出一点往前中线转移，使前中线出现松量，在颈窝处外撇0.8cm。粗裁领口，剪开毛边，使之与颈脖帖服（图6–42）。

（3）裁剪肩缝，推顺胸侧转折面，固定。裁剪刀背缝，WL以上部分留一缝头，在腰部还要留一小方块，牵转该处转折面，WL以下部分的缝边要剪直，以方便与腋侧片对称抓合。标刀背缝线，对于BL处的纵向松势稍作归拢（图6–43）。

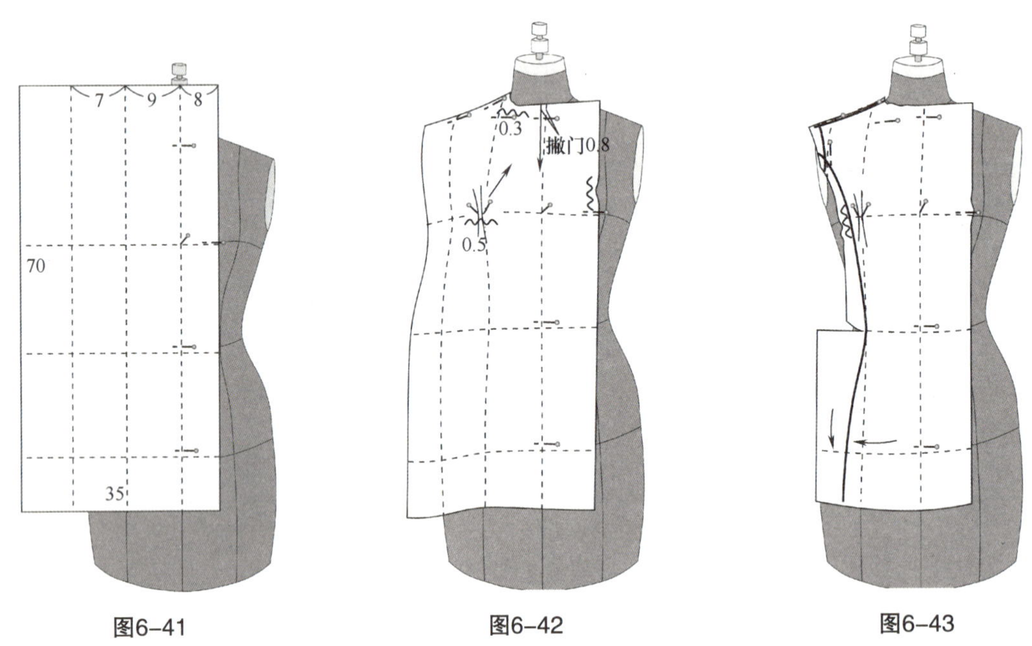

图6–41　　图6–42　　图6–43

3. 前侧片

（1）前侧片布样准备、别合。将中心线与腰围线的交点对准人台该处的中心部位固定，摆平布样，使中心线顺直（图6–44）。

（2）在BL处放0.5cm松量固定。剪开刀背缝的腰口毛边，上部顺向胸侧自然转折。裁剪刀背缝，WL以上与前中片盖合，WL以下毛边不作裁剪，与前中片平行抓合，并以在臀围线有2.5cm总松量为前提（图6–45）。

（3）裁剪袖窿，纵向放0.5cm松量，固定窿门。标袖窿、侧缝线，在腋下标BL与袖窿线基准交点“+”，侧缝线再由“+”外放0.5cm松量，作为手臂活动量（图6–46）。

（4）在重合侧片上段时，要以开刀缝必须有2.5cm的腰省量为前提，比较简便的方法是以纵向引导线为导向，使正、侧片的纵向引导线在BL~WL之间有2.5cm的落差量。在侧缝则收腰1.5cm。在HL有松量2.5cm（图6–47）。

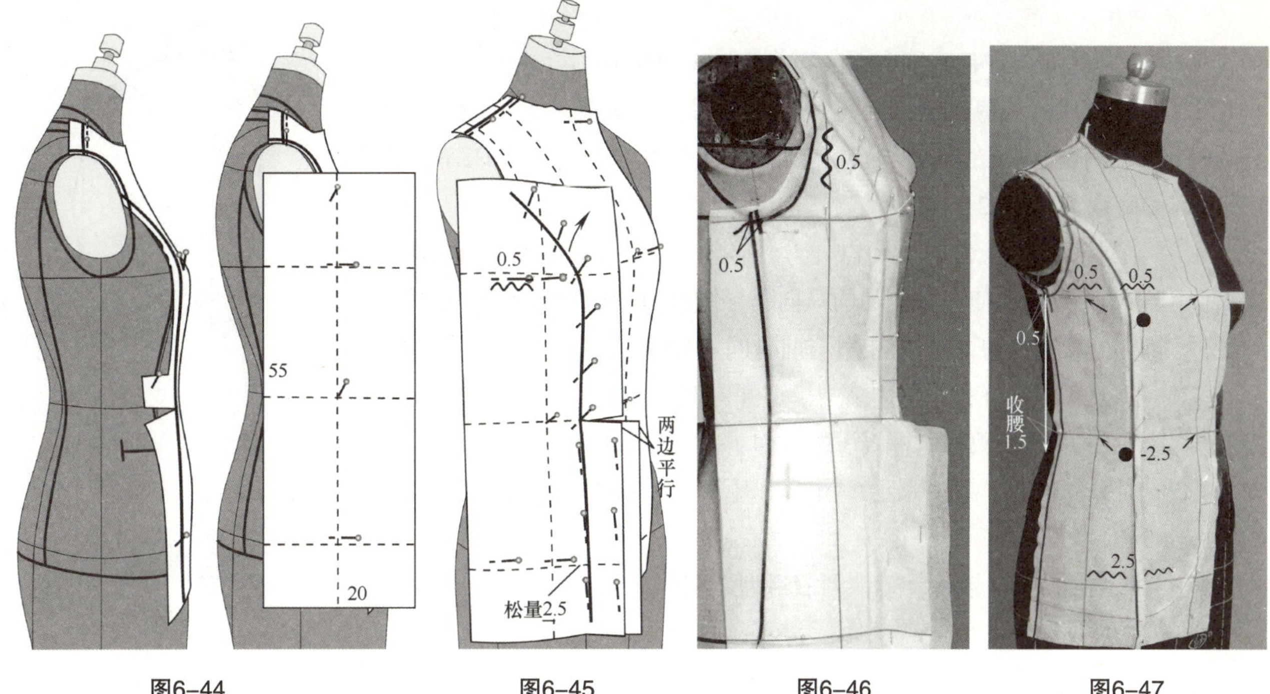

图6-44　图6-45　图6-46　图6-47

4. 后衣片

（1）后衣片布样准备、别合，固定CB（图6-48）。

（2）CB撇势：作为肩省分散转移，将肩部的浮余量分一点推往领口，即在背宽线以上往领口撇进0.3cm，该段背中线纵向会自然放松，以免背部起吊。从背宽线往下至WL撇进1.5cm，WL至下摆撇进1cm，重标背中线。

推出背侧转折面，在BL处约有1cm空间量。背宽横向放0.5cm松量、固定。裁剪肩缝，将肩部大部分浮余量归拢在肩缝中部，其余置于袖窿，重合肩缝（图6-49）。

（3）设置好各部松量，裁剪刀背缝，方法同前身，标刀背缝线，整理后侧面空间（图6-50）。

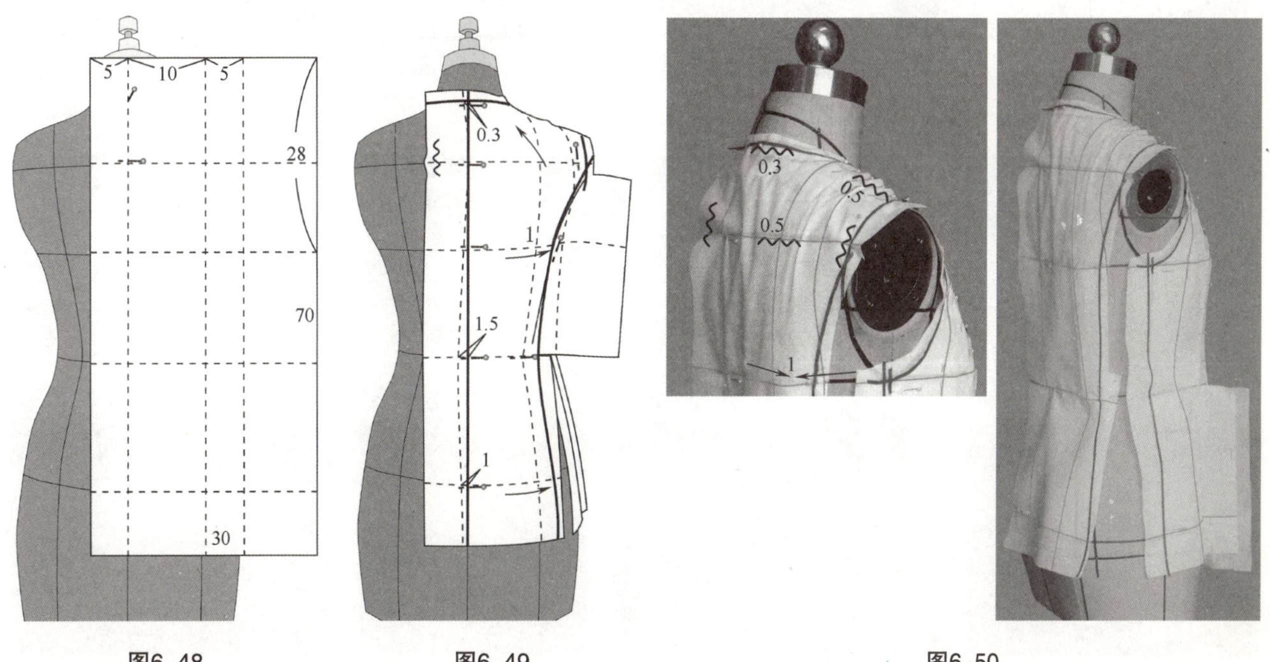

图6-48　图6-49　图6-50

5. 后侧片，组装

（1）后侧片布样准备，别合方法同前侧片（图6–51）。

（2）后侧片的裁剪方法同前侧片，由于后身胸腰落差大，腋侧转折面的松量就大于前身，在BL处约有松量1cm。平行抓合侧缝，在HL有松量1cm。标袖窿线（图6–52）。

（3）在重合侧片上段时，要以开刀缝必须有2.2cm的腰省量为前提，以纵向引导线为导向，使正、侧片的纵向引导线在BL~WL之间有2.2cm的落差量。侧缝由于是平行抓合，收腰量与前身同为1.5cm（图6–53）。

（4）观察、调整好衣身整体结构。剪开翻驳止点毛边，翻折、裁剪驳头、领口。门襟、下摆裁剪、标线（图6–54）。

（5）西服领裁剪。组装衣身、领子。领子与驳头的翻折线要能连接顺畅（图6–55）。

（6）西服袖裁剪、装袖。确认西服造型（图6–56）。

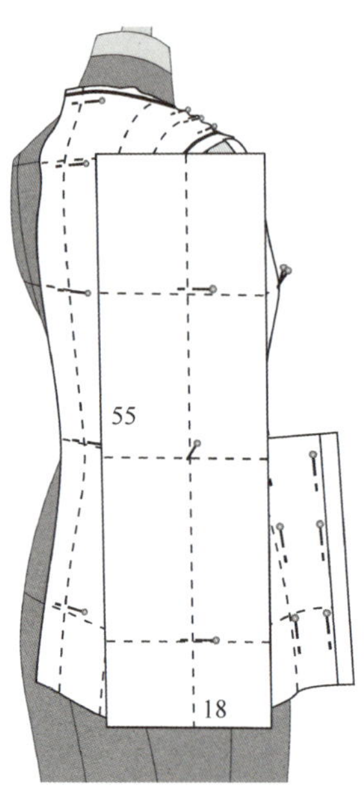

图6–51

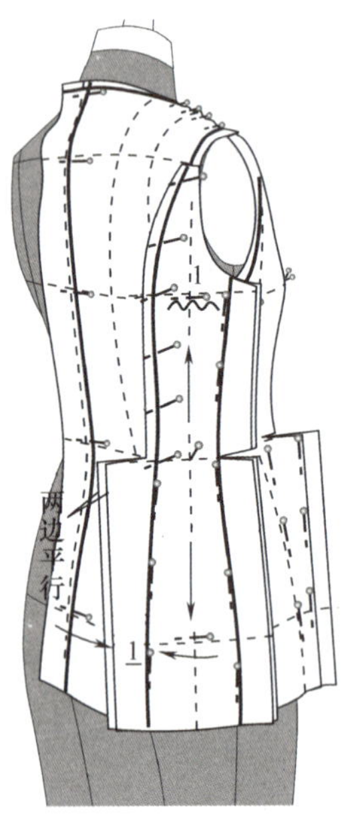

图6–52

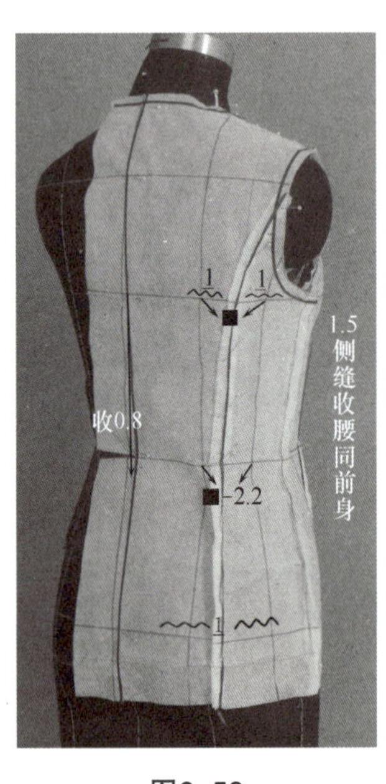

图6–53

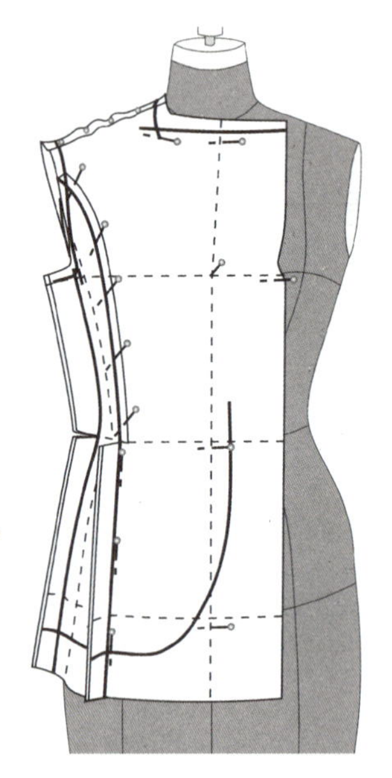

图6–54

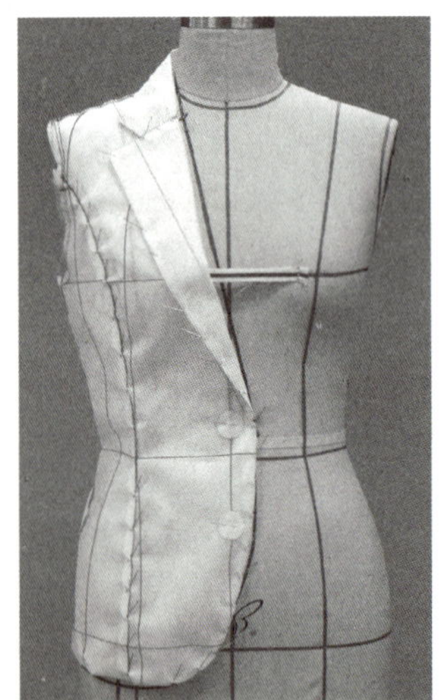
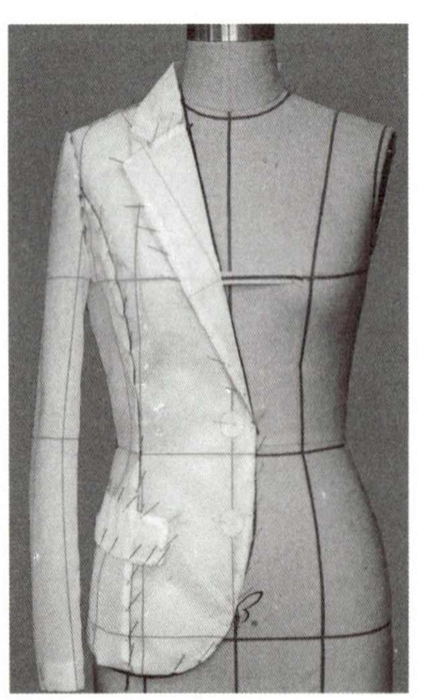

图6–55

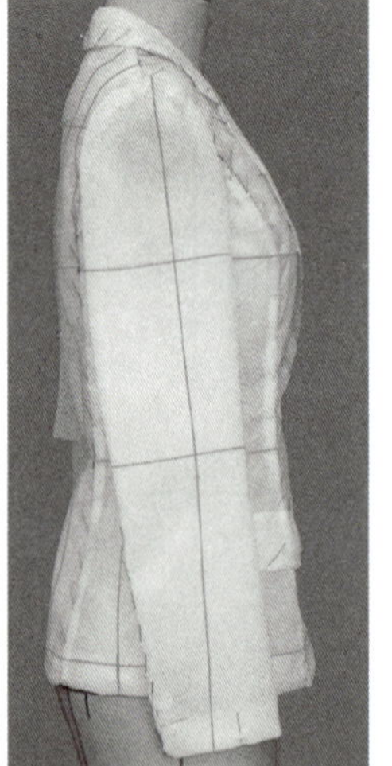
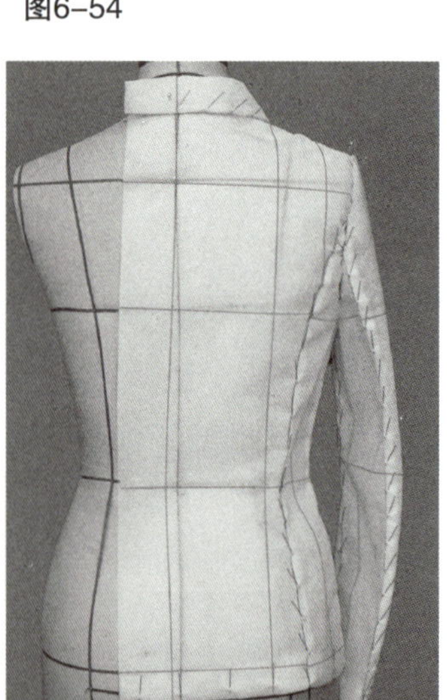

图6–56

（7）裁片整理，分析（图6–57）。

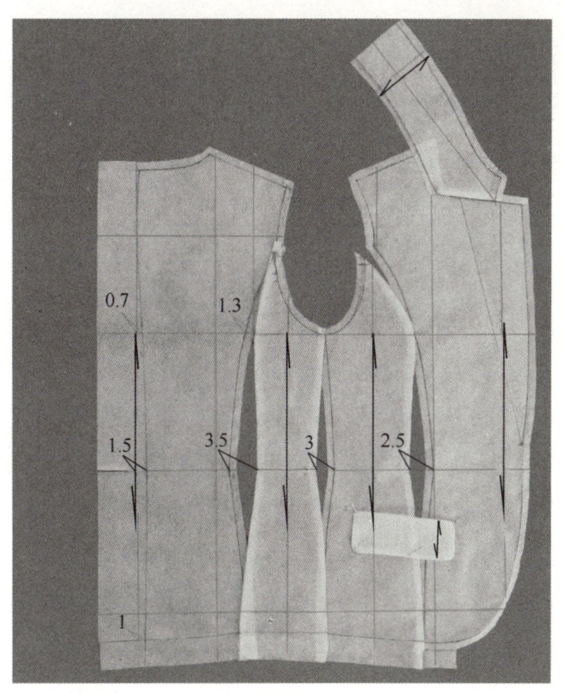

图6–57

B款：双排扣弧线型翻驳线西服（图6–39）

（1）衣身裁剪方法参考A款，双排扣搭门宽8cm，CF外移0.5cm作为双排扣门襟的空间量。翻驳线呈弧型，驳头独立成片，驳领领座较低，弧度较大，可以将驳头与领子连成一片，作为平翻领裁剪。裁剪平翻领领口，归拢领口松势（图6–58）。

（2）领子裁剪（图6–59）。

（3）在平面制板时，将驳头与领子分开拷贝、裁剪，再组合（图6–60）。

（4）装领，完成双排扣西服造型（图6–61）。

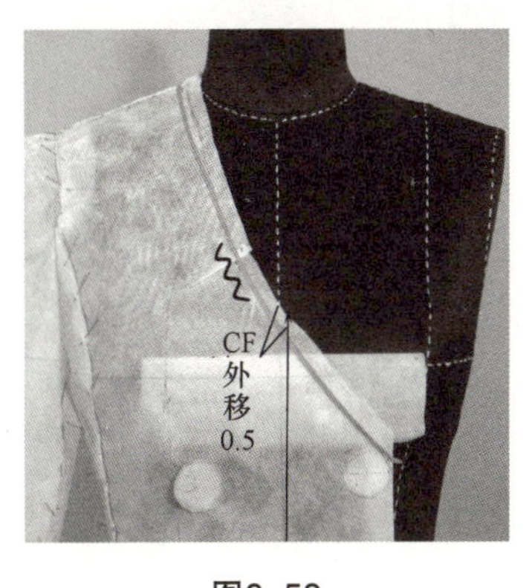

图6–58

图6–59

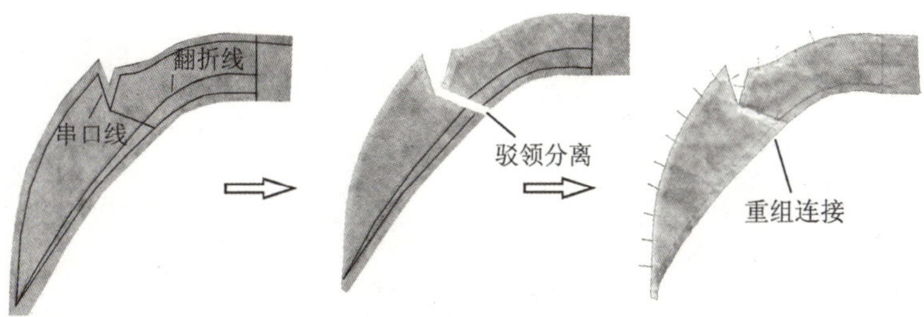

图6–60

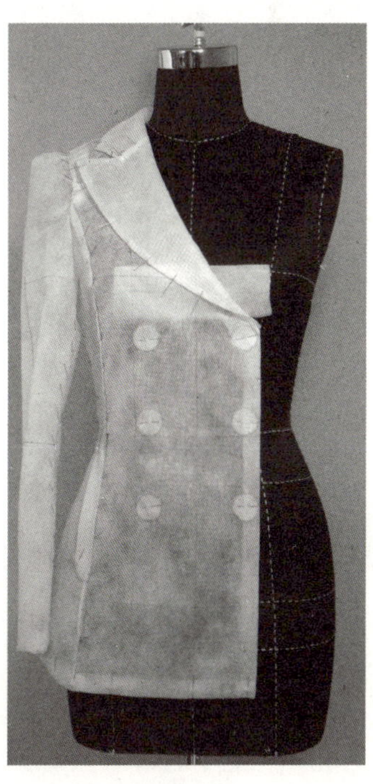

图6–61

二、刀背线方格衫

低腰款（图 6–62）

低腰贴体型，应用大方格面料，衣身、领、袖都对格，后中线不断开以保持格子完整。前公主线由BP侧垂直往上，使格子在公主线上部保持完整。

1. 前衣身

（1）在人台上标低腰线、装垫肩（图略）。前衣片布样准备，固定CF（图6–63）。

（2）在BP存放松量0.5cm，由此往上理直布丝，使前领口出现0.3cm松量，在领口侧下方固定。领口、肩缝裁剪与固定。标公主线，BP以上的公主线对准引导线，以此保持格子完整。BP以下的公主线顺着体型起伏吸腰扩摆，做低腰标记，固定公主线，剪去低腰标记以上多余毛边（图6–64）。

（3）前侧衣片布样准备，中线对准前腋侧面低腰部中央，垂直、摆平布样，固定中线（图6–65）。

（4）剪开低腰两侧毛边，贴低腰标记（图6–66）。

（5）在BL中间捏缝松量0.5cm。剪开袖窿处毛边，在袖窿纵向留0.5cm松量，塑造胸侧转折面，由低腰线往上理顺、固定转折面。公主线毛边在WL以上重合，在WL以下做平行抓合，要使抓合后的臀围有2.5cm松量。对准BL与袖窿线的侧线交点贴基准标记“+”，侧缝标线上端由基准点外放松量0.5cm。标WL以上公主线、肩缝线和袖窿线。裁剪袖窿，剪去公主线在WL以上多余毛边（图6–67）。

图6–62

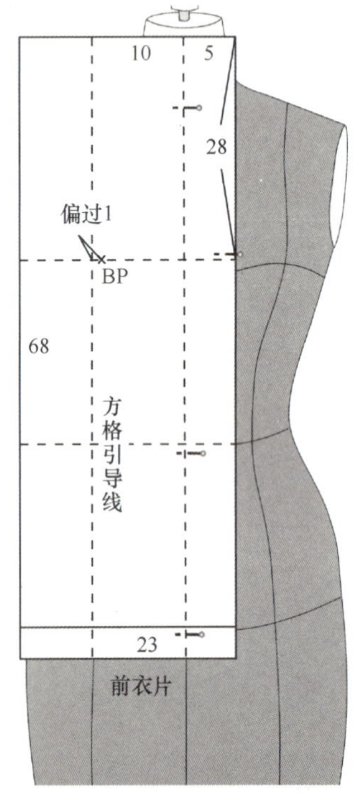

图6–63

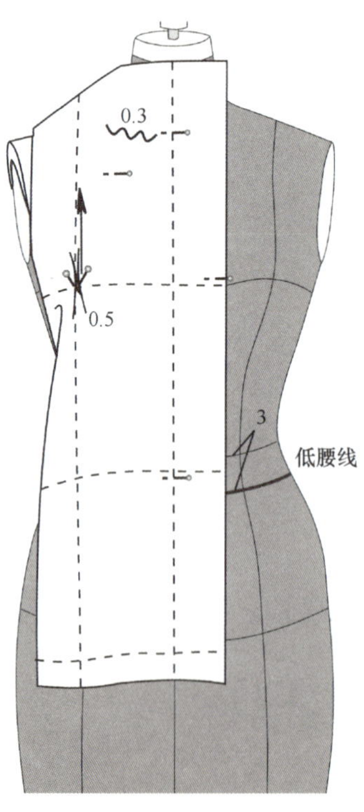

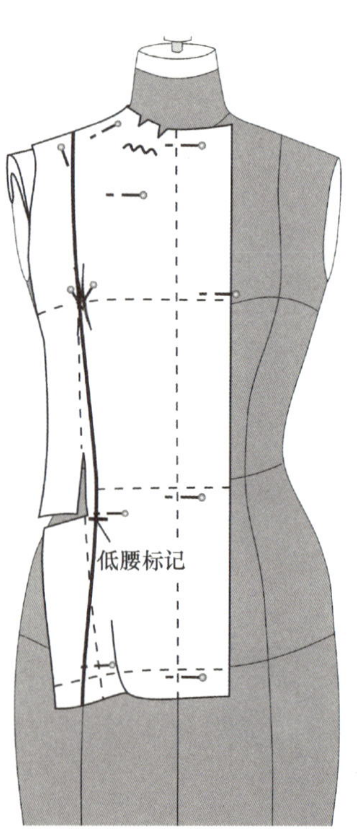

图6–64

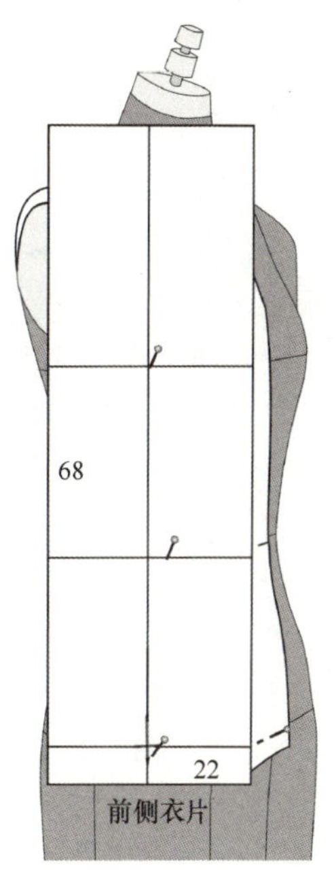

图6-65

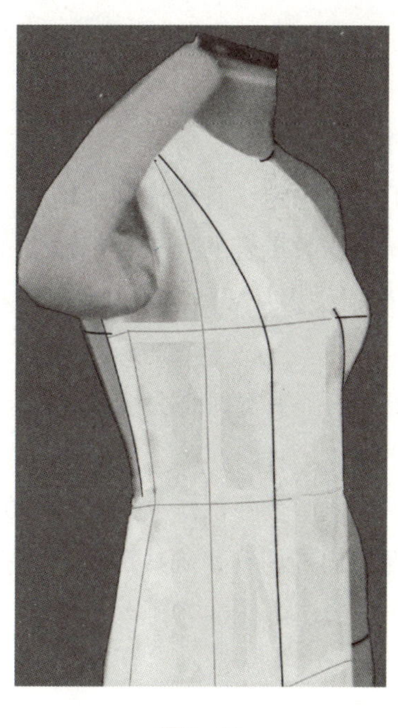

图6-66

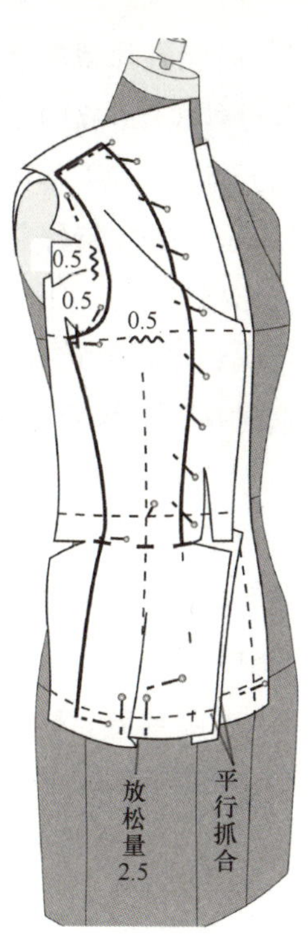

图6-67

2. 后衣身

（1）后衣片布样准备，固定CB（图6-68）。

（2）做低腰标记。后领口、肩缝裁剪。在背宽线与后领口处各放松量0.3cm，在BL处放松量0.5cm处固定。标公主线，公主线在肩缝上要前后对准，吸腰量大于前衣片。剪去公主线在WL以上多余毛边（图6-69）。

（3）后侧衣片布样准备，将样衣片的中线对准后腋侧面低腰线中央，固定中线（图6-70）。

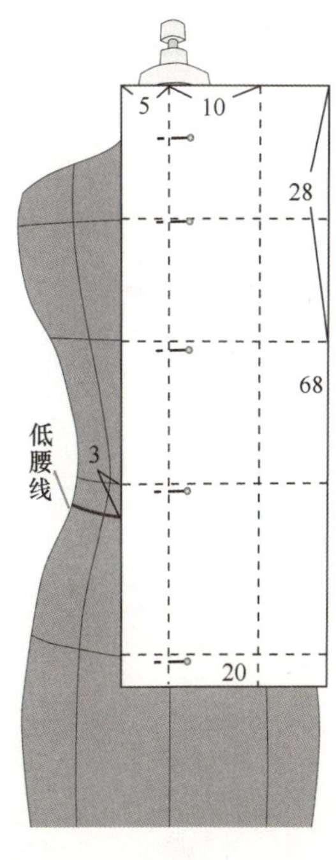

图6-68

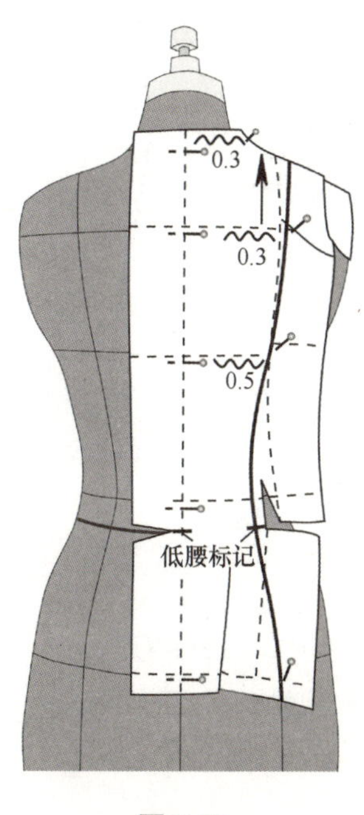

图6-69

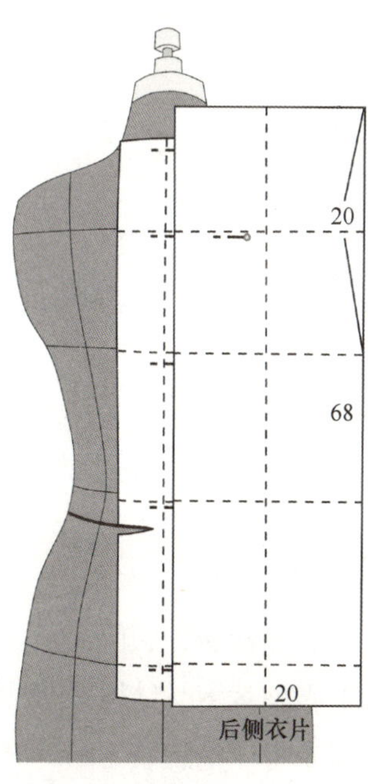

图6-70

（4）后侧衣片裁剪难度大于前侧衣片，布样在塑造背侧转折面中有两次装合过程（图6–71）：

①剪开袖窿与WL处毛边，从WL往上推出背侧转折面，转折面有内存空间量1.5cm，在BL与公主线相交处别合一针。

②将布样拉平，在BL与背宽线间作临时重合。

③再次塑造背侧转折面，在袖窿毛边上固定，直接理顺结构，重合公主线，这时在背宽线处出现不平衡褶，将临时重合的大头针都撤去（除了BL上的一针），理顺布样，消去不平衡褶，再从WL往上，重合公主线。裁剪、重合肩缝。

④将后侧衣片中线摆直顺，从WL往下，平行抓合公主线毛边。剪去WL以上布样多余毛边，标公主线。

（5）袖窿裁剪、标线。平行抓合侧缝。撤去布样上捏缝松量的大头针与人台上的固定针，观察、调整各部结构平衡度，确认造型。剪去多余毛边，折转前中线止口毛边。标领口、摆边线（图6–72）。

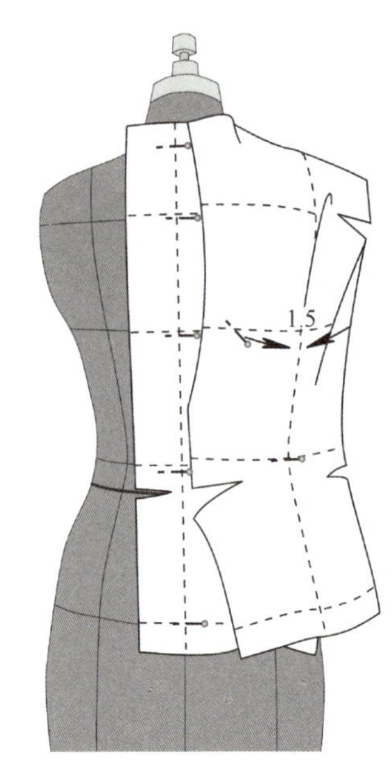

图6–71

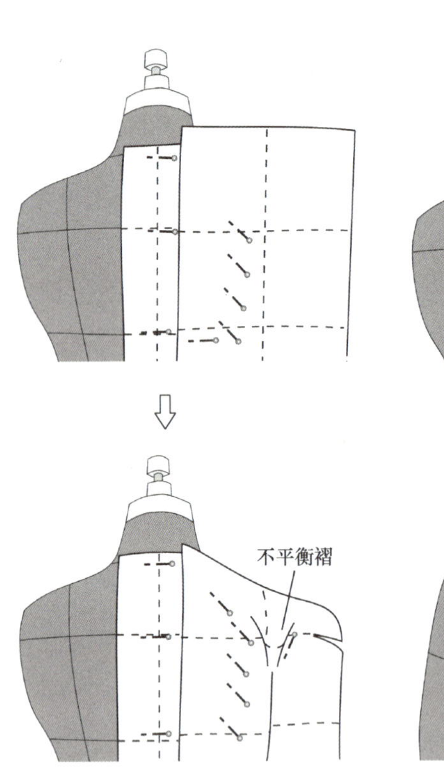

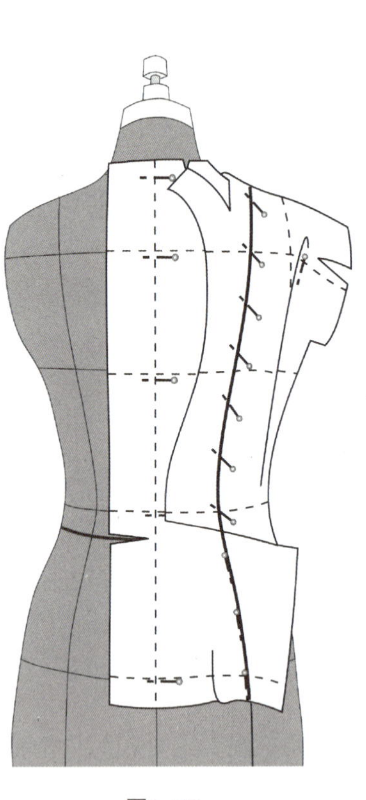

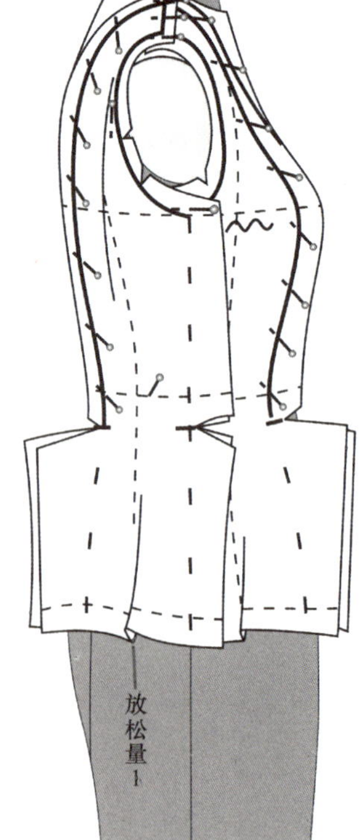

图6–72

3. 领、袖，组装

（1）立领裁剪，领前部贴向颈脖，标上口线（图6–73）。

（2）衣袖裁剪，结构按两片袖加长、扩展袖口（图6–74）。

（3）衣身、袖组装（图6–75）。

（4）衣身、领样结构展示（图6–76）。

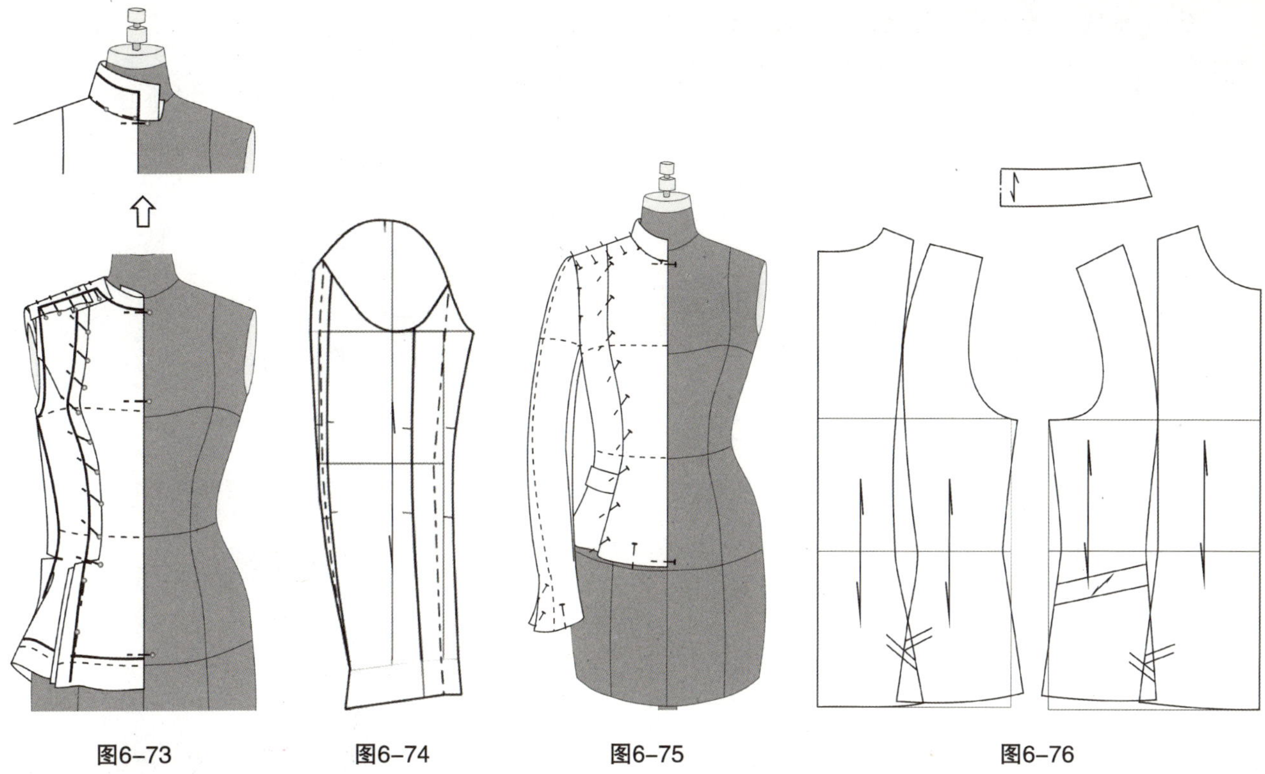

图6-73　图6-74　图6-75　图6-76

三、羊腿袖夹克

交叠领收腰款（图 6-77）

浑圆的肩，肥厚的袖上部，半插肩袖与羊腿袖两类特色兼而有之。似翻似立的领子交叠在前胸，给人以想象的空间。张扬的上部与紧俏的不对称的下部相互映衬，非常吸引眼球。

1. 人台，后衣身

（1）人台标线，装上龟背型圆垫肩（图6-78）。

（2）后衣片布样准备，固定CB（图6-79）。

（3）背中线上方放纵向松量0.3cm，以免后中起吊。背中线下方有撇势1.5cm，重标、固定背中线（图6-80）。

（4）裁剪领口，在背部领口引导线往上推直布样，使领口有0.2～0.3cm的松量。肩胛骨点放0.5cm松量、固定。裁剪肩缝、袖窿，重合肩缝。圆垫肩消除了部分肩头浮余量，将浮余量归拢到肩缝中部。折转背部布样，剪开腰口毛边。裁剪刀背缝，腰部留一小方块缝边，牵转该处转折面，各部标线（图6-81）。

（5）后侧片布样准备、别合。将中心线与腰围线的交点对准人台该处的中心部位固定，摆平布样，使中心线顺直（图6-82）。

（6）剪开刀背缝侧腰口布样，塑造背侧部转折面，重合刀背缝毛边，使BL在转折面有空间量2~3cm（图6-83）。

图6-77

（7）袖窿裁剪，剪开侧缝腰口毛边，标袖窿与侧缝基准交点，标侧缝，侧缝上端由基准交点外移0.5cm为上肢活动的空间（图6-84）。

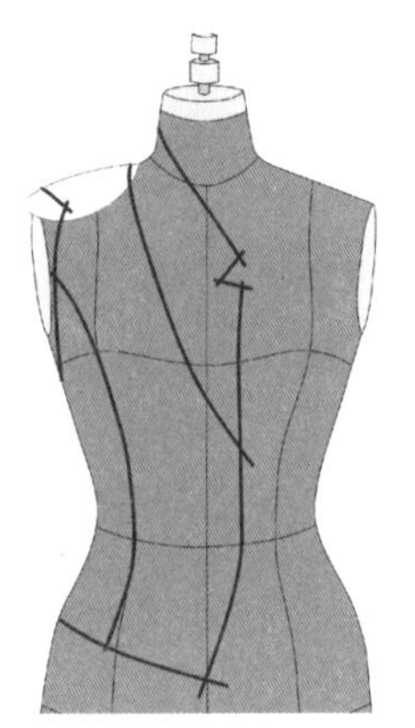
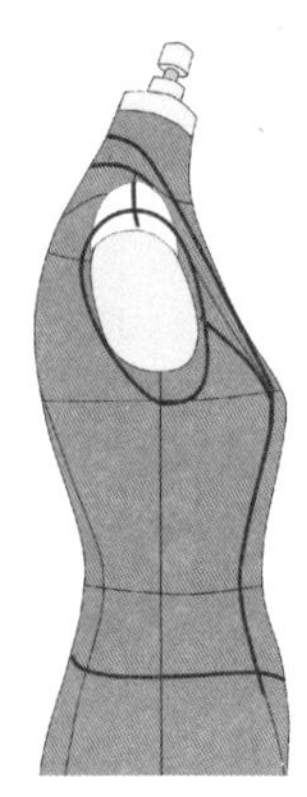

图6-78

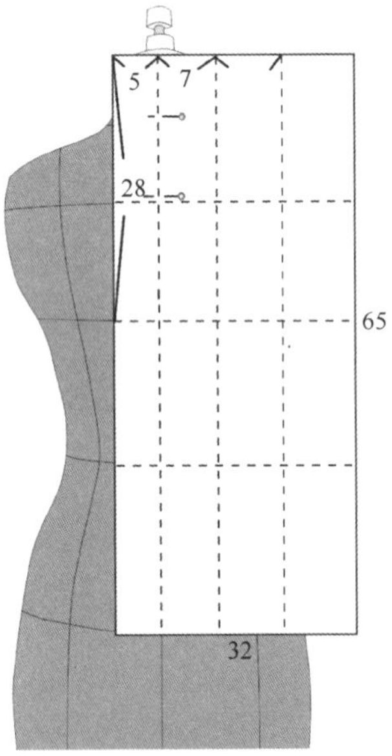

图6-79

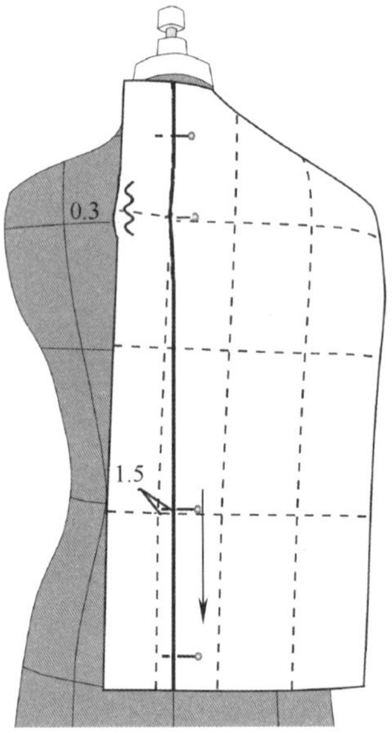

图6-80

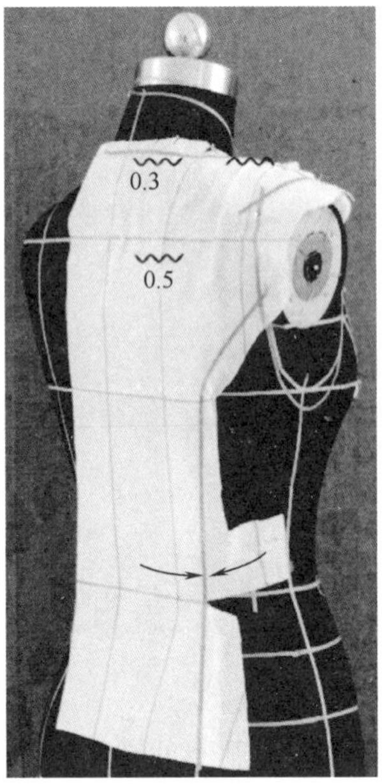

图6-81

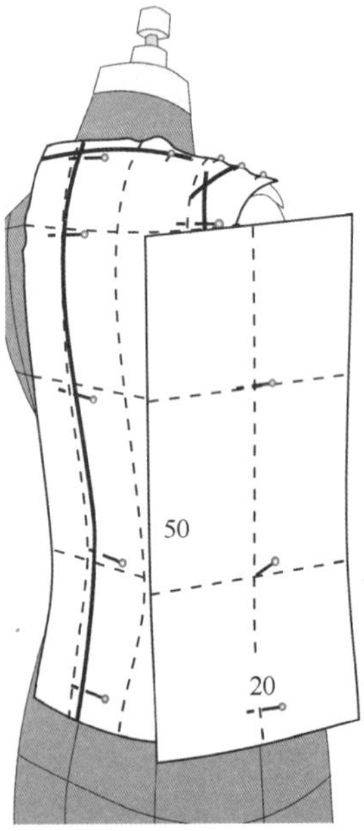

图6-82

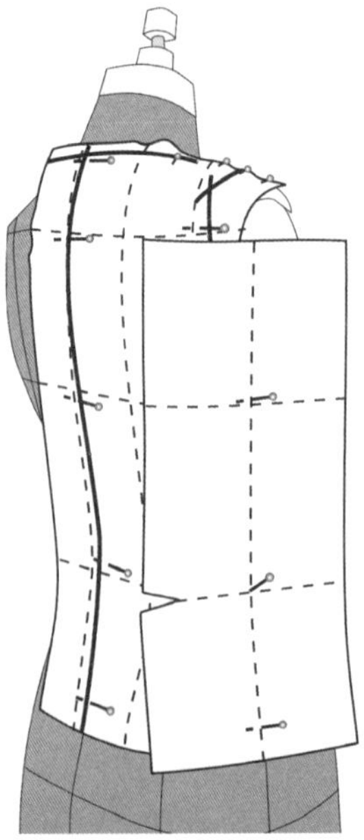

图6-83

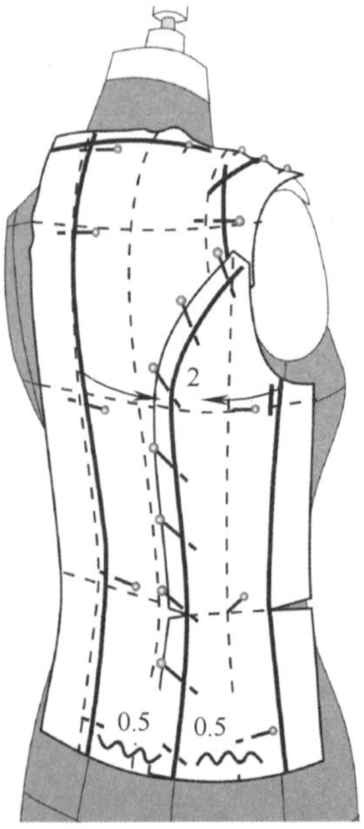

图6-84

2. 前衣身

（1）前身布样准备、别合，固定CF（图6–85）。

（2）基型领口裁剪，放0.3cm的松量，在颈侧固定，在BP处放0.5cm的松量、固定，剪开腰口毛边。塑造胸侧转折面，裁剪肩缝、袖窿，刀背缝裁剪，标线，对于BL处的松势稍作归拢（图6–86）。

（3）前侧片布样准备，固定法同后侧片（图6–87）。

（4）在中心线与BL的交点，捏0.5cm的松量，剪开腰口毛边，塑造胸侧转折面，盖合、裁剪开刀缝，平行抓合侧缝。前领口、门襟裁剪、标线（图6–88）。

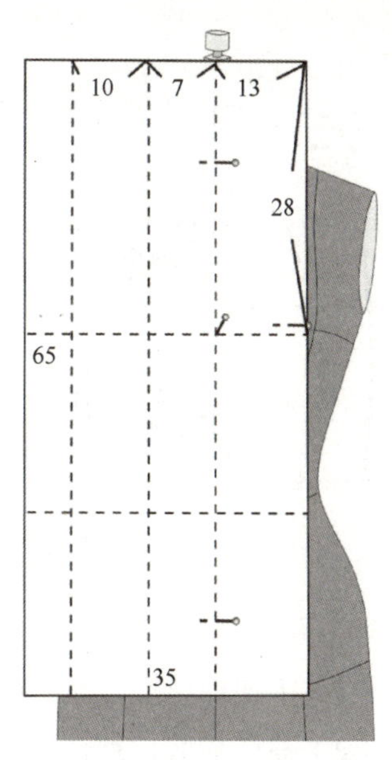

图6–85

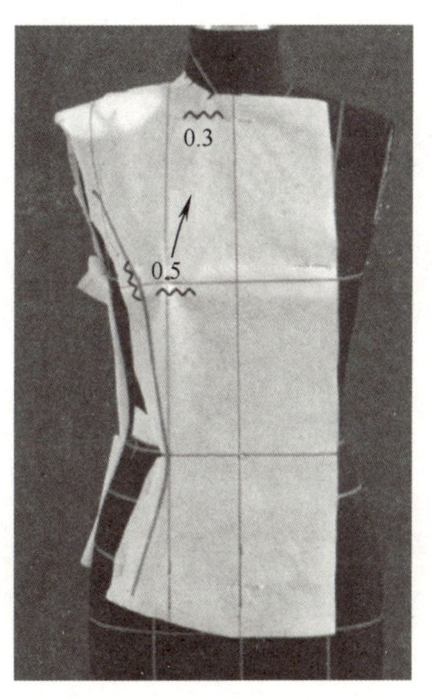

图6–86

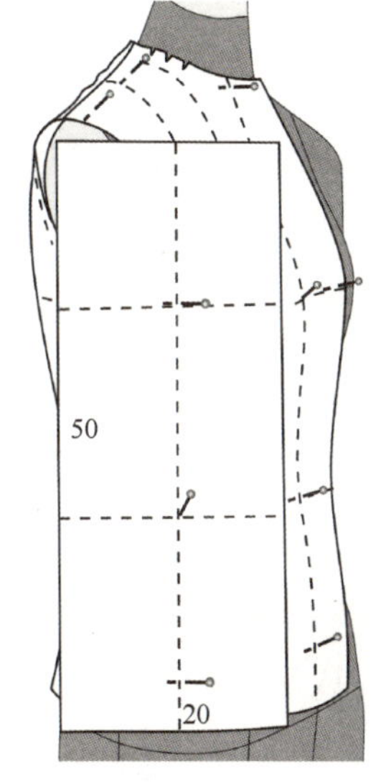

图6–87

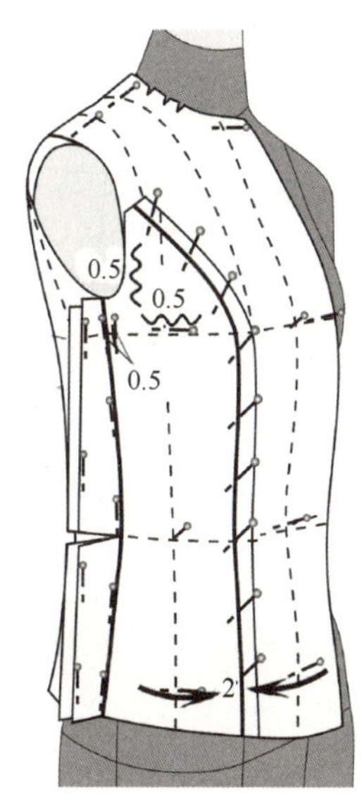

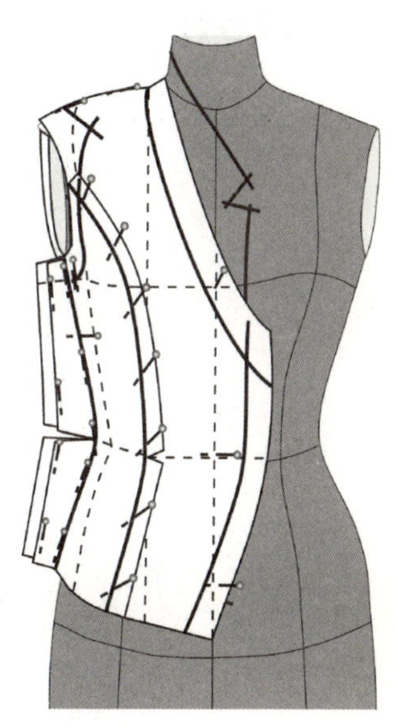

图6–88

3. 衣领，组装

（1）领样准备，由后领口往前装合（图6–89）。

（2）裁剪造型，将布样摆放服帖，装合前领下口（图6–90）。

（3）领上口造型裁剪，不得贴紧脖颈，要保持自然空间。领子、下摆边标线（图6–91）。

（4）组装衣身、领子（图6–92）。

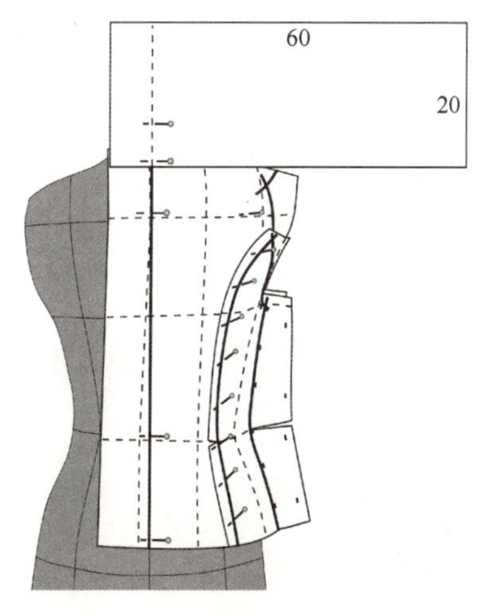

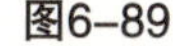

图6–89

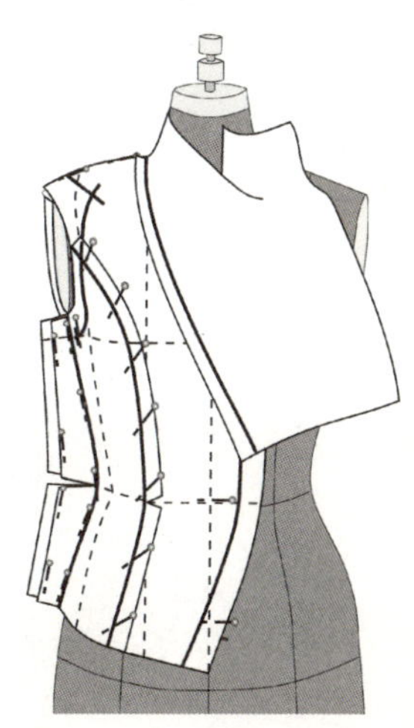

图6–90

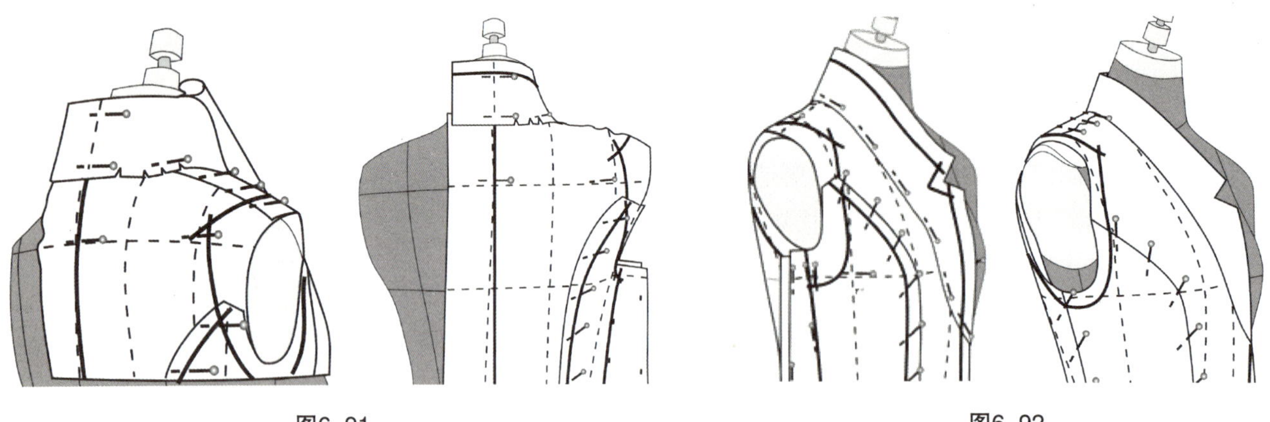

图6-91　　图6-92

4. 衣袖，组装

（1）羊腿袖结构：前后袖片在上中部交叉重叠，袖口稍扩展，袖山留足布样（图6-93）。

（2）袖样裁剪，别合袖中线袖口衩至袖肥这一段，再别合袖底线（图6-94）。

（3）装袖，装合下部袖山。将前上部袖山样拉平，包覆在衣身袖窿上，对着上部袖窿标线盖合袖山缝，剪去余料后袖山裁剪法同前袖山，最后将上部袖中缝重合（图6-95）。

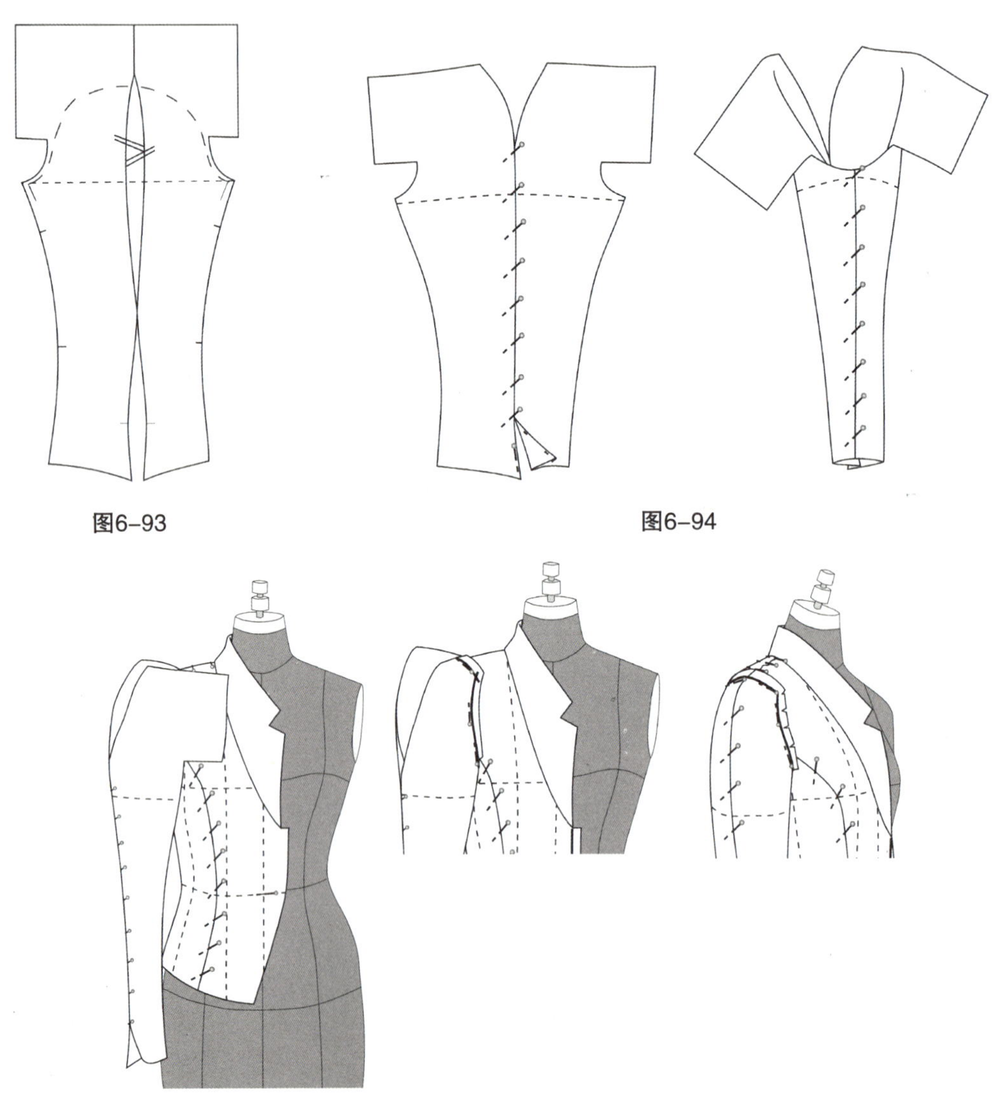

图6-93　　图6-94

图6-95

（4）完成衣袖组装（图6–96）。

（5）裁片整理（图6–97）。

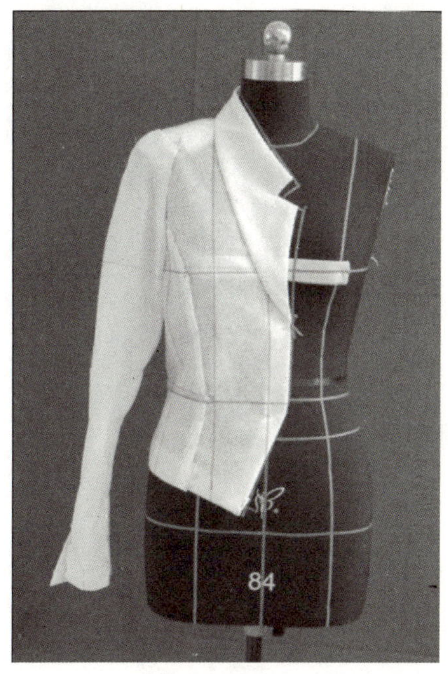

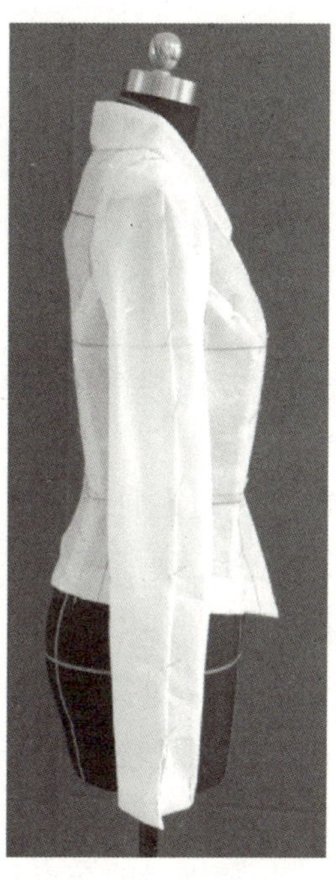

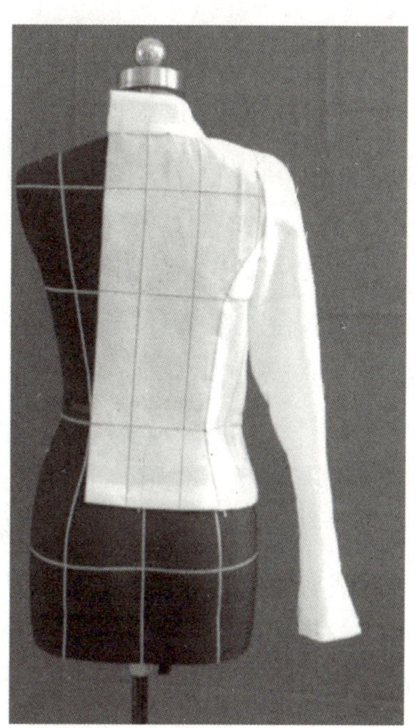

图6–96

图6–97

四、驳领长大衣

波浪褶衣摆款（图 6–98）

本款长大衣气度不俗，颇有立体裁剪特色，收腰贴体波浪褶扩摆型，荡褶型插袋口营造出对比中的对比。交叠式大翻驳领给予你不拘一格，任意翻折的自由自在。

图6–98

1. 前衣身

（1）前衣片布样准备（图6–99）。

（2）在人台上装垫肩，别合前衣片布样，CF外移0.7cm，BP留存0.7cm松量，五点定前片（图6–100）。

（3）领口不作裁剪，留作高驳头造型。固定肩缝，剪开袖窿毛边，塑造胸侧转折面，在手臂上固定。前胸余褶下垂至摆边，标肩缝和袖窿线，在弯背型开刀线上标袋口转角标记“+”（图6–101）。

（4）裁剪肩缝与袖窿，腰围线与袋口转角毛边各个剪开，由袋口转角点起往下拉出前身下摆第一个波浪。拉出荡褶型袋口，折转袋口毛边（图6–102）。

（5）前侧衣片布样准备，将布样中线与腰围线的交点对准人台该处的中心部位固定，摆平布样，使中心线顺直（图6–103）。

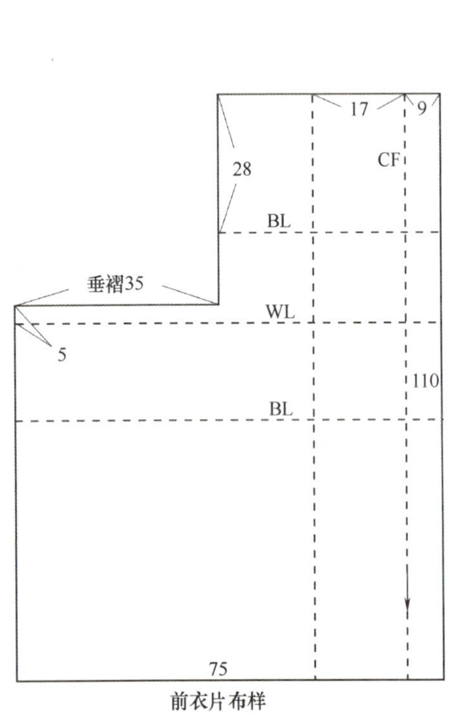

图6–99

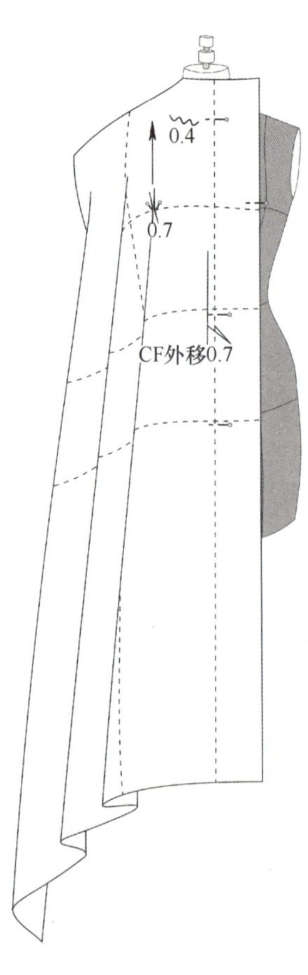

图6–100

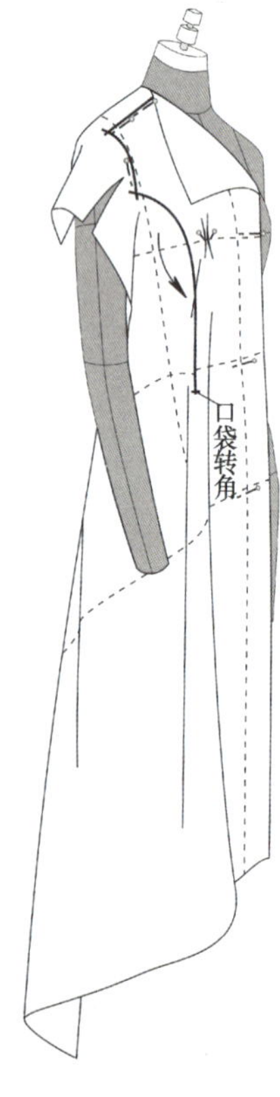

图6–101

（6）在HL上放松量0.5cm，BL上抓捏松量0.8cm，由此往上塑造转折面，松量在转折面上均匀散开，在袖窿纵向有0.5cm松量，固定。由上往下重合刀背缝，至袋口转角处剪开毛边，将前侧片塞进插袋口内，固定袋口两端。标袖窿线。对准BL与袖窿线的侧线交点贴基准标记“+”，侧缝标线上端由“+”外放松量0.8cm，由此往下标侧缝线至袋口（图6–104）。

（7）在袋口与侧线交点拉出前摆第二个波浪、固定，由此往下标完侧缝线，裁剪侧缝毛边（图6–105）。

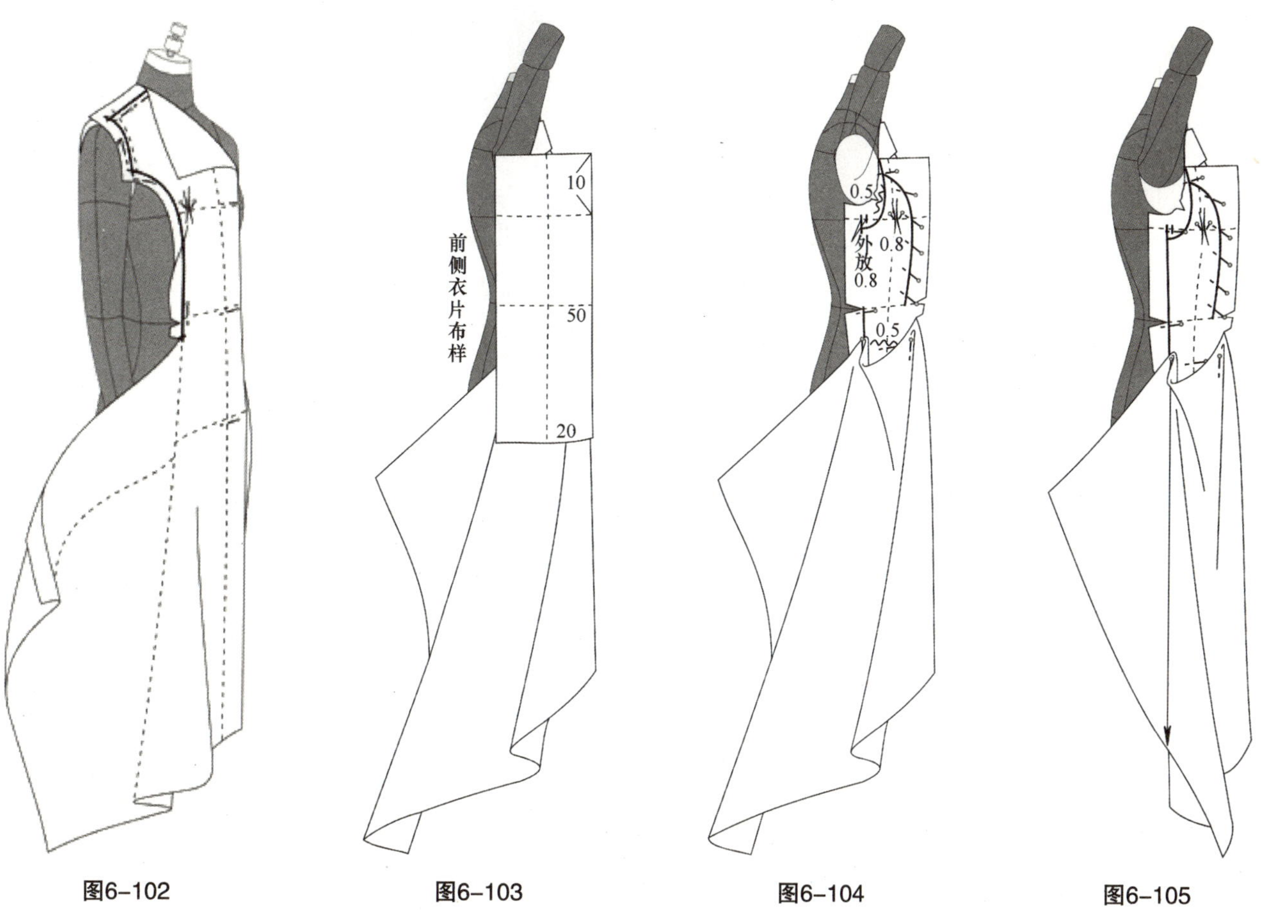

图6–102　图6–103　图6–104　图6–105

2. 后衣身

（1）后衣片布样准备，与前衣片对称，略。后片裁剪。CB在下端撇进4cm，在背宽线处纵向放松量0.4cm，背宽线在肩胛骨点放松量0.7cm，由此处再往上理直布丝，使后领口出现0.4cm松量。裁剪、固定领口，标贴、固定CB（图6–106）。

（2）整理廓型，将肩背部浮余量归拢在肩部中央，剪开袖窿毛边，塑造三围的正、侧转折面（图6–107）。

（3）裁剪、重合肩缝。标肩缝、袖窿与开刀线，在胸围线上有松量1cm。裁剪开刀缝，剪开腰围线与开刀缝交点毛缝，由此往下拉出第一个波浪。折转刀背缝转角以下的毛边，在侧缝上与前袋口对齐固定，并在该点拉出与前身大致对称的第二个波浪，垂直往下标侧缝线（图6–108）。

（4）折转前侧片侧缝毛边，后侧衣片布样准备。别合方法同前侧衣片（图6–109）。

（5）BL处抓捏1.5cm松量，固定中线，重合刀背缝转角以上部分，转角以下是盖合。中线要适中垂直，转折面结构平衡。抓合侧缝，标摆缝线，剪去各部多余毛边（图6–110）。

（6）组装衣身。

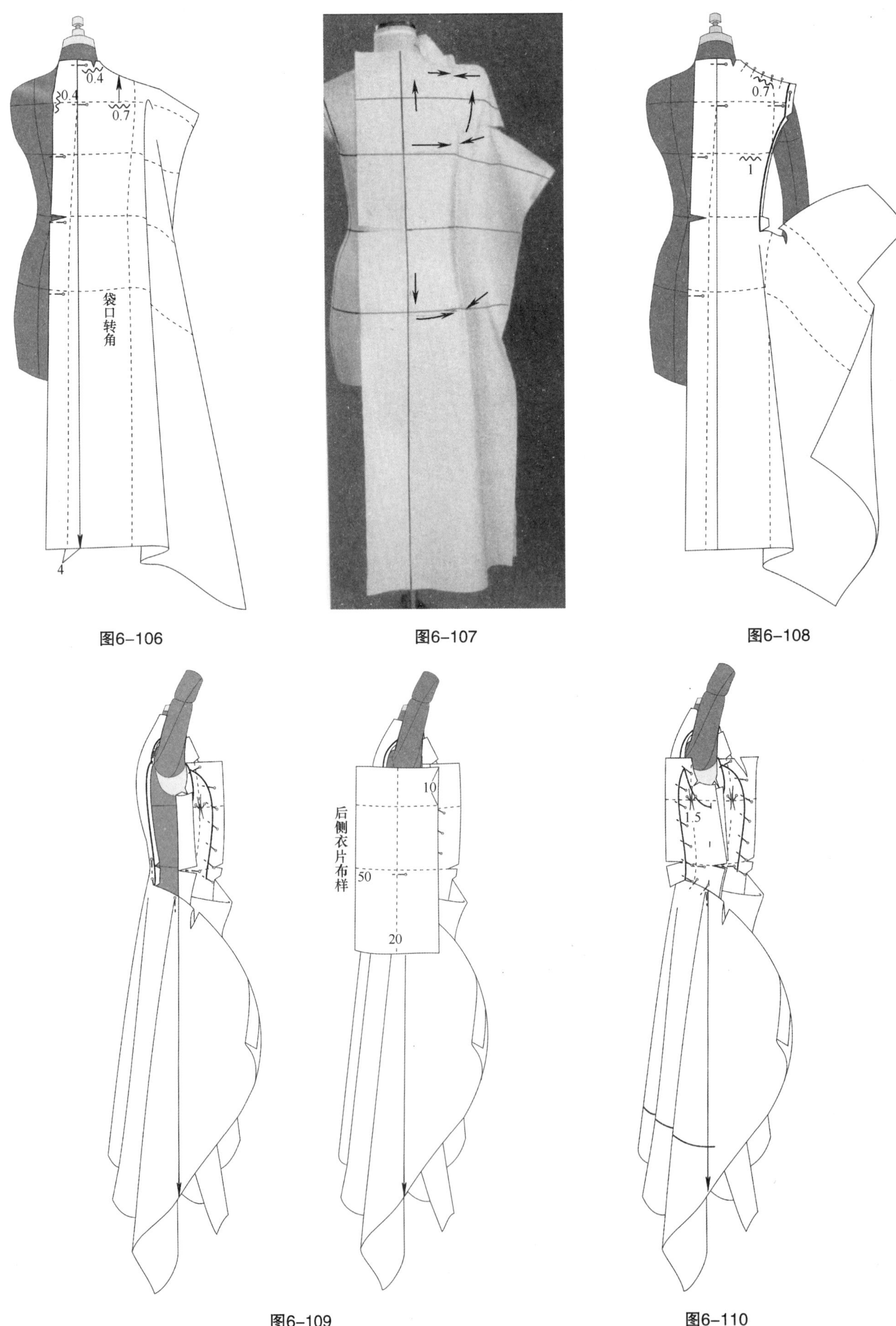

图6-106

图6-107

图6-108

图6-109

图6-110

3. 交叠式大翻驳领

（1）交叠式大翻驳领裁剪：与普通翻驳领不同之处是翻领与驳头分离、交叠，可以自由翻折（图6–111）。

（2）袖子裁剪（两片袖），组装。（图6–112）。

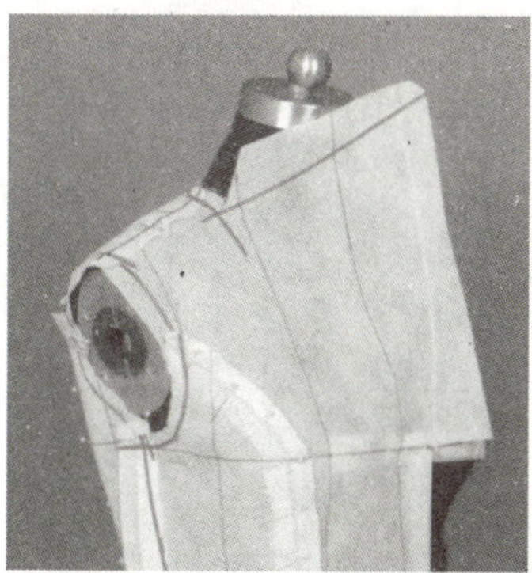

领口与驳头标贴

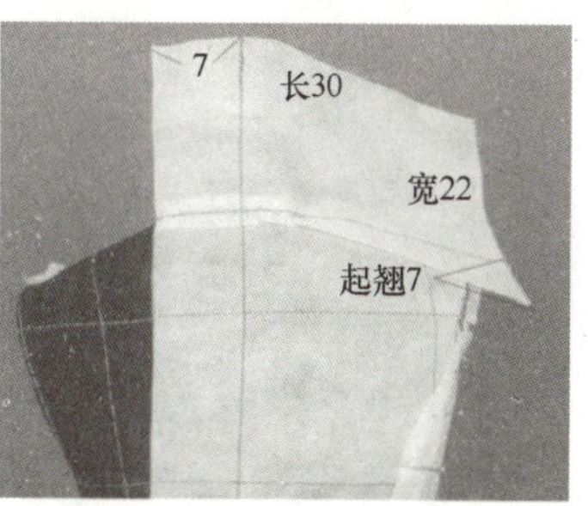

领样准备，由后往前裁剪翘量，装合至前领口转角

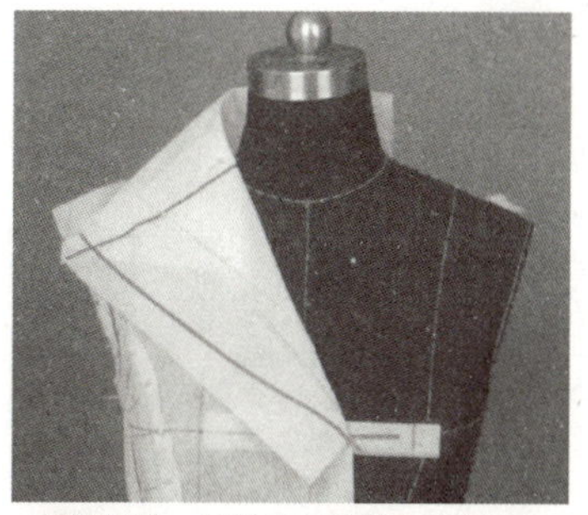

翻折领样，暂时将驳头叠在上层

标前领角边线即串口线

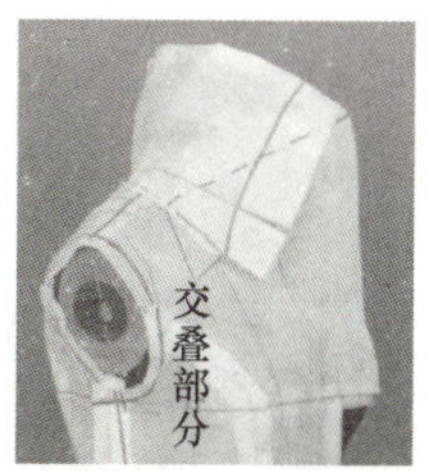

竖起领样，再标前领角边线和前领口转角以下与驳头交叠的下口线，装合

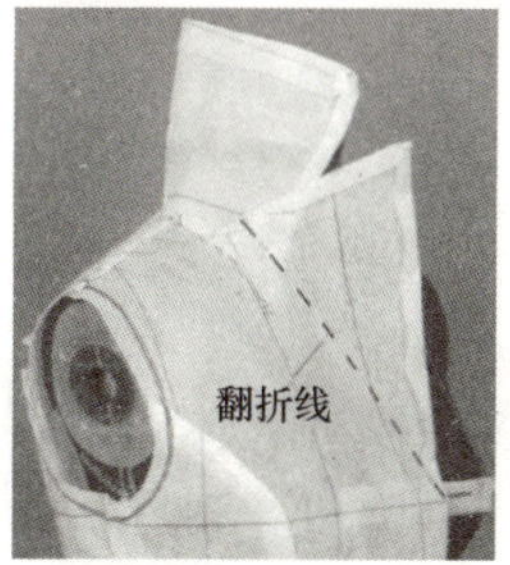

组装驳头、翻领，将领子叠在驳头上层

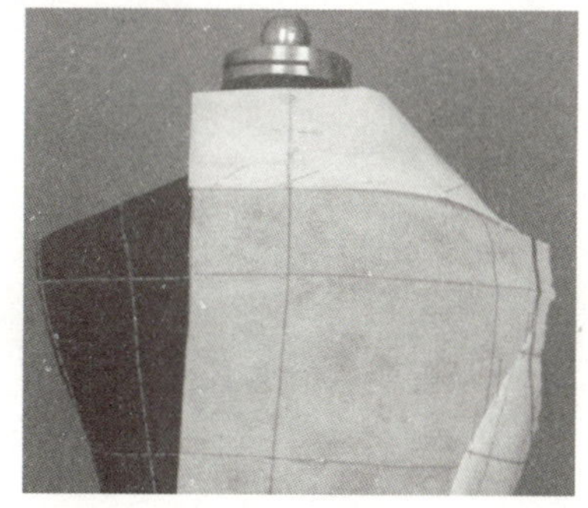

图6–111

图6–112

（3）结构图展示（图6–113）。

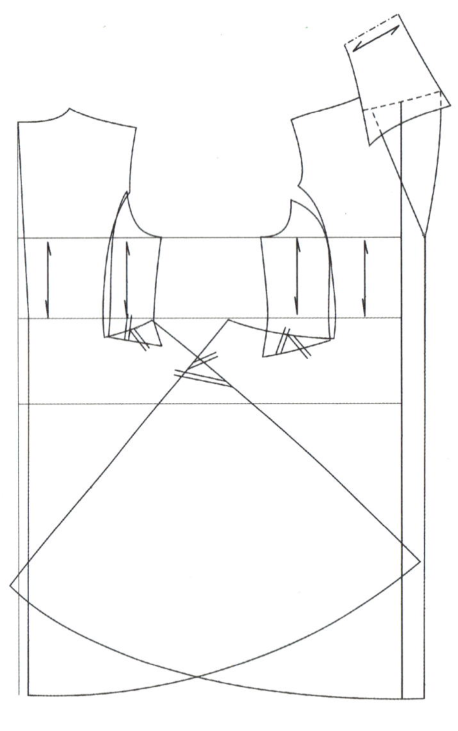

图6–113

第三节 四、五面构成连袖衫

一、四面构成连袖衫

四面构成适合贴体造型，该款服装的连袖及连领造型颇具特色。

A款（图6–114）

1. 前连袖片

（1）在人台上装龟背形垫肩，标连袖中线、连身立领线，肩宽点（图6–115）。

（2）前衣片布样准备（图6–116）。

（3）设定搭门宽，折转前止口毛边，固定CF，BP存放0.5cm松量，由此往上推直布丝，使领口出现0.3cm松量，在侧下方固定。粗裁连身立领，在距离SNP肩颈基准点2cm处标连身立领基点，固定领口与肩缝，塑造胸侧转折面，布样在手臂与胸侧出现“∧”形沟，在沟两侧固定转折面（图6–117）。

图6–114

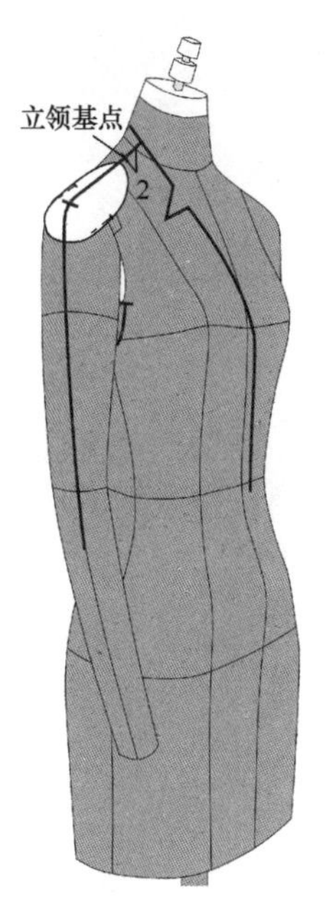

图6-115

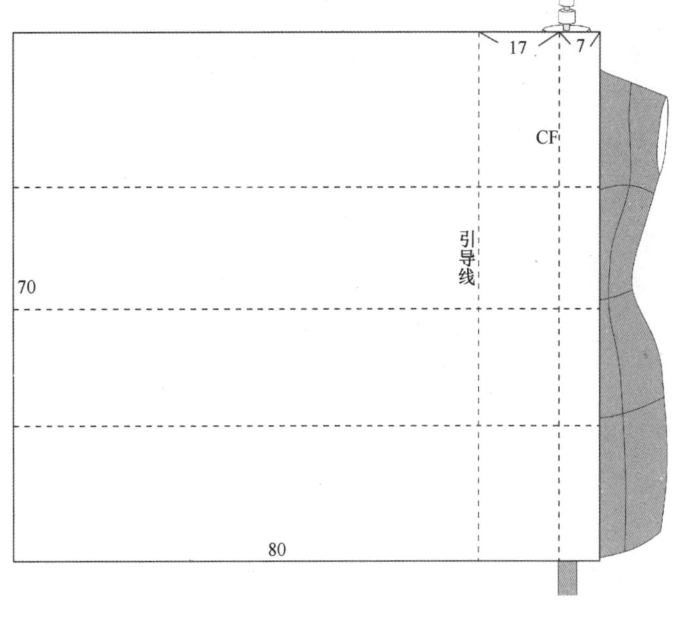

图6-116

（4）在“∧”形沟内标袖窿基点“*O*”：贴着腋窝由BL往上3~4cm。由此往下标刀背缝线，根据款式风格吸腰扩摆。从下往上剪开刀背缝毛边至“*O*”，固定上部刀背缝，在“*O*”点以上转折面和BP内侧刀背缝上纵向各稍留松量，使转折面饱满，刀背缝服帖（图6-118）。

（5）抬起手臂保持45°~60°倾斜，理顺手臂上的布样，多余料往手臂内侧包转，标连袖中线至臂肘下方，固定袖中线（图6-119）。

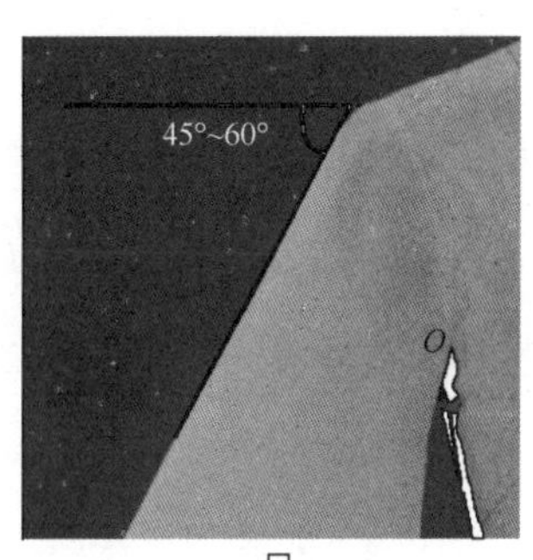

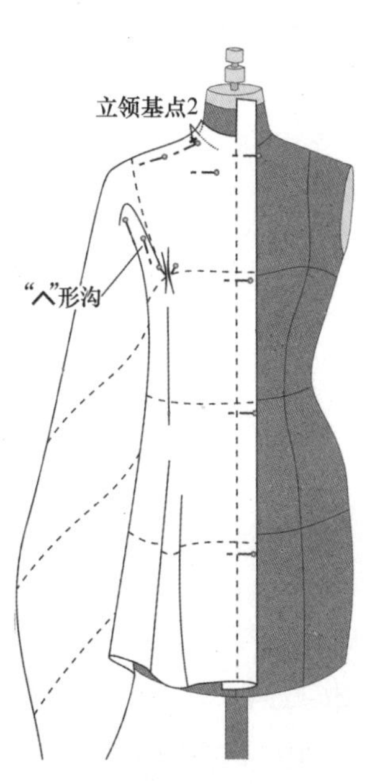

图6-117

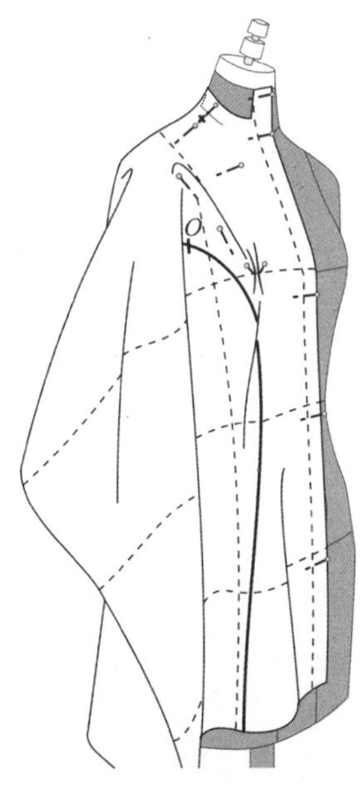

图6-118

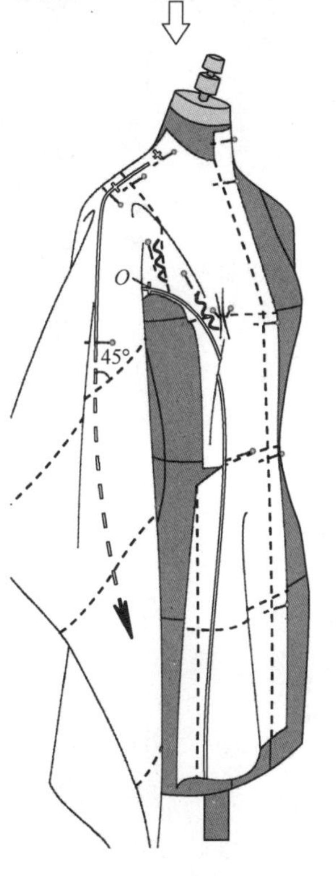

图6-119

2. 前侧片

（1）前侧衣片布样准备，将布样中线与腰围线的交点对准人台该处的中心部位固定，摆平布样，使中心线顺直（图6–120）。

（2）将前衣片WL以下刀背缝扩摆部分沿直丝往前中线方向折转。前侧衣片中线捏缝腰省1.5cm，剪开WL上两侧毛边，塑造胸侧转折面，使袖窿侧稍有松量。重合WL以上公主线毛缝。WL以下布样摆放平顺，与折转的前片刀背线毛缝平行抓合。由“O”点往下标袖窿与侧缝线，侧缝线上端由BL与侧线基准交点“+”外移0.5cm，往下吸腰扩摆，扩摆量要两侧对称，剪去WL以上多余毛边（图6–121）。

（3）粗裁袖样，将袖中线延长至袖口固定，在臂前侧捏缝松量：袖肥、袖肘各2cm，袖口1.5cm（图6–122）。

（4）将“O”点以下前袖部分翻开摊平，标与袖窿对称的袖山弧线，剪去多余毛边。将布样向内侧包转，与手臂内袖缝线固定、标线，剪去多余毛边（图6–123）。

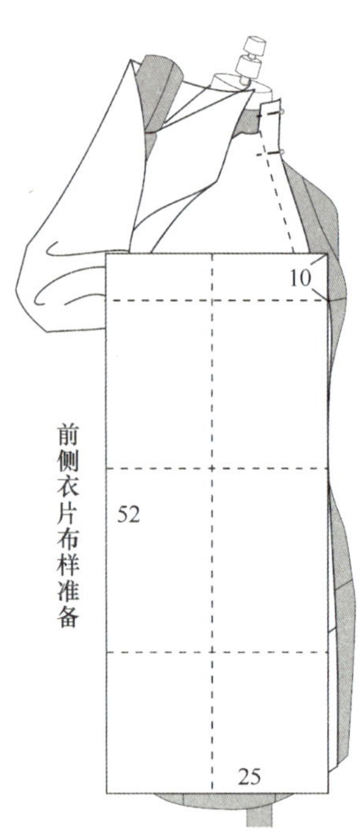

图6–120

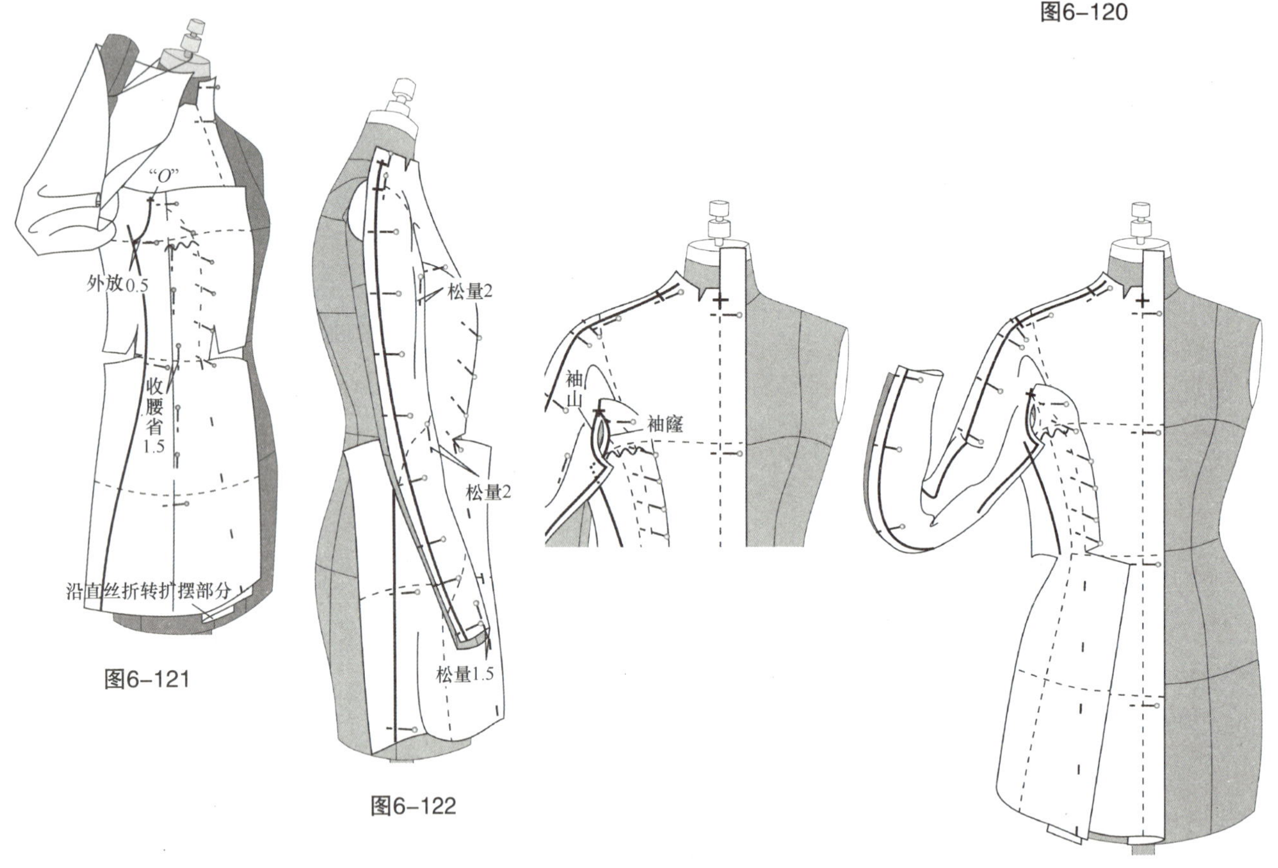

图6–121

图6–122

图6–123

3. 后衣身

（1）后衣片布样准备，与前对称（略）。后衣片裁剪，固定背宽线，后中线在摆边处撇进2cm，标CB。塑造背侧转折面，在手臂与背侧出现“⌃”形沟，在沟两侧固定转折面（图6–124）。

（2）裁剪、固定后领口。裁剪、重合后肩缝，肩部余量归拢在肩缝中段，用与前片相同的方法，在“⌃”形沟内标袖窿基点“O”，会稍微低于前基点。在BL以下对着肩胛骨捏缝腰省1.5cm，标刀背缝线，下部扩摆量与前片相似（图6–125）。

（3）从下往上剪开刀背缝毛边至“*O*”，往侧前方抬起手臂，倾斜度要约小于前身，以适应背部的扩展需要。布样往臂下内侧包转（图6–126）。

（4）后侧衣片布样准备、别合方法同前侧衣片（图6–127）。

（5）剪开WL两侧毛边，塑造背侧转折面，胸围发松量1cm。在WL以上与后衣片在刀背线上作悬空别合，剪去多余毛边（图6–128）。

（6）从“*O*”往下，在后侧衣片上标袖窿线，袖窿、刀背缝裁剪方法与前侧衣片相同。之后平行抓合WL以下刀背缝（图6–129）。

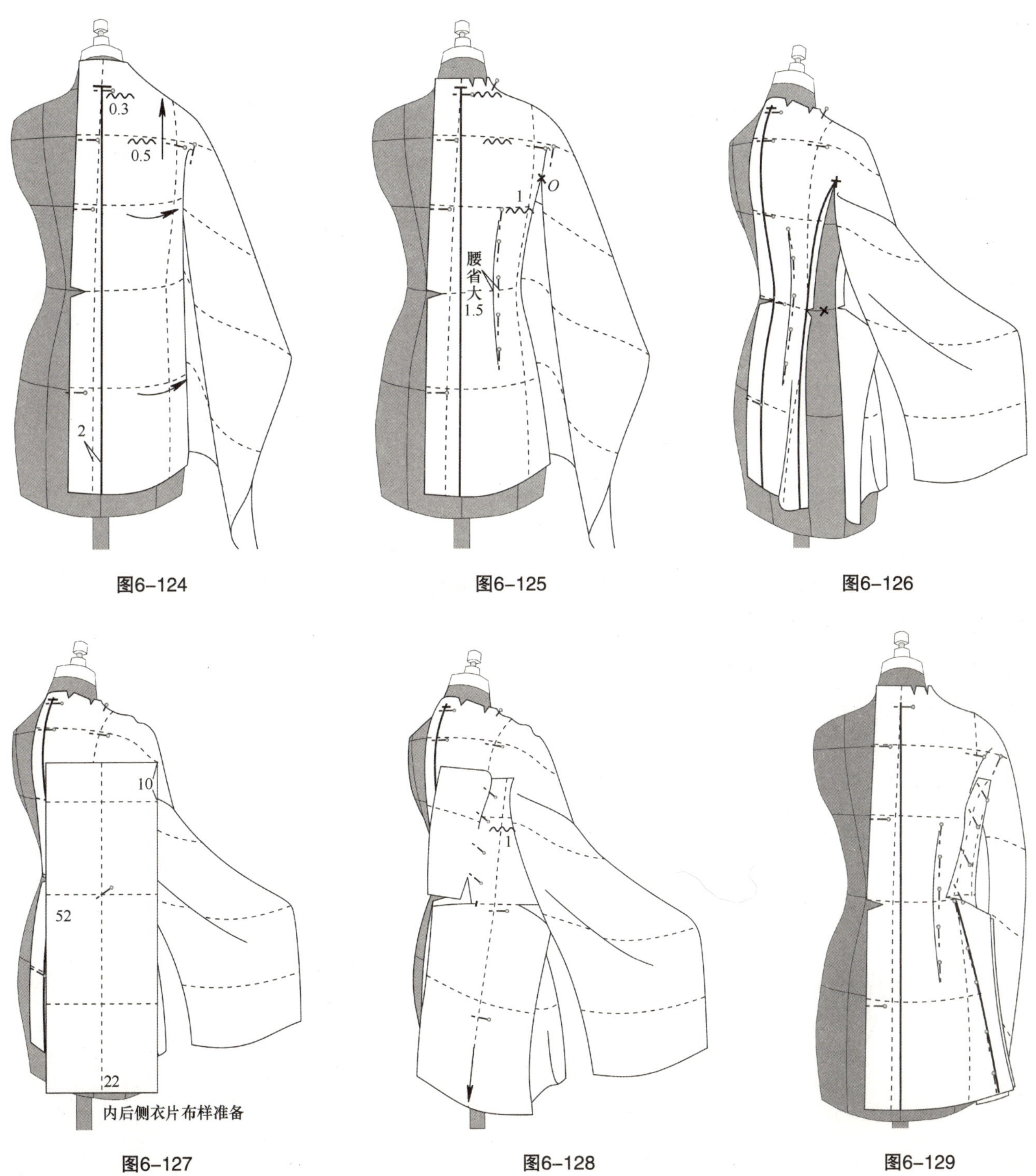

图6–124　图6–125　图6–126

图6–127　图6–128　图6–129

（7）理顺手臂上后袖布样，重合袖中线毛缝，肩缝处有吃势，剪去缝上多余毛边。布样由外袖向臂内侧折转，后臂侧袖肥处捏缝松量，袖口松量按袖口大小来捏缝，理顺后袖缝形态，标袖中线（图6–130）。

（8）抬起手臂，理顺后片连袖的内袖部分，将肘部出现的余褶捏缝袖肘省。后袖布样顺着臂内侧线摆顺，与前袖在内袖重合缝上、标线，再由“*O*”点往下，在后袖样上标与后袖窿对称的后袖山线，最后将袖山与袖窿装合（图6–131）。

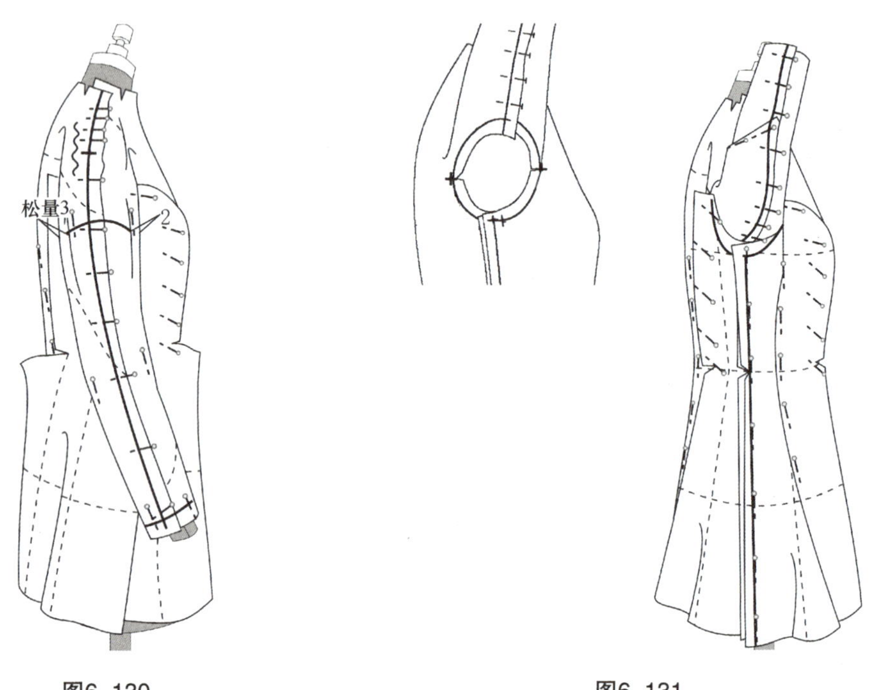

图6–130　　　　图6–131

4. 衣领，组装

（1）领子裁剪，本款属前连后装式立领。标后领口净线，SNP由原型颈肩点外移2cm。装后立领，领样前端起翘，在肩缝上与前身立领盖别服帖，要有立体感，上口要有适度空隙，标上口线，后领侧宽线与肩缝线相接（图6–132）。

（2）钉扣子、标门襟、边线，剪去多余毛边（图6–133）。

（3）组装，裁片展示（图6–134）。

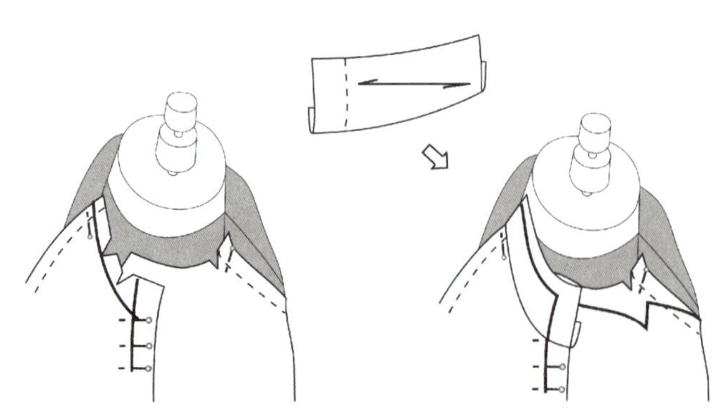

图6–132

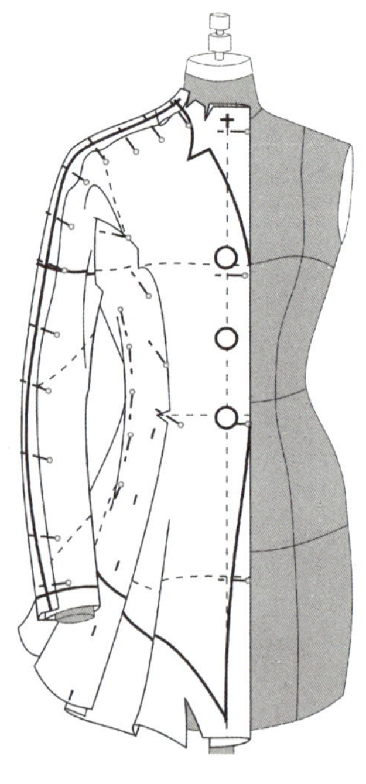

图6–133

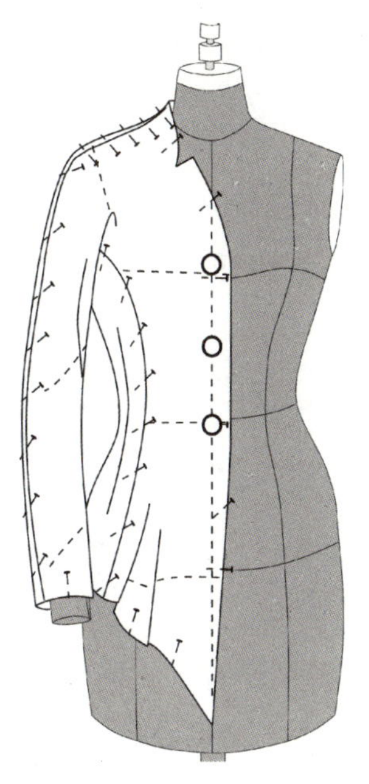
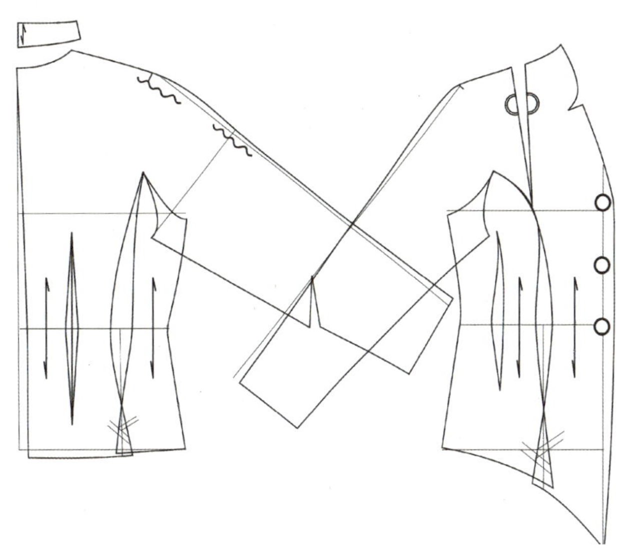

图6-134

二、五面构成连领连袖衫

巴伦夏加款（图 6-135）

本款“省”去了一般服装应有的领口和袖窿，领、袖与衣身相连，与衣身各构成面连成一体，菱形分布的扣饰，门襟造型效果非同凡响。

1. 前衣身

（1）在人台上装圆垫肩。前衣片布样准备，固定CF（图6-136）。

（2）钉扣子，布样要适当放松量。标门襟与开刀线，剪去多余毛边（图6-137）。

（3）前第一侧衣片连身领布样准备、别合。将布样摆成随体转折状，引导线往下垂直（图6-138）。

（4）剪开有碍于布样造型的毛边，理顺体侧转折面。理顺连身立领，让领上口往外扩展。在人体与布样之间构成合适的空间，在BL上放空间量0.5cm。第一条开刀缝盖合、标线；标第二条开刀线，剪去多余毛边（图6-139）。

（5）前第二侧衣片连身领连身袖布样准备、别合。裁剪，引导线在BL以下摆正，BL以上往领口倾倒，该衣片位于前身与腋侧面转折处，上部又是与领、袖相连，塑型难度较大（图6-140）。

（6）理顺胸侧转折面造型，剪开颈窝与WL处布样毛边，布样下摆捏放松量2cm，标线、重合该样第一条开刀线，标第二条开刀线与连袖线，剪去多余毛边（图6-141）。

图6-135

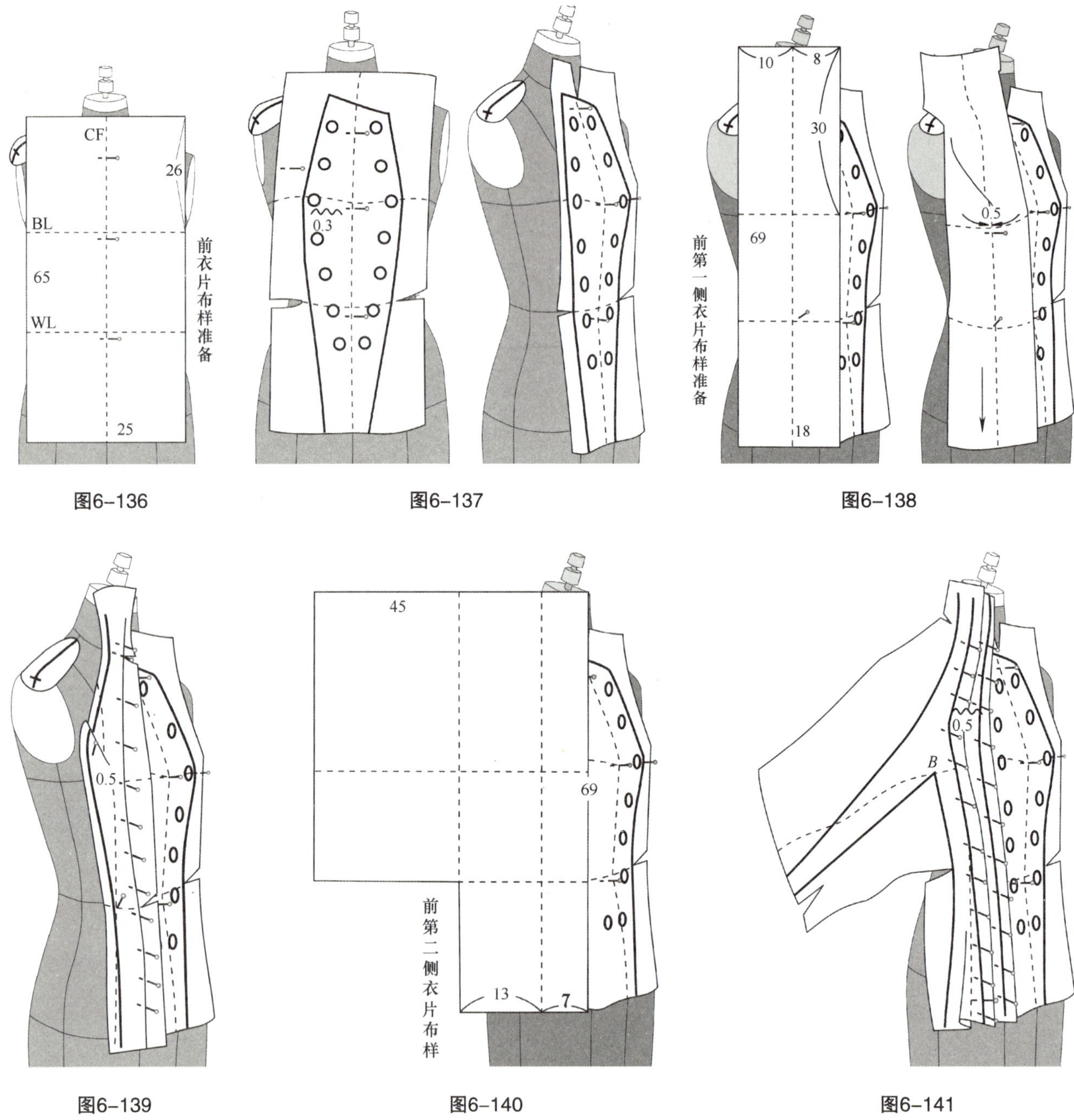

图6-136 图6-137 图6-138

图6-139 图6-140 图6-141

2. 后衣身

（1）后衣片布样准备，固定CB（图6-142）。

（2）在后领口、背宽、胸围处放松量，裁剪，标开刀线，剪去多余毛边（图6-143）。

（3）后侧片裁剪。装合布样，要使背宽线、三围线与人台基准线自然对合（图6-144）。

（4）剪开WL处毛边，剪去颈窝处有碍造型操作的毛边。理顺背侧转折面，在人体背侧面与布样之间塑处一个合适的空间。标出、重合后身第一条开刀线，剪去多余毛边。第二条开刀线与连袖开刀线裁剪操作法同前身第二侧片，腋前点、腋后点下转折点*B*、点*C*要在同一水平线上（图6-145）。

（5）剪去多余毛边，比较观察前、后侧的连袖样片状态，测出连袖腋下开刀线长度（图6-146）。

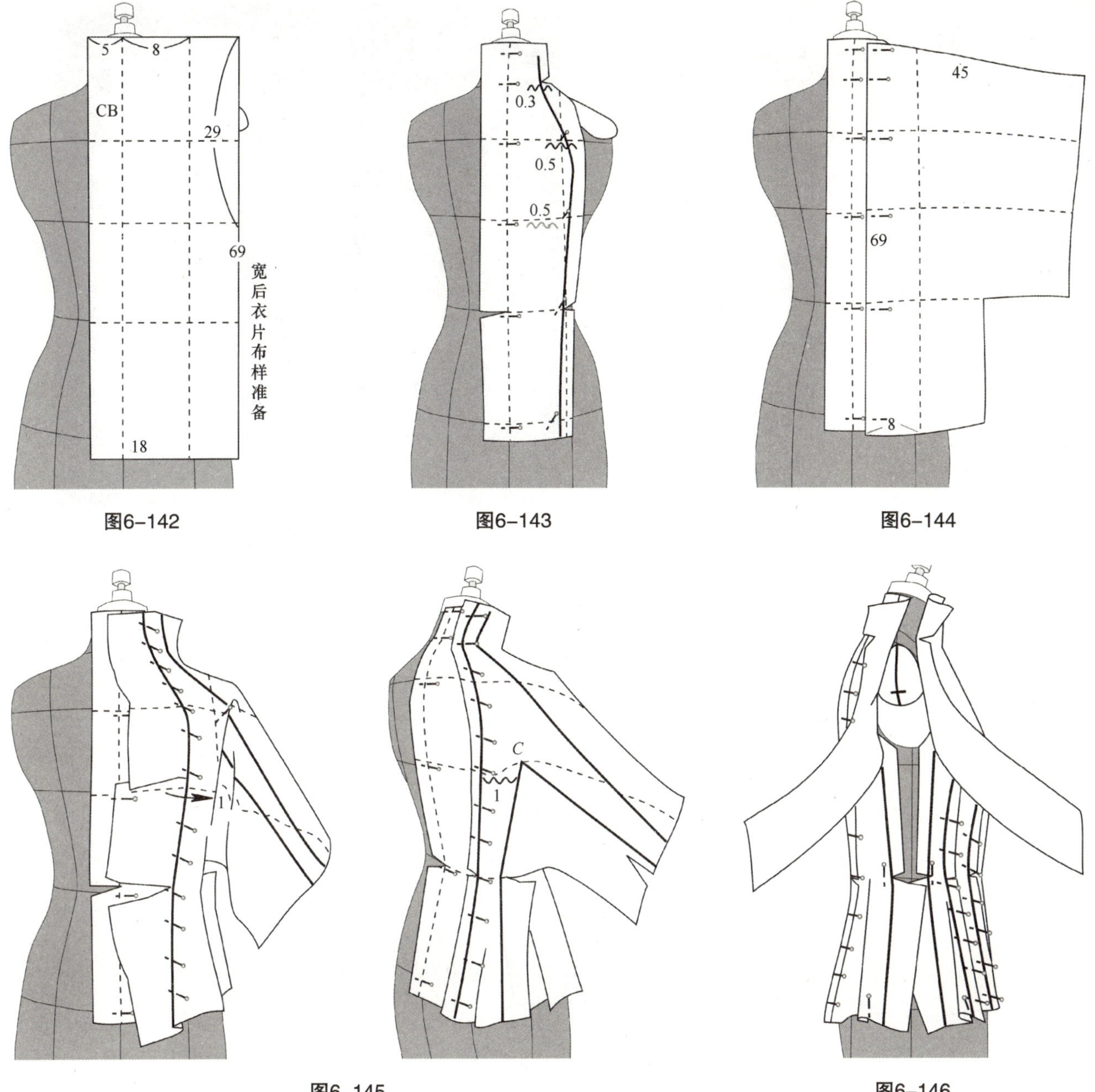

图6-142 图6-143 图6-144

图6-145 图6-146

3. 腋侧片，连袖中心片，组装

（1）腋侧片布样准备。中心线与人台侧缝线对合，BL与WL各与人台和前后侧片布样对接，在腋下中线BL捏缝1cm松量，剪开WL处毛边，WL以下部分布样两侧毛边与前后侧毛边平行抓合。WL以上部分两侧毛边作重合，在袖口处要收小（图6-147）。

（2）袖中心片布样准备，布样中线与人台肩缝对合（图6-148）。

（3）在肩端点以上部分要剪开，作为肩缝。靠颈脖处布样起立（图6-149）。

（4）塑造前后肩侧转折面，余褶推向肩缝线，各在线下固定，抓合肩缝毛边。作连身立领造型，上口稍作扩展，起立自然，各片结合整齐有序，不皱不涟。摆边、领子上口、袖口标线，剪去多余毛边（图6-150）。

（5）组装（图6-151）。

（6）结构图展示（图6-152）。

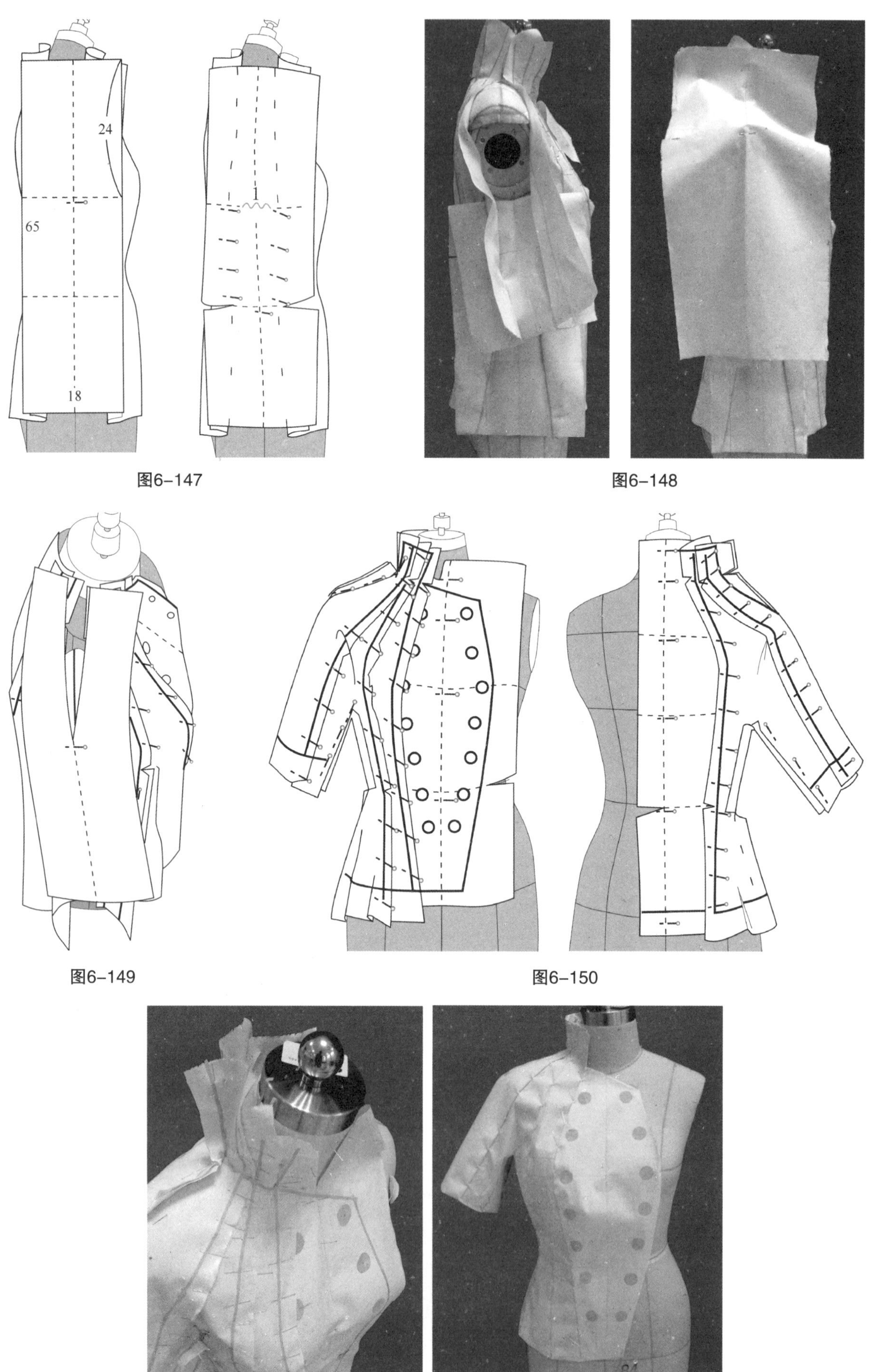

图6-147

图6-148

图6-149

图6-150

图6-151

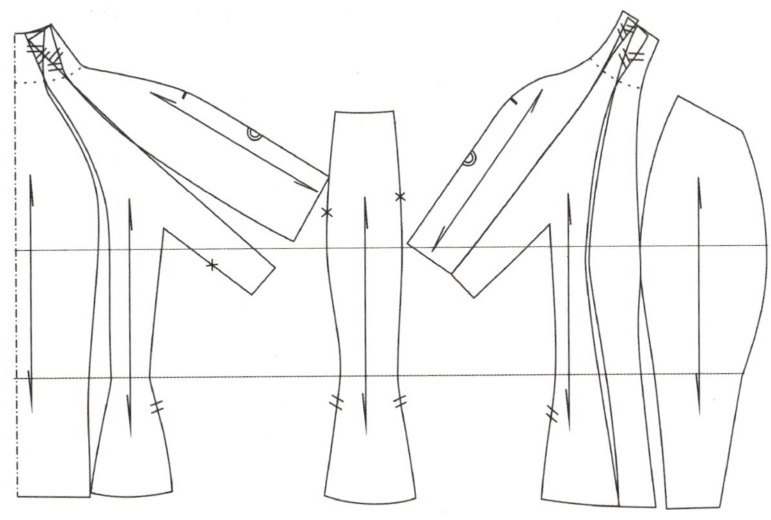

图6-152

思考、技能训练题

1. 收腰的款式，如西服，在平面制板、立体操作中的胸围大92cm，组装后的样衣胸围则会小于这个尺寸，为什么？用实践来解答这个问题。

2. 按顺序立体裁剪本章款式。

3. 立体裁剪图6-153所示款式。

4. 拓展练习图6-154所示款式。

图6-153

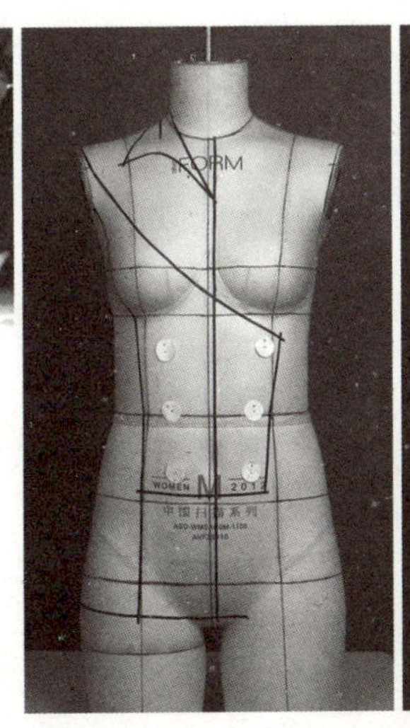

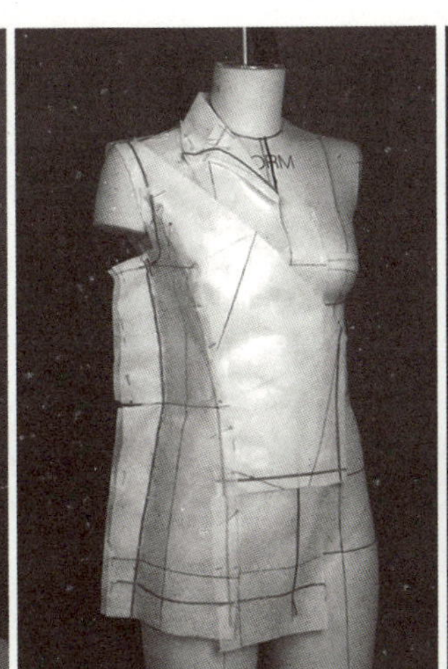

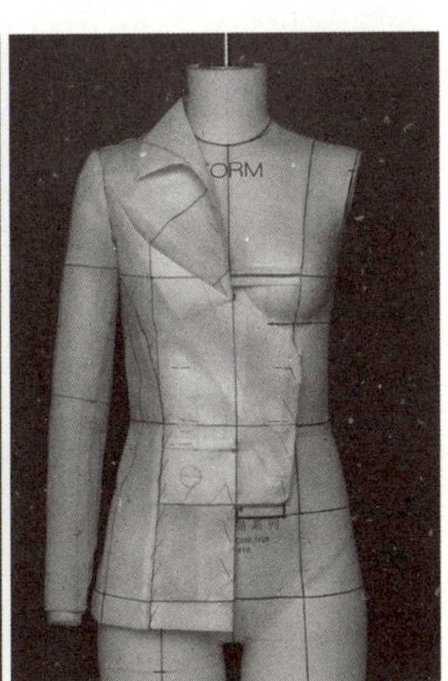

图6-154

连衣裙

课程名称： 连衣裙

课程内容： 五款连衣裙造型特色：一个“褶”字便可概括。首款巴黎90°转折连衣裙，应用抓褶技法，让裙身的竖条纹90°转弯成了横条纹。侧面悬垂褶连衣裙由侧面悬垂褶作宽松造型。正面垂褶型针织连衣裙，为迪奥之作，垂褶则起了收腰、贴体的作用。夏奈尔蓬蓬袖连衣裙，通过褶的聚散产生从上至下、由内而外的连贯式造型。最后一款美女晚装是多样化的褶造型。

教学时间： 50课时。

教学目的： 使学生褶造型技术，掌握用褶塑造不同连衣裙廓型的本领。加深对于褶造型规律的把握。

教学重点： 巴黎90°转折连衣裙的抓褶技法，正、侧面悬垂褶造型，蓬蓬袖造型，美女晚装的前身造型。

[第七章]

连衣裙

连衣裙造型能纵横捭阖、跨越四季，任人尽情挥洒，全方位地展现出女性体型美之特质。为天桥骄子、骄女们提供了风姿多彩的表演空间，是最能展现立体造型特色的一个服装大类，在不同场合各领风骚。该品类从其功能性来看，可分为日常服和礼仪装两大类。

第一节　侧缝斜褶连衣裙

条状图案面料造型（图 7-1，彩页 01）

巧用抓褶造型，使面料纱向产生90° 转变，彩条由竖条，渐变为横条，侧缝向正面偏斜，颠覆了侧缝设置在侧中的概念，彩条在此呈现阶梯状对接，变化丰富，且令人一目了然。

1. 人台，前衣身

（1）人台标线，侧缝线向一边偏斜（图7-2）。

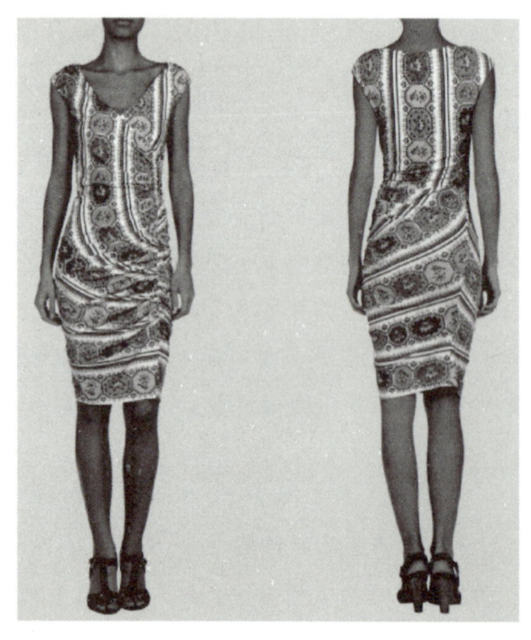

图7-1

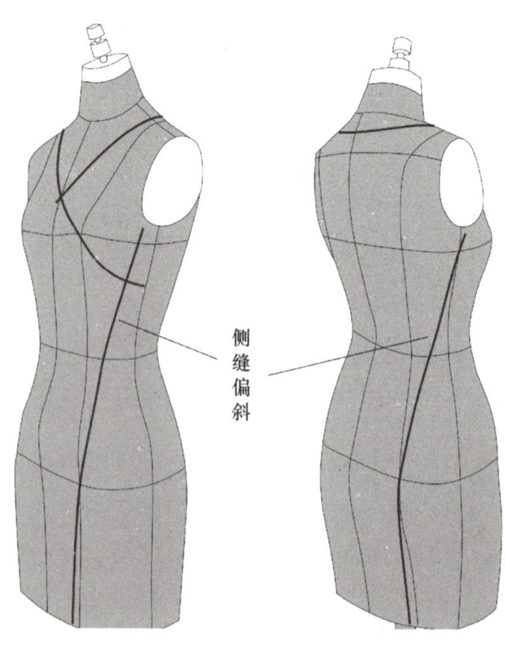

图7-2

（2）左前上部布样准备，别合CF（图7–3）。

（3）BP固定、放0.5cm松量。理平布样，将浮余量推向BP下方，沿开刀缝收拢成碎褶，并留出1.5cm的空间量。各部裁剪、标线（图7–4）。

（4）右前大身布样准备，别合CF（图7–5）。

（5）BP固定，放0.5cm松量。理平前胸与左侧布样。推出胸侧转折面，浮余量落向BP下方。裁剪领口、前侧襟拼接缝，肩缝与袖窿，固定各部，标线（图7–6）。

（6）在左侧缝上抓褶，直至HL以下，将下摆浮余量旋转上提作褶，要使褶线在右侧缝处自然消失，使连衣裙收摆合体，转折分明，纱向逐渐由直向旋转为横向（图7–7）。

（7）左侧褶量的不断聚集，必然会使右侧缝绷紧，要剪开右侧缝毛边，充分抻开。修剪两侧缝份，标侧缝线（图7–8）。

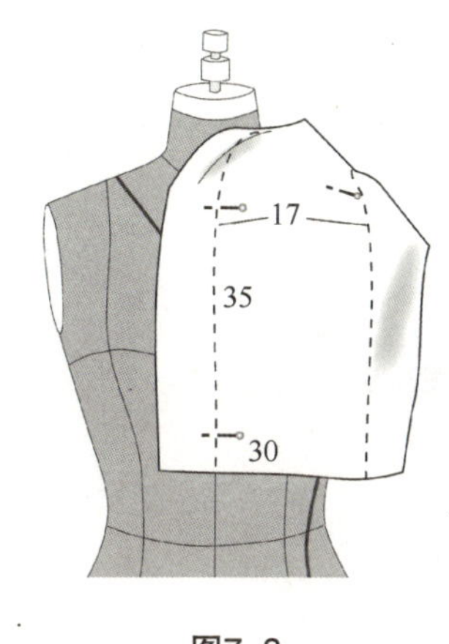

图7–3

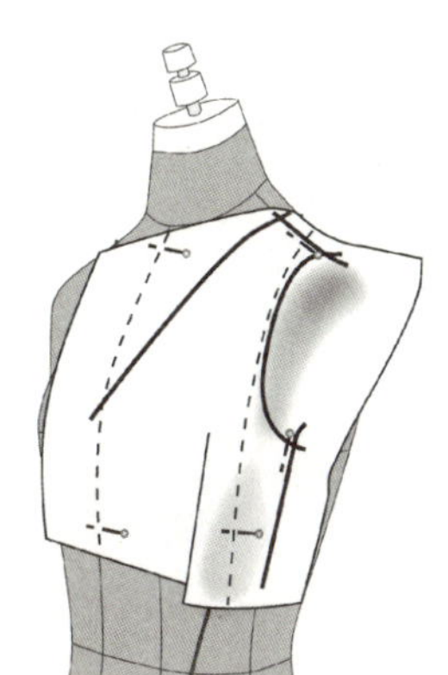

图7–4

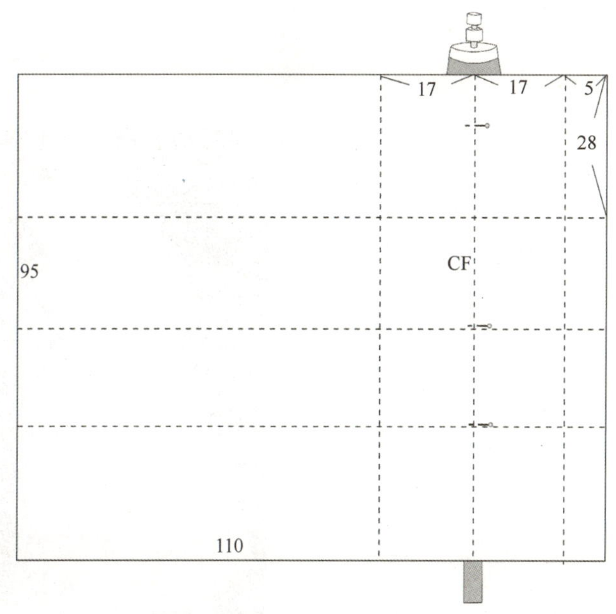

图7–5

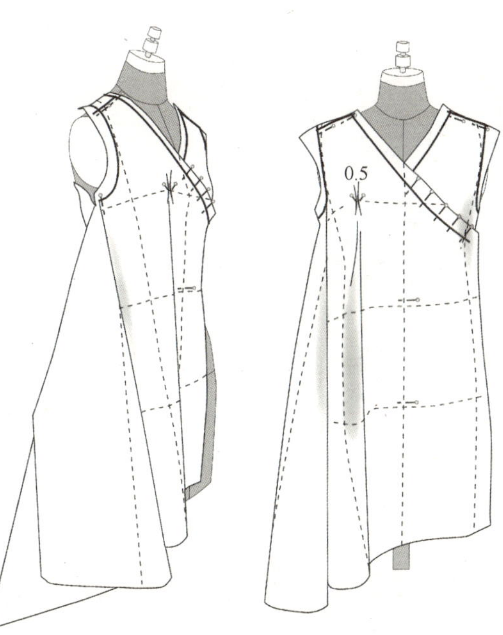

图7–6

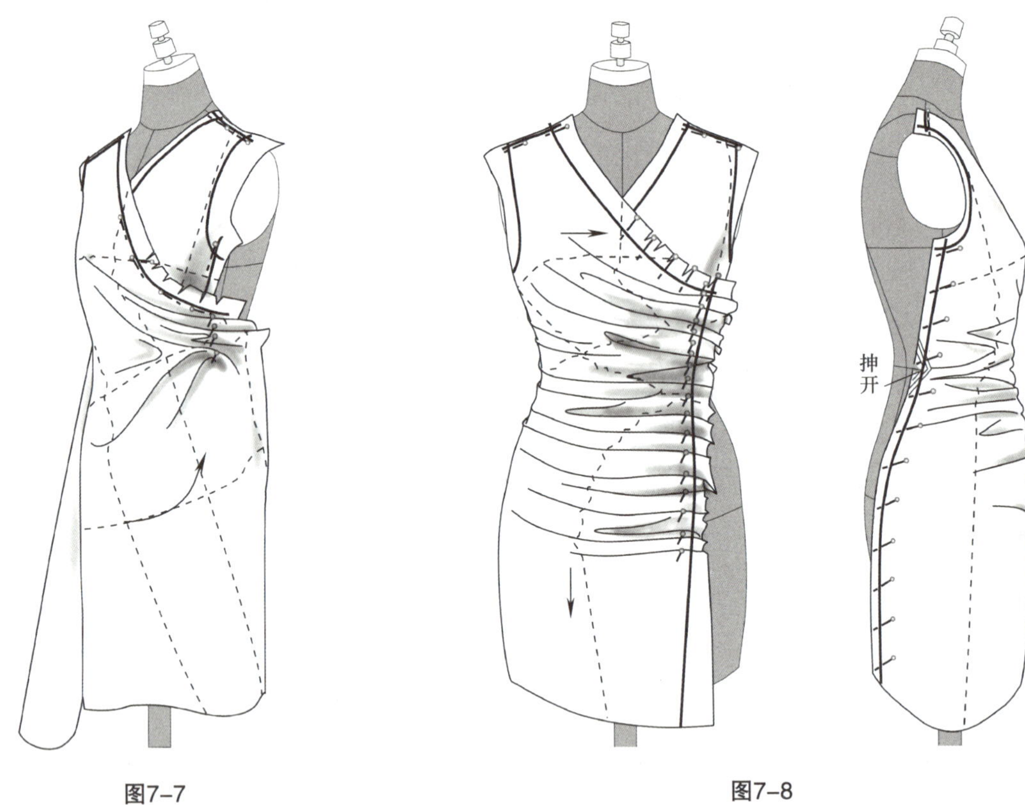

图7-7　　图7-8

2. 后衣身，组装

（1）后身布样准备，别合CB（图7-9）。

（2）理顺后身上部布样，领口、袖窿裁剪，标线。布样由左右两侧绕往前身（图7-10）。

（3）左侧缝往下抓褶，直至HL以下。右侧布样要剪开缝边，使布样贴身，褶纹到右侧缝消失（图7-11）。

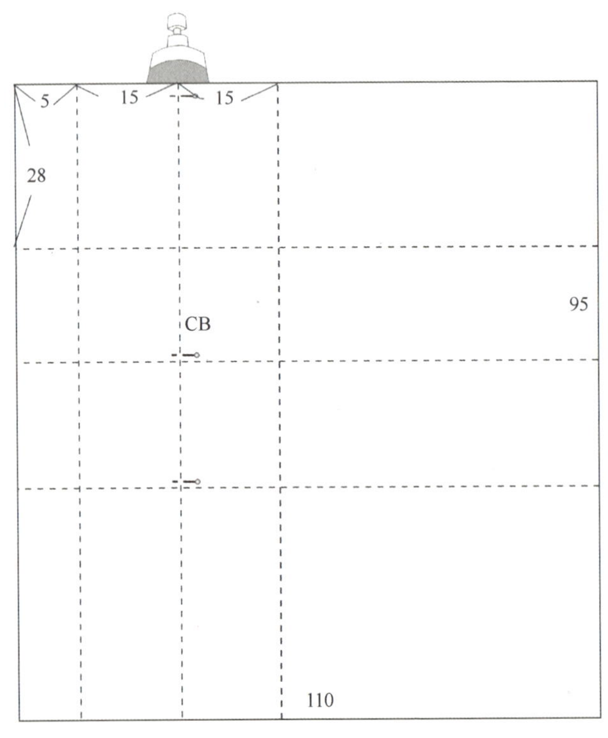

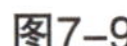
图7-9

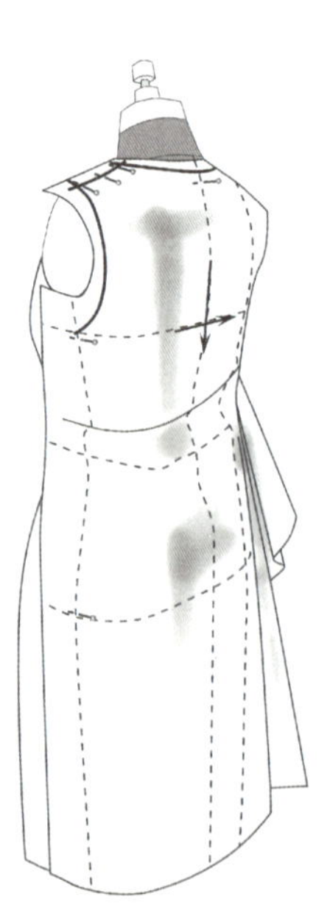

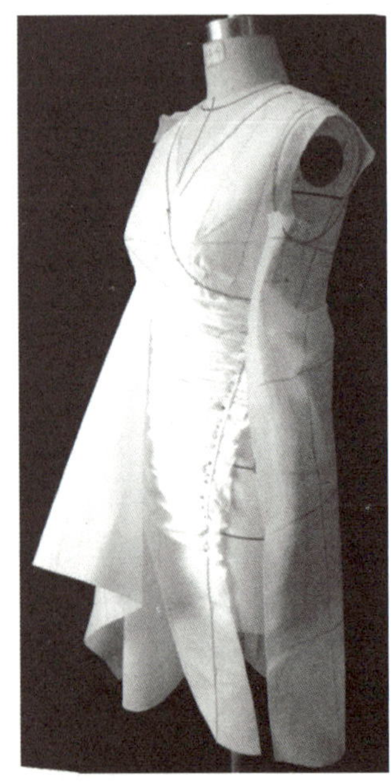

图7-10

（4）纱向逐渐由横旋转为直向。裁剪，缝边，标侧缝线和前、后中线（图7-12）。

（5）组装（图7-13）。

（6）整理裁片（图7-14）。

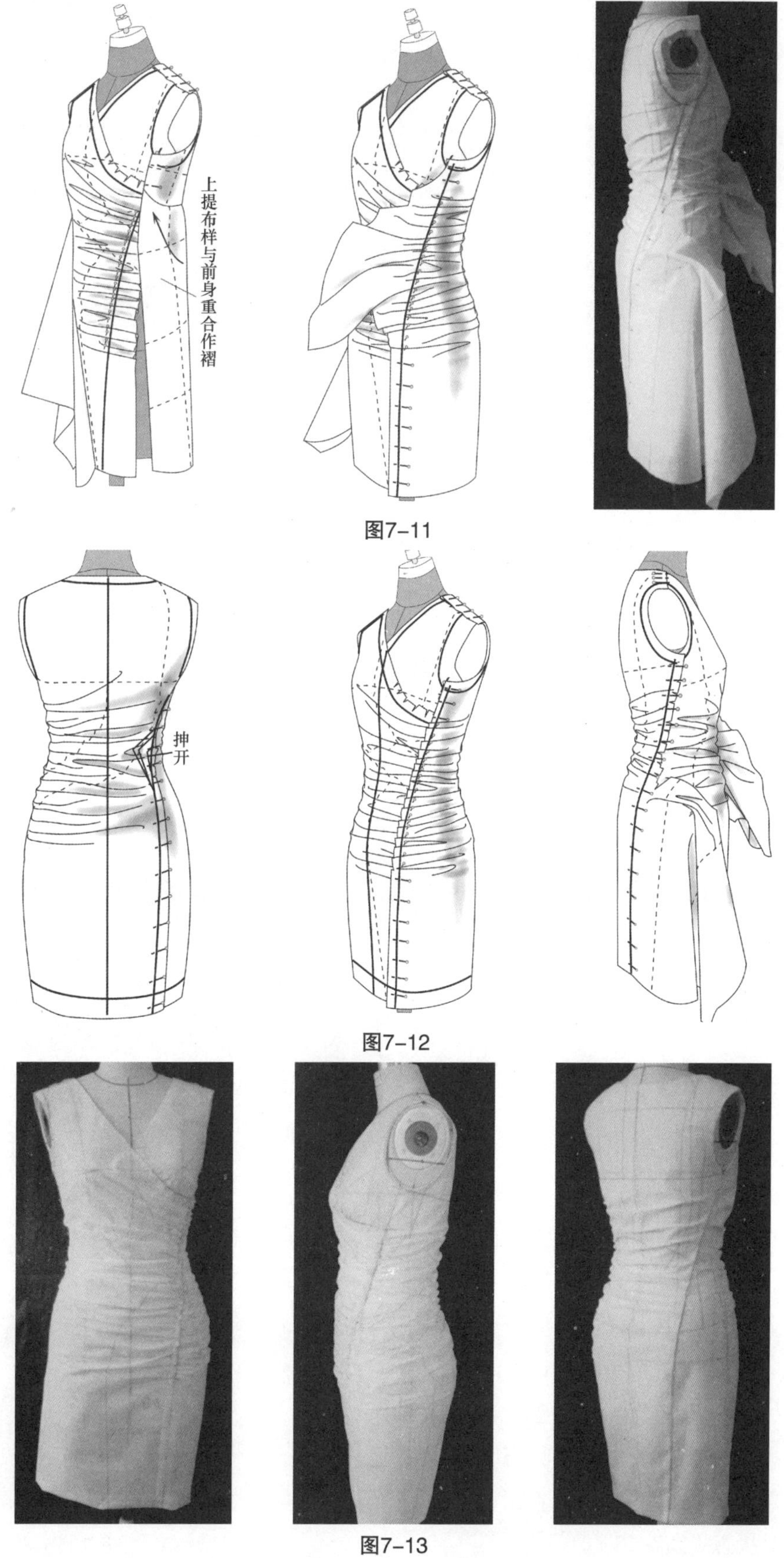

图7-11

图7-12

图7-13

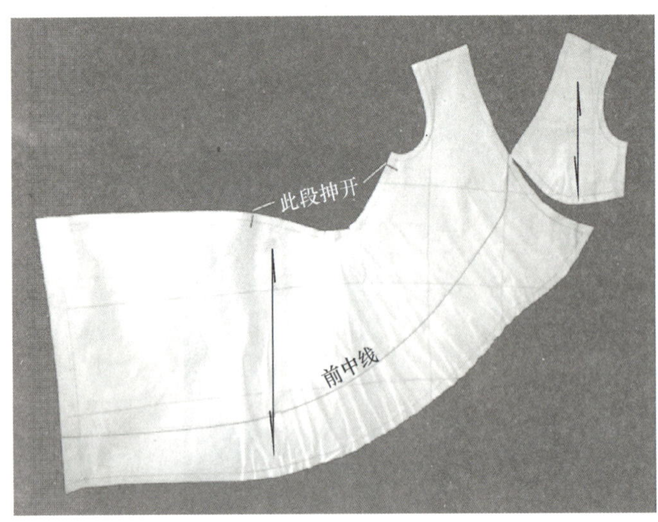

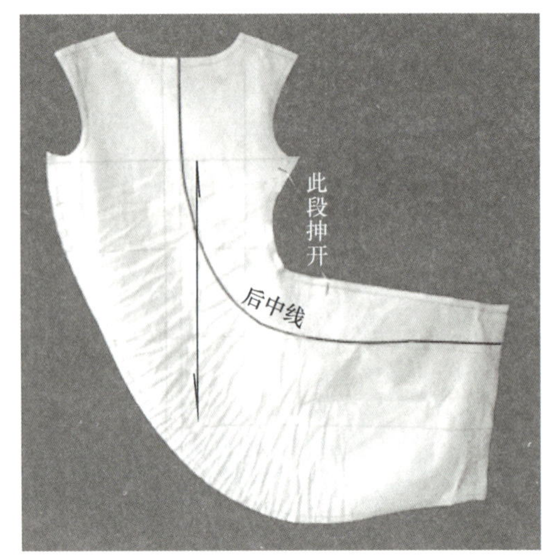

图7-14

第二节 侧面悬垂褶连衣裙

在前后领口作为起点，往侧面下垂布样，悬垂褶型，连同袖子一气呵成，构思新颖，手法简洁明了。

悬垂褶款（图 7-15，彩页 02）

1. 造型设计

为方便造型学习，领口的细褶改为大褶。

（1）估计悬垂褶用量，准备布样，画侧中线，上、下横向引导线。将侧中线对着人台侧线，悬挂好布样（图7-16）。

（2）设计悬垂褶的位置，从下往上：第一悬垂褶位置，约在人台下方，第二悬垂褶往旁侧扩张，第四悬垂褶在WL以下，第三悬垂褶在第二悬垂褶、第四悬垂褶中间。

悬垂褶造型，首先将褶侧中线对着侧缝，将第一悬垂褶在侧缝定位，再往前、后领口处理顺褶纹，在领口折褶定位，在后领口的褶量要远大于前，注意褶中线要对着侧缝，在侧面观察造型前后对称。因为摆边往内倾斜，因此侧中线下端缝边要剪开，以利垂褶造型，就此完成4个悬垂褶造型（图7-17）。

（3）腰围以上是垂褶连同袖子造型。继续由侧缝往领口作悬垂褶，造型要呈现出收腰状态，褶量逐渐减少。布样上口就是连肩袖所在，试着抬起上臂部布样，控制袖子成形状态（图7-18）。

图7-15

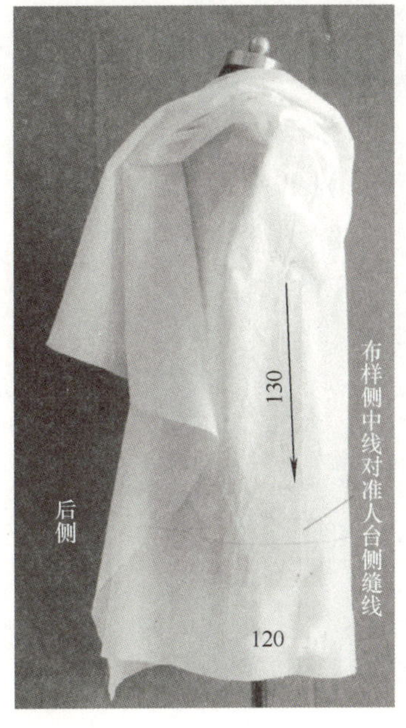

图7–16

图7–17

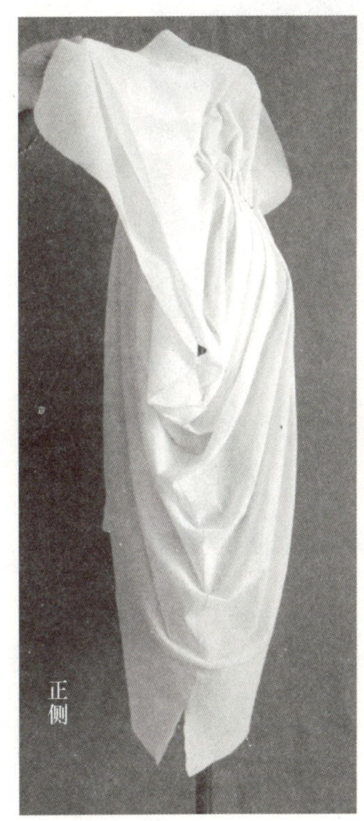

图7–18

2. 造型后整理

（1）裁剪、重合上口（即连肩袖缝），前后中线，摆边，袖口及领口，各部标线（图7–19）。

（2）卸下布样，保持领口的折褶状态，裁取领口贴边，组装造型（图7–20）。

（3）整理裁片，画顺各部线条（图7–21）。

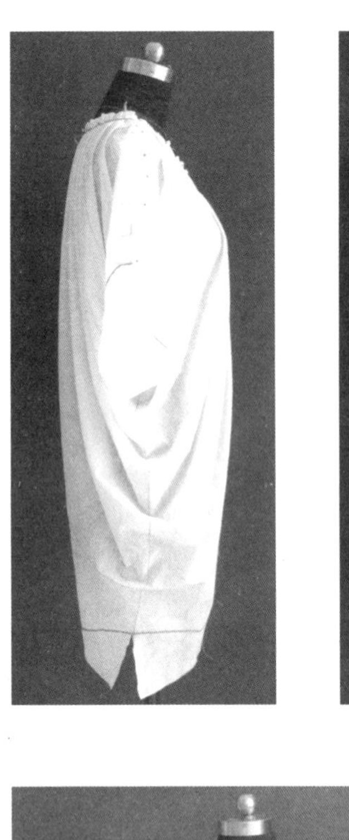

图7-19

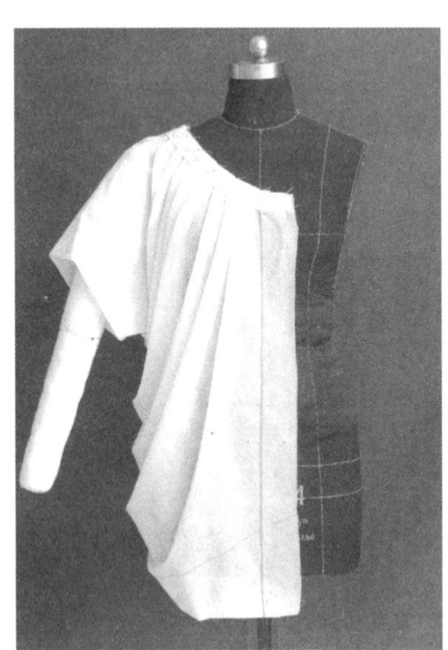
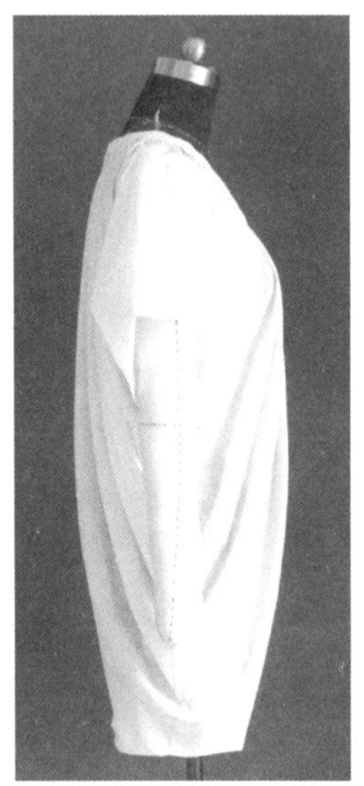
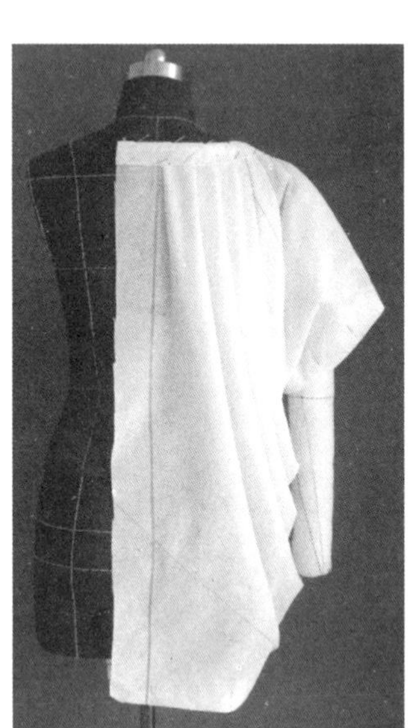

图7-20

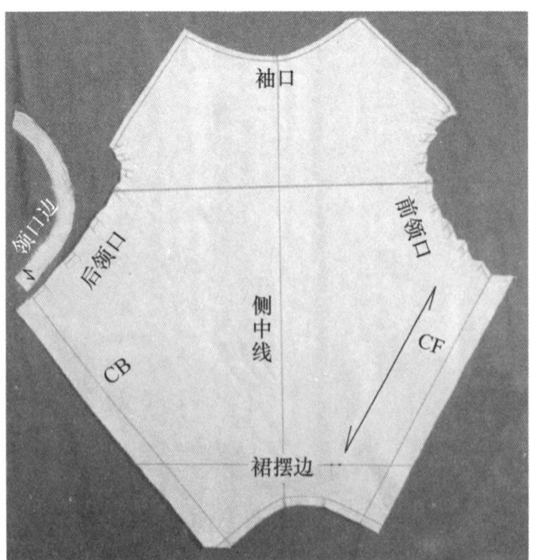

图7-21

第三节 高端品牌作品

一、正面垂褶连衣裙

迪奥款（图 7-22）

该款选用针织面料。褶造型结构，上面有9个褶悬垂而下，至腰腹部转为3个斜褶，前中3个活褶，褶与褶之间起承转合，韵味回荡，将该类造型发挥到了极致，不失为习作之楷模。笔者在上海恒隆广场见到此款后怦然心动，随即画下，回来操作完成，此次编入教材。

人台，前衣身，组装

（1）人台标线，将褶位线标于其上（图7-23）。

（2）前身布样准备，采用针织坯布（图7-24）。

（3）标领口线。从肩部往中心线折别第一个悬垂褶（图7-25）。

（4）由上部袖窿至侧缝依次往下折第2~9个悬垂褶，直至腰部，要整齐均匀，转折分明（图7-26）。

（5）在腰部由前中线往臀、胯侧拉折三个活褶，前中自有活褶往下悬垂（图7-27）。

（6）整理缝边，各部标线（图7-28）。后身裁剪（略）。

（7）复制左边布样，组装（图7-29）。

（8）整理裁片（图7-30）。

图7-22

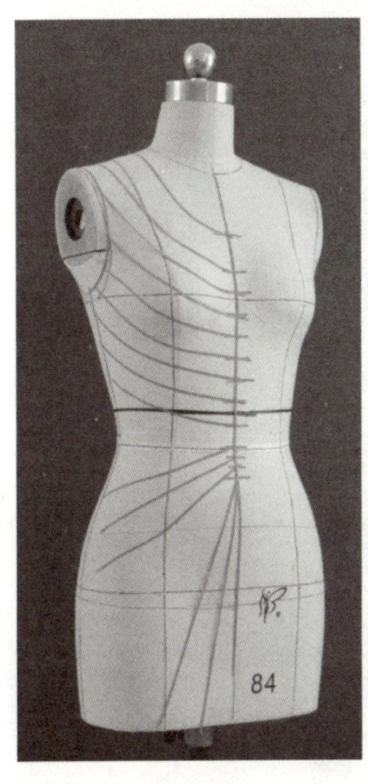

图7-23

图7-24

图7-25

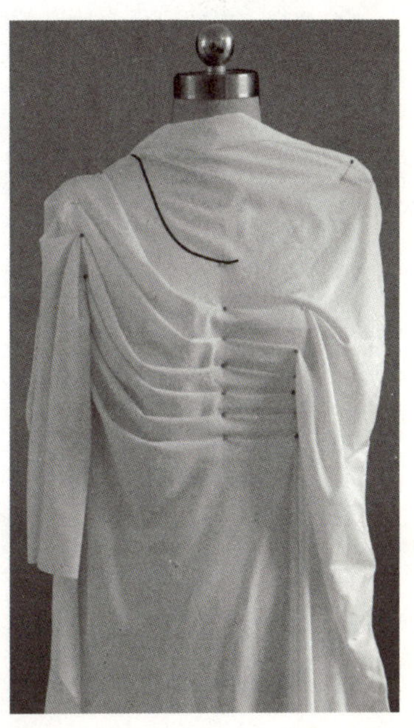

图7-26

图7-27　图7-28　图7-29　图7-30

二、蓬蓬袖连衣裙

夏奈尔款（图 7-31，彩页 05）

白、黑两款，同类造型，结构层次丰富。由于色彩、细部装饰的差异而各有千秋，黑色高贵端庄，白色妩媚典雅，亭亭玉立。穿插至前胸的蓬蓬袖堪称以褶造型的大手笔。后身图片展示了斜插双手的奥秘，前身裙侧摆原来是个大活褶，内中可作插手袋，使之更贴近生活。裁剪分为里、面两部分，属整件完整造型。

A款

B款

图7-31

1. 前、后衣身上部

（1）前身上部的面布分为上、下、侧三片，里布只需一片。裁剪里布，为方便整件衣服的操作，准备了整个前面的布样。右面裁剪，左面复制。右面领口、袖窿裁剪。在腋下捏缝胸省，前胸围留1cm松量。将腰部浮余量留1cm松量，其余捏缝为腰省，然后将面布的分割线标在里布上面，以利后面的操作（图7-32）。

（2）上段整面布样准备，固定CF，裁剪右半身，作褶壁造型、裁剪、标线（图7-33）。

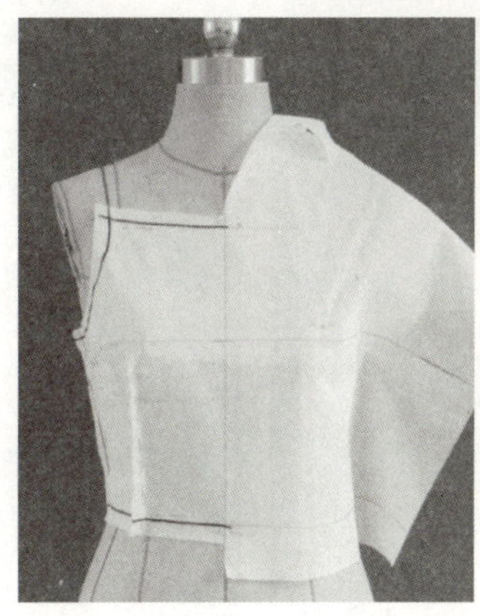

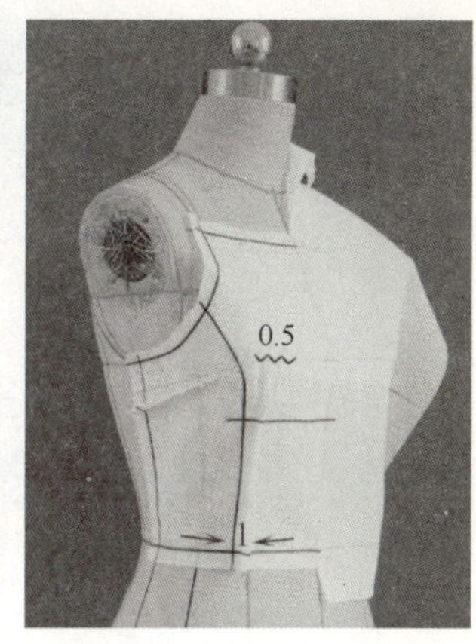

图7-32

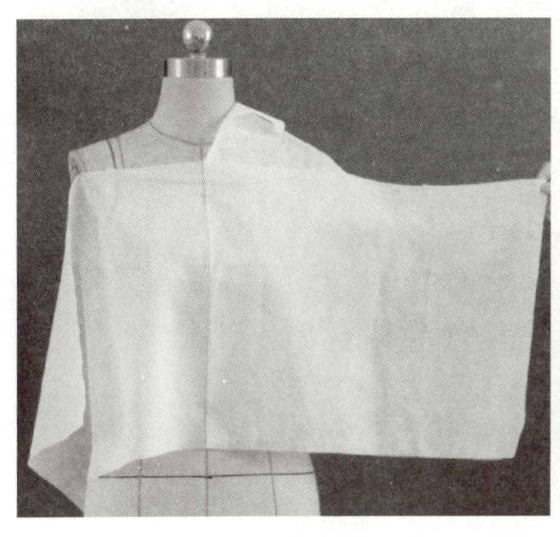

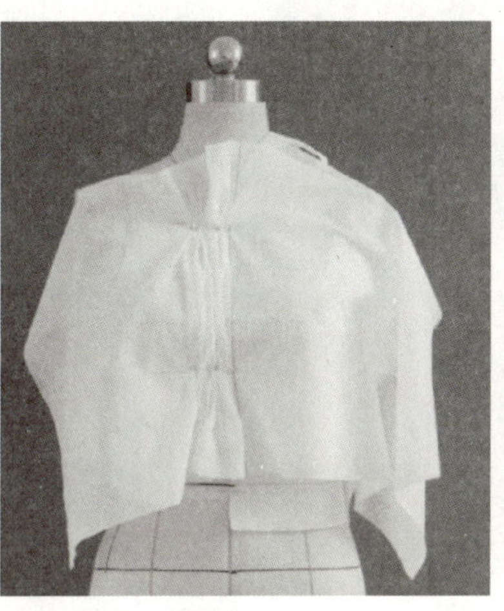

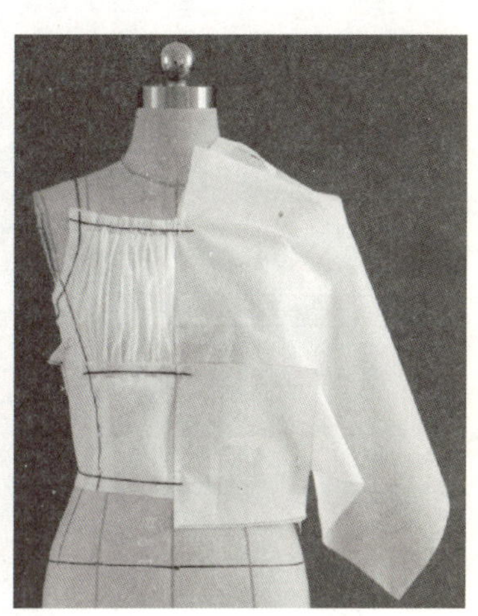

图7-33

（3）下段准备整面布样，裁剪右面，标线（图7-34）。

（4）侧段布样准备，在公主线上折制横褶，至侧缝线上展平，裁剪，标线（图7-35）。

（5）后身上部裁剪，固定CB，裁剪后领口。将布样由正向侧转折，理顺布样，胸、腰部分别留松量1cm，盖合侧缝。各部裁剪，标线（图7-36）。

图7-34

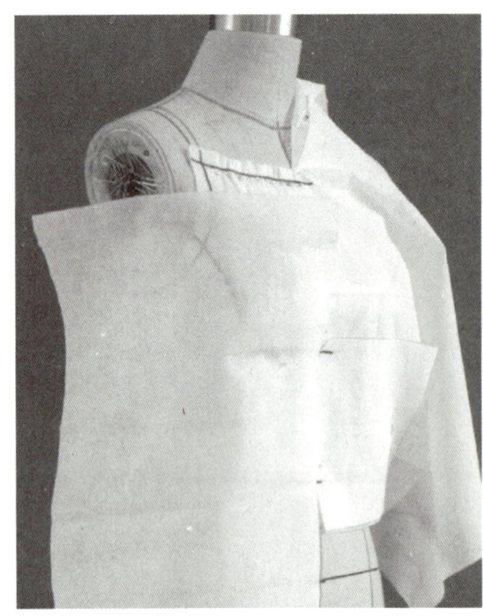

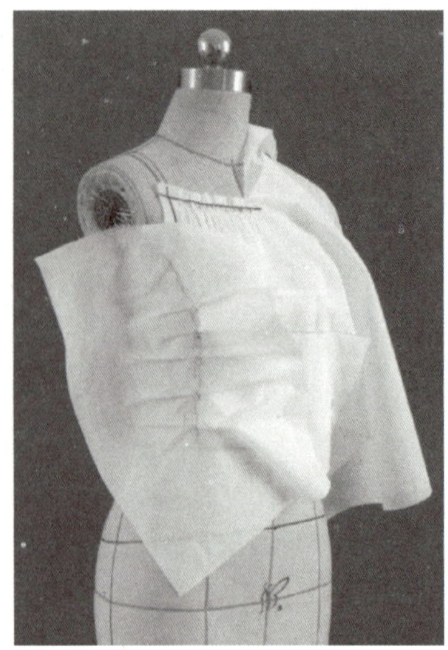

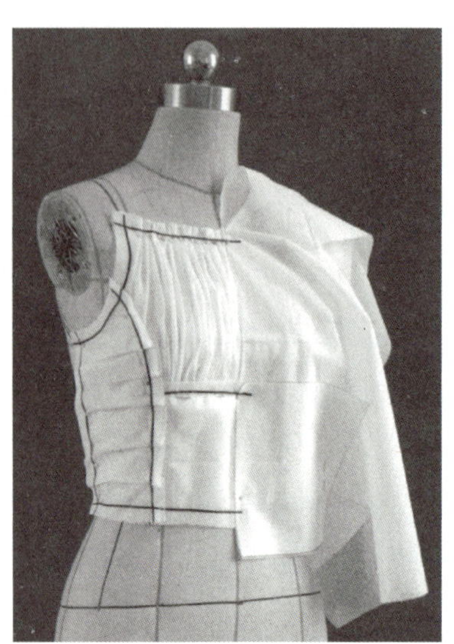

图7-35

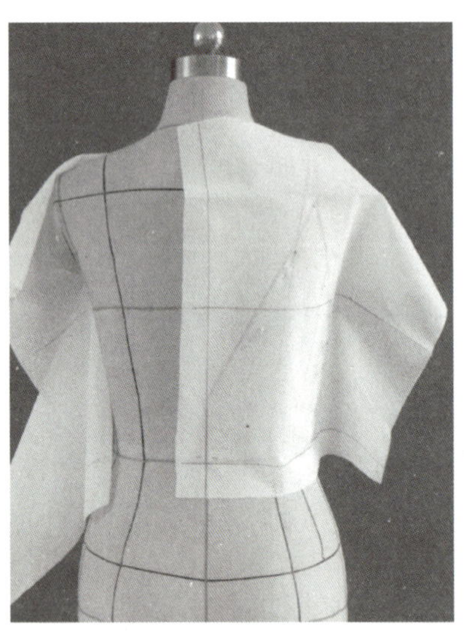

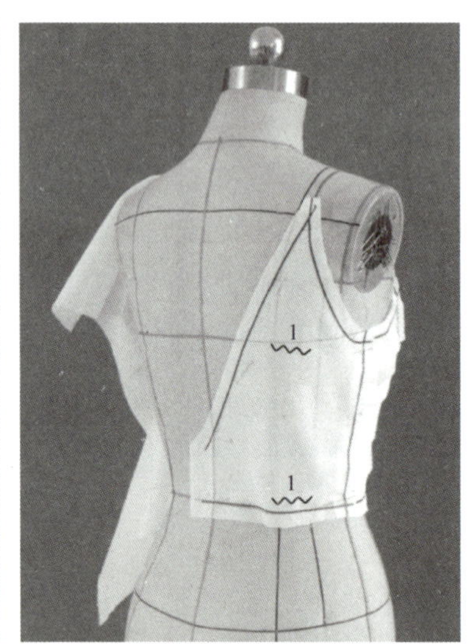

图7-36

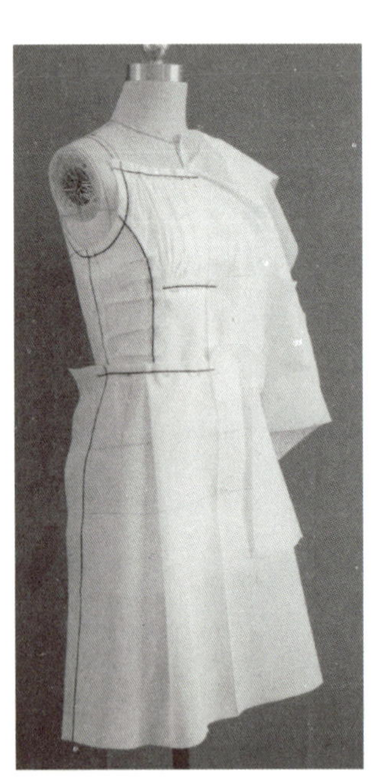

图7-37

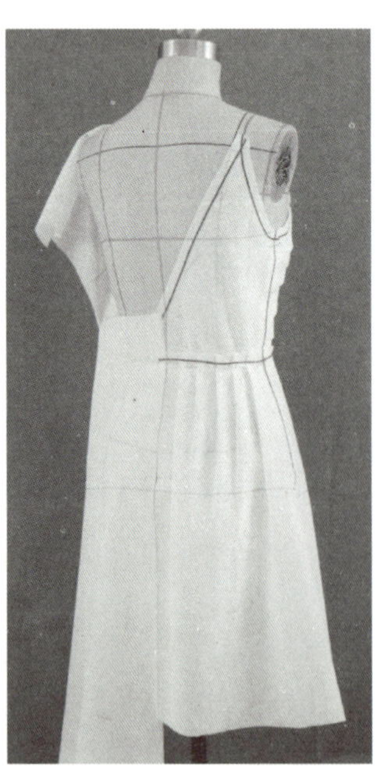

图7-38

2. 下部裙造型，组装

（1）前下部裙样里布裁剪。计算裙摆大，准备整面里布布样。裁剪右半身，以在腰部折一大褶来扩摆。侧缝、腰部裁剪，标线（图7-37）。

（2）后下部裙样裁剪。准备整面裙样，裁剪右面，腰部折排褶，侧缝与前下部裙样里布盖合（图7-38）。

（3）前下部准备整面裙样，计算裙摆大，长度要两个裙长，在下摆双折。在右侧缝折转贴边，侧缝上部折成斜插袋口状态。从右往左围披裙样，保持下摆水平。在腰部折褶，缝子裁剪整齐。侧缝上部可插手，也可在此处做插袋（图7-39）。

（4）裙身组装（图7-40）。

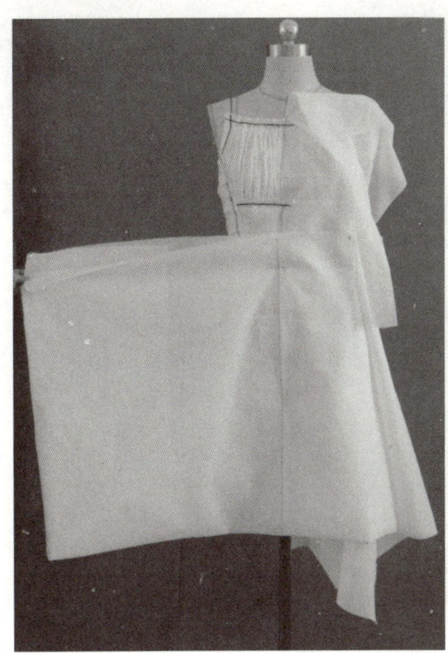

图7-39

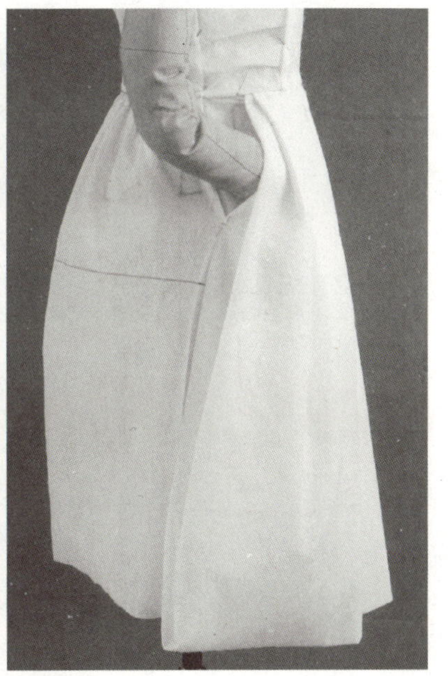

图7-40

3. 蓬蓬袖造型，整体组装

（1）袖样准备，袖中线对着肩缝折别（图7-41）。

（2）裁剪前袖山，在肩头以下抹胸部位折别袖山褶，塑造蓬蓬袖形态。后身部位也如此操作。下部袖山与窿门装合，缝合袖筒下部，缩缝袖口（图7-42）。

（3）复制左袖，组装袖子，装上袖口褶边（图7-43）。

（4）完成A款、B款组装，A款后身裙摆装上褶边，B款要缝装立领（图7-44）。

图7-41

图7-42

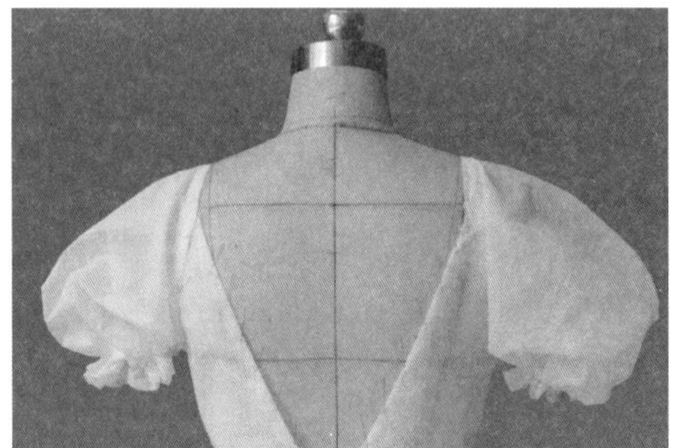

图7-43

A款

B款

图7-44

三、晚装

路易·威登款（图7-45，彩页03）

本款设计别开生面，在褶造型上，发挥得淋漓尽致，技巧过人，第一眼就会被深深吸引。

1. 人台，前衣身

（1）人台准备，标线，前身从上口至腰腹有①、②两对对称褶，③为环型褶，④、⑤、⑥三条斜贯左右的S型省褶。从⑥褶中点往下是外形对称结构各异的两个扩摆造型褶，右侧一顺溜摆开3个斜褶（图7-46）。

（2）前身整面布样准备，BL为横向基准线。固定CF（图7-47）。

（3）把前胸的浮余量转至颈侧，形成左右对称的两个活褶，即为①号褶，为方便操作，褶下部在③号褶标志线以下1.5cm处横向剪断（图7-48）。

（4）②号褶对称造型，褶尖指向BP。③号褶由左右袖窿对称往下连折成环型褶，固定中间部位，在胸下的垂荡感，是在造型中自然产生的（图7-49）。

图7-45

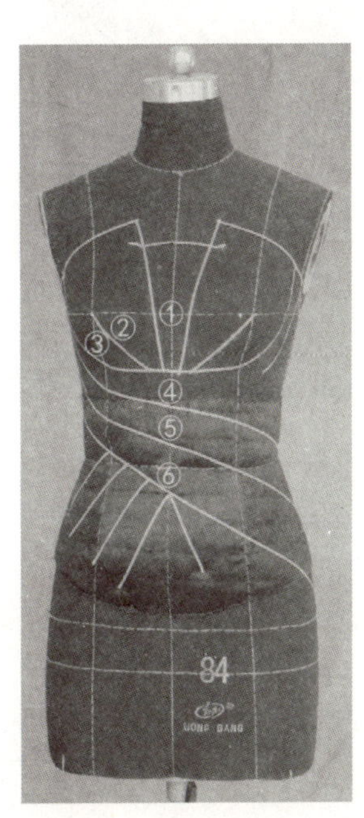

图7-46

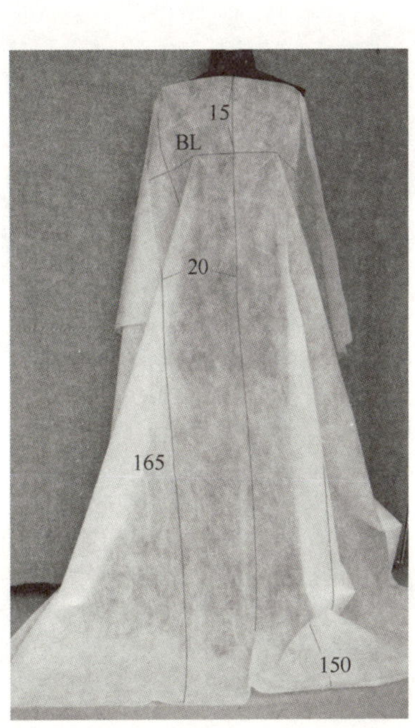

图7-47

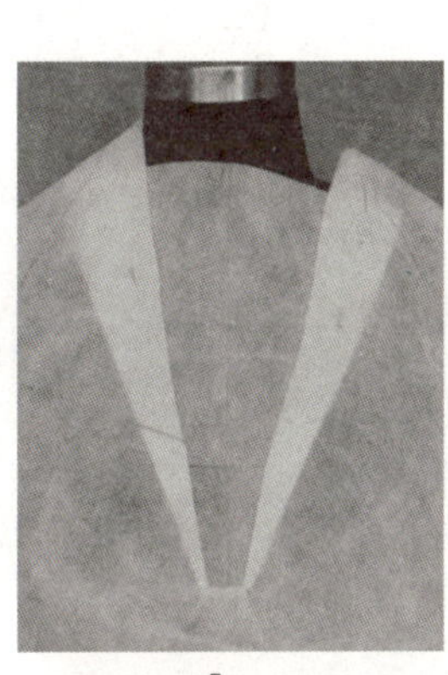

⇩

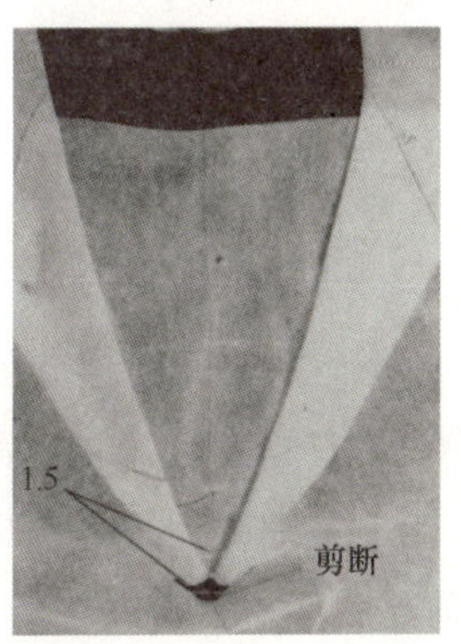

图7-48

（5）④、⑤为从右至左的旋转的S型省，缝子朝下，将余褶收入省缝，腰部松量约2cm，省尖至左侧缝自然消失（图7-50）。

（6）⑥号褶结构复杂。从右腰侧起，由标志线下放一个毛缝，裁剪至CF，剪开缝子，将左侧布样往上提拉，在下摆出现一个大波浪造型、固定。在右边折一个大活褶，左、右褶结构不同，但在造型表面上要有对称感。接着在右侧大活褶旁折三个斜褶，塑造腰腹贴体的形态，盖合省缝，各部标线（图7-51）。

（7）各部裁剪，两侧造型要对称（图7-52）。

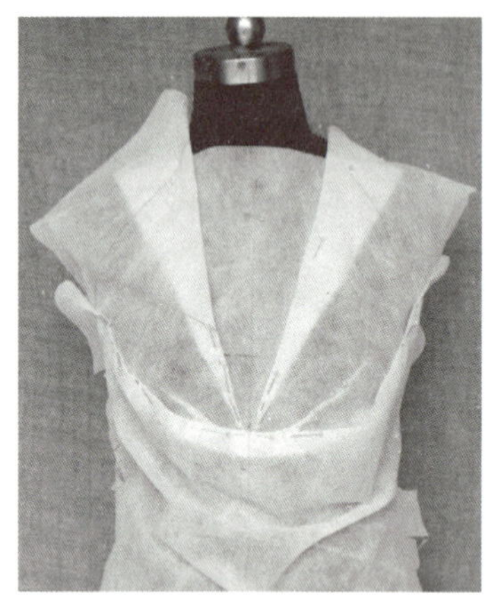

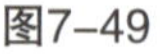

图7-49

图7-50

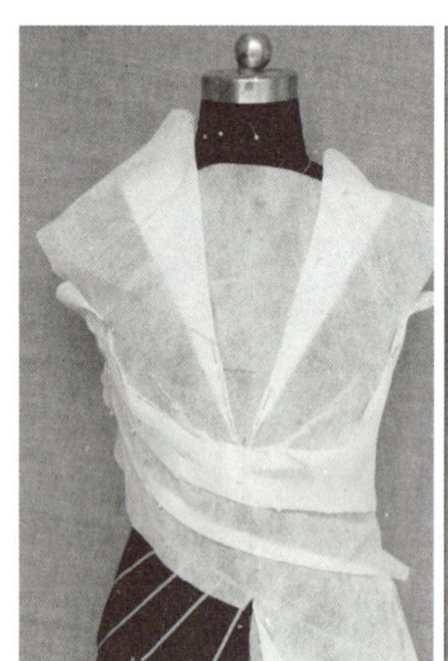

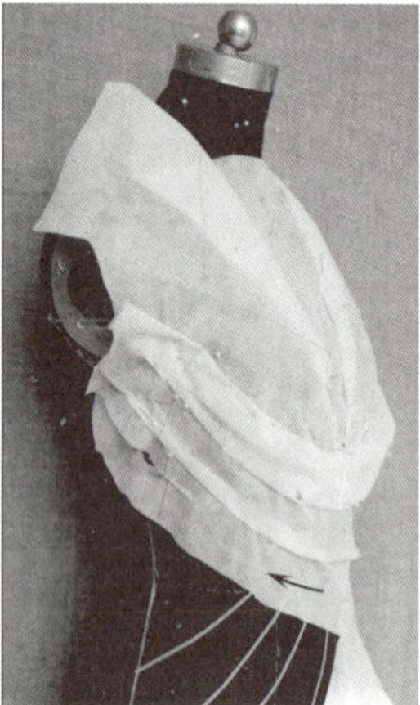

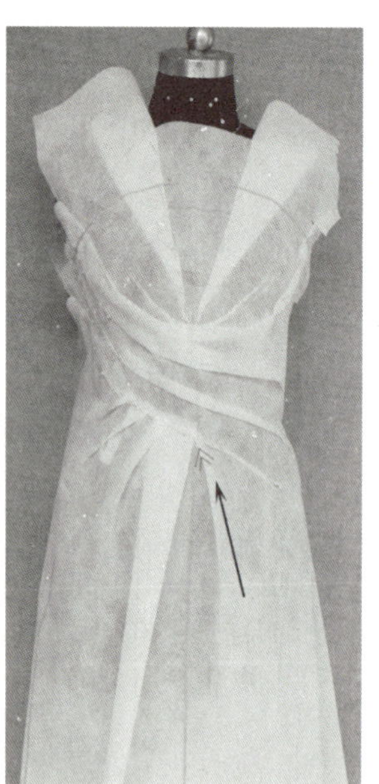

图7-51

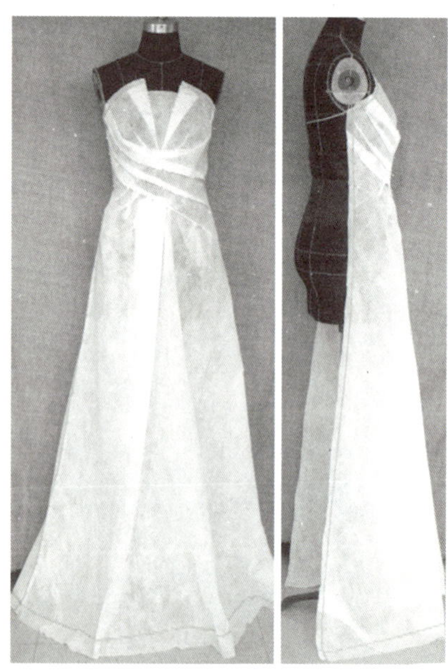

图7-52

2. 后衣身，组装

（1）后身整面布样准备，WL为横向基准线。固定CB（图7-53）。

（2）右侧裁剪，上口裁剪至公主线，剪开该处缝子，将布样往上提拉，扩张下摆。（图7-54）。

（3）整理廓型，重合侧缝，捏缝腰省。各部标线、裁剪。复制左半身，重合左右侧缝。下摆标线，呈现前高后低造型（图7-55）。

（4）组装（图7-56）。

（5）整理裁片（图7-57）。

图7-53

图7-54

图7-55

图7-56

图7-57

思考、技能训练题

1. 在连衣裙褶造型中，如何保持结构的平衡？
2. 按顺序立体裁剪本章连衣裙款式。
3. 拓展练习图7-58所示款式。

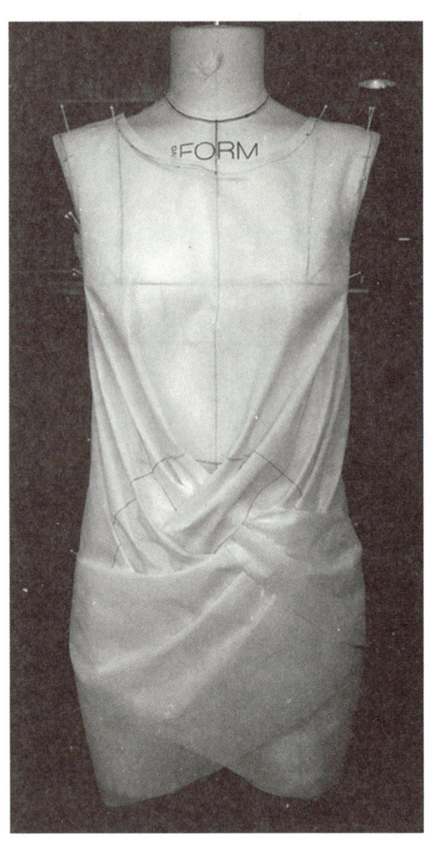

图7-58

新斜裁

课程名称： 新斜裁

课程内容： 由新斜裁衣裙、套装与上衣、连衣裙3个模块组成。每个模块都是以平面式斜裁为先，立体式斜裁在后。除了六片式筒裙与连衣裙两款基础造型，其余都是应用款，衣裙有4款：六片鱼尾裙，三片方角鱼尾裙，13°八片裙和立体斜裁六片花蕾裙。套装与上衣有4款：马甲，裤套装，三面构成25°斜裁上衣，针织T恤。连衣裙有4款：不对称露肩型，肩带型连衣裙，肩带式晚装，最后一款为瓦伦蒂诺高级定制晚装。款式丰富、手法多样为本章的一大特色。

教学时间： 60课时。

教学目的： 使学生了解、掌握新斜裁的多种造型技能，加深对于新斜裁空间造型本质的理解。

教学重点： 多面构成、立体斜裁的款式。

[第八章]

新斜裁

第一节　新斜裁概述

20世纪30年代，玛德琳·维奥内（Madeleine Vionnet）发明“斜裁法”（Bias cutting），将面料的纱向设定为45° 正斜，由于重力的作用，斜料的经纬交织结构由方形转化为菱形，菱形富有伸缩性，横向受力时产生自然回弹，惟妙惟肖地展现人体三围之曲线而又不绷紧，纵向重力向下时自然的悬垂之美更是直裁所无法比拟的。但是，斜料易走形，不易操作，使人望而生畏，难于在成衣中实施。

从本世纪初在欧洲流行起来的最新欧式斜裁，简称新斜裁，使斜裁法有所突破：巧妙利用了材料的经向结构不易变形的特点，将服装的纵向结构线转换为斜向，使布样的（经）纱向与衣片结构线相同（图8-1），这样就绕过了斜料裁片容易变形的一大难题，既利于裁剪缝制，又充分体现了斜丝面料的特性，可以在不同风格的服装中一展身手。更吸引人们眼球的是那斜绕人体的结构线所产生的空间般的跃动、节律效应，是装苑界的“柳暗花明又一村”，服装史上的一个创举！圣马丁学院的玛利亚（Gladys Maria Baker）教授因这一发明获得了英国“艺术设计教学中心”颁发的专业奖。

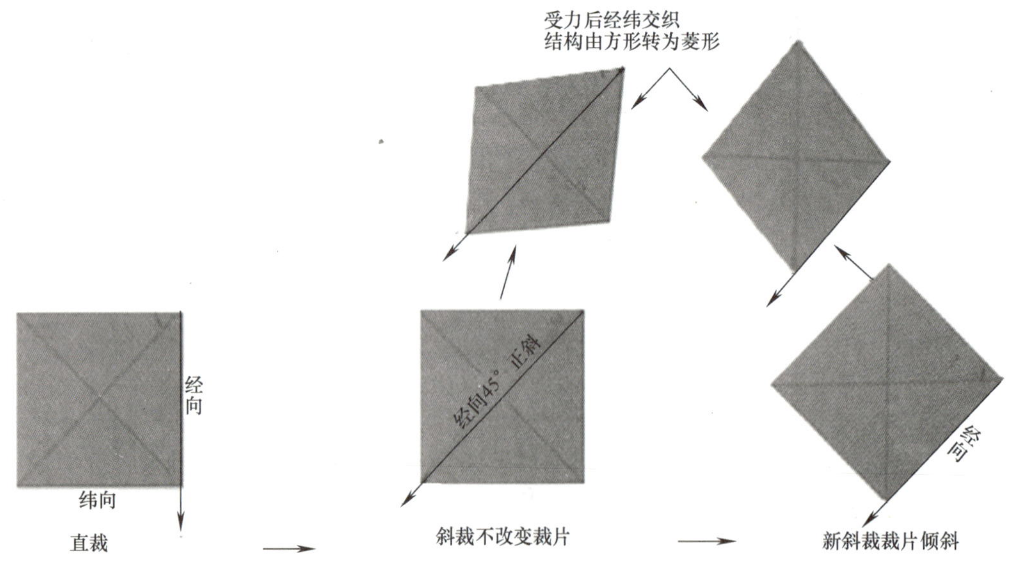

图8-1

新斜裁的操作过程是，首先要在平面上将衣片的纵向结构线转换为斜向，以此为基型；再展开创意造型；在粗裁出初样后，再在人台上调整、确认效果；最后订正、确认样板。

从基型结构的建立到创意造型样板的最后确认，与用原型作为基图的原型裁剪有相似之处，但是新斜裁要上人台整形，具有更多的灵性发挥空间，效果直观。平面制板先于立裁的程序使操作趋于简便，在一定程度上增加了样板的规范性、理论性，节约了时间与材料。

现在，我们又直接使用立体手段进行新斜裁的造型设计，范围、手段的无限扩展，它的斜裁度数已非一个45° 所能概括，对于不需要放松量或放松量很少的针织装、晚装设计颇具价值，大师们也乐于如此来设计高级时装。

第二节　新斜裁衣裙

新斜裁衣裙，是按一定的倾斜角度对衣裙作斜向分割设计，产生活泼、旋转的造型效果（图8–2）。本节列举45° 正斜裁、45° 以外的斜裁、立体斜裁三类方式。

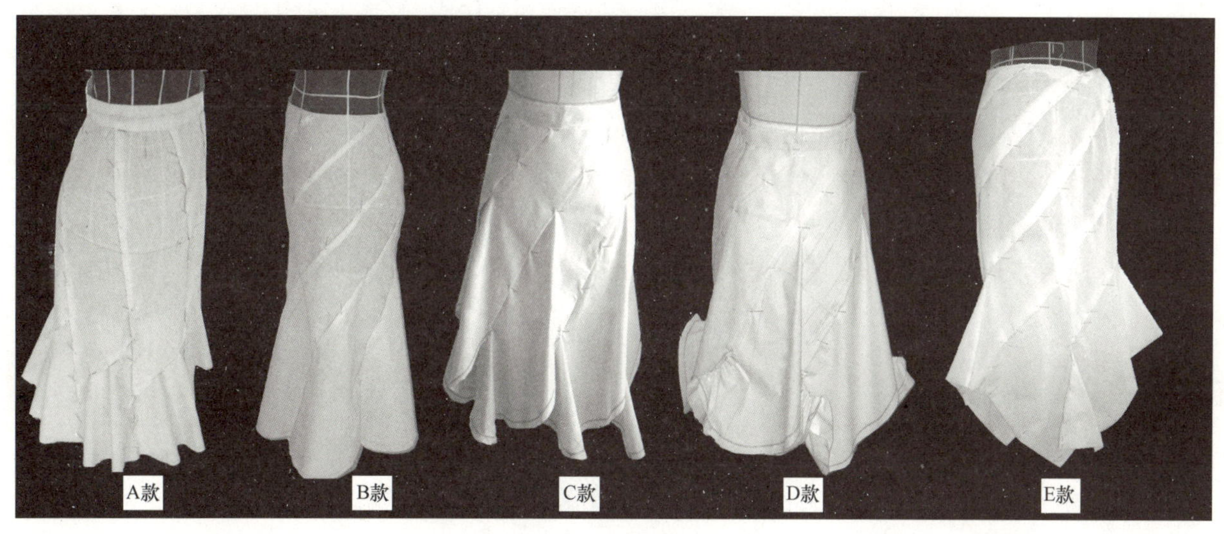

图8–2

一、45° 正斜裁裙（以六片裙为例）

六片筒裙

样板的水平方向与纱向呈45° 正斜，臀围放松量3~4cm。

（1）基型制板。以平面裁剪法制六片筒裙结构框架，然后将摆缝线转换为45° （图8–3）。

（2）裁剪各裙片，在人台上别合成筒裙。对于HL以上部位结构作调整，使之适合人体前后的差异（图8–4）。

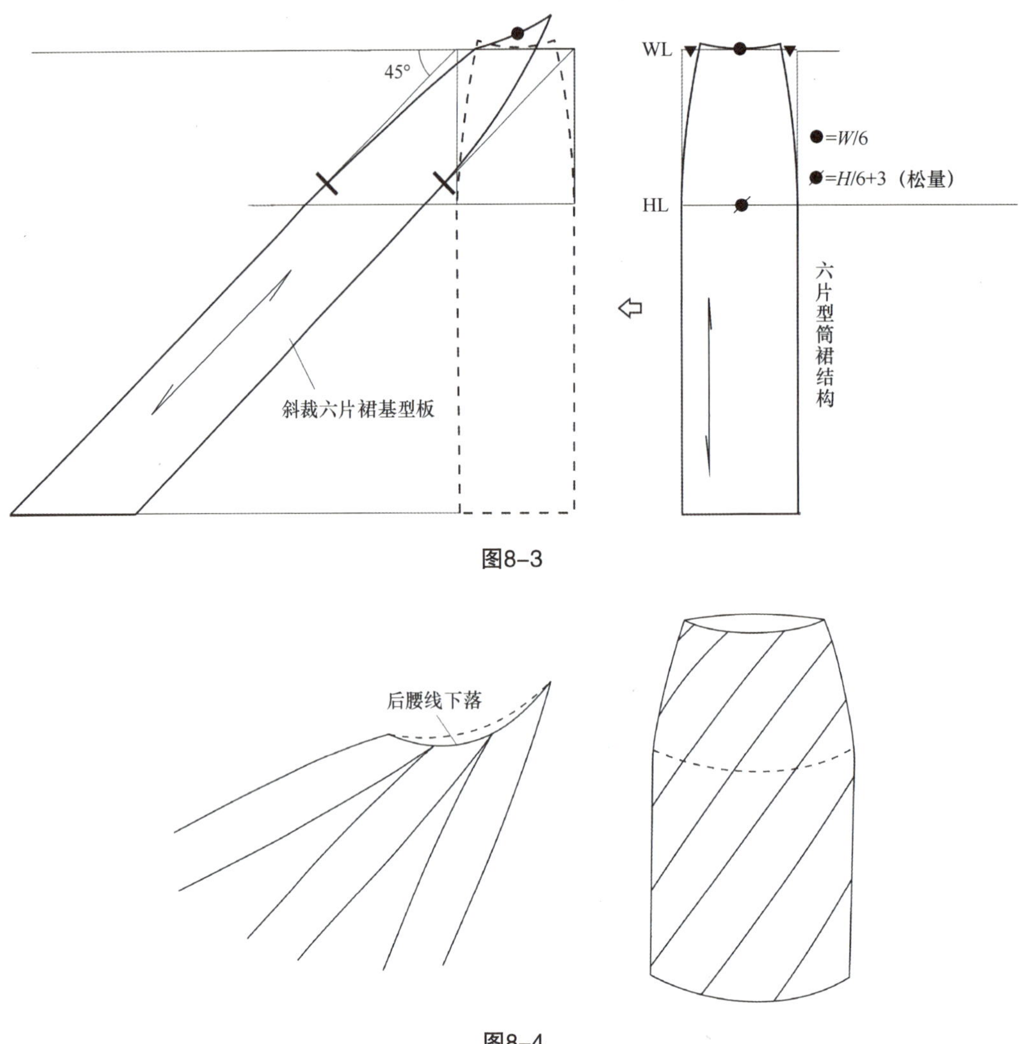

图8-3

图8-4

B款：六片式鱼尾裙（图8-2）

以六片筒裙基型作基图。

（1）斜裁六片鱼尾裙，确定裙摆的展开高度、展开裙摆，以弧线连顺各部位（图8-5）。

（2）立体组装，对于HL以上部位结构作调整，使之适合人体前后的差异。效果展示（图8-6）。

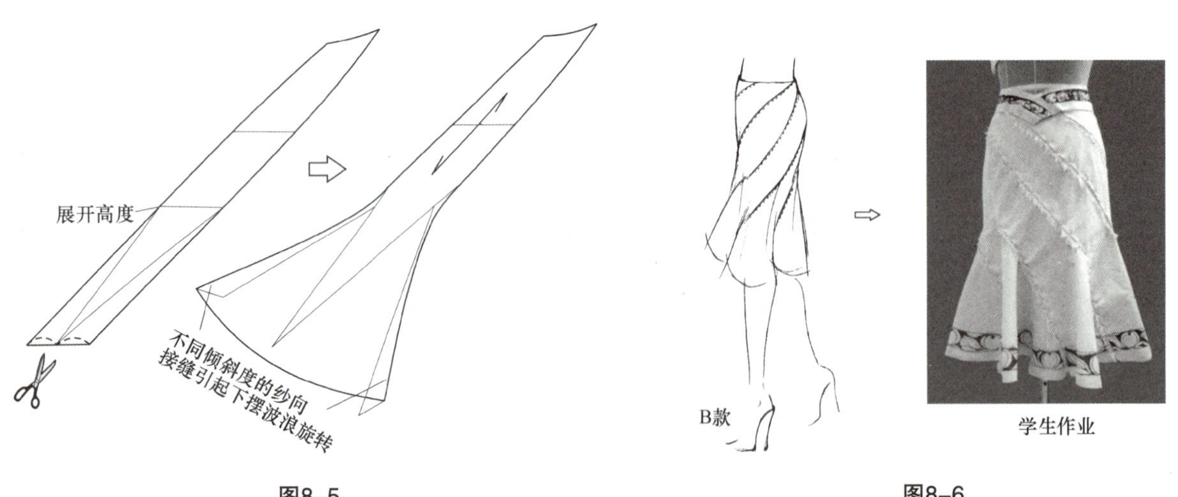

图8-5

图8-6

E款：斜裁三片式方角摆裙（图 8-2）

将六片筒裙基型板两片合一，加上方角部分，即成为斜裁三片式方角摆裙（图8-7）。

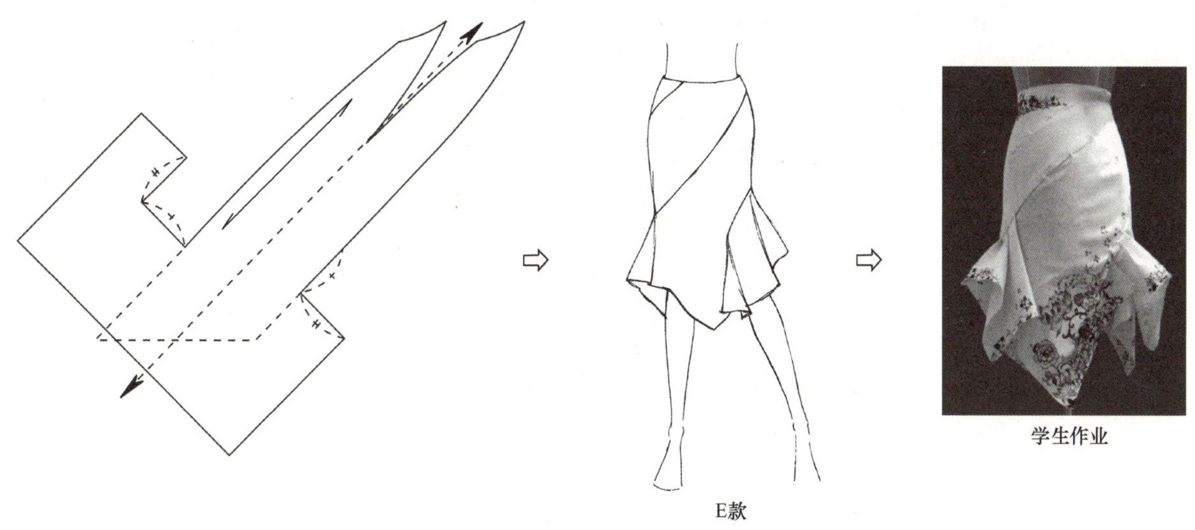

图8-7

二、45° 以外斜裁裙

A款：八片斜裁裙（图 8-2）

（1）贴体型筒裙结构制图，再以13° 倾斜对筒裙作八等分斜向分割，将腰省、侧缝撇势量移入斜向分割缝中（图8-8）。

（2）在裙片下部开片，制斜向开刀线及波浪褶摆展开线。将下部样片切展为两个波浪，组装、完成造型（图8-9）。

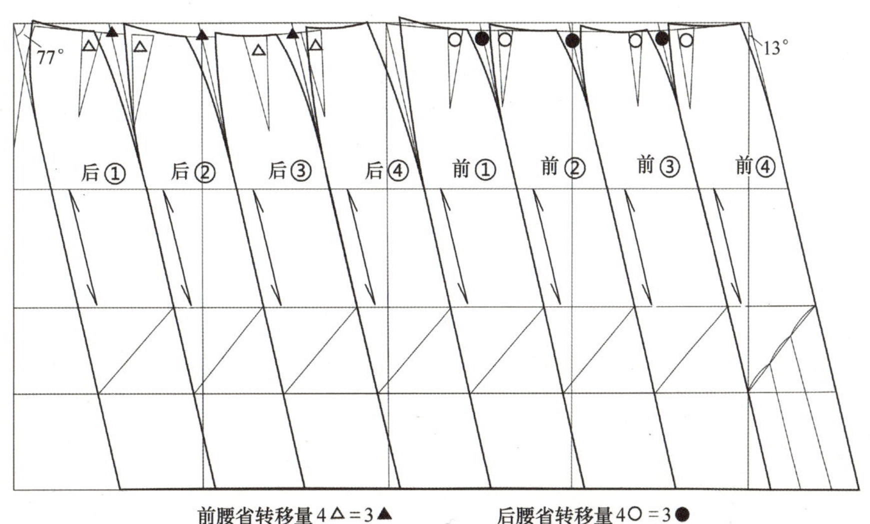

图8-8

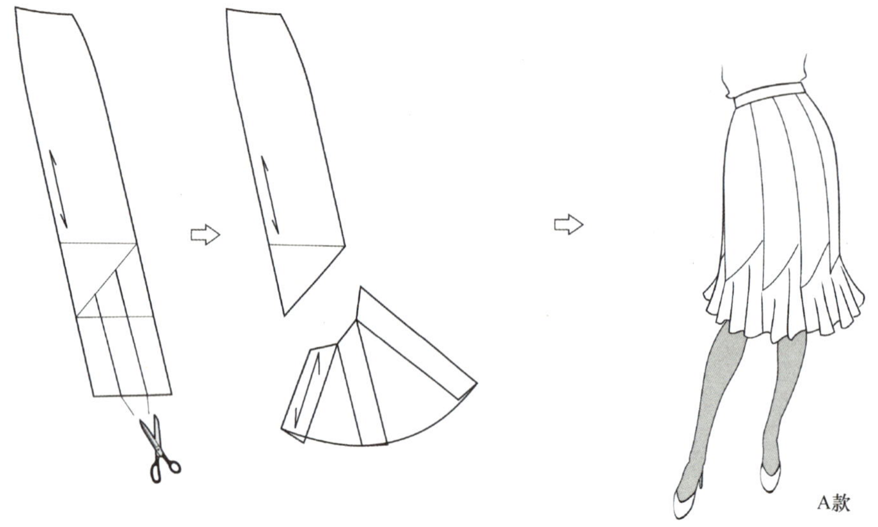

图8-9

三、立体斜裁

C款、D款：六片花蕾裙（图8-2）

（1）在人台上覆附一条筒形衬裙，标上六条斜向开刀线，*A*、*B*两个波浪褶点（图8-10）。

（2）前左侧裙片布样准备，平覆在衬裙上裁剪，按波浪褶点分别造出*A*、*B*两个波浪。标线、裁剪（图8-11）。

（3）其余各片均按前左侧片的方法裁剪造型，裙片分割线缝在*B*点以上相互重合，在*B*点以下分别与衬裙盖合，务必要使各片波浪褶点在同一水平线上，波浪大小均等。标上净线，剪去多余毛边（图8-12）。

（4）卸下样衣，拷贝样板，组装。将C款裙样的*B*点以下的波浪各自抽褶，就成了图8-2中的D款（图8-13）。

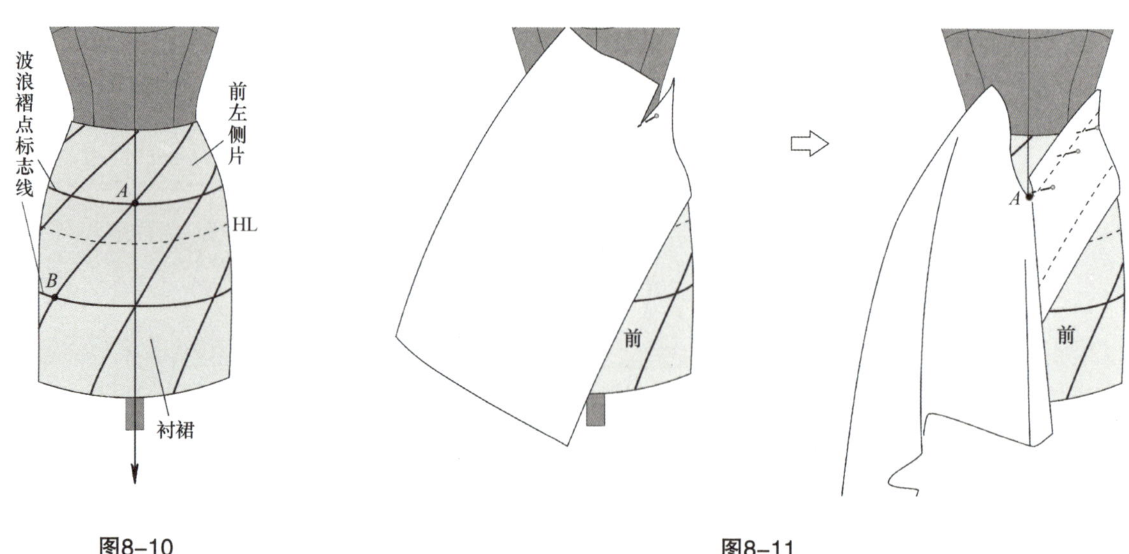

图8-10

图8-11

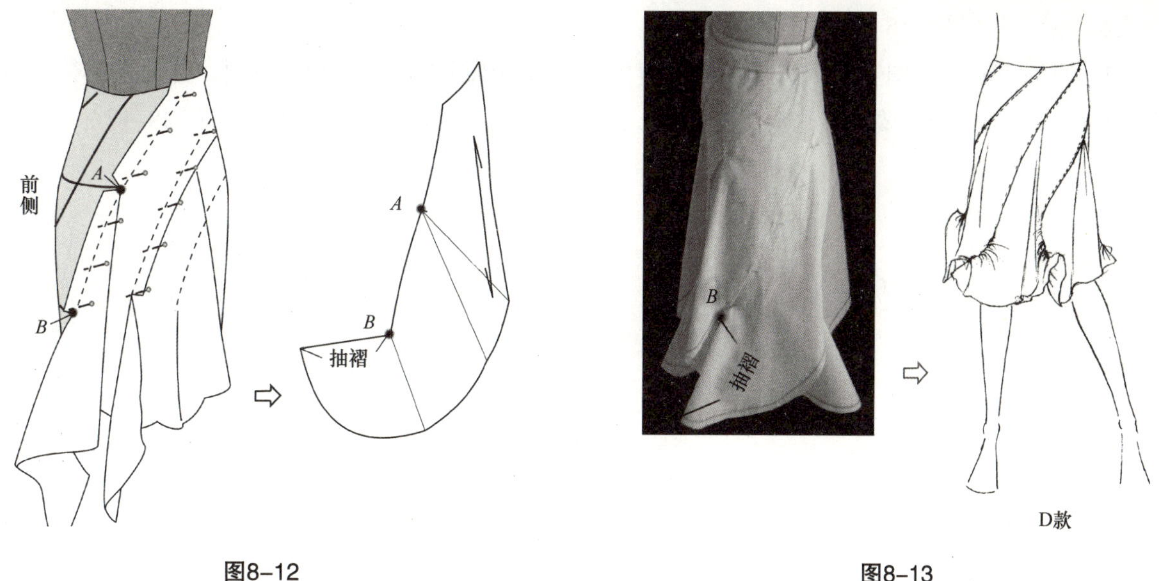

图8-12

图8-13

第三节 新斜裁套装、上衣

一、新斜裁套装

马甲、直筒裤（图 8-14）

（1）用平裁法制马甲基本框架，将侧缝转换45°倾斜，设置相应倾斜的省缝、分片线。裁剪样衣、立体组装，调整结构，确认样衣效果，补正样板（图8-15）。

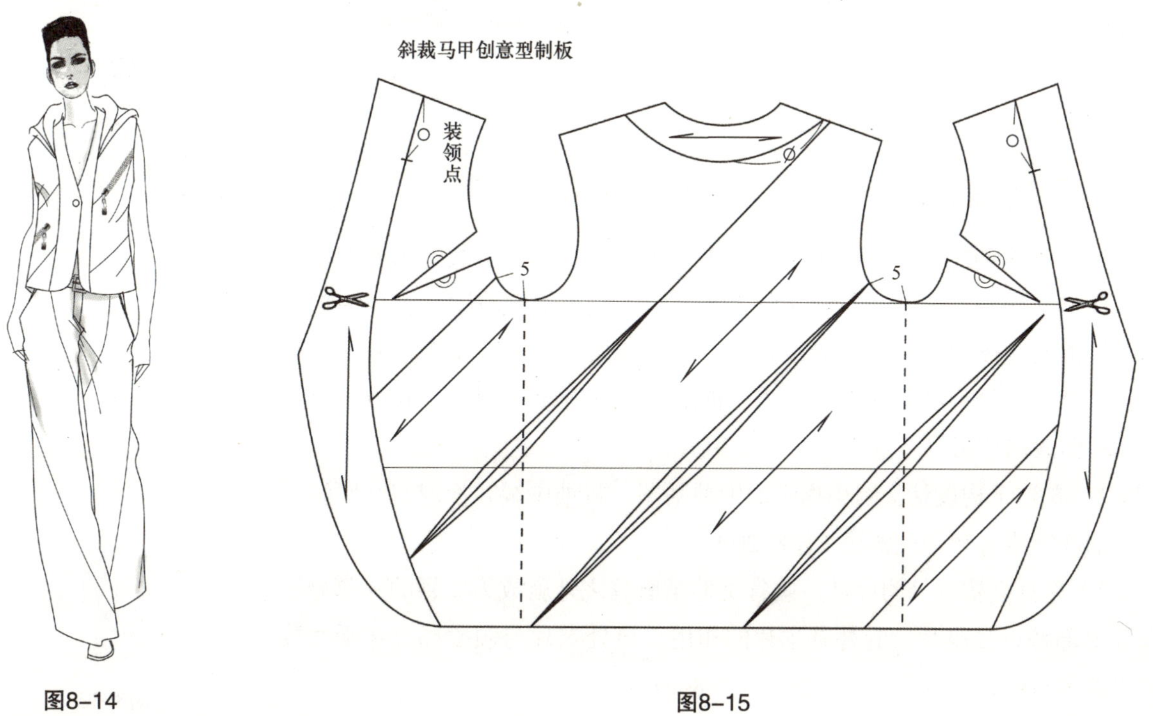

图8-14

图8-15

（2）帽形领（图8–16）。

（3）直筒裤平面制图。然后将下裆缝、横裆线以下的栋缝线转换成17° 倾斜，并适量放长，因为结构线倾斜后裤长会缩短，要补出这个“缩率”，最后从前、后腰省尖引出分片斜线（图8–17）。

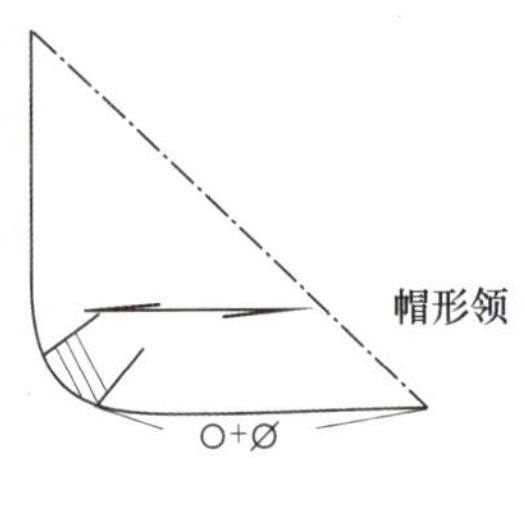

图8–16

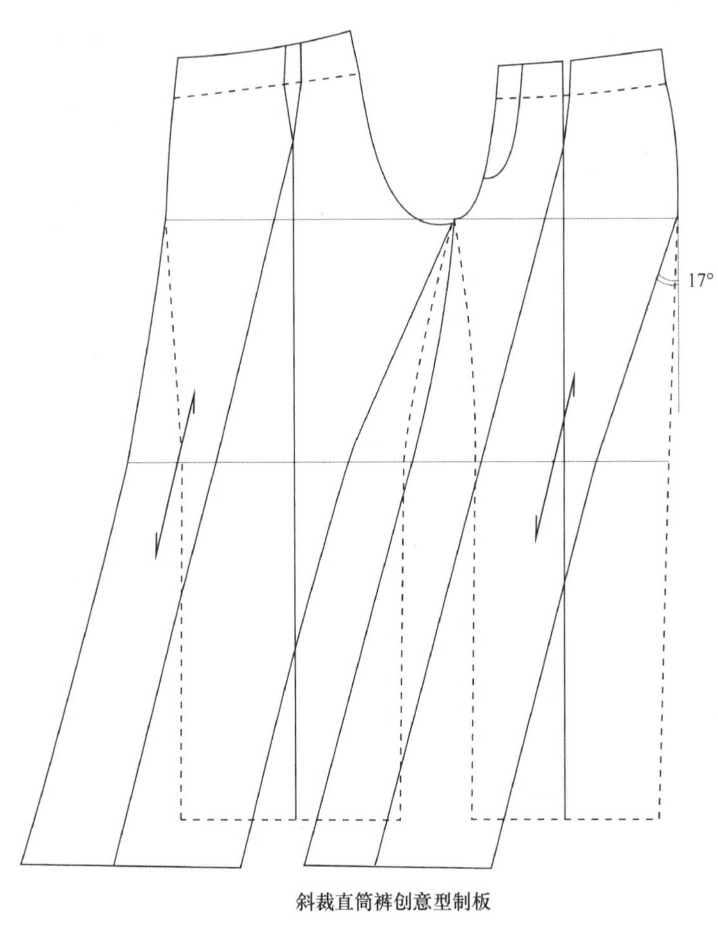

图8–17

二、新斜裁上衣

三面构成（图 8–18）

（1）衣身结构设计，三面构成上衣基型制图。将前止口线、两腋侧缝、省缝线作25° 倾斜。与45° 正斜比较，本款由于减小了倾斜度，衣片结构与人体结构的对应度提高，因此吸腰省量可适度加大，达到较贴体效果。后腋侧缝在背宽处由袖窿往里作转角切入。前腋侧缝开衩至腰围线，并由开衩点往外作转角放出摆量，下垂成褶（图8–19）。

（2）衣袖结构设计，制小喇叭形中袖基图。将袖中线转换成45° 倾斜，前、后袖底缝线各转变成斜线（图8–20）。

（3）连身立褶领结构设计。胸省延伸至肩缝之外就成为立领的一部分。前衣片上部特设袖窿片，起替补主片的作用。该处衣片与领子部分在平面裁剪时要备足布样，上人台上立体造型（图8–21）。

图8–18

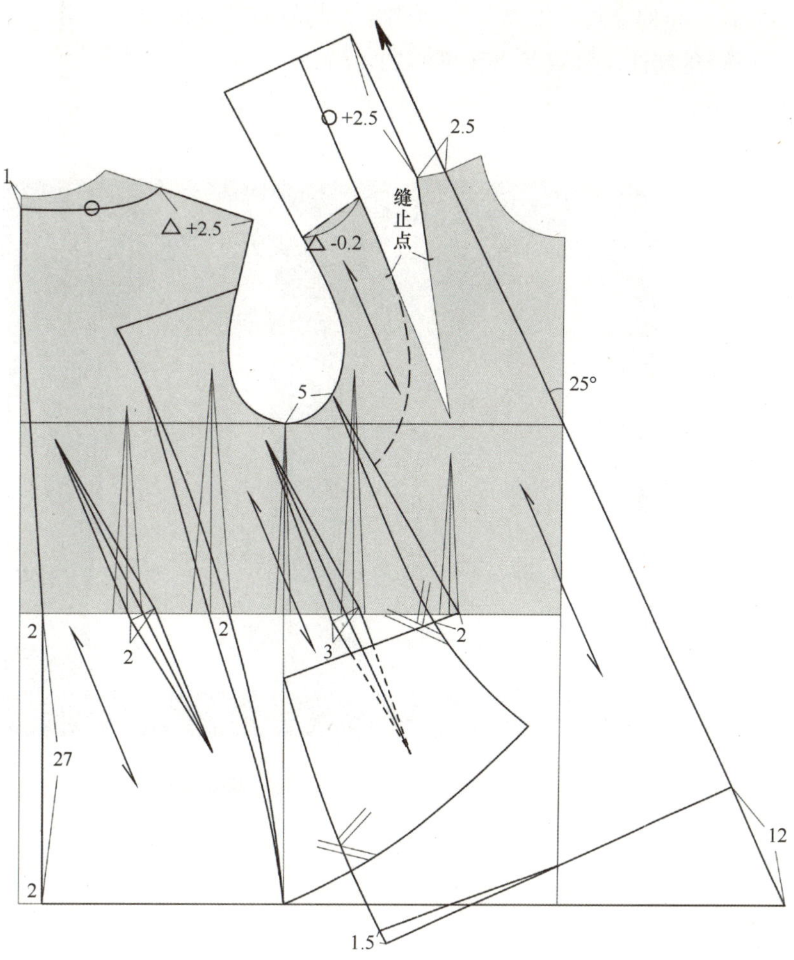

图8-19

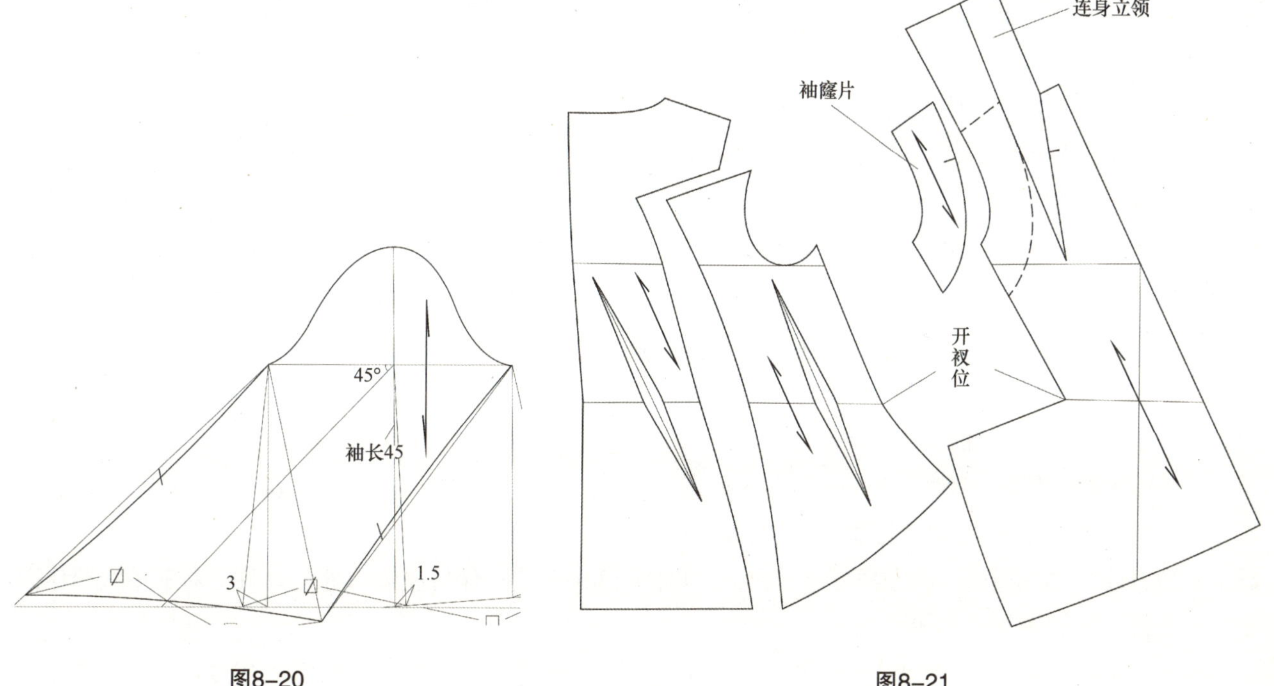

图8-20

图8-21

（4）连身立褶领缝装。将袖窿片与前衣片在腋侧缝、胸省对位线处缝合，剪开立领与肩缝转角处毛缝，将领子布样对折，由转角起往后领口装合（图8-22）。

（5）效果展示（图8-23）。

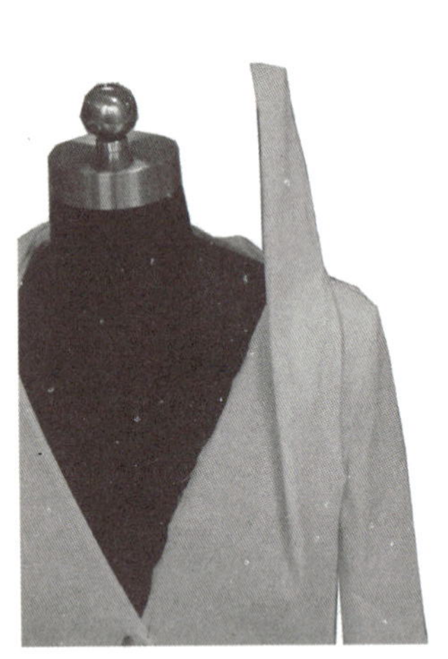

图8-22

图8-23

三、立体斜裁二面构成

T恤（图8-24）

本款为二面构成型斜裁，分割线斜绕前后，在造型中前后面衣片相互穿插，颇有动感（图8-24）。应用针织双色面料效果更佳。

1. 人台，前衣身

（1）人台标线，在侧缝上确定高腰位置：将WL往上抬高3cm。为方便操作，在人台两侧高腰往下钉上绷带。标斜向分割线，前身从左基准侧缝线与前袖窿交点向上5cm开始，过BP点向右转至高腰位置处，向下斜跨后身腰臀部位，再绕转回前身，最后抵达后右侧臀下。在后右肩标斜肩省线，操作中是将两肩省合一。后身斜向分割线从右基准侧缝线与后袖窿交点向上5cm开始，方法如同前身（图8-25）。

图8-24

（2）总布样准备：100cm×150cm，在裁完前身后，顺便利用剩余斜料裁后身与袖子。前衣片裁剪，画上一段前中线与胸围线，将布样覆上人台，上口内折3cm贴边，保持左边BL水平，往上对前中线暂作固定，往袖窿方向抚平布样（图8-26）。

（3）理顺左肩布样，塑造左侧转折面，裁剪左肩缝、袖窿。斜裁下方分割线至右BP点下方，撤去前中心线的固定针，右胸有较多的浮余量，留下1cm的松量，用珠针缩缝松量，其余转到领口为垂褶。继续向右侧腰部斜裁，缝边上打些剪口，使布样顺利转向（图8-27）。

（4）粗裁、固定右前侧袖窿。布样绕往后身，上、下方同时斜裁，从右侧斜裁至左侧，剪开两侧腰口处缝边，捋顺左、右侧转折面，不得出现结构不平衡褶（图8-28）。

（5）布样绕往前身，上、下方同时斜裁，至左前侧腰腹部，固定转折面。接着斜跨过前腹绕至右后侧摆边为止。因为要用针织面料，摆围无需松量。完成前身斜裁（图8-29）。

（6）前衣身标线，需要围绕人台一圈（图8-30）。

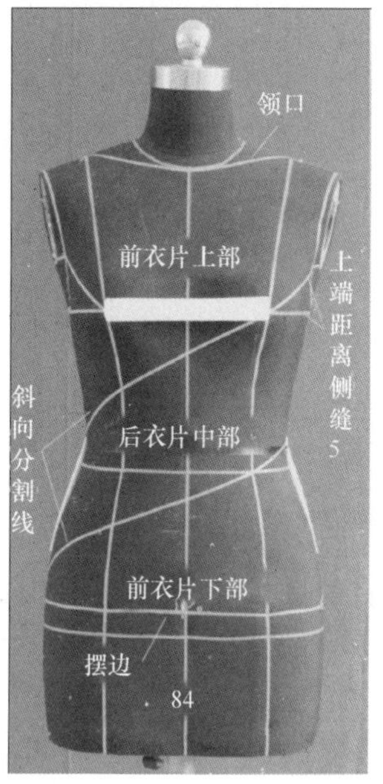

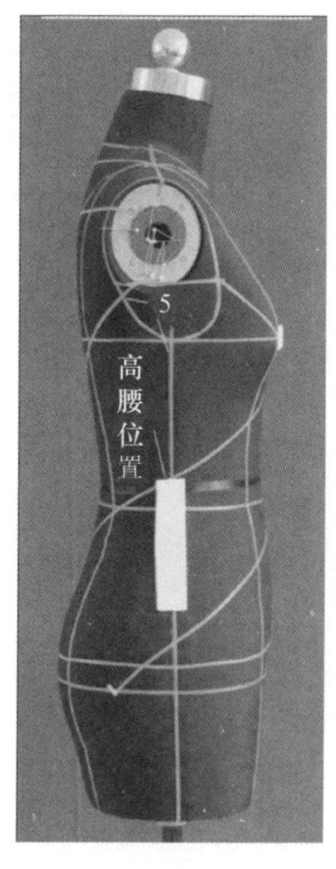

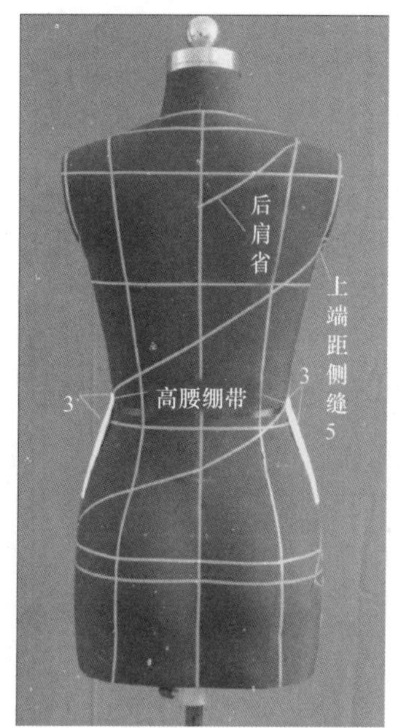

图8-25

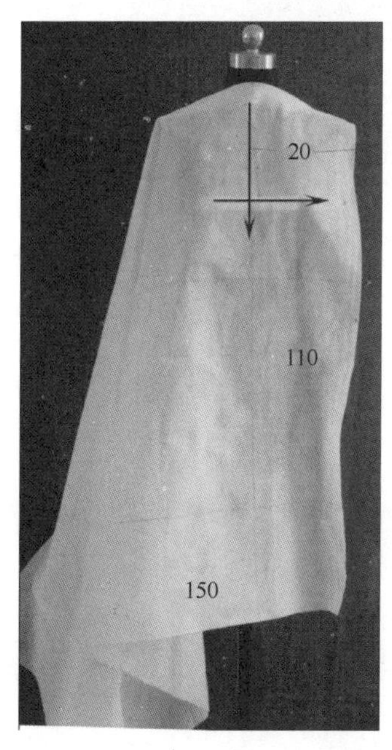

图8-26

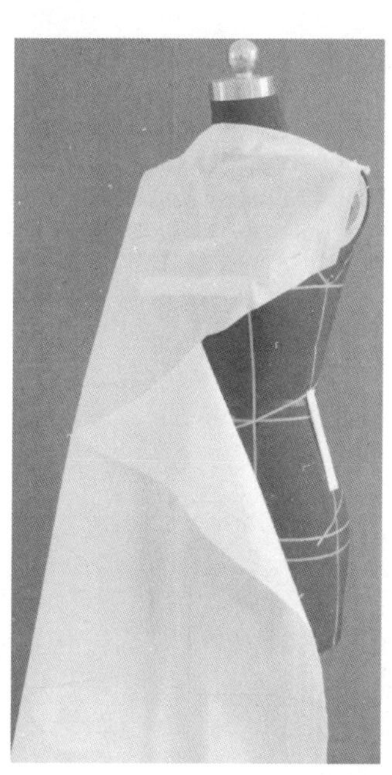

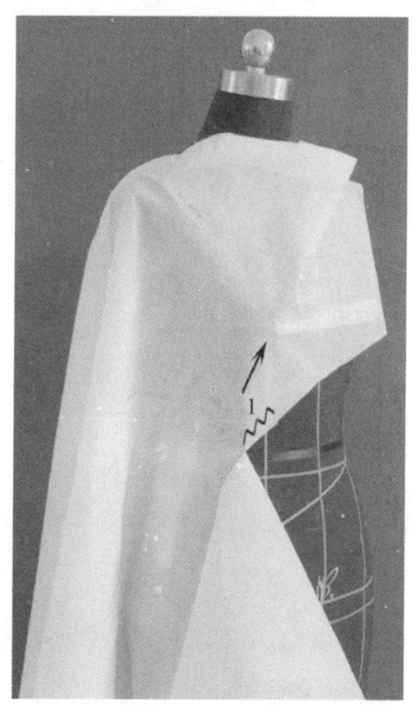

图8-27

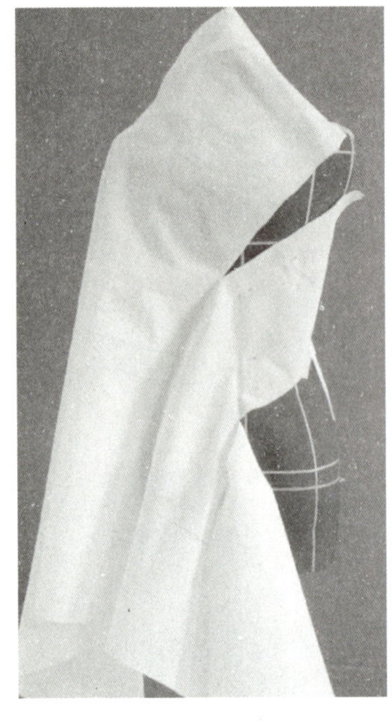

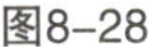

图8-28

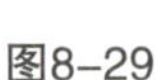

图8-29

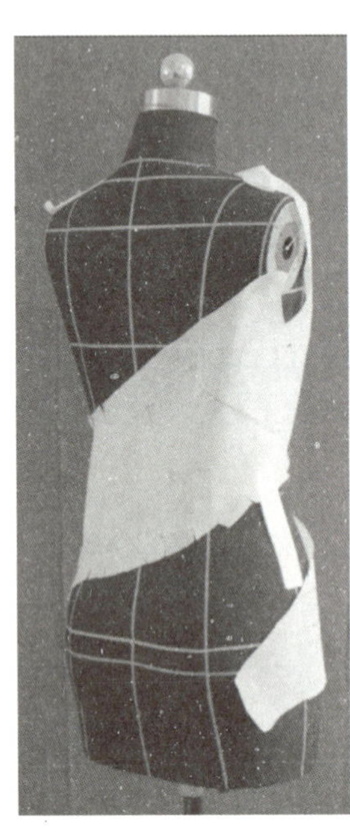

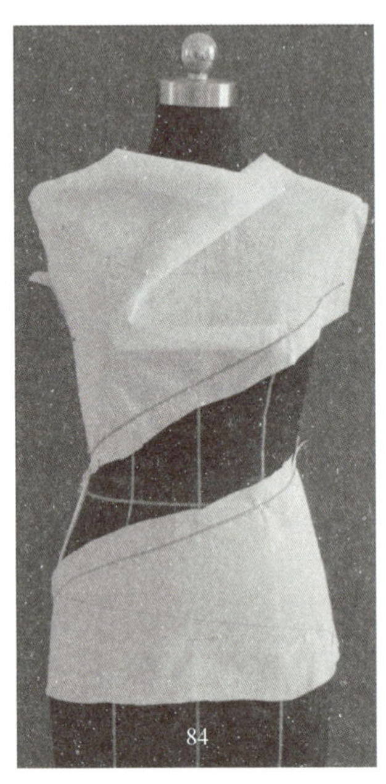

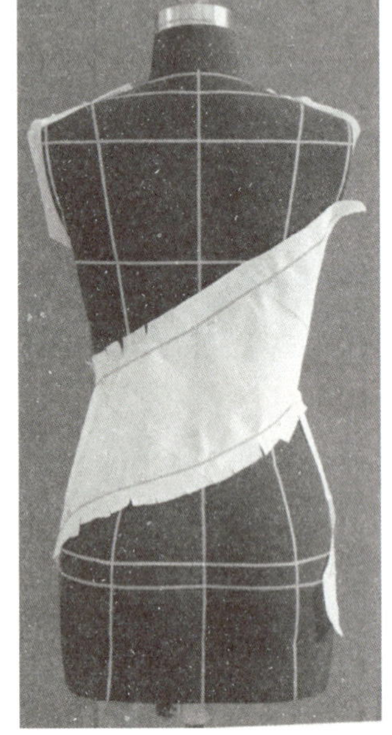

图8-30

2. 后衣身

（1）后衣身裁剪，利用剩余的布样，画上一段后中线，再覆上人台。保持右边背宽线水平，往袖窿方向抚平布样（图8-31）。

（2）斜裁、别合右侧袖窿至中心线这一段布样。将整个后背浮余量向右上方推移，捏缝为右肩省。从中心线斜至左侧腰部，上、下方同时裁剪，上方裁剪领口，肩缝，袖窿，下方斜裁至左侧腰部，按照前片的方法，缝边上打些剪口，理顺后身转折面，同时与前片重合（图8-32）。

（3）布样由左侧往前转折，平覆在前身布样上斜裁，再绕回左后侧摆边为止，一边斜裁，一边调整造型，与前片完美重合（图8-33）。

（4）各部标线（图8-34）组装（略）。

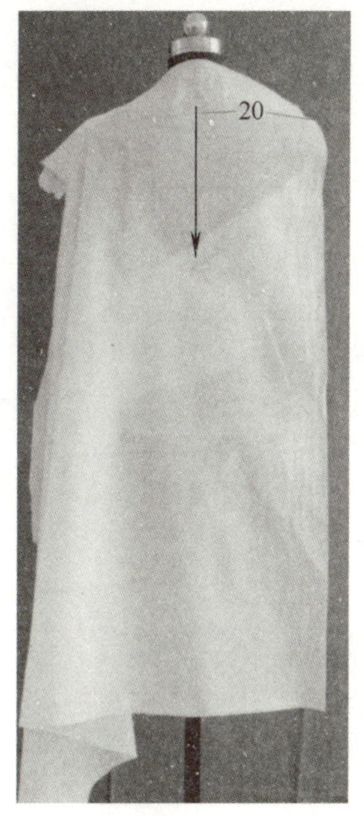

图8-31

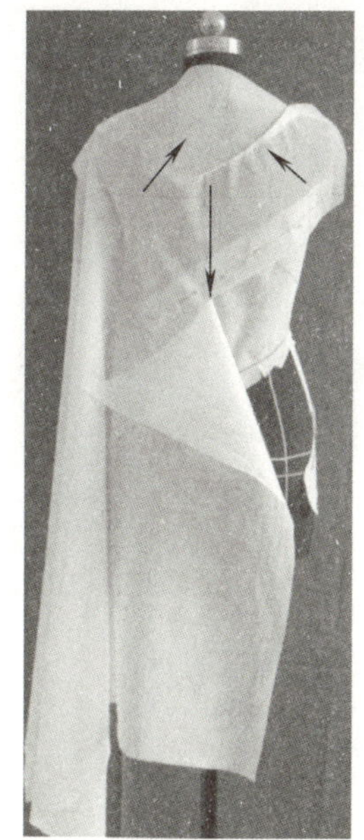

图8-32

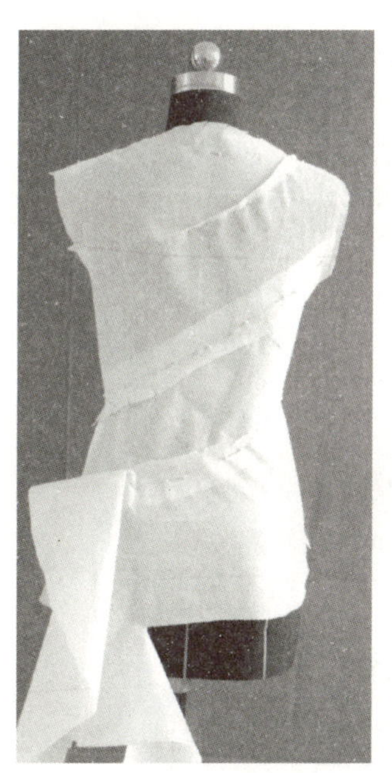

图8-33

图8-34

3. 短袖，完成操作

（1）基型短袖袖样制图。斜向分割短袖纸样，再在袖底线拼合，成为斜裁基图（图8-35）。

（2）展开斜裁基图，成为泡褶斜裁袖（图8-36）。

（3）缝、装袖，完成造型（图8-37）。

（4）裁片整理，画好对位线（图8-38）。

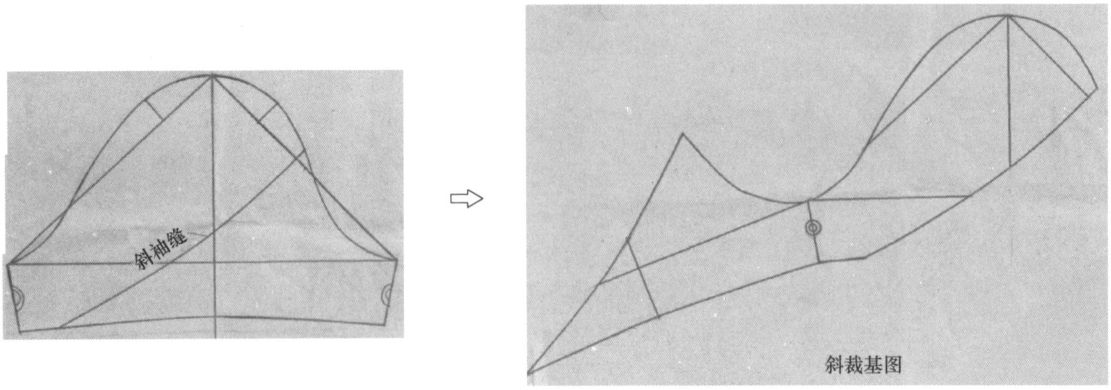

斜袖缝

斜裁基图

图8-35

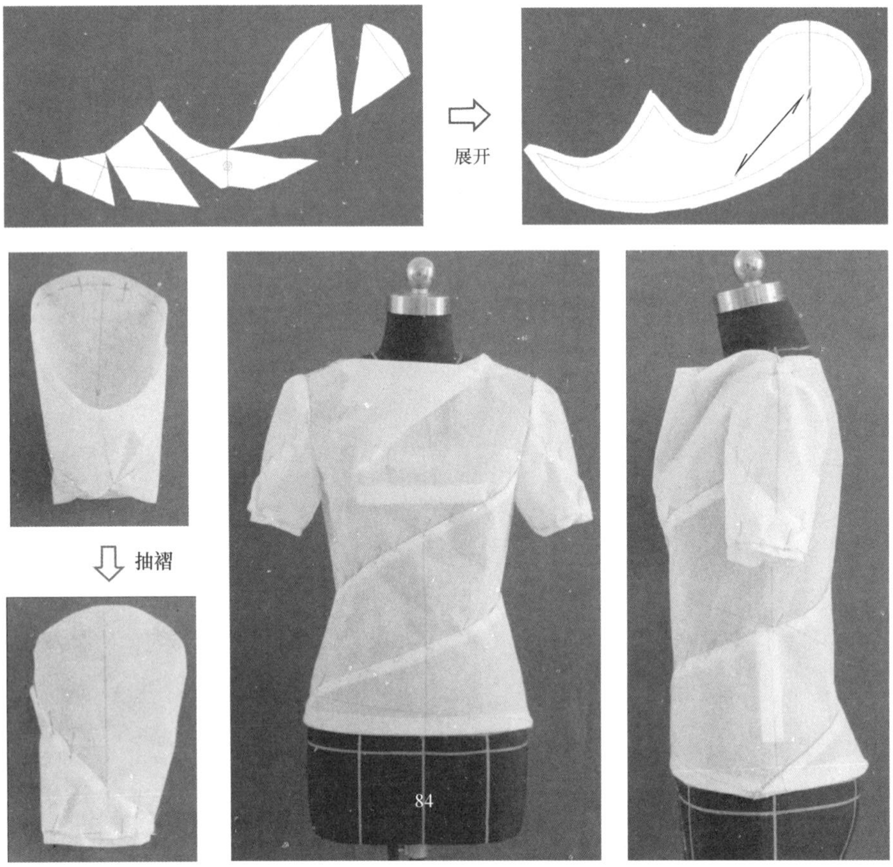

展开

抽褶

84

图8-36

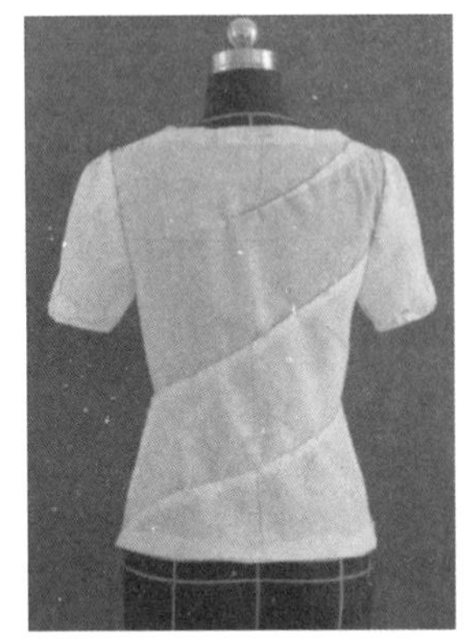

图8-37

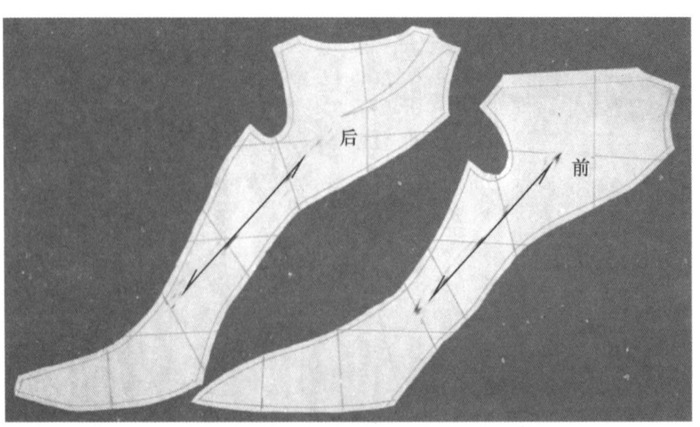

图8-38

4. 款式延伸

利用双色针织面料裁剪、制作，后身装了立领（图8-39）。

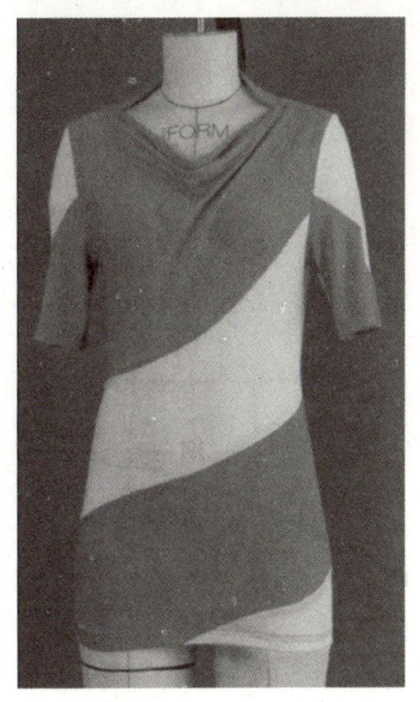

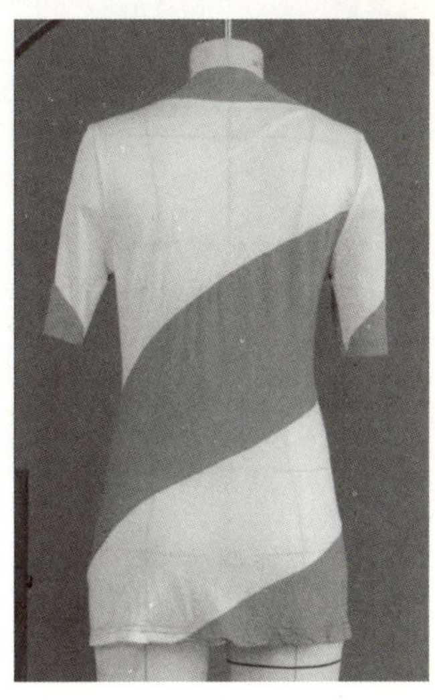

图8-39

第四节　新斜裁连衣裙

一、新斜裁连衣裙基型制板

（1）以上衣原型作连衣裙结构制图。以此为基础，将侧缝线转换为45°斜向，斜侧缝线起点偏离原侧缝点5cm左右，这样的斜向侧缝线是造型的最佳状态，在该侧缝上设置吸腰省，左侧胸省转移入该缝线。

（2）设置45°斜向吸腰省缝线，在前后斜向衣片宽度的1/2处，将右侧胸省转移入该缝线。

（3）按基型板粗裁坯布样衣。将样衣腰部以下组装好，然后套上人台，摆平结构，完成组装（卸下样衣，画顺结构线，修正、确认样板（图8-40）。

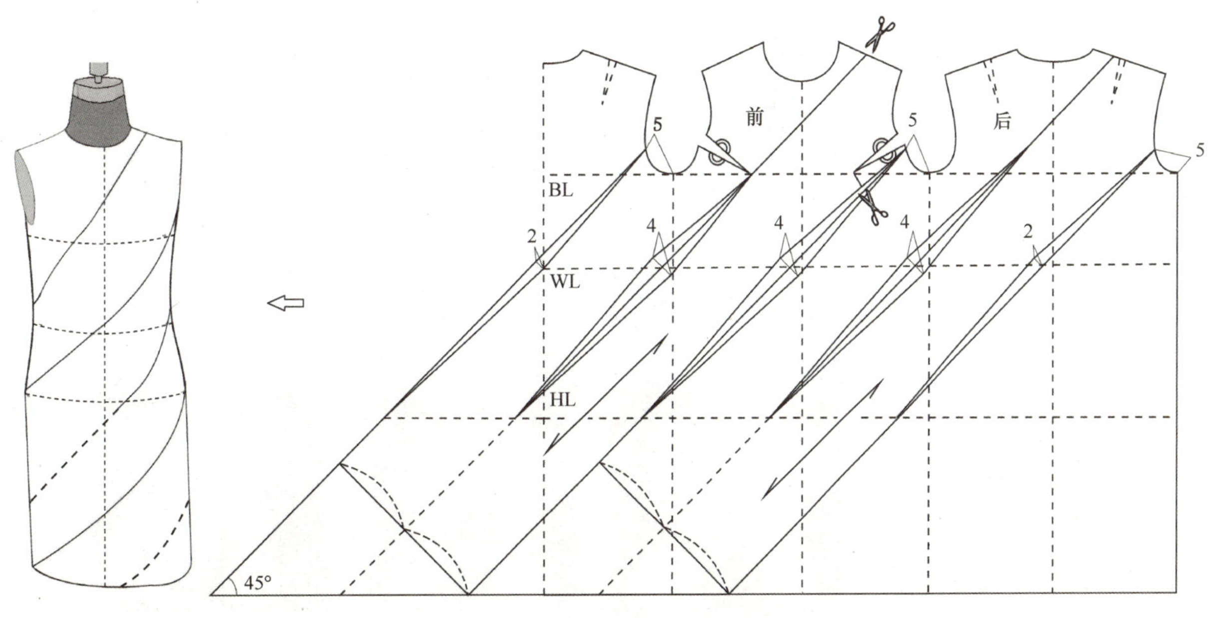

图8-40

二、新斜裁连衣裙创意造型

A款：不对称露肩型斜裁连衣裙（图 8-41）

（1）按斜裁连衣裙基图板准备布样，在右肩酌量减去露肩部分；将左肩部布样放长、放宽以作肩头褶饰用（图8-42），后身也同样操作（略）。

（2）别合裙样，在不影响结构平衡的前提下，设法将腰部收小些。上部创意造型：右边露肩，左边肩头余料抽缩，做成褶饰造型。前身下摆波浪褶造型：由后往前，将斜向摆缝拆开至左侧腰部以下的基准侧线处定点，以此为起点，在斜向摆缝线上标上下摆渡浪褶线（图8-43）。

（3）准备布样，裁剪波浪褶摆边，各个褶取同一角度展开。由高往低、由长至短渐变（图8-44）。后身部分下摆波浪褶在右侧腰部以下的基准侧线处定点，波浪褶操作法同前（略）。

（4）组装，完成造型（图8-45）。

图8-41

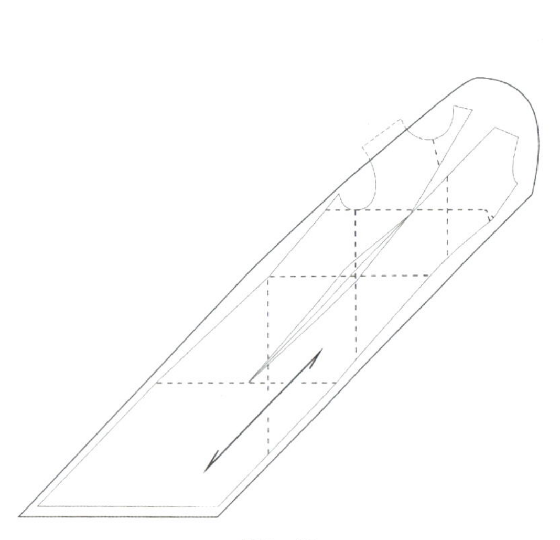
图8-42

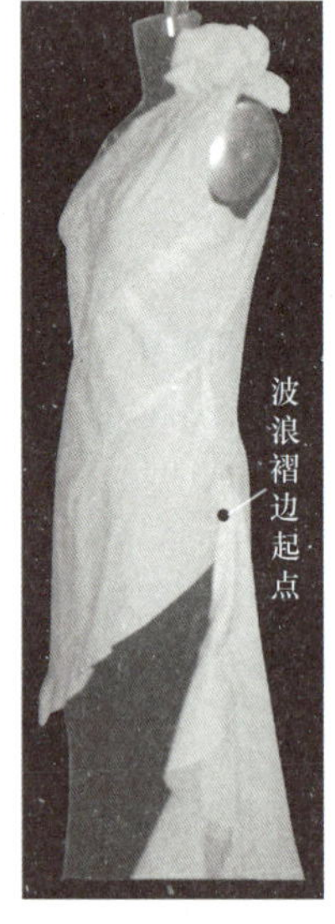

图8-43

图8-44

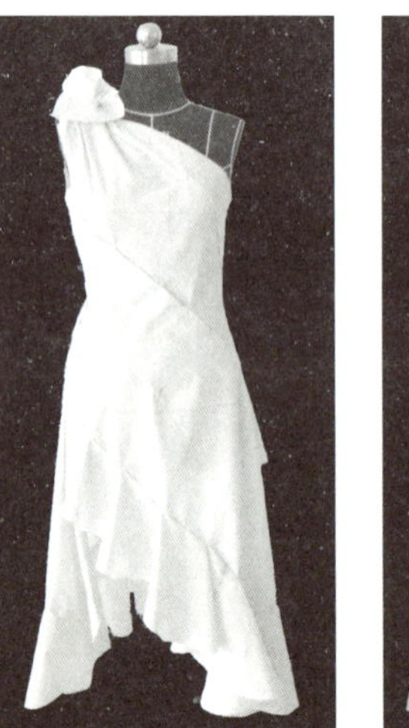
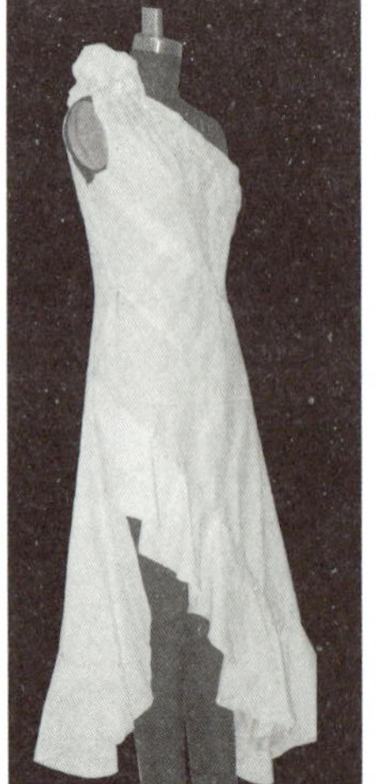
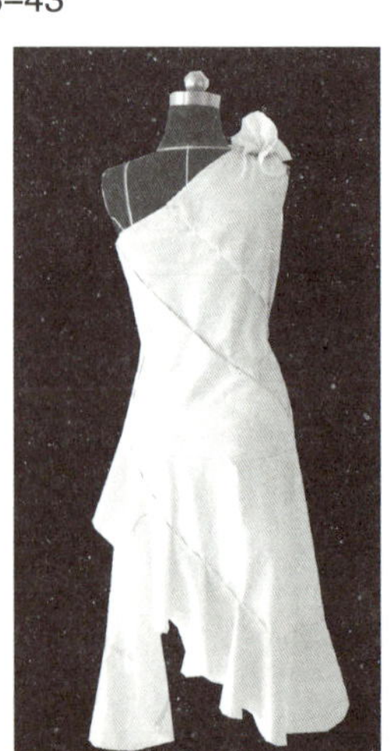
图8-45

B款：抽褶摆斜裁连衣裙（图8-41）

（1）上部按斜裁连衣裙基图进行胸省转移，追加一纵向吸腰省。前后身下部各在左侧下方作90°扩摆（图8-46）。

（2）两侧下部不同的纱向在缝合后产生螺旋状旋转的效果，最后从两侧下摆往上作抽褶处理（图8-47）。

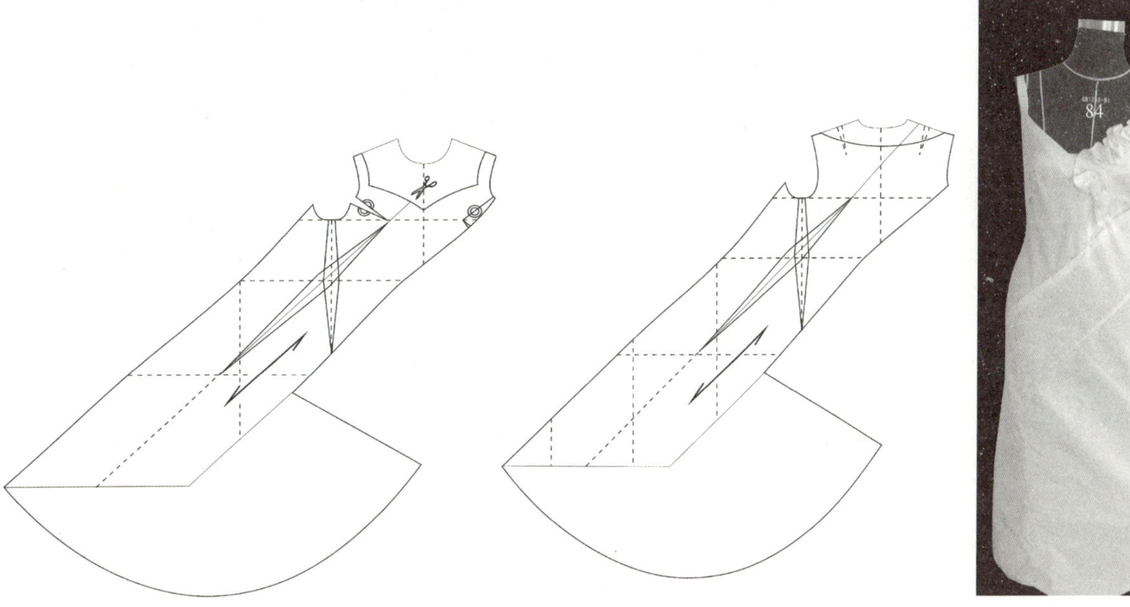

图8-46

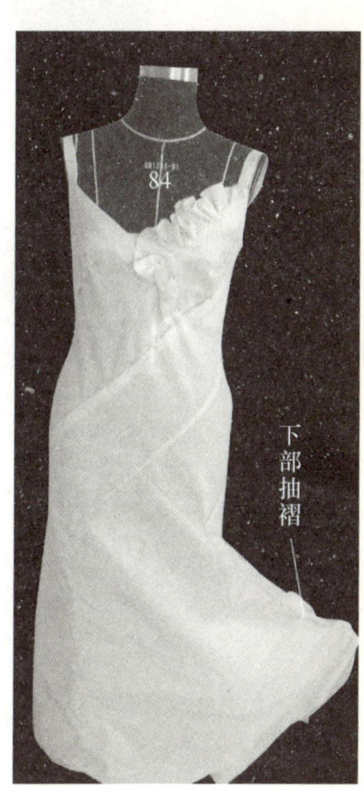

图8-47

三、新立裁与新斜裁双向互动

肩带式斜裁晚装（图8-48）

该款下部采用斜裁连衣裙基型框架，镶嵌入扩摆样片。上部为立体造型，结构款式较为复杂，用料量大，因此采用先裁小样再放大样的方法。应用1：2小人台，制1：2基型小样衣，标上结构分割线，按此制连衣裙小样衣（图略）。

（1）放大样，裁制大样的下部，再嵌入扩摆插片。立体裁剪上部衣身，完成造型（图8-49）。

（2）结构图展示（图8-50）。

图8-48

图8–49

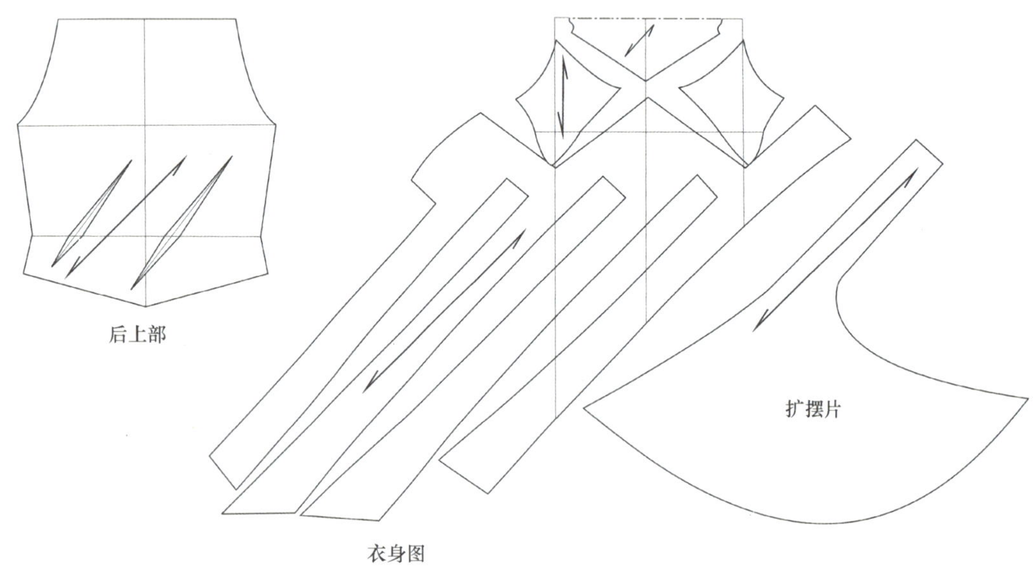

图8–50

四、五面构成立体新斜裁高级晚装

大师们将斜裁成功地应用至晚装，为此晚装又增加了一条靓丽的风景线，蹊径中又有蹊径，五个旋转面，多处拼接。让我们追随着大师的足迹，去探寻成功的路径。

A款：瓦伦蒂诺秋冬高级定制（图8-51，彩页07）

1. 人台

用硬质纸加长人台下部。标线，将之斜向分割为A、B、C、D、E五个旋转片。C、D片在前左侧有拼接缝，因此各又分作①、②两段（图8-52）。

夏奈尔B款

瓦伦蒂诺A款

马蒂厄·米拉诺（Mathieu Mirano）A款

图8-51

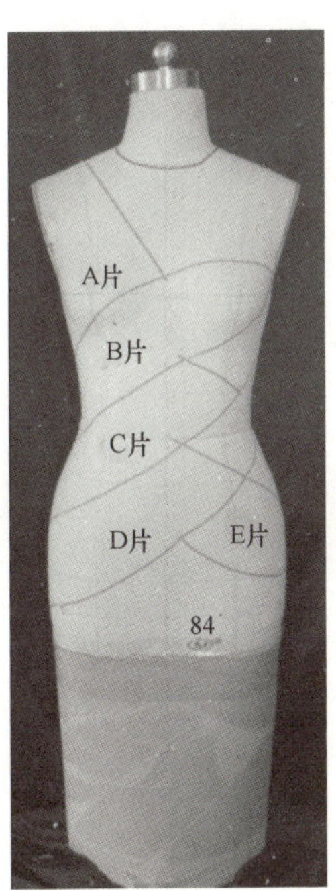

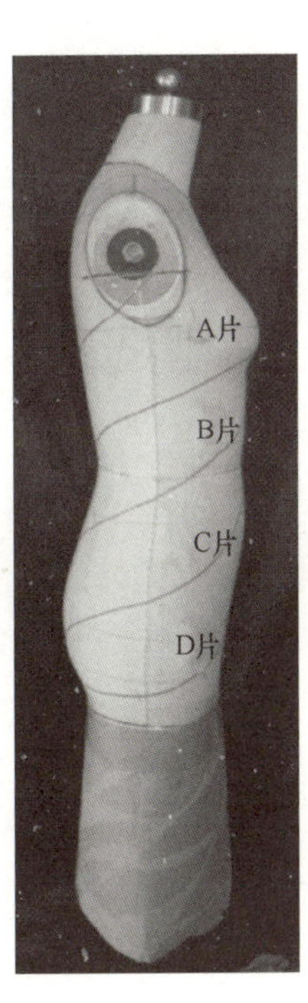

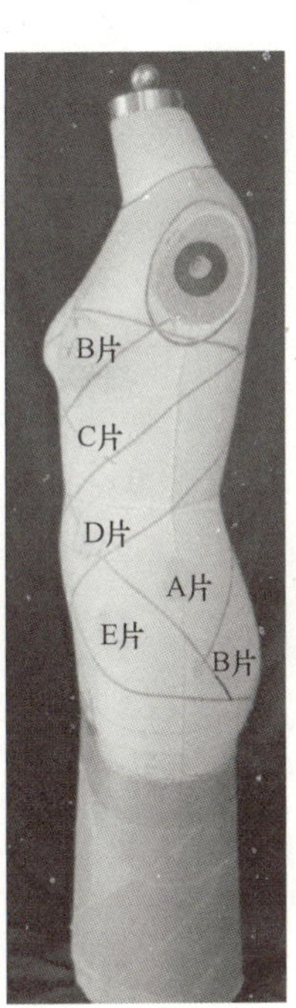

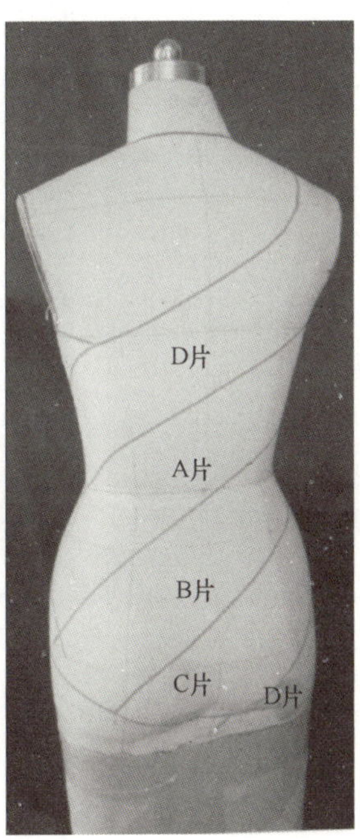

图8-52

2. A片、B片

（1）准备每块布样时都要画一条中线。A片，布样顺着标线斜披在上半身上，裁剪、固定右侧领口、肩缝、半袖与下部袖窿。斜裁前身分割线，BP下方的余量用珠针沿分割线收拢（图8-53）。

（2）布样转往后身，上、下方同时斜裁。理顺、固定左右两侧转折面。斜裁分割线上方布样，剪开左侧腰口处缝边，使之顺利转向左前侧下摆，理顺转折面，各部标线（图8-54）。

（3）B片，布样在人台左胸斜向而下，固定，上、下方同时斜裁。左BP上、下方的余量用珠针收拢固定，在右胸部分与A面重合。布样斜向绕过右侧，直至后身左侧下摆边，在裁剪同时要塑造好两侧转折面。标下方分割线和底边线（图8-55）。

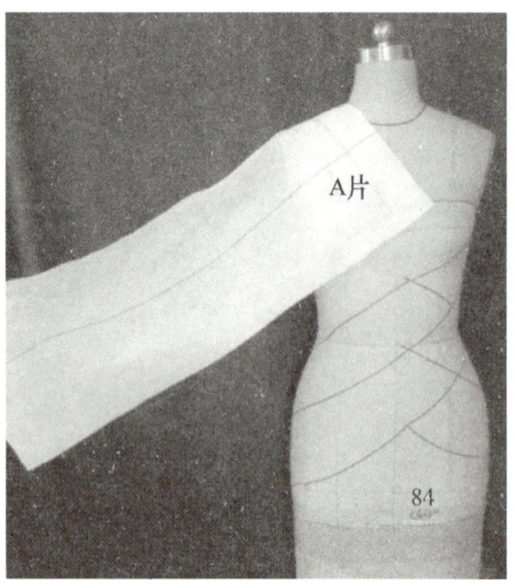

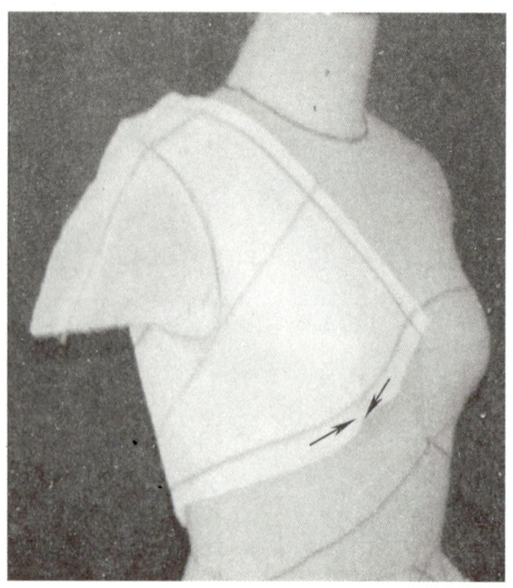

图8-53

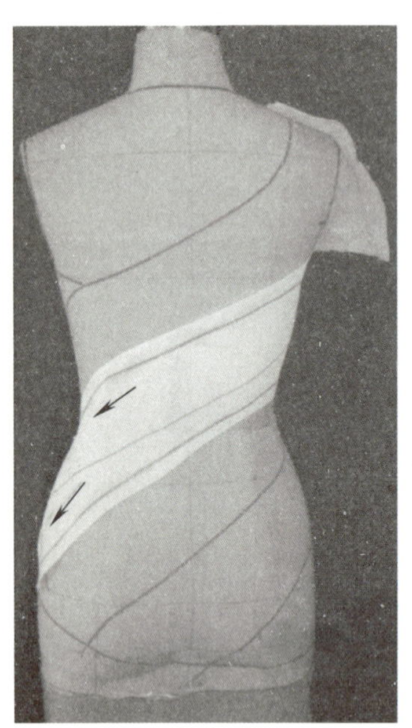

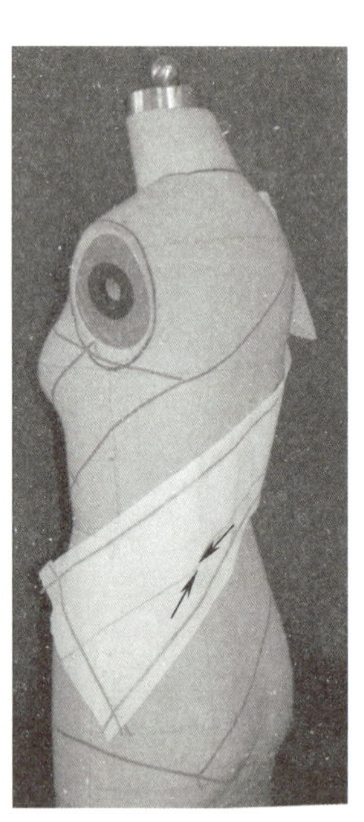

图8-54

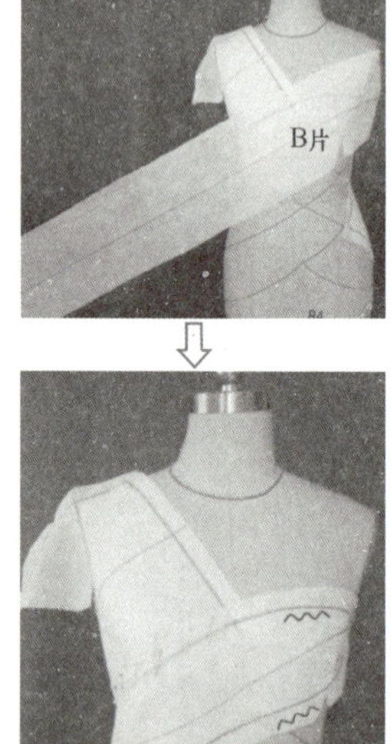

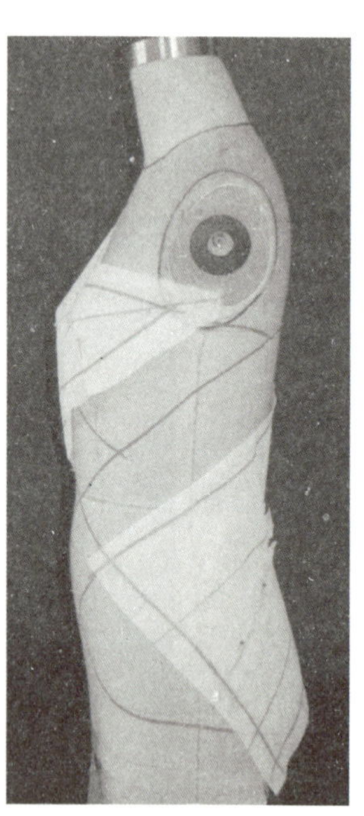

图8-55

3. C片、D片、E片

（1）C片①段，布样置于前身腋侧部，剪开上方毛边，顺着体型起伏与B片重合，标线（图8-56）。

（2）C片②段，布样上口与①段拼接，剪开上方毛边，与B片顺向重合（图8-57）。

（3）布样绕向右侧腰腹部，再转向后身摆边部位，上、下方同时斜裁。要处理好腰腹部转折面与平衡关系。标下方分割线和底边线（图8-58）。

（4）D片①段，布样斜披在后身右肩部，下端至左前侧拼接缝止（图8-59）。

（5）理顺两侧转折面，裁剪肩缝连半袖、下部袖窿。下方分割线与A片重合（图8-60）。

（6）D片②段，布样斜置，上口与D①段相接，延伸下来成为斜贯前后的底边。上、下方同时斜裁，上方与C片②段盖合，标下方底边线（图8-61）。

（7）准备E片布样，侧后方与A、B片末端相接，完成上身斜裁（图8-62）。

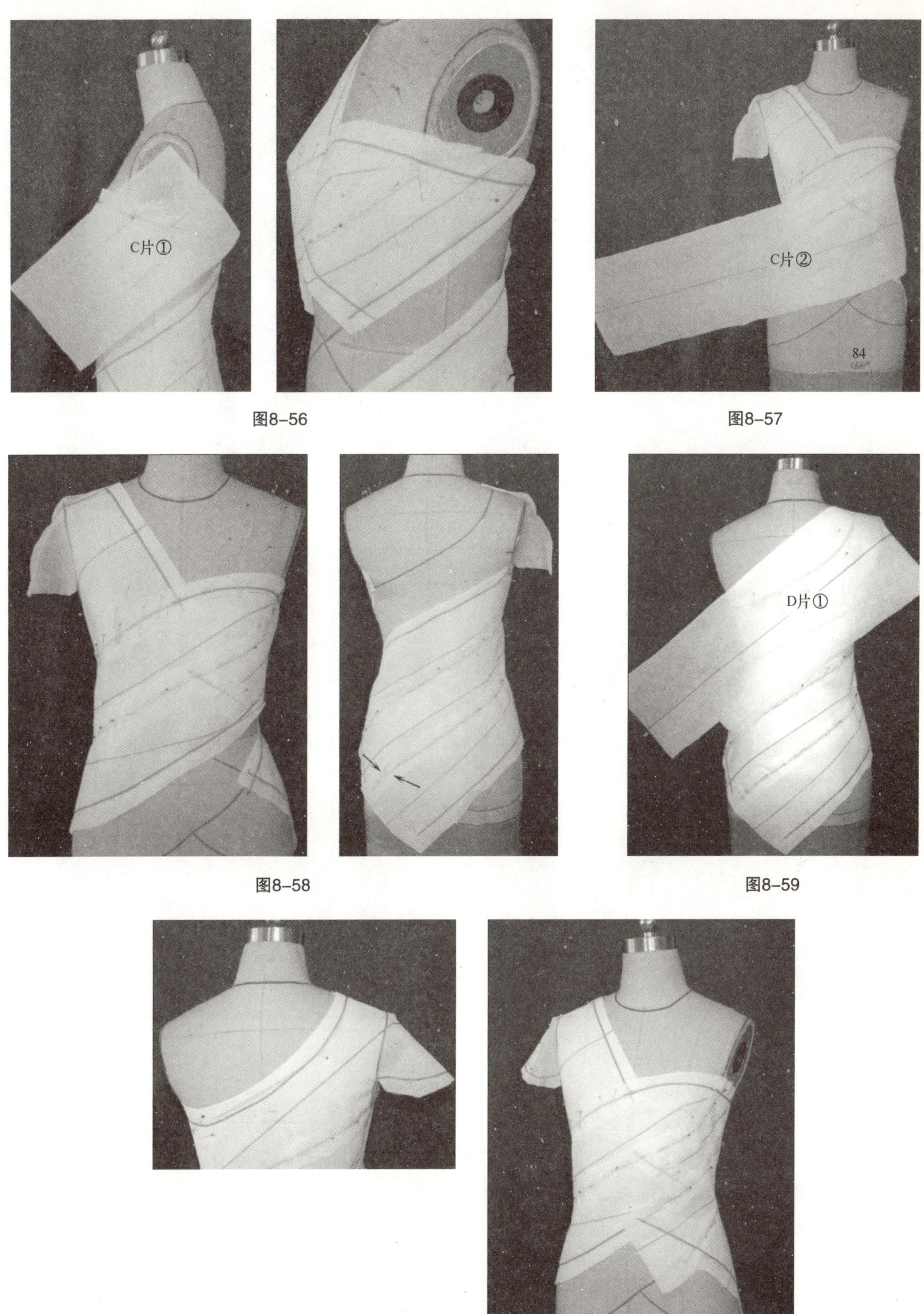

图8-56

图8-57

图8-58

图8-59

图8-60

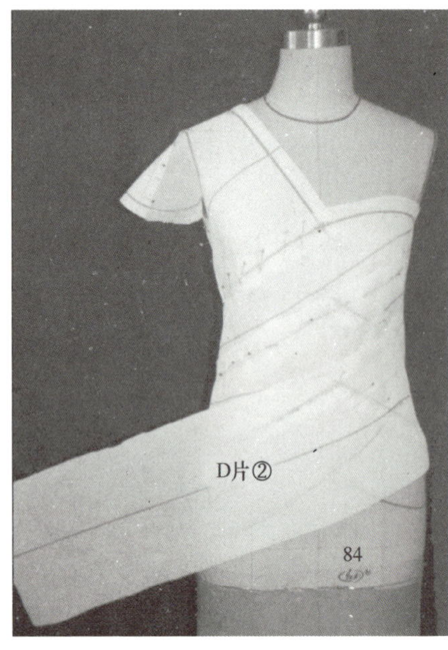

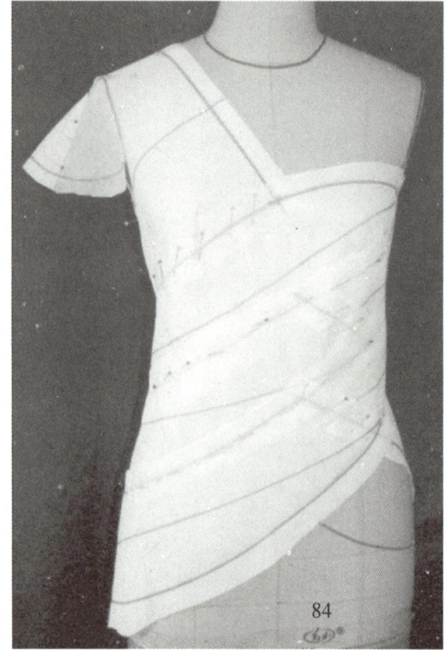

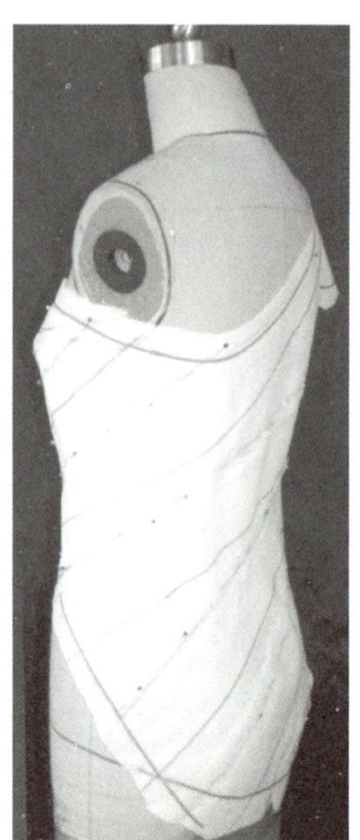

图8-61

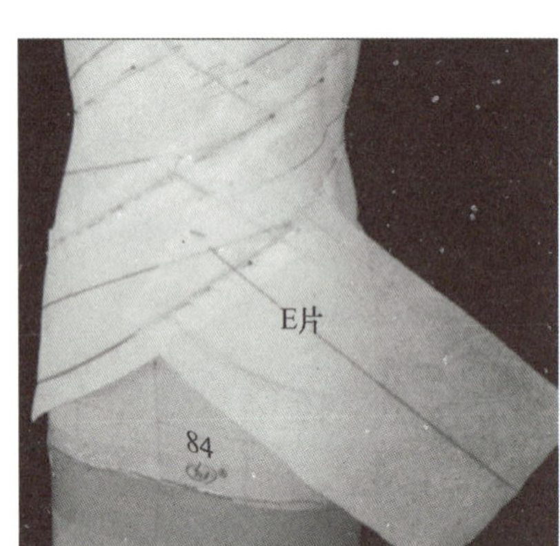

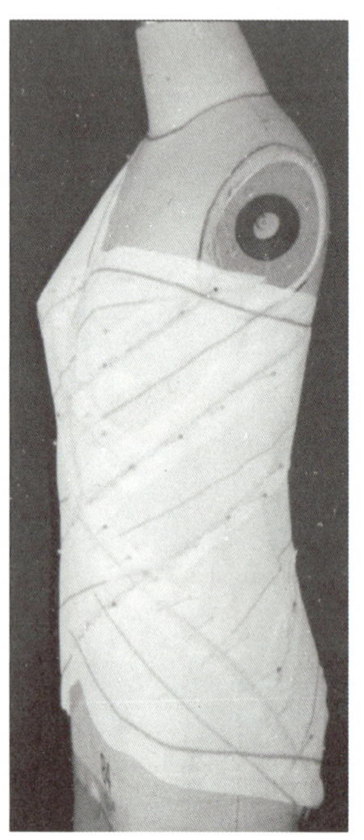
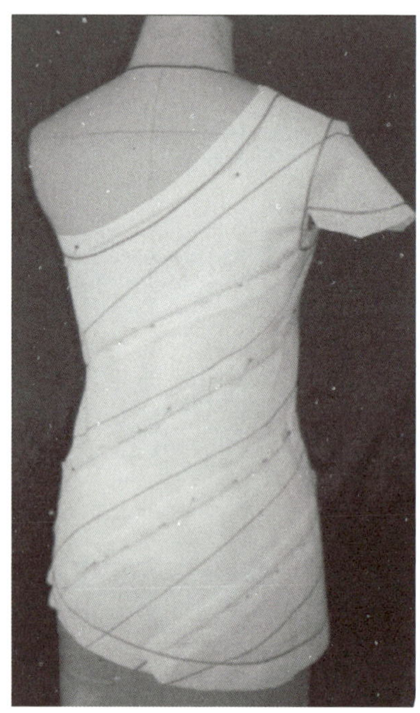

图8-62

4. 下部裙片，组装

下部的鱼尾裙造型使用立体裁剪，共有四片（略）。

（1）组装，在分割线中加入花边。晚装造型就此完成（图8-63）。

（2）上下部接合处结构展示。上部裁片整理（图8-64）。

（3）将上部裁片略加改动，又延伸为一件活泼可爱的短上衣（图8-65）。

（4）下部裁片整理（图8-66）。

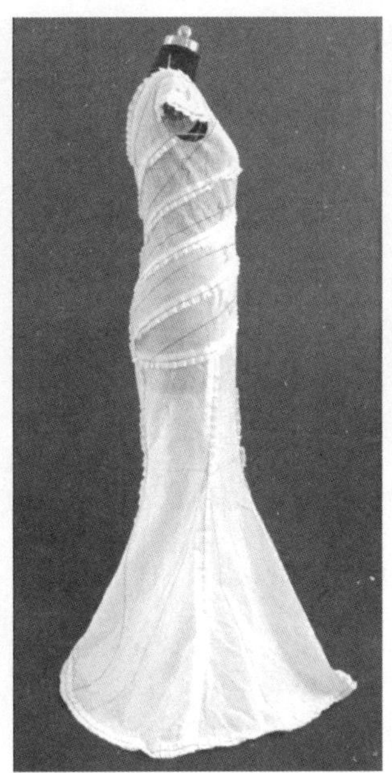

图8-63

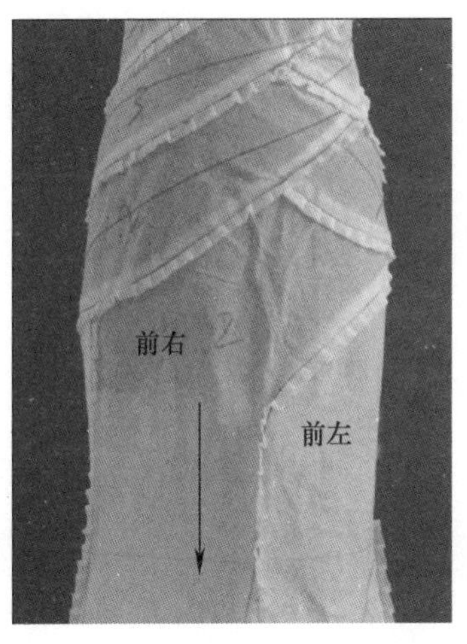

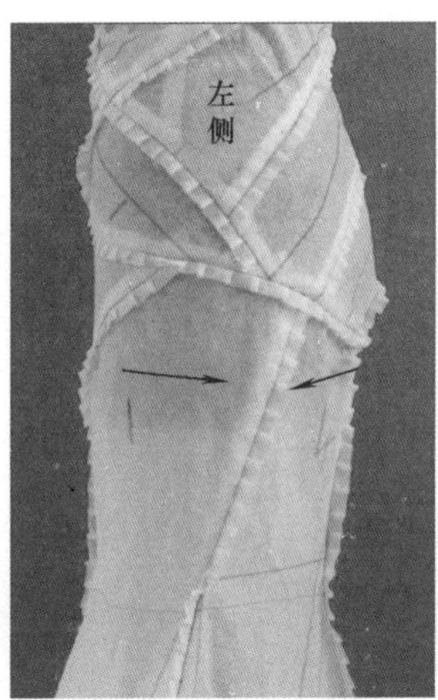

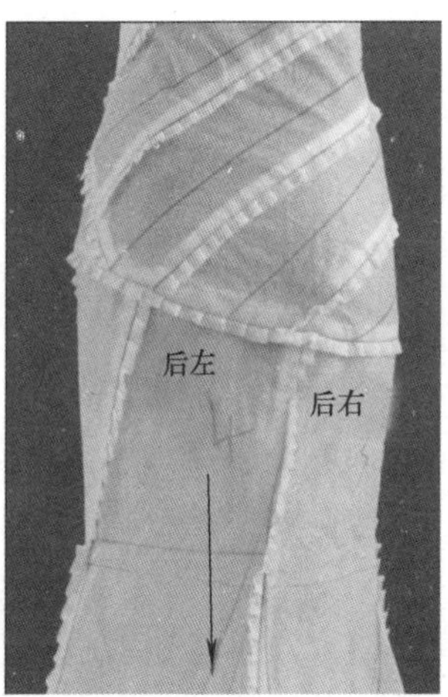

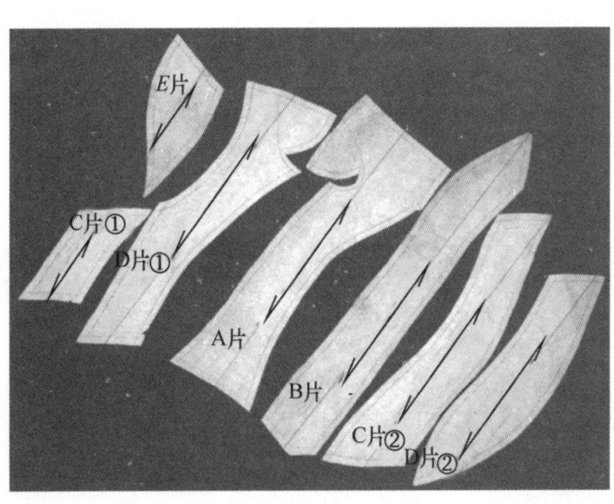

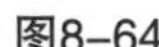

图8-64

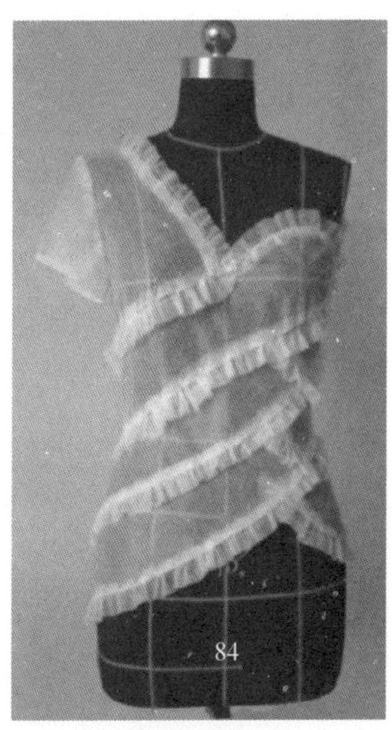

图8-65

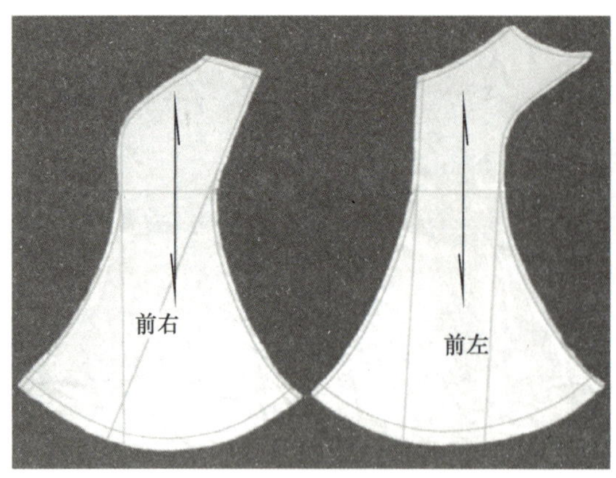

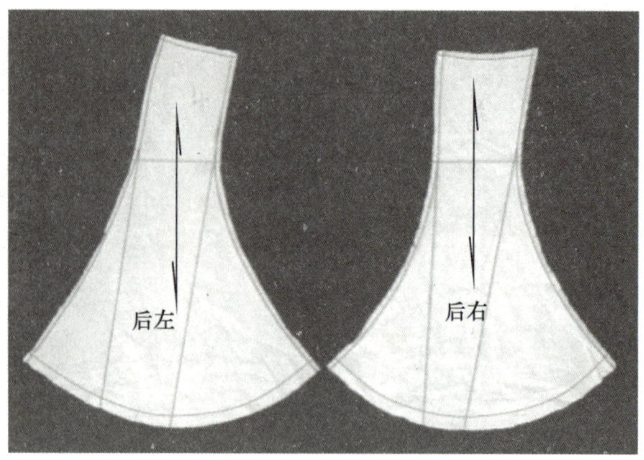

图8-66

思考、技能训练题

1. 在新斜裁造型中，如何保持结构的平衡？
2. 按顺序裁剪本章款式。

01 | 02
03 | 04

01
宝姿
（PORTS）
2010/2011秋冬女装

02

03
路易・威登
（LOUIS VUITTON）
2009巴黎秋季

04
普拉巴・高隆
（Prabal Gurung）
2015早秋系列

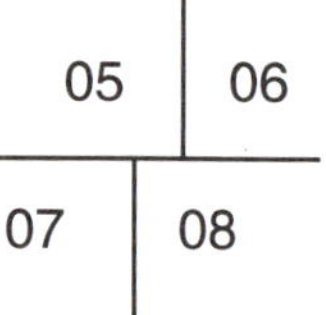

05
夏奈尔
（CHANEL）
2012春夏女装

06
三宅一生
（ISSEY MIYAKE）
1999年作品

07
瓦伦蒂诺
（Valentino）
2007/2008秋冬高级定制

08
瑞克·欧文斯
（Rick Owens）
2016春夏高级成衣

09 10
11 12

09
拉夫·劳伦
（RALPH LAUREN）
2016/2017秋冬女装

10
浪凡
（LANVIN）
2016春夏女装

11
鳄鱼
（LACOSTE）
2015春夏成衣

12
乔治·阿玛尼
（GIORGIO ARMANI）
2016春夏女装

13	14
15	16

13
宝姿 1961
（PORTS 1961）
2010/2011秋冬女装

14
博斯
（BOSS）
2016/2017秋冬女装

15
拉比·卡弗鲁兹
（Maison Rabih Kayrouz）
2016春夏女装

16
博斯
（BOSS）
2016/2017秋冬女装